职业教育·道路运输类专业教材

Gongcheng Zhao-Toubiao yu Hetong Guanli
工程招投标与合同管理

李 央 主编
李 玮 魏 白 李洪梅 副主编
汪晓红 陈 露 主审

人民交通出版社
北京

内 容 提 要

本书为职业教育道路运输类专业教材,依据公路工程招投标与合同管理项目设置,重点选取了招标、投标、开标、评标、定标和施工合同管理各阶段主要工作任务进行编写,实用性强。本书适合高职院校道路与桥梁工程技术、道路养护与管理、工程造价等专业相关课程教学使用,也适合企业工程招投标与合约部、造价及项目管理部等技术人员上岗培训和自学。

本书有配套教学课件,教师可以加入职业教育教学研讨群(QQ561416324)免费获取。此外,本书配套丰富的数字化学习资源,读者可通过扫描封面二维码免费查看。

图书在版编目(CIP)数据

工程招投标与合同管理/李央主编. —北京:人民交通出版社股份有限公司,2024.6
ISBN 978-7-114-19159-6

Ⅰ.①工… Ⅱ.①李… Ⅲ.①建筑工程—招标—教材 ②建筑工程—投标—教材 ③建筑工程—合同—管理—教材 Ⅳ.①TU723

中国国家版本馆 CIP 数据核字(2023)第 230811 号

职业教育·道路运输类专业教材

书　　名:	工程招投标与合同管理
著 作 者:	李　央
责任编辑:	刘　倩
责任校对:	孙国靖　宋佳时
责任印制:	刘高彤
出版发行:	人民交通出版社
地　　址:	(100011)北京市朝阳区安定门外外馆斜街 3 号
网　　址:	http://www.ccpcl.com.cn
销售电话:	(010)59757973
总 经 销:	人民交通出版社发行部
经　　销:	各地新华书店
印　　刷:	北京虎彩文化传播有限公司
开　　本:	787×1092　1/16
印　　张:	26.625
字　　数:	640 千
版　　次:	2024 年 6 月　第 1 版
印　　次:	2024 年 6 月　第 1 次印刷
书　　号:	ISBN 978-7-114-19159-6
定　　价:	65.00 元(含主教材和学习任务工单)

(有印刷、装订质量问题的图书,由本社负责调换)

前言

工程招投标与合同管理作为道路运输类专业的核心课程,对提升我国公路建设从业人员的合同意识,规范我国公路工程招投标活动,加快我国交通强国建设进程具有重要的意义。本书依据公路工程招投标与合同管理项目设置,重点选取了招标、投标、开标、评标、定标和施工合同管理各阶段工作任务等内容,分为八个任务进行编写。

本书的特色与创新主要体现在以下几个方面。

1. 项目导向,任务驱动,内容新颖

遵循理论够用、注重实践原则,根据招投标实施过程、合同内容及"1+X"工程造价数字化应用职业技能等级证书考试要求构建课程教学内容,有选择、有层次地对内容进行碎片化梳理。本书以真实的项目为背景,采用项目导向、任务驱动的模式,打破传统教材架构,按照项目任务进展进行编写,将内容分为八个工作任务。每个工作任务均以"学习目标—任务描述—任务情境—任务布置—任务分析—任务相关知识—任务实施—实战演练—任务评价—任务小结—思考题"等模块进行设计编排,符合高职学生的认知和学习规律。学生课前通过学习目标、任务描述、任务情境和任务布置,完成自主学习;课中在教师的带领下通过任务分析、任务相关知识、任务实施、实战演练和任务评价,分小组完成工作任务,掌握各个工作任务的重点、难点;课后进行任务小结,结合思考题进行巩固提升并进行拓展学习。

2. 混合式教学灵活多元,省级在线开放课程助力线上线下互通

在内容呈现上,本书将教材、课堂、数字资源三者融合,构建以学生为主体的教育生态,推进教学方法和模式的改革与创新。通过"线上+线下"混合式教学,依托充实的线上资源库,"企业导师+专业教师"的理实一体化教学方式,实现"课前+课中+课后"全过程的师生互动和课程考核。以提高学生学习兴趣与效率为导向,让学生利用碎片时间,随时随地进行在线学习,扩大优质资源共享,推动教育教学与评价方式变革,服务全民终身学习和技能型社会建设。教师通过平台实时关注学生学习情况,促进个性化教学方式的形成。在线课程的大数据分析能对学生的过程学习进行实时管理,同时为教师进行教学调整提供明确依据。本课程已被认定为江西省省级在线开放课程,每学期都会在超星等平台开课,推进数字化教学,促进了混合式教学、翻转课堂等教学模式的推广。

3. 落实立德树人根本任务,实现三全育人

本课程依托省教育厅课程思政教学改革研究项目,形成课程思政教学包等

研究成果已应用于教学。本书以公路建设发展为背景，打破专业知识的局限，找到切入点，将招投标与合同管理过程中涉及的团队意识、法律意识、公平公正、工匠精神等思政元素贯穿专业课程教学始终，落实立德树人根本任务，潜移默化地达成学生的德育培养目标，为加快建设教育强国、科技强国、人才强国奠定坚实基础。

4. 体现最新标准规范要求，持续更新配套资源

聚焦产业前沿，选取最新的知识创新成果构建课程内容，增强课程的科技含量，同时删繁就简，摒弃落后、陈旧的内容，使课程体现时代精神和前沿品质。本书涉及的法令、标准、规范、文件，如《中华人民共和国招标投标法》(2017年12月修订施行)、《中华人民共和国招标投标法实施条例》(2019年3月修订施行)、《公路工程标准施工招标文件》(2018年版)、《公路工程标准施工招标资格预审文件》(2018年版)、《中华人民共和国建筑法》(2019年4月修订施行)、《中华人民共和国价格法》(1998年5月施行)、《中华人民共和国民法典》(2021年1月施行)、《公路工程建设项目概算预算编制办法》(JTG 3830—2018)等，均为现行最新版本。课程配套资源不断更新，除了增加题库及拓展资源，还紧跟产业前沿，扩充工程招投标案例库。

5. 岗课融通，校企双元开发

本书融入招投标、合同管理、造价等岗位职业标准，对接新产业、新业态、新模式下招标人员、合同管理人员、造价员等岗位的新需求，聚焦产业前沿，及时融入"四新"教学资源，促进学校培养与行业、企业需求深度融通。校企合作、双元开发了大量线上、线下教学资源(包括视频、动画、习题库、多媒体课件、项目实施任务书、项目实训任务书、任务评价表、工程案例等课程学习资料)，读者可扫描二维码免费观看。

6. 创建多元化考核评价方式

为使课程考核评价结果更客观、全面，本书配套提供了评价表。考核分为过程考核、结果考核、素质考核三部分。各部分考核均分线上、线下，线上考核依靠学银在线等平台实现，线下实行"专业教师＋企业导师＋学生"三元评价综合考核。

本书由江西交通职业技术学院李央担任主编并统稿，江西交通职业技术学院李玮、魏白、李洪梅担任副主编，江西省交通工程集团教授级高级工程师汪晓红、江西省综合交通运输发展研究中心高级工程师陈露担任主审。具体编写分工如下：工作任务一、工作任务五由李央编写，工作任务二、工作任务三由李玮编写，工作任务四、工作任务七由李洪梅编写，工作任务六、工作任务八由魏白编写，工作任务单、实训任务单及评价表由江西省交通工程集团高级工程师王令编写。

江西省交通工程集团汪晓红为本书的编写提供了宝贵的建议和指导，江西省交通工程集团王令、喻以钒、张清等为本书提供了项目案例及实训指导等，在此一并表示感谢！

由于编者学术水平有限，书中难免存在不足之处，恳请广大读者批评指正。

编　者

2023年11月

本书配套资源索引

序号	教材内容	资源名称	资源类型	页码
1	工作任务一	公路建设与前景规划	视频	001
2		招投标的现状与发展	视频	008
3		建设市场概述	视频	012
4		建设市场主体与客体	视频	016
5		公共资源交易中心	视频	019
6		工程承发包	视频	021
7		建设市场的资质管理	视频	035
8	工作任务二	资格预审公告与招标公告的编制	视频	048
9		资格预审文件的编制之内容结构	视频	057
10		资格预审文件的编制之申请人须知	视频	058
11		资格预审文件的编制之对申请人的资格要求	视频	063
12		资格预审文件的编制之联合体投标	视频	068
13	工作任务三	公路工程招投标思政教育	动画	082
14		工程招标的范围-必须招标	视频	084
15		可以不招标的项目	视频	085
16		公路工程招标方式	视频	089
17		工程招标代理	视频	089
18		工程施工招标程序	视频	090
19		公开招标的各时间节点相关要求	视频	090
20		工程施工招标各阶段相关要求	视频	097
21		招标文件概述	视频	098
22		公路工程招标文件的组成	动画	099
23		招标公告和投标邀请书的编制	视频	099
24		投标人须知的投标人须知前附表	视频	103
25		投标人须知的正文相关内容	视频	109
26		投标人须知之投标保证金和投标有效期	视频	109
27		评标办法	视频	113
28		合同条款及格式	视频	113
29		工程量清单的相关内容	视频	117
30		工程量清单说明	视频	117
31		技术规范及投标文件格式的编制	视频	129

续上表

序号	教材内容	资源名称	资源类型	页码
32	工作任务三	招投标思政课一：对招投标违规违纪行为的案例剖析	视频	130
33		招标控制价的计算程序和方法	视频	131
34		标底和招标控制价的区别	视频	131
35		公路工程施工招标综合案例	视频	132
36		招投标思政课二：对招投标违规违纪行为的案例剖析	视频	132
37	工作任务四	工程项目投标概述	视频	141
38		串标投标的简介	动画	143
39		公路工程施工投标前期准备工作	视频	148
40		投标的具体工作内容——招标文件的购买与研究	视频	154
41		现场踏勘及标前会议	视频	155
42		投标文件的组成	视频	158
43		投标文件的编制要求	视频	159
44		编制技术标	视频	160
45		表4-1 实例	文本	162
46		表4-2 实例	文本	163
47		编制投标价	视频	170
48		投标策略与投标报价技巧	视频	175
49		投标文件的密封、标识、递交与修改、撤回	视频	183
50	工作任务五	开标准备工作及开标程序	视频	196
51		开标注意事项及废标情况	视频	199
52		评标委员会的组建	动画	200
53		评标委员会的组建	视频	200
54		评标的程序	视频	203
55		合理低价法	视频	208
56		综合评分法	视频	219
57		经评审的最低投标价法	视频	228
58		定标	动画	232
59		定标	视频	232
60		签订合同	视频	235
61		开标、评标与定标典型案例	视频	240
62	工作任务六	合同法概述	视频	252
63		合同的订立1	视频	255
64		合同的订立2（合同的成立、内容、缔约过失责任）	视频	258

续上表

序号	教材内容	资源名称	资源类型	页码
65	工作任务六	合同的效力	视频	260
66		合同的履行	视频	264
67		三种抗辩权介绍	动画	265
68		合同的变更、转让及终止	视频	268
69		违约责任与合同争议的解决	视频	271
70		合同担保1	视频	276
71		合同担保2	视频	278
72	工作任务七	公路工程施工合同概述	视频	287
73		各方当事人的基本权利和义务	视频	298
74		工程质量管理以及试验与检验	视频	304
75		公路工程合同的质量控制条款	视频	305
76		竣工验收以及缺陷责任与保修责任	视频	311
77		进度与工期管理	视频	313
78		合同价款调整之变更和价格调整	视频	315
79	工作任务八	公路工程施工索赔1	视频	342
80		公路工程施工索赔2	视频	343
81		施工索赔的程序与技巧	视频	345
82		承包人索赔程序	动画	345
83		施工索赔的技巧	视频	348
84		施工索赔的计算1	视频	350
85		施工索赔的计算2	视频	354

序号	资源名称	资源类型	页码
86	工作任务一　思考题答案	文本	041
87	工作任务二　思考题答案	文本	081
88	工作任务三　思考题答案	文本	138
89	工作任务四　思考题答案	文本	193
90	工作任务五　思考题答案	文本	249
91	工作任务六　思考题答案	文本	284
92	工作任务七　思考题答案	文本	339
93	工作任务八　思考题答案	文本	366

资源使用方法：①扫描封面二维码（注意此码只可激活一次）；关注"交通教育出版"微信公众号；公众号弹出"购买成功"通知，点击"查看详情"，进入后即可查看资源。②也可进入"交通教育出版"微信公众号，点击下方菜单"用户服务—图书增值"，选择已绑定的教材进行观看和学习。

目录
Contents

工作任务一　认知工程招投标与合同管理 ……………………………… 001
　子任务 1　初识工程招投标 ………………………………………………… 004
　子任务 2　认知公路建设市场 ……………………………………………… 012
　子任务 3　工程承发包 ……………………………………………………… 020
　子任务 4　认知招投标法律体系 …………………………………………… 026
　思考题 ………………………………………………………………………… 036

工作任务二　公路工程资格预审 ………………………………………… 042
　子任务 1　资格预审公告的编制 …………………………………………… 044
　子任务 2　资格预审文件的编制 …………………………………………… 057
　子任务 3　资格预审申请文件的编制 ……………………………………… 066
　子任务 4　认知资格审查办法 ……………………………………………… 074
　思考题 ………………………………………………………………………… 078

工作任务三　公路工程施工招标 ………………………………………… 082
　子任务 1　认知公路工程施工招标 ………………………………………… 084
　子任务 2　招标文件的编制 ………………………………………………… 098
　子任务 3　工程标底与招标控制价的编制 ………………………………… 130
　思考题 ………………………………………………………………………… 133

工作任务四　公路工程施工投标 ………………………………………… 139
　子任务 1　认知公路工程施工投标 ………………………………………… 141
　子任务 2　公路工程施工投标前期的准备工作 …………………………… 147
　子任务 3　招标文件的购买与研究、现场踏勘与投标预备会 …………… 154
　子任务 4　投标文件的编制 ………………………………………………… 157
　子任务 5　投标文件的密封、标识、递交与修改 ………………………… 181
　思考题 ………………………………………………………………………… 185

工作任务五　公路工程施工开标、评标及合同授予 …… 194
　　子任务 1　公路工程施工开标 …… 196
　　子任务 2　公路工程施工评标 …… 200
　　子任务 3　合同授予 …… 232
　　思考题 …… 241

工作任务六　认知合同法律 …… 250
　　子任务 1　初识合同 …… 252
　　子任务 2　合同的订立 …… 255
　　子任务 3　认知合同的效力 …… 260
　　子任务 4　合同的履行 …… 264
　　子任务 5　合同的变更、转让及终止 …… 268
　　子任务 6　违约责任与合同争议的解决 …… 271
　　子任务 7　合同担保 …… 276
　　思考题 …… 279

工作任务七　公路工程施工合同管理 …… 285
　　子任务 1　初识公路工程施工合同 …… 287
　　子任务 2　认知公路工程施工合同的主要内容 …… 294
　　子任务 3　认知公路工程施工合同管理条款 …… 302
　　思考题 …… 331

工作任务八　公路工程施工索赔 …… 340
　　子任务 1　初识公路工程施工索赔 …… 342
　　子任务 2　认知施工索赔产生的原因及分类 …… 342
　　子任务 3　认知施工索赔的程序与技巧 …… 345
　　子任务 4　公路工程施工工期索赔 …… 350
　　子任务 5　公路工程施工费用索赔 …… 354
　　思考题 …… 360

参考文献 …… 367

工作任务一 WORK ASSIGNMENT ONE
认知工程招投标与合同管理

学习目标

☞ 知识目标
1. 了解招投标的概念、特点和作用等。
2. 了解我国公路建设市场的发展历程及招投标的现状。
3. 掌握公路建设市场的主体与客体、公路建设市场相关主体的职责等。
4. 了解公共资源交易中心。
5. 掌握公路工程承发包的概念、内容和方式等。
6. 了解我国招投标法律法规体系。

☞ 技能目标
1. 能阐述招标和投标的关系与区别。
2. 能正确分析我国公路建设的现状和前景。
3. 能够区分公路建设市场的主体与客体。
4. 能够确定合理的建设工程承发包方式。
5. 能判别招投标当事人的法律责任。

☞ 素质目标
1. 通过了解我国公路建设市场的发展过程以及公路工程建设的今昔对比,提升民族自豪感,增强爱国信念。
2. 通过优秀案例的学习,讨论各地区公路建设市场招投标的现状及存在的问题,增强自身的责任感和使命感。
3. 明确各方的从业资质规定和法律责任,激发自身的求知欲,形成严以律己、精益求精的工作态度。

公路建设与前景规划

任务描述

在基本建设过程中,凡是为特定任务选择实施人均可采用招投标的方式进行,最后通过合同的形式确定实施人。而招标文件中有95%以上内容会构成合同的内容,也就意味着从招标伊始,就需要进行合同管理,招投标过程与合同管理密不可分。实行建设项目的招投标是我国建筑市场趋向规范化、完善化的重要举措,在择优选择承包人、全面降低工程造价,以及使工程造价得到合理有效的控制等方面都具有十分重要的意义。通过本任务的学习,学生应了解我国招投标发展历程,熟悉招投标的概念、作用及法律体系,掌握公路建设市场的概念、特征、主体与客体,掌握工程承发包的概念、内容及方式等。

任务情境

某乡村振兴道路建设项目××至××二级公路改建工程(××段)设计施工总承包。本招标项目已由××市发展和改革委员会(以下简称发改委)(项目审批、核准或备案机关名称)以×××【2021】×××号(批文名称及编号)批准建设,项目业主为××县交通运输局,建设资金来自上级拨款及市县财政补助(资金来源),项目出资比例为100%,招标人为××县交通运输局。项目已具备招标条件,现对该项目的设计施工总承包进行公开招标。

1. 项目概况与招标范围

(1) 建设规模

本项目起于××县××,起点桩号 K0+000,经××湖、××镇、××岭水库、××桥,终于××湖区××镇××,与在建的 S××线平交,终点桩号 K17+×××。路线全长约 16.741km,本次招标为××境内段 K0+000~K10+186,全长为 10.186km。

(2) 设计标准

本项目按二级公路标准设计,双向二车道,设计速度60km/h,路面设计标准轴载 BZZ-100。桥涵设计荷载:公路—I级。设计洪水频率:大、中桥为 1/100,小桥、涵洞及路基为 1/50。

(3) 路面结构和桥涵设计

路基宽度:13.5m,局部路段 9m、9.5m。

路面宽度:行车道宽度 3.75m,硬路肩 2.25m,总宽 12m;局部路段行车道宽度 3.5m,硬路肩 0.25m,总宽 7.5m;局部路段行车道宽度 3.75m,硬路肩 0.25m,总宽 8m。

桥面宽度:中桥及小桥净宽 12.5m+2×0.5m(防撞墙)。

设计基准期:100年。

设计安全等级:桥梁为一级,涵洞为二级。

工程投资:项目总投资 17778.39 万元;本次工程招标费用为 12240.58 万元[其中勘察设计费 121.95 万元、施工费 12118.63 万元(不含铁路桥费用)]。

投标人投标报价只作为确定中标单位的参考依据,施工图设计文件完成后的工程量清单将县财政评审中心的评审结果作为合同价,工程总价款以县财政部门依法审核结果为准。

2. 投标人资格要求

(1) 本次招标要求投标人具备的资质要求:

①独立投标人或联合体牵头人为在中国境内的企业法人,具有有效营业执照和建筑施工企业安全生产许可证;联合体中其他成员为在中国境内的企业法人,具有有效营业执照。

②独立投标人或联合体投标人具备以下资质:

a. 施工资质:公路工程施工总承包二级及以上资质。

b. 设计资质:公路行业(公路)乙级及以上资质。

c. 勘察资质：工程勘察专业乙级及以上资质。

（2）投标人施工项目负责人的资格要求：具备中级及以上（工程类）技术职称，并持有建设行政主管部门核发的合格有效的国家一级公路工程专业注册建造师执业资格证书，以及经年检合格有效的安全生产考核合格证书B证。

（3）投标人设计负责人的资格要求：具备公路与桥梁（或道路与桥梁）专业高级及以上技术职称。

（4）投标人施工技术负责人的资格要求：具备高级及以上（工程类）技术职称，并持有经年检合格有效的安全生产考核合格证书B证。

（5）信誉要求。独立投标人或联合体各成员同时具备：①未受到责令停产、停业的行政处罚或未处于财务被接管、冻结、破产状态。②未被××省交通运输厅及以上管理部门取消在××省内的投标资格或未被禁止进入××省公路建设市场。③未出现被××县级（发改委或交通运输局或公安局）及以上政府部门取消在当地的投标资格的处罚情况且处于处罚期内。④未出现在全国建筑市场诚信信息平台上正受到住房和城乡建设部暂扣或吊销企业资质的处罚情况。⑤无对本工程有重大影响的诉讼案件。⑥最近3年（指2018年1月1日至开标日，下同）内未发生骗取中标或严重违约或在工程施工中造成重大工程质量事故或重特大安全事故的情况。⑦在××省交通建设市场信用信息管理系统最新发布的信用评价结果中未被评为D级。

（6）本次招标接受联合体投标，要求如下：①联合体的成员数量不超过2名，并且联合体一方不得同时另外单独参与或与其他单位组成联合体参与本项目投标。②联合体牵头人必须是施工单位。③联合体牵头人和联合体成员按招标文件的要求提交联合体协议书。

任务布置

通过上述任务情境，学生应探讨完成以下几个任务。

1. 了解我国公路建设市场的发展历程，对比讲述我国现已取得的巨大进步。
2. 什么是招标？什么是投标？它们的特点及作用有哪些？
3. 了解公路建设市场招投标的现状，分析作为公路建设者现阶段的责任及使命。
4. 参与该项目的市场主体有哪些？他们的职责分别是什么？
5. 该项目可能采用哪种承发包方式？这种方式有什么特点？
6. 参与该项目的企业有哪些？这些企业的资质标准规定你了解吗？
7. 分析参与各方当事人的法律责任，谈谈如何严以律己、精益求精？

任务分析

公路工程建设发展迅速，规范工程招投标工作显得十分重要。根据岗位职业能力的要求，本任务共安排了四个学习活动：公路工程招投标概述、公路建设市场、工程承发包、招投标法律体系。利用工程项目导入，学生学习相关知识，熟悉工程招投标与合同管理整个过程的工作流程，及各个环节的有关规定。在项目实施过程中，学生参观当地公共资源交易中心，还原项目实际工作情境，并进行讨论，进而掌握工程招投标与合同管理过程中各方当事人的主要岗位职责、行业规范、职业素养及法律责任。学生通过相关知识的学习，熟悉法律，增强法律意识，树立法制观念，做遵纪守法的工匠；增强责任感和使命感；提升文化自信、国家和民族自豪感；增强爱国信念，实现德育目标。

任务相关知识

工程招投标是市场经济下进行工程建设发包与承接过程中所采用的一种公开竞争方式，业主通过这种方式选择更具有竞争优势的施工企业进行施工。目前，我国已经建立了比较完善的公路工程招投标法律体系。

子任务1 初识工程招投标

一、工程招投标的概念与特点

1. 工程的概念

工程招投标中的"工程"根据《中华人民共和国招标投标法实施条例》（以下简称《招投标法实施条例》）第二条的规定，工程建设项目，是指工程以及与工程建设有关的货物、服务。

建设工程包括建筑物和构筑物的新建、改建、扩建及其相关的装修、拆除、修缮等；与工程建设有关的货物是指构成工程不可分割的组成部分，且为实现工程基本功能所必需的设备、材料等；与工程建设有关的服务是指为完成工程所需的勘察、设计、监理等服务。

2. 招标人的概念和分类

（1）招标人的概念

按照现行的《中华人民共和国招标投标法》（以下简称《招标投标法》）的规定，招标人是指提出招标项目、进行招标的法人或者其他组织。

（2）招标人的分类

招标人可分为两类：一是法人，二是其他组织。《招标投标法》没有将自然人定义为招标人。

法人，是指依法注册登记，具有独立的民事权利能力和民事行为能力，依法享有民事权利和承担民事义务的组织。法人包括企业法人和机关、事业单位及社会团体法人。其他组织是指合法成立、有一定组织机构和财产但又不具备法人资格的组织，如企业的分支机构、依法登记领取营业执照的合伙组织等。

（3）招标人具备的条件

法人或者其他组织必须具备依法提出招标项目和依法进行招标两个条件后，才能成为招标人。

①依法提出招标项目

招标人依法提出招标项目，是指招标人提出的招标项目必须符合《招标投标法》规定的两个基本条件：

a. 招标项目按照国家有关规定需要履行项目审批手续的，应当先履行审批手续，取得批准。

b. 招标人应当有进行招标项目的相应资金或者资金来源已经落实，并应当在招标文件中如实载明。

②依法进行招标

《招标投标法》对招标、投标、开标、评标、中标、签订合同等程序作出了明确的规定，法人或者其他组织只有按照法定程序进行招标才能称为招标人。

3. 投标人的概念和分类

（1）投标人的概念

按照《招标投标法》的规定，投标人是指响应招标、参加投标竞争的法人或者其他组织。依法招标的科研项目允许个人参加投标的，投标的个人适用《招标投标法》有关投标人的规定。

（2）投标人的分类

投标人分为三类：一是法人；二是其他组织；三是具有完全民事行为能力的个人，也称自然人。

法人、其他组织和个人，必须具备响应招标和参加投标竞争两个条件后，才能成为投标人。

①响应招标

法人或其他组织或个人对特定的招标项目有兴趣，愿意参加竞争，并按合法途径获取招标文件，但这时法人或其他组织还不是投标人，只是潜在投标人。所谓响应招标，是指潜在投标人获得了招标信息或者投标邀请书后，购买招标文件，接受资格审查，并编制投标文件，按照投标人的要求参加投标的活动。

②参加投标竞争

潜在投标人按照招标文件的约定，在规定的时间和地点递交投标文件，对订立合同正式提出要约。潜在投标人一旦正式递交了投标文件，就成了投标人。

（3）投标人的资格条件

法人或者其他组织响应招标、参加投标竞争，是成为投标人的一般条件。要想成为合格的投标人，还必须满足两项资格条件：①国家有关规定对不同行业及不同主体投标人的资格条件；②在招标文件或资格预审文件中规定的投标人的资格条件。

4. 招标、投标、评标、中标的概念

工程招标是建设项目招标人在发包建设工程项目的勘察、设计、施工以及与工程建设有关的重要设备、材料等的采购时，通过一系列程序选择合适的承包人或供货商的过程，即招标人将拟建工程的规模、内容和建设要求，或购买的设备、材料的名称、规格、数量等内容，以招标文件的形式告知愿意承担该建设工程任务或愿意出售设备、材料的建筑企业或设备、材料的生产企业及经销企业，要求他们按照招标文件的要求，提供对建设工程项目的承包资格证明、实施方案及报价等，编制投标文件。

工程投标是投标人按照招标文件的要求编制投标文件，并在规定的日期内将投标文件递交给招标人,参与竞争承包权的交易行为。

工程评标是由招标人组建的评标委员会对投标文件进行评审和比较后,提出书面评标报告,并推荐合格的中标候选人。若经评标委员会评审,认为所有投标文件都不符合招标文件要求的,可以否决所有投标,招标人应重新招标。

工程的中标是指招标人根据评标委员会提出的书面评标报告和推荐的中标候选人,确定中标人,或由招标人授权评标委员会评审和比较,直接确定中标人。

5. 招投标的基本原则

(1) 合法原则

招投标是合同的订立方式,招投标行为是一种法律行为,所以,必然受到法律的规范和约束,服从法律的规定和要求。合法原则包括主体合法、内容合法、程序合法、代理合法等要求。

(2) 公开原则

公开原则又称为透明度原则,其主要精神就是要将招投标活动置于社会的公开监督之下,有效地防止不正当交易,主要体现在:招标信息公开、招标文件公开、招投标的程序公开、开标公开。

(3) 公平原则

公平原则的基本点是反对歧视和特权,也就是招标人或评标委员会要严格按照规定的条件和程序办事,平等地对待每一个投标人,不得对不同的投标人采用不同的标准。招标人不得以任何方式限制或者排斥本地区、本系统以外的法人或者其他组织参加投标。要求包括:

① 所有参与竞争的投标人享有同样的机会,得到同样的待遇。
② 在进行资格审查时,所有的投标人都适用同样的标准。
③ 招标人应当向所有购买了投标文件的投标人提供同样的信息。
④ 任何投标人都有且只有一次报价的机会。

(4) 公正原则

公正原则主要体现在评标和定标的过程中,目的是要按已经在招标文件中公开的投标条件,使最符合该条件的投标人能够中标。为此,评标委员会应当具有中立性、权威性和法定性,应当依据已经在招标文件中公开的评审办法和标准,对投标文件进行客观的评审和比较,以便选出最符合标准的投标人,并将其作为招标人的承诺和合同成立的依据。

(5) 诚实信用原则

诚实信用原则要求招投标双方尊重对方利益,信守要约和承诺的法律规定,履行各自的义务,不得规避招标、串通哄抬投标、泄露标底、骗取中标、非法转包分包等。

6. 招投标的特点

招投标是市场经济体制下的产物,与传统的计划经济体制下的承发包制和其他交易方式相比,有其自身的特点。

(1) 招投标是市场经济的产物

在传统的计划经济体制下的承发包制中,建设单位和承包人不是买卖关系,而是由有关领导布置任务,施工单位接受任务,不存在竞争,这样订立的合同称为计划合同,是计划经济的产物。计划合同的订立和履行有强制性,有悖于平等互利、协商一致的合同订立原则。随着经济体制改革的深入,这种形式将逐步消失,被更加先进合理、符合市场经济体制要求的招投标所取代。

(2)招投标是一种市场竞争方式

招投标是在工程建设领域建立社会主义市场经济体制的过程中培育和发展起来的一种重要的改革措施。正是由于招投标是市场经济的产物,它不可避免地受市场经济规律(如价值规律、商品经济规律等)的影响,从而表现出商品经济的激烈竞争、优胜劣汰的特点。只有那些有实力、敢于竞争、制度严格、管理科学、不断创新的企业才能生存和发展。因此,招投标的这一特点为工程建设市场的法治化、科学化、规范化提供了有力的保障。

(3)招投标符合合同订立方式

招投标是建筑产品的价格形成方式之一,是价格机制(价值规律和供求规律)在建设市场产生作用的表现。因此,招投标是承包合同的订立方式,是承包合同的形成过程。

(4)招投标是一种法律行为

根据我国的法律规定,合同的订立程序包括要约和承诺两个阶段。招投标的过程是要约和承诺实现的过程(在招标投标过程中,投送标书是一种要约行为,签发中标通知书是一种承诺行为),是双方当事人合同法律关系产生的过程。正因为招投标是一种法律行为,所以它必然受到法律的规定和约束,必须服从法律的规定和要求。

7. 招标与投标在公路工程建设中的作用

公路工程建设实行招标与投标具有如下作用。

(1)提高经济效益和社会效益

我国社会主义市场经济的基本特点是要充分发挥竞争机制作用,使市场主体在平等条件下公平竞争,优胜劣汰,从而实现资源的优化配置。招投标是市场竞争的一种重要方式,通过招标采购,让众多投标人进行公平竞争,以最低或较低的价格获得最优的货物、工程或服务,从而达到提高经济效益和社会效益、提高招标项目的质量、推动各行业管理体制改革的目的。

(2)提升企业竞争力

促进企业转变经营机制,提高企业的创新活力,积极引进先进技术和管理,提高企业生产、服务的质量和效率,不断提升企业市场信誉和竞争力。

(3)健全建设市场经济体系

维护和规范建设市场竞争秩序,保护当事人的合法权益,提高建设市场交易的公平、满意和可信度,促进法治社会建设、信用建设,促进政府转变职能,提高行政效率,建立健全现代市场经济体系。

(4)打击贪污腐败

招投标制度有利于维护国家和社会公共利益,保障合理、有效地使用国有资金和其他公共资金,防止其浪费和流失,构建从源头预防腐败交易的社会监督制约体系。在世界各国的公共采购制度建设初期,招投标制度由于其程序的规范性和公开性,往往能对打击贪污腐败起到立竿见影的效果。

二、工程招投标的现状及发展

1. 我国工程招投标的发展历程

招投标始于18世纪末至19世纪初的西方资本主义国家。

我国招投标起步较晚,其产生和发展主要经历了三个阶段。

招投标的现状与发展

第一阶段:观念确定和试点(1980—1983年)。1980年开始,上海、广东、福建、吉林等省市开始试行工程招投标。我国的吉林省吉林市和经济特区深圳市率先试行招投标,收效良好,在全国产生了示范性的影响。1983年6月,原城乡建设环境保护部颁布了《建筑安装工程招标投标试行办法》,这是建设工程招投标的第一个部门规章,也是我国第一个较详尽的招投标办法。

第二阶段:大力推行(1984—1991年)。1984年9月,《国务院关于改革建筑业和基本建设管理体制若干问题的暂行规定》(现已失效)提出大力推行工程招标投标暂行规定,改革单纯用行政手段分配建设任务的老办法,实行招投标。1984年11月,国家计划委员会、原城乡建设环境保护部印发了《建设工程招标投标暂行规定》(现已失效),随后便在全国进一步推广。

第三阶段:全面推开(1992—2000年)。1999年8月30日全国人大九届十一次会议通过了《招标投标法》,并于2000年1月1日起施行,成为我国专门规范招投标活动的基本法律。

第四阶段:日趋完善(2001年至今)。2008年6月18日,为贯彻《国务院办公厅关于进一步规范招投标活动的若干意见》(现已失效),促进招投标信用体系建设,健全招投标失信惩戒机制,规范招投标当事人行为,国家发展改革委、工业和信息化部等十部委联合发布《关于印发〈招标投标违法行为记录公告暂行办法〉的通知》,自2009年1月1日起实行。2011年11月30日,国务院第183次常务会议通过了《招标投标法实施条例》,认真总结了我国招投标实践过程中的各种问题,对工程建设项目的概念、招投标监管、具体操作等方面的问题进行了细化,更具备可操作性。2013年2月4日,国家发改委等八部委联合发布《电子招标投标办法》及其附件《电子招标投标系统技术规范》,自2013年5月1日起施行。推行电子招投标,是中央惩防体系规划、工程专项治理,以及《招标投标法实施条例》明确要求的一项重要任务,对于提高采购透明度、节约资源和交易成本、促进政府职能转变具有非常重要的意义,特别是在利用技术手段解决弄虚作假、暗箱操作、串通投标、限制排斥潜在投标人等招投标领域突出问题方面,有着独特优势。

2. 我国招投标现阶段存在的问题

我国招投标工作的逐步规范,促使招投标市场的准入更加合理有序,招投标工作更加合法、公开、公平、公正,诚信度增加,公开招投标的比例明显提高,参加建设单位的资质水平普遍较高,实力较强。业主和承包人均加大了招投标管理的力度,有效地保护了国家利益、社会公共利益和招投标活动当事人的合法权益。

现阶段存在的问题主要包括:

(1)招标人行为不够规范,带有倾向性。

(2)交易主体还存在不规范操作。

(3)资格审查缺乏责任感。

(4)评标办法不够科学,评标专家行为不够规范、水平有待提高。

(5)对招投标过程中的违法、违纪现象执法监察力度不够。

3. 工程招投标的发展趋势

21世纪是经济全球化、信息化的时代,建设工程招投标全面信息化是必然的发展趋势。招投标全面信息化是指参与各方通过计算机网络完成招投标的所有活动,即实行网上招投标。所谓全流程电子招投标,顾名思义,就是在计算机网络上完成招投标的整个过程,即在线完成招标、投标、开标、评标、定标等全部活动。它与依托纸质文件开展的招投标活动并无本质上的区别。计算机与网络技术的不断发展,推动社会各行业的信息化步伐加快,招投标信息化程度也日渐完善。

电子招投标将是建设工程招投标工作发展的主导方向,其意义主要有以下四个方面。

(1)解决招投标领域突出问题

推行电子招投标,为充分利用信息技术手段解决招投标领域突出问题创造了条件。例如,通过匿名下载招标文件,招标人和投标人在投标截止前难以知晓潜在投标人的名称数量,有助于防止围标、串标;通过网络终端直接登录电子招投标系统,不仅方便了投标人,还有利于防止通过投标报名排斥潜在投标人的行为发生,增强招投标活动的竞争性。此外,电子招投标还具有整合信息、提高透明度、如实记录交易过程等优势,有利于建立健全信用惩戒机制,防止暗箱操作、有效查处违法行为。

(2)建立信息共享机制

由于没有统一的交易规则和技术标准,各电子招投标数据格式不同,也没有标准的数据交互接口,电子招投标信息无法交互和共享,甚至形成新的技术壁垒,影响了统一开放、竞争有序的招投标大市场的形成。因此,电子招投标应为招投标信息共享提供必要的制度和技术保障。

(3)转变行政监督方式

与传统纸质招标的现场监督、查阅纸质文件等方式相比,电子招投标的行政监督方式有了很大变化,如利用信息技术,可以实现网络化、无纸化的全面、实时和透明监督。

(4)降低招投标成本

普通招投标采用传统的会议、电话、传真等方式,而网络招投标利用高速且低廉的互联网,极大地降低了通信及交通成本,提高了通信效率。过去常见的招标大会、开标大会可改在网络上举行或者改为其他形式,特别是电子招投标的无纸化,减少了大量的纸质投标文件的使用,有利于降低成本,保护生态环境。

随着我国信息化水平的不断提高,充分发挥信息技术在提高招标采购透明度、预防腐败、节约资源和成本、解决目前招投标领域突出问题方面的独特优势,电子招标采购已成为行业健康、科学发展的必然趋势。无论是政府采购、企事业单位招标还是其他领域的招投标,电子招投标都能够为其带来更好的效益和价值。

三、工程招投标的程序

工程招标程序,是指工程招标活动按照一定的时间和空间应遵循的先后顺序,以招标人和其代理人为主进行的有关招标的活动程序。工程招标程序包含下列三个阶段:

(1) 招标准备阶段。该阶段主要工作有办理工程报建手续、选择招标方式、设立招标组织或委托招标代理人、编制招标有关文件和标底、办理招标备案手续等。

(2) 招标投标阶段。该阶段主要工作包括发布招标公告或发出投标邀请书、投标资格预审、发放招标文件和有关资料、组织现场勘察、投标预备会和接受投标文件等。

(3) 定标签约阶段。该阶段主要工作是开标、评标、定标和签约等。

引例 1-1

【背景资料】

鲁布革水电站位于云南省罗平县和贵州省兴义市境内，云贵两省交界的深山峡谷之中，该水电站是我国"六五"和"七五"期间的重点工程项目，是中国第一个面向国际公开招投标工程，在20世纪八九十年代曾创造出多项中国"第一"，被誉为中国水电基础建设对外开放的"窗口"电站。

从中华人民共和国成立以来，我国大型工程建设一直采用自营制方式：由国家拨款，国营工程局施工，建成后移交管理部门生产运行，收益上交国家。20世纪80年代初，我国决定鲁布革水电站部分建设资金向世界银行贷款。1983年成立鲁布革工程管理局，第一次引进了业主、工程师、承包方的概念。鲁布革水电站是我国水电建设中第一个对外开放的引进外资、设备、技术和单项工程对外招标承包的水电工程。这项工程按世界银行要求，对引水隧洞工程的施工及主要机电设备实行了国际招标。

鲁布革水电站局部工程进行国际竞争性招标，将竞争机制引入工程建设领域，日本大成公司中标进入中国水电建设市场，夺走了原本已定为中国工程局的工程，形成了一个工程两种体制并存的局面。"鲁布革冲击"波及全国，人们在经历改革阵痛的同时，通过对比和思考，看到了比先进的施工机械更重要的东西，很多人开始反思在计划经济体制下建设管理体制的弊端。当时招标程序及合同履行情况见表1-1，分别进行了刊登招标公告及编制招标文件、资格预审、发售招标文件、开标、评标、开工、竣工等环节。

鲁布革水电站局部工程招标程序及合同履行情况　　表1-1

时间	工作内容	说明
1982年9月	刊登招标公告及编制招标文件	
1982年9—12月	第一阶段资格预审	从13个国家32家公司选定20家公司
1983年2—7月	第二阶段资格预审	与世界银行磋商第一阶段预审结果，中外公司组成联合投标公司进行谈判
1983年11月8日	发售招标文件	15家外商公司及3家国内公司购买标书
1983年11月8日	当众开标	共8家公司投标，其中一家为废标
1983年11月—1984年4月	评标	确定大成(日)、前田(日)和英波吉洛(意美联合)3家公司为评标对象，最后确定大成(日)中标
1984年11月	引水工程正式开工	
1988年8月13日	正式竣工	工程师签署了工程竣工移交证书，工程初步结算价9100万元，实际工期1475d

表 1-2 为各投标人的评标折算报价情况。

各投标人的评标折算报价情况　　　　　　　　　　　表 1-2

公司	折算报价(万元)	公司	折算报价(万元)
大成公司	8460	中国闽昆与挪威 FHS 联合公司	12210
前田公司	8800	南斯拉夫能源公司	13220
英波吉洛公司	9280	法国 SBTP 联合公司	17940
中国贵华与西德霍尔兹曼联合公司	12000	西德某公司	废标

按照国际惯例,只有前三名进入评标阶段,因此我国两家公司没有入选。这次国际竞争性招标,国内公司虽享受 7.5% 的优惠,条件颇为有利,但仍未中标。引水隧洞工程标底为 14958 万元,日本大成公司以 8460 万元的标价中标。1984 年 10 月 15 日正式施工,1987 年 10 月全线贯通,比计划提前 5 个月。1988 年 7 月引水系统工程全部竣工,比合同工期提前了 122 天,实际工程造价按开标汇率计算约为标底的 60%。

【问题】

1. 鲁布革水电站引水工程在技术和管理方面给我们带来了哪些经验。
2. 鲁布革水电站引水工程的在我国产生的积极影响主要有哪几个方面?

【专家评析】

1. 鲁布革水电站引水工程在技术和管理方面给我们带来了经验,开阔了视野。

(1)当时国内隧洞开挖进尺每月最高为 112m,仅达到国外公司平均水平的 50% 左右。日本大成公司是国际著名承包方,施工工艺先进,每立方米混凝土的水泥用量比国内公司少 70kg。我国与挪威联营公司所用水泥比大成公司多 4 万 t 以上,按进口水泥运达工地价计算,水泥造价的差额约为 1000 万元。此外,国外施工管理严格,1984 年 7 月 31 日工程师发布开工令后,1984 年 10 月 15 日就正式施工,从下达开工令到正式开工仅用了两个半月时间。隧洞开挖仅用了两年半时间,于 1987 年 10 月全线贯通,比计划提前 5 个月。1988 年 7 月引水系统工程全部竣工,比合同工期提前了 122 天。实际工程造价按开标汇率计算约为标底的 60%。

(2)在建设过程中,实行了国际通行的工程监理制和项目法人责任制等管理办法。鲁布革工程在施工组织上,承包方只用了 30 人组成的项目管理班子进行管理,施工人员是我国水电十四局的 500 名职工。日本大成公司先进的施工机械、精悍的施工队伍、先进的管理机制、科学的管理方法引起了人们极大的兴趣。

2. 鲁布革水电站引水工程的招标方式在我国产生的积极影响主要有以下三个方面:

(1)该工程进行国际招标和实行国际合同管理,在当时具有很大的超前性。鲁布革工程管理局作为既是"代理业主"又是"监理工程师"的机构设置,按合同进行项目管理的实践,使人耳目一新,当时到鲁布革水电站引水工程考察被称为"不出国的出国考察"。

(2)把竞争机制引入工程建设领域,实行招投标制,评标工作认真细致。鲁布革水电站引水工程首先给人的冲击是大型工程施工打破了历来由主管部门指定施工单位的做法,施工单位要凭实力进行竞争,由业主择优而定。鲁布革水电站是我国第一次采取国际招标程序授予外国企业承包权的工程。

（3）这是在20世纪80年代初我国计划经济体制还没有根本改变、建筑市场还没有形成、外部条件尚未充分具备的情况下进行的。而且，只是对水电站引水工程进行国际招标，首部大坝枢纽和地下厂房工程以及机电安装仍由水电十四局负责施工，因此形成了一个工程两种管理体制并存的状况。鲁布革水电站引水工程的国际招标实践和一个工程两种体制的鲜明对比，在中国工程界引起了强烈的反响，激发了人们对基本建设管理体制改革的强烈愿望，极大地促进了我国招投标制度的改革和进步。

子任务2　认知公路建设市场

由于建筑产品交易属于期货交易，不同于一般产品，招投标的完成仅表示主体之间建立了交易关系，而交易双方权利、义务的明确必须以合同的形式确定，合同履行的过程，包括最后的竣工验收和工程决算的全部完成，才是交易完成的标志。

建设市场概述

一、概念及特点

1. 市场的概念

市场有广义与狭义之分。广义市场是商品交换关系的总和，包括有形市场和无形市场。无形市场，是没有固定交易场所的市场，买卖双方靠广告、中间商等交易方式，寻找货源或买主，实现交换，如网购、在线教育等。有形市场，是有固定商品交易场所的市场，如农贸市场、建材市场、商店、购物中心、展销会等。狭义的市场，一般指的是有形市场。

2. 建设市场

建设市场也有广义和狭义之分。广义的建设市场包括有形市场和无形市场，是指与建筑产品有关的一切供求关系的总和，除了以建筑产品为交换内容外，还包括与建筑产品的生产和交换密切相关的勘察设计市场、劳动力市场、建筑生产资料市场、建筑资金市场和建筑技术服务市场等而形成的建筑市场体系。狭义的建设市场一般是指有形建设市场，是以建筑产品为交换内容的市场，有固定的交易场所。公路建设市场，则属于建设市场的一个分支，一个领域。

3. 建设市场的特点

建设市场是整个国民经济大市场的有机组成部分，与一般市场相比较，建设市场有许多特征，主要表现在以下几个方面。

（1）建设市场交易的直接性

这一特点是由建筑产品的特点所决定的。在一般工业产品市场中，由于交换的产品如电冰箱、洗衣机等具有间接性、可替换性和可移动性，供给者可以预先进行生产然后通过批发、零售环节进入市场。建筑产品则不同，只能按照客户的具体要求，在指定的地点为其建造某种特定的建筑物,因此,建设市场上的交易只能由需求者和供给者直接见面,进行预先订货式的交易,先成交,后生产。

(2)建筑产品的交易过程持续时间长

众所周知,一般商品的交易基本上是"一手交钱,一手交货",除去建立交易条件的时间外,实际交易过程则较短。建筑产品的交易则不然,它属于期货交易,由于不是将具有实物形态的建筑产品作为交易对象,而且建筑产品的生产周期长,价值巨大,供给者无法以足够资金投入生产,大多采用分阶段按实施进度付款,待交货后再结清全部款项的方式。因此,双方在确立交易条件时,重要的是关于分期付款与分期交货的条件。从这点来看,建筑产品的交易过程就表现出一个很长的过程。

(3)建设市场有着显著的地区性

这一特点是由建筑产品的地域特性所决定的。建筑产品无论是作为生产资料,还是作为消费资料,建在哪里,就只能在哪里发挥功能。对于建筑产品的供给者来说,它无权选择特定建筑产品的具体生产地点,但它可以选择自己在地理上的经营范围。由于大规模的流动势必造成增加生产成本,因而建筑产品的生产经营通常总是相对集中于一个相对稳定的地理区域。这使得供给者和需求者之间的选择存在一定的局限性,通常只能在一定范围内确定相互之间的交易关系。

(4)建设市场的风险较大

建设市场中不仅供给者有风险,需求者也有风险。从建筑产品供给者方面来看,建筑产品的市场风险主要表现在以下方面:

①定价风险。由于建设市场中的供给方的可替代性很大,市场的竞争主要表现为价格的竞争:定价过高可能导致招揽不到生产任务;定价过低则可能使企业亏损,甚至破产。

②建筑产品是先确定价格、后生产,生产周期长,不确定因素多。例如,气候、地质、环境的变化,需求者的支付能力,以及国家的宏观经济形势等,都可能对建筑产品的生产产生不利的影响,甚至是严重的不利影响。

③需求者支付能力的风险。建筑产品的价值巨大,其生产过程中的干扰因素可能使生产成本和价格升高,从而超过需求者的支付能力;或因贷款条件而使需求者筹措资金发生困难,甚至有可能需求者一开始就不具备足够的支付能力。凡此多种因素,都有可能出现需求者对生产者已完成的阶段产品或部分产品拖延支付甚至中断支付的情况。

(5)建设市场竞争激烈

由于建筑业生产要素的集中程度远远低于资金、技术密集型产业,使其不可能采取生产要素高度集中的生产方式,而是采用生产要素相对分散的生产方式,致使大型企业的市场占有率较低。因此,在建设市场中,建筑产品生产者之间的竞争较为激烈。而且,由于建筑产品的不可替代性,生产者基本上是被动地去适应需求者的要求。需求者相对而言处于主导地位,甚至处于相对垄断地位,这自然加剧了建设市场的激烈竞争。建设产品生产者之间的竞争首先表现为价格上的竞争。由于不同的生产者在专业特长、管理和科技水平、生产组织的具体方式、对建筑产品所在地各方面情况了解和市场熟悉程度以及竞争策略等方面存在较大的差异,因而他们之间的生产价格会有较大的差异,从而使价格竞争更加激烈。

> **拓展视野**
>
> 期货(Futures)与现货完全不同。现货是实实在在可以交易的货(商品)。期货主要不是货,而是以某种大众产品(如棉花、大豆、石油等)及金融资产(如股票、债券等)为标的物的标准化、可交易的合约。因此,这个标的物可以是某种商品(如黄金、原油、农产品等),也可以是金融工具。

二、公路建设市场的发展历程

中华人民共和国成立70多年来,我国公路建设事业取得了辉煌的成就,公路交通状况得到了极大改善,为国家经济社会发展、人民生活水平提高提供了强有力的支撑。伴随着我国社会主义市场经济体制的建立和不断完善,公路建设领域的市场化改革也取得了巨大成就。从1949年至今,我国公路建设市场化改革主要经历了以下几个阶段。

1. 计划经济时期(1949—1978年)

在此阶段,我国投资体制的主要特征是"计划",还没有"市场化"的概念。在交通基础设施建设方面,中央政府负责国家干线公路的规划与修建,地方政府负责本区域地方公路的规划与修建。投资决策权高度集中在政府手中,从公路建设项目的提出到设计、施工等各个环节都必须由政府部门进行行政性审查批准;对公路建设投资所需要的资金、设备、建筑材料和劳动力等实行计划分配使用,直接以指令性计划和行政命令管项目、管拨款、管调配物资、管施工队伍,各种投入要素很难流动。

2. 改革开放初期(1979—1983年)

此阶段,是市场化起步和试点阶段,国家对财政投资实行"拨改贷"。1980年,国家在分项目中试行基本建设投资有偿占用制度,基本建设投资由原先的无偿政府拨款改为有偿商业贷款。1983年以后,国家为了解决交通发展滞后严重制约国民经济快速发展的问题,开征能源交通重点建设基金和建筑税(后改称固定资产投资方向调节税)。从1983年起,各省(自治区、直辖市)提高了公路养路费的征收标准,扩大征收范围,进而能从养路费中拨出更多资金用于交通发展。从此,计划经济体制下传统的完全依靠行政手段分配资金的方法有了初步改变。

3. 项目建设实施阶段管理体制改革(1984—1986年)

此阶段,重点对项目建设实施阶段的管理体制进行改革。1984年,国务院开始推行招投标制度,代替行政分配任务制度;建立工程承包制度,实行基建物资和设备供应企业化,开始引进市场竞争机制。公路建设领域全面推行国务院颁布的改革制度,加快了改革步伐,实行路政与公路施工、养护单位政企分开,实行公路建设项目监理制度,推行招投标制度,并开始形成公路建设投入要素市场。在深化公路建设项目管理制度改革的同时,为了加快公路建设速度,解决建设资金问题,按照1984年12月国务院第54次常务会议的决定,开征车辆购置附加费,全部收入作为国家公路建设发展基金的一项来源,由交通部按国家规定统一安排,用于国家干线公路和部分省级干线公路的建设。随后,各省(自治区、直辖市)政府也相继出台了征收客货运附加费,公路建设基金等政策,扩大了公路建设资金来源。

4. 投资活动管理改革(1987—1992 年)

此阶段,以《国务院关于印发投资管理体制近期改革方案的通知》(国发〔1988〕45 号)为标志,提出对投资活动的管理,必须符合发展有计划商品经济的要求,把计划与市场有机结合起来,重点对政府投资范围、资金来源和经营方式进行初步改革。1988 年 1 月,交通部、财政部、国家物价局联合发布了《贷款修建高等级公路和大型公路桥梁、隧道收取车辆通行费规定》(现已废止)。1992 年,交通部发布《关于深化改革、扩大开放、加快交通发展的若干意见》,进一步明确了对外开放、积极引进外资的态度,扩大了外资引入规模。

5. 公路的经营管理和产权制度改革尝试(1993—1998 年)

按照1993年党的十四届三中全会通过的《中共中央关于建立社会主义市场经济体制若干问题的决定》和1997年党的十五大会议精神,开始对公路的经营管理和产权制度进行改革尝试,并取得了可喜的成果。在此阶段,许多省区市已建立或正在建立完善公路建设要素(包括资金、劳务、物资、技术、信息等)市场,利用市场机制完成公路建设资源的优化配置。对公路建设项目实行的前期可行性论证、设计、采购、施工、监理等具体实施方面进行体制改革,广泛引入竞争机制。通过推行公路建设项目竞争性公开招标,实行公路咨询、公路勘察设计、施工、质量监理的企业化经营。

6. 市场化改革深入推进(1999—2016 年)

自 1999 年开始,《中华人民共和国合同法》(现已失效)、《中华人民共和国公路法》、《中华人民共和国招标投标法》相继实施,政府管理职能转变加快,市场化改革深入推进。公路建设领域从政府行为规范化、经济主体自由化、生产要素市场化、竞争环境公平化四个方面进行了比较系统的改革,标志着其市场化改革已取得初步成效。

7. 党的十九大提出建设交通强国(2017—2021 年)

建设交通强国是党的十九大作出的重大战略决策。这一战略将我国的交通建设重心从追求发展规模转到追求质量效益,从各种交通方式独立发展转到建设综合交通一体化体系,体现出对交通运输的高质量发展要求。中共中央、国务院先后印发《交通强国建设纲要》《国家综合立体交通网规划纲要》。此阶段,公路建设市场管理制度不断完善,项目招投标不断规范,升级了国家公路建设项目评标专家库管理系统,有效遏制了招投标违法违规行为,保障了公路建设市场的公平竞争和规范有序;营商环境不断优化,完善了监理企业资质标准,简化了资质申报材料,优化了审批流程,推行监理企业资质网上"电子化""清单式"申报和许可网上办理,进一步调整和下放行政审批事项,不断优化营商环境,全面实现"一次不跑",监管事项线上办理,强化招投标信息公开,增加招标计划环节,推行不见面开标和远程异地评标、获取招标文件免费、电子保函、农民工工作保证金差异化缴存、等政策;公路建设市场监管信息化水平不断提高,全面优化升级了全国公路建设市场信用信息管理系统,推进公路建设市场与收费公路监管信息系统建设,打造公路建设市场监管全国一张网。

8. 党的二十大报告明确提出加快建设交通强国(2022 年至今)

党的二十大报告强调,要加快建设交通强国、数字中国;《数字交通"十四五"发展规划》明确提出,交通要全方位向"数"融合。在政策加持下,数字交通建设迎来关键发展期。党的二十大报告强调加快建设交通强国,充分体现了以习近平同志为核心的党中央对交通运输工作的高度重视和殷切期望。我们要坚持以习近平新时代中国特色社会主义思想为指导,深入学习贯彻落实党的二十大精神,踔厉奋发、勇毅前行,加快建设交通强国,努力当好中国式现代化的开路先锋。

在此基础上,交通运输部修订出台了2022年版标准体系,包括国家和行业标准92项,其中现行有效标准53项,规划标准39项。

经过上述几个阶段的发展,我国公路建设市场已取得可喜的成果。我们应该把握好契机,努力学习,提高自身综合素养,投身到加快建设交通强国中去。

○ 拓展视野 ○

高速公路与国道的 G 的区别

道路的名称(包括低等级公路)从每千米一个的里程碑上都可以看到,碑的上部书写的就是道路编号,国道为红色,省道为蓝色,县道为黑色。

高速公路与国道的确都以 G 开头,但国道编号均为3位数,如 G107;国家高速公路网编号均为2位数或4位数,其中2位数的是主干网,如 G70(福州—银川高速公路),4位数的是城市环线或联络线,如 G4201(武汉绕城高速公路)。

三、公路建设市场的主体与客体

建设市场交易是业主给付建设费,承包人交付工程的交易过程。但是建设市场又不等同于一般的交易,它包括很复杂的内容,其交易贯穿于建筑产品生产的全过程。不仅存在业主与承包人之间的交易,还存在承包人与分包人、材料供应商之间的交易,以及业主与设计单位、设备供应单位、咨询单位的交易等。

建设市场主体与客体

建设市场的主体包括发包工程的政府部门、企事业单位、房地产开发公司和个人组成的发包人,承担工程勘察设计、施工任务的建筑企业组成的承包人,以及为市场主体服务的各种中介机构。建设市场的客体则为建设市场的交易对象,即建筑产品。建筑产品包括有形的建筑产品和无形的建筑产品(如咨询、监理等智力型服务)。

1. 公路建设市场的主体

(1)发包人

发包人又称业主、项目法人(俗称"甲方")。发包人是既有进行某项工程建设的需求,又具有该项工程建设相应的建设资金和各种准建手续,在建设市场中发包工程建设的咨询、设计、施工监理任务,并最终得到建筑产品的所有权的政府部门、企事业单位和个人。发包人可以是各级政府、政府委托的资产管理部门,也可以是学校、医院、工厂、房地产开发公司等企事业单位,还可以是个人。在我国工程建设中,一般将发包人称为建设单位或甲方,国际工程承包中通常称作业主。他们在发包工程和组织工程建设时进入建设市场,成为建设市场的主体。因此,业主作为市场主体具有不确定性。为了规范业主行为,结合我国的实际国情,我国建立了投资责任约束机制，即项目法人责任制，由项目业主对项目建设全过程负责。

项目业主的产生，主要有三种方式：

①业主是企业或单位。例如，某工程为企事业单位投资的新建、改建工程，则该企业或事业单位即项目业主。

②业主是联合投资董事会。对于由不同投资方参股或共同投资的项目，业主是共同投资方组成的董事会或管理委员会。

③业主是各类开发公司。开发公司自行融资或由投资方协商组建或委托开发的工程管理公司也可称为业主。

发包人在项目建设过程中的主要职能是：建设项目立项决策、建设项目的资金筹措与管理、办理建设项目的有关手续（如征地、施工许可证等）、建设项目的招标与合同管理、建设项目的施工与质量管理、建设项目的竣工验收和试运行、建设项目的统计及文档管理。

（2）承包人

承包人是指有一定生产能力、机械设备、流动资金且具有承包工程建设任务的营业资格，在建设市场中能够按照发包人的要求，提供不同形态的建筑产品，并最终得到相应的工程价款的建筑业企业。按照生产的主要形式，承包人主要分为勘察设计单位、建筑安装企业、混凝土配件及非标准预制件等生产厂家，商品混凝土供应、建筑机械租赁单位，以及专门提供建筑劳务的企业等。承包人的生产经营活动是在建设市场中进行的。承包人是建设市场主体中的主要组成部分。

相对于发包人，承包人为建设市场主体，是长期和持续的。因此，对承包人一般实行从业资格管理。承包人从事建设生产，一般需要以下三个方面的条件：

①拥有符合国家规定的注册资本。

②拥有与其资质等级相适应且具有注册执业资格的专业技术人员和管理人员。

③有从事相应建筑活动所应有的技术装备。

在市场经济条件下，承包人需要通过市场竞争取得施工项目，要依靠自身的实力去赢得市场（提高中标能力），其实力主要包括技术方面的实力、经济方面的实力、管理方面的实力、信誉方面的实力。承包人承揽工程，必须根据本企业的施工力量、机械装备、技术力量、工程经验等方面的条件，选择能发挥自身优势的项目，避开不擅长或缺乏经验的项目，做到扬长避短，避免给企业带来不必要的风险和损失。

（3）工程咨询服务机构

工程咨询服务机构是指具有一定注册资金，有一定数量的工程技术、经济、管理人员，取得建设咨询证书和营业执照，具有相应的专业服务能力，在建设市场中受承包方、发包方或政府管理机构的委托，对工程建设进行估算测量、咨询代理、建设监理等智力型服务，并取得服务费用的机构。

工程咨询服务机构包括勘察设计单位、工程造价咨询单位、招标代理单位、工程监理单位、工程管理单位等。这类机构主要是向业主提供工程咨询和管理服务，弥补业主对工程建设过程不熟悉的缺陷，国际上一般称为咨询公司。在我国，目前数量最多并有明确资质标准的是勘察设计单位、工程监理单位、工程造价咨询单位和招标代理单位。

在市场经济运行中，工程咨询服务机构作为政府、市场、企业之间联系的纽带，与业主之间是契约关系,具有政府行政管理不可替代的作用。发达的工程咨询服务机构又是市场体系成熟和市场经济繁荣的重要表现。

2. 公路建设市场的客体

建设市场的客体,一般称为建筑产品,是建设市场交易的对象,既包括有形建筑产品,也包括无形建筑产品。建筑产品本身及其生产过程的特殊性,使其具有与其他工业产品不同的特点。在不同的生产交易阶段,建筑产品表现为不同的形态:它可以是咨询公司提供的咨询报告、咨询意见或其他服务,可以是勘察设计单位提供的设计方案、施工图、报告,可以是生产厂家提供的混凝土构件;也可以是承包人生产的各类建筑物和构筑物。

有形建筑产品具有以下几个特点:①建筑产品固定性和生产过程的流动性;②建筑产品的单件性;③建筑产品整体性和分部分项工程的相对独立性;④建设生产的不可逆性;⑤建筑产品的社会性。

对于建筑产品,必须熟悉建设项目的组成(图1-1)。基本建设项目是指按一个总体设计或初步设计组织施工,建成后具有完整的系统,可以独立地形成生产能力或使用价值的建设工程,又称为建设项目。建设项目在经济上实行独立核算,在行政管理上具有独立的组织形式。一个建设项目由若干个单项工程组成。单项工程是指具有独立的设计文件,可以独立组织施工,竣工后可以独立发挥生产能力或效益的工程。一个单项工程又可分为若干个单位工程。单位工程是指具有单独的设计文件,可以独立施工,但完工后不能独立发挥生产能力或效益的工程。一个单位工程可由若干分部工程组成。在单位工程中,把性质相近且所用工具、工种、材料大体相同的部分划分在一起的工程称为一个分部工程。它一般按单位工程的结构部位、路段长度及施工特点或施工任务进行划分。一个分部工程可由若干个分项工程组成。分项工程是基本建设项目划分的最小单元,是按照分部工程划分的原则,根据不同的施工方法、不同的施工部位、不同的材料、不同的质量要求和工作难易程度对分部工程所做的进一步划分。

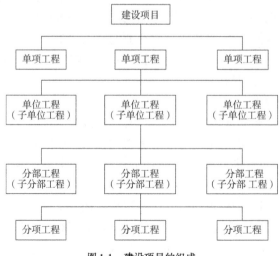

图1-1　建设项目的组成

> **拓展视野**

以宁杭高速公路建设为例,整个宁杭高速公路工程即一个完整的基本建设项目,它包含常州段、无锡段、宁波段三个单项工程。比如,无锡段可以分为桥梁工程(小桥)、路线工程和隧道工程三个单位工程。路线工程可以分为路基工程、路面工程和材料采集三个分部工程。路面工程又可以分为沥青路面、混凝土路面和级配砾石路面几个分项工程(图1-2)。

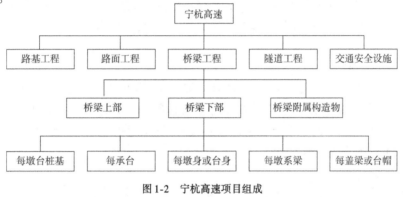

图1-2　宁杭高速项目组成

四、公共资源交易中心

1995年开始,建设部在总结一些地方成功经验的基础上,要求有一定建设规模并具备相应条件的中心城市逐步建立建设工程交易中心,以强化对工程建设的集中统一管理,规范市场主体行为,建立公开、公平、公正的市场竞争环境,促进工程建设水平的提高和建筑业的健康发展,目前全国各省区市均建有公共资源交易中心(又称建设工程交易中心)。

公共资源交易中心

1. 公共资源交易中心的指导思想

成立公共资源交易中心的指导思想是:坚持以邓小平理论和"三个代表"重要思想为指导,深入贯彻落实科学发展观,坚持以改革创新为动力,遵循"政府主导、管办分离,集中交易、规范运行,部门监管、行政监察"的原则,优化公共资源配置,整合现有分散的专业交易平台,创新监管机制,规范交易行为,切实解决公共资源交易过程中存在的突出问题,维护社会公共利益和市场参与各方利益,打造公开、公平、公正和诚实守信的阳光交易平台。

2. 公共资源交易中心概述

公共资源交易中心是负责公共资源交易和提供咨询、服务的机构,是公共资源统一进场交易的服务平台,是为建设工程招投标活动提供服务的自收自支的事业性单位,而非政府机构。

公共资源交易中心的交易内容包括工程建设招投标、土地和矿业权交易、企业国有产权交易、政府采购、公立医院药品和医疗用品采购、司法机关罚没物品拍卖、国有文艺品拍卖等所有公共资源交易项目。

公共资源交易管理体制改革是政府行政管理体制改革的一项重要内容,是建设服务型政府的重要举措。公共资源交易中心的成立整合规范了公共资源交易的流程,形成了统一、规范的业务操作流程和管理制度,实行八个统一,即统一受理登记、统一信息发布、统一时间安排、统一专家中介抽取、统一发放中标通知、统一费用收取退付、统一交易资料保存、统一电子监察监控。

3. 公共资源交易中心的工作原则

(1) 信息公开原则

有形建设市场必须充分掌握政策法规,工程发包人、承包人和咨询单位的资质,以及工程造价、招标规则、评标标准、专家评委库等各项信息,并保证市场各方主体都能及时获得需要的信息资料。

(2) 依法管理原则

公共资源交易中心应严格按照法律、法规开展工作,尊重建设单位依照法律规定选定投标单位和中标单位的权利,尊重符合资质条件的建筑业企业提出的投标要求和接到邀请参加投标的权利。任何单位和个人不得非法干预公共资源交易活动的正常进行。监察机关应进驻公共资源交易中心实施监督。

(3) 公平竞争原则

建立公平竞争的市场秩序是公共资源交易中心的一项重要原则。进驻的有关行政监督管理部门应严格监督招投标单位行为,防止行业、部门垄断和不正当竞争,不得侵犯交易活动各方的合法权益。

(4) 闭合管理原则

建设单位在工程立项后,应按规定在公共资源交易中心办理工程报建和各项登记、审批手续,接受公共资源交易中心对其工程项目管理资格的审查,招标发包的工程应在公共资源交易中心发布工程信息;工程承包单位和监理、咨询等中介服务单位,均应按照公共资源交易中心的规定承接施工和监理、咨询业务。未按规定办理前一道审批、登记手续的,任何后续管理部门不得给予办理手续,以保证管理的程序化和制度化。

(5) 办事公正原则

公共资源交易中心是政府建设行政主管部门批准建立的服务性机构。它必须配合进场的各行政管理部门做好相应的工程交易活动管理和服务工作,同时要建立监督制约机制,公开办事规则和程序,制定完善的规章制度和工作人员守则,一旦发现公共资源交易活动中的违法违规行为,应当向政府有关部门报告,并协助处理。

子任务3　工程承发包

建设工程项目,在有条件的情况下,可以采用自营方式自己直接施工,但绝大多数情况下都是采用承发包的方式。根据协议,作为交易一方的承包人,负责为交易另一方的发包人完成某一项工程的全部工作或一部分工作,并按一定的价格取得相应的报酬。发包人是市场中拥有资金的买方,委托任务并负责支付报酬;承包人是市场中获取资金的卖方,接受任务并负责按期、保质、保量完成而取得报酬。

工程承发包

一、工程承发包的概念

工程承发包是一种商业行为,是商品经济发展到一定阶段的产物。其含义是:在建筑产品市场上,作为供应者的建筑业企业(承包方,供应的是设计图纸、文件或建筑施工力量)对作为需求者的建设单位(通称业主,即发包人)作出承诺,负责按对方的要求完成某一工程的全部工作或部分工作,并按商定的价格取得相应的报酬。在交易过程中,承发包双方之间存在着经济和法律上的权利、义务与责任的各项关系,依法通过合同予以明确。双方都必须认真按合同规定办事。

公路工程施工承发包是由甲方(发包人、建设单位)把公路工程施工任务委托给乙方(即承包人),且双方在平等互利的基础上签订工程施工合同,明确各自的经济责任、权利和义务,以保证工程任务在合同造价内按期、保质、保量地完成。目前,公路施工企业获取施工项目的主要途径就是通过招投标承揽业务,并签订承包合同和协议,这就是工程承发包。

二、工程承发包的内容

工程项目的整个建设过程可以分为可行性研究勘察设计、材料和设备采购、工程施工生产准备和竣工验收等阶段。总体而言,工程承包的内容就是整个建设过程各个阶段的全部工作。对于一个承包单位来说,承包内容可以是建设过程的全部工作,也可以是某一阶段的全部工作或一部分工作。

三、工程承发包方式

工程承发包方式是指工程承发包双方之间经济关系的形式。受承包内容和具体环境的影响,承包方式多种多样。建设工程承包方式按工程承包范围、承包人所处的地位、获得承包任务的途径、合同类型和计价方式分类等可以划分为不同类型。

1.按工程承包范围划分承包方式

按工程承包范围(承包内容)划分的承包方式有建设全过程承包、阶段承包、专项承包和建设—经营—转让承包四种。

(1)建设全过程承包

建设全过程承包方式也称为"总承包",按其范围大小又可分为统包和施工阶段全过程承包。

①统包也叫一揽子承包,即通常所说的"交钥匙"。采用这种承包方式,建设单位一般只要提出使用要求和竣工期限,承包单位即可对项目建议书、可行性研究……直至竣工投产,实行全过程、全面的总承包,并负责对各项分包任务进行综合管理、协调和监督工作。

统包要求承发包双方密切配合;涉及决策性质的重大问题时仍应由建设单位或其上级主管部门做最后的决定。这种承包方式主要适用于各种大中型建设项目。采用这种承包方式可以积累建设经验和充分利用已有的经验,可节约投资,缩短建设周期,并保证建设的质量,提高经济效益。但是它要求承包单位必须具有雄厚的技术、经济实力和丰富的组织管理经验。

②施工阶段全过程承包,也称为"设计—施工连贯模式"。承包方在明确项目使用功能和竣工期限的前提下,完成工程项目的勘察、设计、施工、安装等环节。

(2) 阶段承包

阶段承包是承包建设过程中某一阶段或某些阶段的工作内容。阶段承包可分为建设工程项目前期阶段承包、勘察设计阶段承包、施工安装阶段承包等。

①建设工程项目前期阶段承包,也称项目开发阶段承包。主要是为建设单位提供前期决策的意见和科学、合理的投资开发建设方案,如可行性研究报告或设计任务书。

②勘察设计阶段承包。工程项目可行性研究报告批准后,根据设计任务书提供勘察和设计两种不同性质的相关文件资料。其中,勘察单位最终提出施工现场的地理位置、地形、地貌、地质及水文地质等工程地质勘察报告和测量资料;设计单位最终提供设计图纸和成本预算结果。

③施工安装阶段承包。主要是为建设单位提供符合设计文件规定的建筑产品并进行施工安装。在施工安装阶段承包中,还可按承包内容的不同细化为以下三种方式:

a. 包工包料,即承包人提供工程施工所需的全部工人和材料。这是国际上普遍采用的施工承包方式。

b. 包工部分包料,即承包人只负责提供施工所需的全部人工和一部分材料,其余部分则由建设单位或总包单位负责供应。我国改革开放前曾实行多年的施工单位承包全部用工和地方材料、建设单位供应统配和部管材料以及某些特殊材料的方式,就属于这种承包方式。改革开放后已逐步过渡到包工包料方式。

c. 包工不包料,即承包人仅提供劳务而不承担供应任何材料的义务。在国内外的建筑工程中都存在这种承包方式。

(3) 专项承包

专业承包是指某一建设阶段中的某一专门项目,由于专业性较强,多由有关的专业承包单位承包(故也称专业承包)。例如,可行性研究中的辅助研究项目,勘察设计阶段的工程地质勘察交通工程专业设计,建设准备过程中的设备选购和生产技术人员培训,以及施工阶段的路基施工、交通工程施工等。

(4) 建设—经营—转让承包

建设—经营—转让(build-operate-transfer,BOT)是20世纪80年代中后期兴起的一种带资承包方式。一般由一个或几个大承包人或开发商牵头,联合金融界组成财团,就某个工程项目向政府提出建议和申请,取得建设和经营该项目的许可。这些项目一般都是大型公共工程和基础设施,如隧道、港口、高速公路、电厂等。政府若同意建议和申请,则将建设和经营该项目的特许权授予财团。财团负责资金筹集、工程设计和施工的全部工作;竣工后,在特许期内经营该项目,通过向用户收取费用来回收投资、偿还贷款并获取利润;特许期满将该项目无偿地移交给政府经营管理。

2. 按承包人所处的地位划分承包方式

在工程承包中,一个建设项目往往有不止一个承包人。承包人与建设单位之间,以及不同承包人之间的关系不同、地位不同,也就形成不同的承包方式。按承包人所处地位划分的承包方式有总承包、分承包、独立承包、联合承包和直接承包。

(1) 总承包

一个建设项目建设全过程或其中某个阶段(如施工阶段)的全部工作,由一个承包人负责组织实施。这个承包人可以将若干专业性工作交给不同的专业承包人去完成,并统一协调和监督各专业承包人的工作。一般情况下,建设单位仅同这个承包人发生直接关系,而不同各专业承包人发生直接关系。承担这种任务的单位叫作总承包单位(简称总包),通常为咨询设计机构、一般土建公司以及设计施工一体化的大型建筑公司等。

(2) 分承包

分承包简称分包,是相对总承包而言的,即承包人不与建设单位发生直接关系,而是由总承包人分包某一分项工程(如土方模板、钢筋等)或某种专业工程(如钢结构制作和安装、卫生设备安装、电梯安装等),在现场由总承包统筹安排其活动,分承包对总承包负责。分包人通常为专业工程公司,如工业钢炉公司、设备安装公司、装饰工程公司等。国际现行的分包方式主要有两种:一种是由建设单位指定分包单位,与总承包人签订分包合同;另一种是总承包人自行选择分包人签订分包合同。

(3) 独立承包

独立承包是指承包人依靠自身的力量完成承包任务而不实行分包的承包方式。它通常仅适用于规模较小、技术要求比较简单的工程以及修缮工程。

(4) 联合承包

联合承包是相对于独立承包而言的一种承包方式,即由两个以上承包人组成联合体承包一项工程任务,由参加联合的各单位推定代表统一与建设单位签订合同,共同对建设单位负责,并协调它们之间的关系。但参加联合承包的各单位仍是各自独立经营的企业,只是在共同承包的工程项目上,根据预先达成的协议,承担各自的义务和分享共同的收益,包括投入资金数额、工人和管理人员的派遣、机械设备和临时设施的费用分摊、利润的分享以及风险的分担等。这种承包方式由于多家联合,资金雄厚,技术和管理上可以取长补短,发挥各自的优势,有能力承包大规模的工程任务。同时由于多家共同协作,在报价及投标策略上互相交流经验,也有助于提高竞争力,较易中标。在国际工程承包中,外国承包企业与工程所在国承包企业联合经营,有利于对当地国情民俗、法规条例的了解和适应,以便于工作的开展。

(5) 直接承包

直接承包,也叫平行式承包,是在同一工程项目上,不同的承包人分别与建设单位签订承包合同,各自直接对建设单位负责,施工承包企业相互之间为平行关系。发包人把施工任务按照工程的构成特点划分成若干个可独立发包的单元、部位和专业,线性工程(道路、管线、线路)划分成若干个独立标段等,分别进行招标。各承包人之间不存在总分包关系,现场的协调工作由建设单位自己负责,或委托一个承包人牵头负责,也可聘请专门的项目经理来管理。

3. 按获得承包任务的途径划分承包方式

按获得承包任务的途径划分的承包方式主要有计划分配、委托承包、投标竞争、其他途径。

(1) 计划分配

在计划经济体制下,由中央和地方政府的计划部门分配建设工程任务,由设计、施工单位与建设单位签订承包合同。在我国,计划分配曾是过去许多年采用的主要承包方式,但随着市场经济改革的深化已很少采用该方式。

(2) 委托承包

委托承包，也称协商承包，即不需经过投标竞争，而由建设单位与承包人协商，签订委托其承包某项工程任务的合同。

(3) 投标竞争

通过投标竞争，优胜者获得工程任务，与建设单位签订承包合同。这是国际上通行的获得承包任务的主要方式。我国实行社会主义市场经济体制，建筑业和基本建设管理体制改革的主要内容之一，就是从以计划分配工程任务为主逐步过渡到以在政府宏观调控下实行投标竞争为主的承包方式。

(4) 其他途径

《招标投标法》第六十六条规定："涉及国家安全、国家机密、抢险救灾或者属于利用扶贫资金实行以工代赈、需要使用农民工等特殊情况，不适宜进行招标的项目，按照国家有关规定可以不进行招标。"此外，依国际惯例，由于涉及专利权、专卖权等原因，只能从一家厂商获得供应的项目，也属于不适宜进行招标的项目。对于此类项目的实施，可以视不同情况，由政府主管部门以行政命令指派适当的单位执行承包任务；或者由政府主管部门授权项目主办单位(业主)或听其自主，与适当的承包人协商，将项目委托其承包。

4. 按合同类型和计价方法划分承包方式

根据工程项目的条件和承包内容，合同和计价方法往往有不同类型。按合同类型和计价方法划分，承包方式可分为固定总价合同、计量估价合同、单价合同、成本加酬金合同、按投资总额或承包工程量计取酬金的合同五种。

(1) 固定总价合同

固定总价合同是指合同双方以图纸和工程说明为依据，依照约定的总价进行承包。在合同履行过程中，除非招标人要求变更原定的承包内容，或实际工程量与预计工程量的差异超过某一约定的百分比之后才可以调整合同价格，否则承包人不得要求变更总价。

(2) 计量估价合同

计量估价合同通常是由发包人在招标文件中提供较为详细的工程量清单，由承包人填报单价，再以工程量清单和单价表为依据计算出总造价。目前施工图预算就是属于这种承包方式。

(3) 单价合同

单价合同，又称单价不变合同。由合同确定的实物工程量单价，在合同有效期间原则上不变，并作为工程结算时所用单价；而工程量则按实际完成的数量结算，即量变价不变合同，被国际承包市场广为采用。投标人只承担单价方面的风险，与同行开展竞争。一旦中标签约，中标人按单价承包。但如完成的实际工程量与合同中的设计工程量出入较大而导致合同单价不合理时，承包人可根据合同有关规定的条款，向业主要求调整单价。因此，在签约时，应当规定一个工程量增减的允许调整单价的幅度范围，并作为合同条文确定下来，以共同遵守。

(4) 成本加酬金合同

成本加酬金合同，也称为成本补偿合同，它与固定总价合同正好相反，工程施工的最终合同价格将按照工程实际成本加一定的酬金进行计算。在合同签订时，工程实际成本往往不能确定,只能确定酬金的取值比例或者计算原则。由业主向承包单位支付工程项目的实际成本,并按事先约定的某一种方式支付酬金的合同类型。

(5)按投资总额或承包工程量计取酬金的合同

这种承包方式主要适用于可行性研究、勘察设计和材料设备采购供应等项承包业务,按概算投资额的一定百分比计算设计费,按完成勘察工作量的一定百分比计算勘察费,按材料设备价款的一定百分比计算采购承包业务费,等等,这些都要在合同中作出明确规定。

引例1-2

【背景资料】

国家体育场是2008年北京奥运会的主体育场,能容纳观众9.1万人,位于北京奥林匹克公园中心区南部。建筑面积约25.8万 m²;东西向长280m,南北向长333m;地上高度69.21m,地下高度7.1m。

2008年北京奥运会期间,国家体育场承担开幕式、闭幕式、田径比赛、男子足球决赛等赛事活动,赛后可承担特殊重大体育比赛、各类常规赛事以及非竞赛项目,并成为北京市民广泛参与体育活动及享受体育娱乐的大型专业场所,是全国标志性体育建筑。

由中信集团公司作为牵头方的中信联合体与北京市国有资产经营有限责任公司共同组建项目公司,负责项目的融资、建设和赛后的运营、维护和移交等。

2003年8月9日,中信集团联合体分别与北京市人民政府、北京奥组委、北京市国有资产有限责任公司分别签署了《特许权协议》《国家体育场协议》和《合作经营合同》。

项目公司获得2008年北京奥运会后30年的国际体育场经营权,中信集团联合体通过30年的运行回收投资,2038年将国家体育场移交给北京市人民政府或其指定的接收人。

项目融资结构见表1-3。

项目融资结构　　　　　　　　　　　表1-3

出资方		出资比例
北京市国资公司		58%
中信集团联合体	中信集团公司	27.3%
	北京城建集团	12.6%
	美国金州集团	2.1%

【问题】

国家体育场项目采用了哪种承发包方式?

【专家评析】

建设—经营—转让承包,一般由一个或几个大承包商或开发商牵头,联合金融界组成财团,就某个工程项目向政府提出建议和申请,取得建设和经营该项目的许可。这些项目一般都是大型公共工程和基础设施,如隧道、港口、高速公路、电厂等。政府若同意建议和申请,则将建设和经营该项目的特许权授予财团。财团负责资金筹集、工程设计和施工的全部工作;竣工后,在特许期内经营该项目,通过向用户收取费用来回收投资、偿还贷款并获取利润;特许期满将该项目无偿地移交给政府经营管理。

显然,国家体育场项目符合该模式特点,即采用了建设—经营—转让承包方式。

子任务4　认知招投标法律体系

我国从20世纪80年代开始,在建设工程领域试点招投标制度。《招标投标法》的实施,标志着我国正式以法律形式确立了招投标制度。《招标投标法实施条例》的实施,以配套行政法规形式进一步完善了招投标制度。另外,国务院以及交通运输部等相关部门陆续颁布了一系列招投标方面的政策,地方人大及其常委会、人民政府及其有关部门也结合本地区的特点和需要,相继制定了招投标方面的地方性法规、规章和规范性文件。我国的招投标法律制度逐步完善,形成了覆盖全国各领域、各层级的招投标法律法规与政策体系。

一、主要法律条例

1.《招标投标法》

《招标投标法》由第九届全国人民代表大会常务委员会第十一次会议于1999年8月30日通过,自2000年1月1日起正式施行,后根据2017年12月27日第十二届全国人民代表大会常务委员会第三十一次会议《关于修改〈中华人民共和国招标投标法〉、〈中华人民共和国计量法〉的决定》进行修正,自2017年12月28日起施行。《招标投标法》是一部标志着我国社会主义市场经济法律体系进一步完善的法律,是招投标领域的基本法律。

《招标投标法》共六章,六十八条。第一章总则,主要规定了立法目的、适用范围、调整对象、必须招标的范围、招投标活动必须遵循的基本原则等;第二章招标,主要规定了招标人定义、招标方式、招标代理机构资格认定和招标代理权限范围及招标文件编制的要求等;第三章投标,主要规定了投标主体资格、编制投标文件要求、联合体投标等;第四章开标、评标和中标,主要规定了开标、评标和中标各个环节具体规则和时限要求等;第五章法律责任,主要规定了违反招投标活动中具体规定各方应承担的法律责任;第六章附则,规定了招投标的例外情形及《招标投标法》的施行日期。

2.《招标投标法实施条例》

《招标投标法实施条例》于2011年11月30日经中华人民共和国国务院第183次常务会议通过,自2012年2月1日起施行,2019年3月第三次修订施行。该条例分总则,招标,投标,开标、评标和中标,投诉与处理,法律责任,附则等7章85条。作为《招标投标法》的配套行政法规,本条例总结了《招标投标法》施行多年来的实践经验,充实和完善了有关制度,增强了法律规定的可操作性。

3.《公路工程建设项目招标投标管理办法》

《公路工程建设项目招标投标管理办法》于2015年12月2日经交通运输部第23次部务

会议通过,自 2016 年 2 月 1 日起施行。该管理办法分总则,招标,投标,开标、评标和中标,监督管理,法律责任,附则等 7 章 74 条。自 2012 年起,交通运输部组织力量先后开展了公路工程施工、勘察设计、监理三个管理办法的修订工作,多次征求有关纪检监察、法制、规划、发改、地方交通运输主管部门、建设管理单位、从业企业等数十家单位意见,共收到意见数百条。根据上述意见,进行了修改,遵循精简、实用等原则,结合公路建设管理体制改革,针对公路建设行业有关招投标的新问题,坚持问题导向,坚持改革创新,进一步对《公路工程建设项目招标投标管理办法》进行了修改,并对三个管理办法进行统一整合成一个管理办法;同时,一次性清理和废止了以前发布的已不再适用的与公路工程招投标相关的 13 个规章和规范性文件,避免了规范性文件的效力长期处于不确定状态,完善了公路建设招投标法规体系。

二、现行法律法规制度体系

20 世纪 80 年代初,我国建筑领域就引入了招投标制度,国务院及其有关部门陆续发布了一系列招投标方面的法律法规和规范性文件。

招投标法律体系,是指全部现行的与招投标活动有关的法律法规和政策组成的有机联系的整体,可分为以下四个方面。

1. 法律

法律是全国人民代表大会及其常务委员会所制定的以国家主席令的形式颁布执行的,具有国家强制力和普遍约束力。一般以法、决议、决定、条例、办法、规定等为名称,如《中华人民共和国招标投标法》《中华人民共和国政府采购法》(以下简称《政府采购法》)、《中华人民共和国民法典》(以下简称《民法典》)等。

2. 法规

(1)行政法规

行政法规指国务院制定的由总理签署国务院令的形式发布。一般以条例、规定、办法、实施条例等为名称,如《招标投标法实施条例》《中华人民共和国政府采购法实施条例》等。

(2)地方性法规

地方性法规指省、自治区、直辖市及较大的市(省、自治区政府所在地的市,经济特区所在地的市,经国务院批准的较大的市)的人民代表大会及其常务委员会制定颁布的,在本地区具有法律效力,通常以地方人大公告的方式公布,一般使用条例、实施办法等名称,如《北京市招标投标条例》。

3. 规章

(1)国务院部门规章

国务院部门规章由国务院所属的部、委、局和具有行政管理职责的直属机构制定,通常以部委令的形式公布。一般用办法、规定等名称,如《必须招标的工程项目规定》(国家发改委令第 16 号)、《政府采购非招标采购方式管理办法》(财政部令第 74 号)等。

(2)地方政府规章

地方政府规章由省、自治区、直辖市、省政府所在地的市、经国务院批准的主要城市制定,通常是以地方人民政府令的形式颁布的,一般以规定、办法等为名称,如《北京市建设工程招标投标监督管理规定》(北京市人民政府令第 122 号)。

4. 行政规范性文件

行政规范性文件是指行政公署、省辖市人民政府，县(市、区)人民政府，以及各级政府所属部门根据法律、法规、规章的授权和上级政府的决定、命令，依照法定权限和程序制定的、以规范形式表述，在一定时间内相对稳定并在本地区、本部门普遍适用的各种决定、办法、规定、规则、实施细则的总称，如《国务院办公厅印发国务院有关部门实施招标投标活动行政监督的职责分工意见的通知》(国办发〔2000〕34 号)。

三、与招投标相关当事人的法律责任

法律责任是指法律关系中行为人因违反法律规定或合同约定义务而应当强制性承担的某种不利法律后果。法律责任是《招标投标法》的重要组成部分，是对招投标活动中当事人违反招投标的法律法规行为的强制性处罚。我国《招标投标法》《招标投标法实施条例》及各部门的规章都对招投标活动中当事人违法行为的法律责任作出了规定。依据招投标活动中当事人承担法律责任的性质不同，其法律责任可分为民事法律责任、行政法律责任、刑事法律责任。

1. 招标人的法律责任

招标人的法律责任是指招标人在招标过程中对其所实施的行为应当承担的法律后果。按照招标人承担责任的不同法律性质，其法律责任分为民事法律责任、行政法律责任和刑事法律责任。

(1) 招标人的民事法律责任

我国现行法律、法规及部门规章中，对招标人的行为规范及其应当承担的法律责任均有所规定，主要体现在《民法典》《招标投标法》《招标投标法实施条例》等法律法规中。

①招标人承担民事责任的违法行为

依据《招标投标法》《招标投标法实施条例》的规定，下列几种行为应属于承担民事法律责任的违法行为：

a. 招标人向他人透露已获取招标的潜在投标人的名称、数量或者影响公平竞争的有关招标投标的其他情况。

b. 泄露标底。招标人设有标底的，标底必须保密。

c. 依法必须进行招标的项目，招标人与投标人就投标价格、投标方案等实质性内容进行谈判的。

d. 招标人在评标委员会依法推荐的中标候选人以外确定中标人的。

e. 依法必须进行招标的项目，在所有投标被评标委员会否决后，自行确定中标人的。

f. 招标人不按招标文件和中标人的投标文件订立合同的，或者招标人与中标人订立背离合同实质性内容的协议书。

g. 招标人超过《招标投标法实施条例》规定的比例收取投标保证金、履约保证金或者不按照规定退还投标保证金及银行同期存款利息，给他人造成损失的。

h. 无正当理由不发出中标通知书，给他人造成损失的。

i. 不按照规定确定中标人，给他人造成损失的。

j. 中标通知书发出后无正当理由改变中标结果,给他人造成损失的。

k. 无正当理由不与中标人订立合同,给他人造成损失的。

l. 在订立合同时向中标人提出附加条件,给他人造成损失的。

②招标人承担民事责任的方式

招标人实施上述违法行为,应承担以下法律后果:

a. 责令改正。招标人应承担停止违法行为的法律责任,并应按照法律规定作出相应的补救措施。其改正方式主要有:招标人与中标人重新订立合同,招标人在其余投标人中重新确定中标人,招标人应当重新招标。

b. 恢复原状、赔偿损失。中标无效的招标人已与中标人签订书面合同的,合同无效,应当恢复原状;因该合同取得的财产,应当予以返还;没有必要返还的,应当折价补偿。有过错的一方应赔偿对方因此所遭受的损失;双方都有过错的,应当承担各自相应的责任。

c. 中标无效。招标人实施的违法行为对中标结果有影响的,中标无效。

(2) 招标人的行政法律责任

招标人的行政法律责任是指招标人因违反行政法律规范,依法应当承担的一种法律责任。目前,我国对于招标人的行为规范及行政责任主要体现在《招标投标法》《招标投标法实施条例》和一些部门规章之中。

①招标人承担行政法律责任的违法行为

依据《招标投标法》的规定,招标人承担行政法律责任的违法行为包括:

a. 必须进行招标的项目不进行招标的。

b. 将必须进行招标的项目化整为零或者以其他任何方式规避招标的。

c. 招标人以不合理的条件限制或者排斥潜在投标人的,对潜在投标人实行歧视待遇的。

d. 强制要求投标人组成联合体共同投标的,或者限制投标人之间竞争的。

e. 依法必须进行招标的项目的招标人向他人透露已获取招标文件的潜在投标人的名称、数量或者可能影响公平竞争的有关招标投标的其他情况的。

f. 泄露标底的。

g. 依法必须进行招标的项目,招标人违反规定,与投标人就投标价格、投标方案等实质性内容进行谈判的。

h. 招标人与中标人不按照招标文件和中标人的投标文件订立合同的。

i. 招标人、中标人订立背离合同实质性内容的协议的。

依据《招标投标法实施条例》的规定,招标人承担行政法律责任的违法行为包括:

a. 依法应当公开招标的项目不按照规定在指定媒介发布资格预审公告或者招标公告的。

b. 在不同媒介发布的同一招标项目的资格预审公告或者招标公告的内容不一致,影响潜在投标人申请资格预审或者投标的。

c. 依法应当公开招标而采用邀请招标的。

d. 招标文件、资格预审文件的发售、澄清、修改的时限,或者确定的提交资格预审申请文件、投标文件的时限不符合《招标投标法》和《招标投标法实施条例》规定的。

e. 接受未通过资格预审的单位或者个人参加投标的。

f. 接受应当拒收的投标文件的。

g. 招标人超过《招标投标法实施条例》规定的比例收取投标保证金、履约保证金或者不按照规定退还投标保证金及银行同期存款利息的。

h. 依法必须进行招标的项目的招标人不按照规定组建评标委员会，或者确定、更换评标委员会成员，违反《招标投标法》《招标投标法实施条例》规定的。

i. 无正当理由不发出中标通知书的。

j. 不按照规定确定中标人的。

k. 中标通知书发出后无正当理由改变中标结果的。

l. 无正当理由不与中标人订立合同的。

m. 在订立合同时向中标人提出附加条件的。

n. 招标人不按照规定对异议作出答复，继续进行招标投标活动的，由有关行政监督部门责令改正，拒不改正或者不能改正并影响中标结果的。

②招标人承担行政法律责任的方式

招标人在招标投标过程中对违法行为承担行政法律责任的方式主要有以下几种：

a. 警告、责令限期改正。招标人有上述《招标投标法》《招标投标法实施条例》及部门规章规定的违法行为，情节轻微的，行政部门有权对招标人发出书面警告，并有权责令限期改正。

b. 罚款。招标人有上述违法行为的，行政监督部门有权对招标人依据不同规定处以不同数额的罚款，可同时并处没收违法所得。

c. 行政处分。行政处分的对象是招标人单位的直接负责主管人员和其他直接责任人员。

d. 暂停项目执行或者暂停资金拨付。对必须进行招标的项目而不招标的，或者将必须进行招标的项目化整为零的，或者将必须进行招标的项目以其他方式规避招标的，如果招标项目是全部或者部分使用国有资金的，有关行政部门可以暂停该项目的执行或是暂停向该项目拨付资金。

(3) 招标人的刑事法律责任

招标人的刑事法律责任，是指招标人因实施《中华人民共和国刑法》(以下简称《刑法》)规定的犯罪行为所应承担的刑事法律后果。刑事法律责任是招标人承担的最严重的一种法律后果。

招标人向他人透露招标文件的重要内容或者可能影响公平竞争的有关招标投标的其他情况，如泄露评标专家委员会成员的或泄露标底并造成重大损失的，招标人构成侵犯商业秘密，处3年以下有期徒刑或者拘役；造成特别严重后果的，处3年以上7年以下有期徒刑，并处罚金。

2. 投标人的法律责任

投标人的法律责任是指投标人在投标过程中对其所实施的行为应当承担的法律后果。按照投标人承担责任的不同法律性质，投标人的法律责任分为民事法律责任、行政法律责任和刑事法律责任。

(1) 投标人的民事法律责任

投标人的民事责任是指投标人因不履行法定义务或违反合同而依法应当承担的民事法律后果。目前，我国对于投标人的行为规范主要体现在《民法典》《招标投标法》《招标投标法实施条例》等法律规范中。

投标人承担民事责任的主要方式有以下几种。

①中标无效的民事法律责任

《招标投标法》第五十三条规定:"投标人相互串通投标或者与招标人串通投标的,投标人以向招标人或者评标委员会成员行贿的手段谋取中标的,中标无效。"

串通投标的情况在实践中时有发生,串通投标的行为表现如下:

a. 各投标人之间彼此达成协议,约定轮流中标或约定中标人等。

b. 投标人向招标人或者评标委员会成员行贿。

c. 投标人与招标人之间相互串通投标等。

串通投标行为的法律后果是中标行为无效。

《招标投标法》第五十四条规定:"投标人以他人名义投标或者以其他方式弄虚作假,骗取中标的,中标无效。"

投标人以他人名义投标一般出于以下几种原因:

a. 投标人没有承担招标项目的能力。

b. 投标人不具备国家要求的或招标文件要求的从事该招标项目的资质。

c. 投标人曾因违法行为而被工商机关吊销营业执照。

d. 投标人因违法行为而被有关行政监督部门在一定期限内取消其从事相关业务的资格等。

投标人除以他人名义投标外,还可能以其他方式弄虚作假,骗取中标,如伪造资质证书、营业执照,在递交的资格审查文件或投标文件中弄虚作假等。投标人在投标过程中有上述行为的即属违法行为,将导致中标无效。

②赔偿损失的民事法律责任

《招标投标法》第五十四条规定:"投标人以他人名义投标或者以其他方式弄虚作假,骗取中标的,中标无效,给招标人造成损失的,依法承担赔偿责任。"《招标投标法实施条例》第七十七条规定:"投标人或者其他利害关系人捏造事实、伪造材料或者以非法手段取得证明材料进行投诉,给他人造成损失的,依法承担赔偿责任。"

投标人弄虚作假的行为给招标人造成损失的,依法承担赔偿责任。投标人的赔偿范围既包括直接损失(如因骗取中标导致中标无效后重新进行招标的成本等),也包括间接损失(如项目推迟开工的损失等)。本条所规定的损害赔偿对象是因投标人的骗取中标行为而遭受损害的招标人。

③转让无效、分包无效的民事法律责任

《招标投标法》第五十八条规定:"中标人将中标项目转让给他人的,将中标项目肢解后分别转让给他人的,违反本法规定将中标项目的部分主体、关键性工作分包给他人的,或者分包人再次分包的,转让、分包无效。"《招标投标法实施条例》第七十六条规定:"中标人将中标项目转让给他人的,将中标项目肢解后分别转让给他人的,违反招标投标法和本条例规定将中标项目的部分主体、关键性工作分包给他人的,或者分包人再次分包的,转让、分包无效。"

投标人在中标后,不按法律规定进行中标项目分包的,投标人应当承担转让无效、分包无效的责任。该无效为自始无效,即从转让或者分包时起就无效。因该行为取得的财产应当返还给对方当事人,有过错的一方当事人应对无效行为给他人造成的损失,承担赔偿责任。

④履约保证金不予退还的民事法律责任

《招标投标法》第六十条规定："中标人不履行与招标人订立的合同的,履约保证金不予退还,给招标人造成的损失超过履约保证金数额的,还应当对超过部分予以赔偿;没有提交履约保证金的,应当对招标人的损失承担赔偿责任。"

(2)投标人的行政法律责任

投标人的行政法律责任是指投标人因违反行政法律规范,而依法应当承担的法律后果。投标人承担行政法律责任的主要方式有警告、罚款、没收违法所得、责令停业、取消投标资格、吊销营业执照、没收投标保证金、对其违法行为进行公告等。

①《招标投标法》中关于投标人承担行政法律责任方式的规定：

a.投标人相互串通投标或者与招标人串通投标的,投标人以向招标人或者评标委员会成员行贿的手段谋取中标的,中标无效。处中标项目金额5%以上10%以下的罚款,对单位直接负责的主管人员和其他直接责任人员,处单位罚款数额5%以上10%以下的罚款;有违法所得的,并处没收违法所得;情节严重的,取消其1~2年内参加依法必须进行招标的项目的投标资格并予以公告,直至由工商行政管理机关吊销营业执照。

b.投标人以他人名义投标或者以其他方式弄虚作假,骗取中标的,依法必须进行招标的项目的投标人所列行为尚未构成犯罪的,处中标项目金额5%以上10%以下的罚款,对单位直接负责的主管人员和其他直接责任人员,处单位罚款数额5%以上10%以下的罚款;有违法所得的,并处没收违法所得;情节严重的,取消其1~3年内参加依法必须进行招标的项目的投标资格并予以公告,直至由工商行政管理机关吊销营业执照。

c.中标人将中标项目转让给他人的,将中标项目肢解后分别转让给他人的,违反本法规定将中标项目的部分主体、关键性工作分包给他人的,或者分包人再次分包的,处转让、分包项目金额5%以上10%以下的罚款,有违法所得的,并处没收违法所得;可以责令停业整顿;情节严重的,由工商行政管理机关吊销营业执照。

d.根据第六十条规定,中标人不按照与招标人订立的合同履行义务,情节严重的,取消其2~5年内参加依法必须进行招标的项目的投标资格并予以公告,直至由工商行政管理机关吊销营业执照。

e.投标人串通投标、抬高标价或者压低标价;投标者相互勾结,以排挤竞争对手的公平竞争的,监督检查部门可以根据情节处1万元以上20万元以下的罚款。

②《招标投标法实施条例》中关于投标人承担行政法律责任方式的规定：

a.出让或者出租资格、资质证书供他人投标的,依照法律、行政法规的规定给予行政处罚。

b.中标人无正当理由不与招标人订立合同,在签订合同时向招标人提出附加条件,或者不按照招标文件要求提交履约保证金的,取消其中标资格,投标保证金不予退还。对依法必须进行招标的项目的中标人,由有关行政监督部门责令改正,可以处中标项目金额10%以下的罚款。

c.招标人和中标人不按照招标文件和中标人的投标文件订立合同,合同的主要条款与招标文件、中标人的投标文件的内容不一致,或者招标人、中标人订立背离合同实质性内容的协议的,由有关行政监督部门责令改正,可以处中标项目金额5%以上10%以下的罚款。

d.中标人将中标项目转让给他人的,将中标项目肢解后分别转让给他人的,违反《招标投标法》和本条例规定将中标项目的部分主体、关键性工作分包给他人的,或者分包人再次分包的,转让、分包无效,处转让、分包项目金额5%以上10%以下的罚款;有违法所得的,并处没收违法所得;可以责令停业整顿;情节严重的,由工商行政管理机关吊销营业执照。

(3)投标人的刑事法律责任

投标人的刑事法律责任是指投标人因实施《刑法》规定的犯罪行为所应承担的刑事法律后果。刑事法律责任是投标人承担的最严重的一种法律后果。

①承担串通投标罪的刑事法律责任

投标人相互串通投标报价,损害招标人或者其他投标人利益的,情节严重的,处3年以下有期徒刑或者拘役,并处或单处罚金。投标人与招标人串通投标,损害国家、集体、公民合法权益的,处3年以下有期徒刑或拘役,并处或单处罚金。

②承担合同诈骗罪的刑事法律责任

投标人以非法占有为目的,在签订、履行合同的过程中实施骗取对方当事人财物,数额较大的,处3年以下有期徒刑或者拘役,并处或者单处罚金,数额巨大或者有其他严重情节的,处3年以上10年以下有期徒刑,并处罚金;数额特别巨大或者有其他特别严重情节的,处10年以上有期徒刑或者无期徒刑,并处罚金或者没收财产。

③承担行贿罪的刑事法律责任

投标人向招标人或者评标委员会成员行贿,构成犯罪的,处3年以下有期徒刑或者拘役。单位犯行贿罪的,对单位判处罚金,并对其直接负责的主管人员和其他直接责任人员,处3年以下有期徒刑或者拘役。

3. 招标代理机构的法律责任

招标代理机构的法律责任是指招标代理机构在招标过程中对其所实施的行为应当承担的法律后果。招标代理机构是依法设立、从事招标代理业务的社会中介机构,其应当在招标人的委托范围内办理招标事宜,招标代理机构应遵守法律、法规及部门规章中关于招标人的相关规定。但招标代理机构在招标投标活动中具有独立的法律地位,因此法律、法规及部门规章对招标代理机构的法律责任又作出了一些特殊规定。

(1)《招标投标法》对招标代理机构法律责任作出的相关规定

《招标投标法》第五十条规定了招标代理机构的法律责任,即招标代理机构泄露应当保密的与招标投标活动有关的情况和资料的,或者与招标人、投标人串通损害国家利益、社会公共利益或者他人合法权益的,处五万元以上二十五万元以下的罚款……该条款中既规定了招标代理机构的民事责任,又规定了招标代理机构的刑事责任和行政责任。

依据这一条款的规定,招标代理机构承担民事责任的主要方式表现为赔偿责任和中标无效。招标代理机构因违法行为应承担的行政责任有罚款、没收违法所得、禁止其1~2年内代理依法必须进行招标的项目并予以公告、吊销营业执照。构成犯罪的依法追究刑事责任。

(2)《招标投标法实施条例》中对招标代理机构的法律责任作出的相关规定

《招标投标法实施条例》第六十五条规定:"招标代理机构在所代理的招标项目中投标、代理投标或者向该项目投标人提供咨询的,接受委托编制标底的中介机构参加受托编制标底项目的投标或者为该项目的投标人编制投标文件、提供咨询的,依照招标投标法第五十条的规定追究法律责任。"如果招标代理机构违反本条规定,则需要承担罚款、没收违法所得、禁止其

1~2年内代理依法必须进行招标的项目并予以公告、吊销营业执照等法律责任。

4.评标委员会的法律责任

评标委员会成员的法律责任是指评标委员会成员在招标过程中对其所实施的行为应当承担的法律后果。评标委员会在招标投标活动中,既不是行政领导机构,也不是业务主管部门,而是依法独立行使评标职能的组织。评标委员会成员应当客观、公正地履行职务,严格遵守法律、法规所规定的义务及职业道德,否则应承担相应的法律责任。

评标委员会成员因违法行为应承担的行政法律责任有警告、取消担任评标委员会成员的资格、违法所得的没收违法所得、罚款(根据违法行为的不同处以不同的罚款额度)等。

(1)《招标投标法》规定的评标委员会成员的法律责任

《招标投标法》第五十六条规定:"评标委员会成员收受投标人的财物或者其他好处的,评标委员会成员或者参加评标的有关工作人员向他人透露对投标文件的评审和比较、中标候选人的推荐以及与评标有关的其他情况的,给予警告,没收收受的财物,可以并处三千元以上五万元以下的罚款,对有所列违法行为的评标委员会成员取消担任评标委员会成员的资格,不得再参加任何依法必须进行招标的项目的评标;构成犯罪的,依法追究刑事责任。"

(2)《招标投标法实施条例》规定的评标委员会成员的法律责任

根据《招标投标法实施条例》第七十一条规定,评标委员会成员有下列行为之一的,由有关行政监督部门责令改正;情节严重的,禁止其在一定期限内参加依法必须进行招标的项目的评标;情节特别严重的,取消其担任评标委员会成员的资格:

①应当回避而不回避。

②擅离职守。

③不按照招标文件规定的评标标准和方法评标。

④私下接触投标人。

⑤向招标人征询确定中标人的意向或者接受任何单位或者个人明示或者暗示提出的倾向或者排斥特定投标人的要求。

⑥对依法应当否决的投标不提出否决意见。

⑦暗示或者诱导投标人作出澄清、说明或者接受投标人主动提出的澄清、说明。

⑧其他不客观、不公正履行职务的行为。

《招标投标法实施条例》第七十二条规定:"评标委员会成员收受投标人的财物或者其他好处的,没收收受的财物,处3000元以上5万元以下的罚款,取消担任评标委员会成员的资格,不得再参加依法必须进行招标的项目的评标;构成犯罪的,依法追究刑事责任。"

(3)评标委员会成员承担刑事法律责任的方式

评标委员会成员违反《招标投标法》第五十六条的相关规定或《招标投标法实施条例》第七十二条的相关规定,构成犯罪的,依法应当承担受贿罪、侵犯商业秘密罪等刑罚。

根据最高人民法院、最高人民检察院联合发布的《关于办理商业贿赂刑事案件适用法律若干问题的意见》第六条的相关规定,依法组建的评标委员会在评标活动中,索取他人财物或者非法收受他人财物,为他人谋取利益,数额较大的,依照《刑法》第一百六十三条规定,以非国家工作人员受贿罪定罪处罚。

5. 行政监督部门的法律责任

行政监督部门的法律责任是指行政监督部门在投标过程中对其所实施的违反《招标投标法》《招标投标法实施条例》等法律法规规定所应当承担的法律后果。

《招标投标法》第六十三条规定："对招标投标活动依法负有行政监督职责的国家机关工作人员徇私舞弊、滥用职权或者玩忽职守，构成犯罪的，依法追究刑事责任；不构成犯罪的，依法给予行政处分。"

《招标投标法实施条例》第七十九条规定："项目审批、核准部门不依法审批、核准项目招标范围、招标方式、招标组织形式的，对单位直接负责的主管人员和其他直接责任人员依法给予处分。有关行政监督部门不依法履行职责，对违反招标投标法和本条例规定的行为不依法查处，或者不按照规定处理投诉、不依法公告对招标投标当事人违法行为的行政处理决定的，对直接负责的主管人员和其他直接责任人员依法给予处分。项目审批、核准部门和有关行政监督部门的工作人员徇私舞弊、滥用职权、玩忽职守，构成犯罪的，依法追究刑事责任。"

根据《招标投标法实施条例》第八十条规定："国家工作人员利用职务便利，以直接或者间接、明示或者暗示等任何方式非法干涉招标投标活动，有下列情形之一的，依法给予记过或者记大过处分；情节严重的，依法给予降级或者撤职处分；情节特别严重的，依法给予开除处分；构成犯罪的，依法追究刑事责任：

（一）要求对依法必须进行招标的项目不招标，或者要求对依法应当公开招标的项目不公开招标；

（二）要求评标委员会成员或者招标人以其指定的投标人作为中标候选人或者中标人，或者以其他方式非法干涉评标活动，影响中标结果；

（三）以其他方式非法干涉招标投标活动。"

徇私舞弊是指行政机关工作人员，在监督过程中故意不依法履行职责，致使公共财产、国家和人民利益遭受重大损失的行为。

滥用职权是指国家机关工作人员超越职权，违法决定、处理其无权决定、处理的事项，或者违反规定处理公务，致使公共财产、国家和人民利益遭受重大损失的行为。

玩忽职守是指国家机关工作人员严重不负责任，不履行或者不认真履行职责，致使公共财产、国家和人民利益遭受重大损失的行为。

根据《刑法》第三百九十七条规定："国家机关工作人员滥用职权或者玩忽职守，致使公共财产、国家和人民利益遭受重大损失，处三年以下有期徒刑或者拘役；情节特别严重的，处三年以上七年以下有期徒刑。本法另有规定的，依照规定。"

"国家机关工作人员徇私舞弊，犯前款罪的，处五年以下有期徒刑或者拘役；情节特别严重的，处五年以上十年以下有期徒刑。"本法另有规定的，依照规定。

任务实施

1. 通过任务情境、任务布置、任务分析，探讨完成任务工单。
2. 学生在教师指导下，分组完成任务工单（学习任务工单表1-1）。

建设市场的资质管理

3.结合讨论的结果,学生跟随教师一起学习和巩固项目相关知识,完成项目任务评价,做好知识点总结及点评,达成学习目标。

 实战演练

通过公共资源交易中心的网站及实地参观实战演练,学以致用、理论联系实际,进一步落实学习目标,具体内容见任务工单(学习任务工单表1-2)。

 任务评价

通过学生自评,企业导师及专业教师评价,综合评定学生对工作任务—相关知识的掌握及课程学习目标落实的情况。

1.学生进行自我评价,并将结果填入学生自评表(学习任务工单表1-3)。

2.以小组为单位,企业导师就本项目任务实施过程和成果进行评价,将评价结果填入企业导师评价表(学习任务工单表1-4)。

3.专业教师对学生工作过程与工作成果进行评价,并将评价结果填入专业教师评价表(学习任务工单表1-5)。

4.综合学生自评、企业导师评价、专业教师评价所占比重,最终得到学生的综合评分,并把各项评分结果填入综合评价表(学习任务工单表1-6)。

> 为便于师生使用,本书"任务实施""实战演练""任务评价"中的相关表格独立成册,见本书配套学习任务工单。

 任务小结

公路建设市场是市场经济的产物。公路建设市场由主体和客体组成。主体包括发包人、承包人、工程咨询服务机构等。客体包括有形建筑实体和无形产品。我国公路建设招投标市场取得了长足的发展,但仍然存在问题。建设市场的资质管理包括从业企业的资质管理和从业人员的管理。公共资源交易中心是进行建设工程交易的场所。我国承发包方式多样,各有特色。目前,我国已经建立了比较完善的公路工程招投标法律体系,明确了招投标各方的法律责任。

思考题

一、单项选择题

1.工程招投标的根本特点是( )。
   A.竞争性   B.程序性   C.规范性   D.一次性

2.我国最早采用招投标方式进行国际招标的工程是( )
   A.云南的鲁布革水电站   B.沈大高速
   C.沪嘉高速   D.西三高速

3.( )年国务院开始推行招投标制度,代替行政分配任务制度,建立工程承包制度,开始引进市场竞争机制。
   A.1984   B.1978   C.1987   D.1990

4. 对于联合体投标,下列选项中说法不正确的是(　　)。
　A. 联合体必须以一个投标人的身份共同投标
　B. 联合体各方就中标项目向招标人承担连带责任
　C. 联合体的投标文件必须附上联合体各方签订的共同投标协议
　D. 联合体各方签订共同投标协议后可以自己的名义单独投标

5. 建设市场交易是业主给付(　　),承包人交付工程的交易过程。
　A. 任务　　　B. 建设费　　　C. 材料　　　D. 人员

6. 相对于承包人,业主作为市场主体具有(　　)。
　A. 长期性　　B. 持续性　　　C. 稳定性　　D. 不确定性

7. (　　)国务院印发的《交通强国建设纲要》提出,从2021年到21世纪中叶,分两个阶段推进交通强国建设。
　A. 2000年1月　B. 2021年9月　C. 2019年9月　D. 2019年1月

8. 全部使用国有资金投资,依法必须进行施工招标的工程项目,应当(　　)。
　A. 进入有形建设市场进行招标投标活动
　B. 进入无形建设市场进行招标投标活动
　C. 进入有形建设市场进行直接发包活动
　D. 进入无形建设市场进行直接发包活动

9. 建设市场的进入,是指各类项目的(　　)进入建设工程交易市场,并展开建设工程交易活动的过程。
　A. 业主、承包人、供应商　　　B. 业主、承包人、咨询机构
　C. 承包人、供应商、交易机构　D. 承包人、供应商、咨询机构

10. 公路产品一旦进入生产阶段,其产品不可能退还,也难以重新建造。否则,双方都将承受极大的损失,体现出公路建设生产的(　　)。
　A. 流动性　　B. 单件性　　　C. 不可逆转性　D. 社会性

11. 获得(　　)资质的企业,可以承接施工总承包企业分包的专业工程或者建设单位按照规定发包的专业工程。
　A. 劳务分包　B. 技术承包　　C. 专业承包　　D. 技术分包

12. 下列关于建筑业企业资质管理制度的说法中,正确的是(　　)。
　A. 建筑业企业资质分为施工总承包和专业承包两类
　B. 建筑业企业资质取决于企业的建设业绩、人员素质、管理水平、资金数量、技术装备等
　C. 建筑业企业资质年检合格,可晋升上一个资质等级
　D. 建筑业企业允许超出所核定的承包工程范围承揽工程

13. 《中华人民共和国建筑法》规定,从事建筑活动的专业技术人员,应当依法取得相应的(　　)证书,并在其许可的范围内从事建筑活动。
　A. 技术职称　　　　　　　　　B. 执业资格
　C. 注册　　　　　　　　　　　D. 岗位

14. 按照《建造师执业资格制度暂行规定》,二级建造师可担任(　　)。
    A. 二级及以下资质的建筑企业承包范围的建设工程施工的项目经理
    B. 二级及以上资质的建筑企业承包范围的建设工程施工的项目经理
    C. 建设工程项目的项目经理
    D. 建设工程施工项目的项目经理

15. 以下哪个不属于按承包范围划分承包方式(　　)。
    A. 建设全过程承包　　　　　　B. 阶段承包
    C. 总承包　　　　　　　　　　D. 建设—经营—转让承包

16. 《招标投标法实施条例》从(　　)开始实施。
    A. 2012年2月1日　　　　　　B. 2013年2月1日
    C. 2012年3月1日　　　　　　D. 2013年3月1日

17. 《招标投标法》规定,招投标活动及其当事人应当接受(　　)实施的监督。
    A. 有关行政监督部门　　　　　B. 招标人
    C. 纪检、监察机关　　　　　　D. 公证机关

18. 每一个民主国家最根本的法的渊源,具有最高的法律地位和效力的是(　　)。
    A. 宪法　　　　　　　　　　　B. 法律
    C. 行政法规　　　　　　　　　D. 地方性法规

19. 按法律规范的渊源划分,招标投标法律体系由(　　)构成。
    A. 法律、法规、规章、制度
    B. 法律、规章、行政规范性文件、制度
    C. 法律、法规、制度、规章
    D. 法律、法规、规章、行政规范性文件

20. 住房和城乡建设部的规章与某省政府的规章关于工程施工招标的规定有冲突时,应(　　)。
    A. 优先适用住房和城乡建设部的规章
    B. 优先适用某省政府的规章
    C. 在各自权限范围内适用
    D. 由国务院裁决如何适用

二、多项选择题

1. 工程招投标的作用(　　)。
    A. 提高经济效益和社会效益　　B. 提升企业竞争力
    C. 健全建设市场经济体系　　　D. 打击贪污腐败
    E. 降低招投标成本

2. 工程招投标的特点(   )。
   A. 竞争性　　　　　　　B. 程序性
   C. 规范性　　　　　　　D. 一次性
   E. 技术经济性

3. 电子招投标是工程招投标工作发展的主导方向,其意义主要有(   )。
   A. 解决招投标领域突出问题　　B. 建立信息共享机制
   C. 转变行政监督方式　　　　　D. 健全建设市场经济体系
   E. 降低招投标成本

4. 建设市场的特征包括(   )。
   A. 建设市场交易的直接性
   B. 建筑产品的交易过程持续时间长
   C. 建设市场有着显著的地区性
   D. 建设市场的风险较大
   E. 建设市场竞争激烈

5. 公路建设市场的客体中,无形的建筑产品主要包括(   )。
   A. 建筑物　　　　　　　B. 构筑物
   C. 咨询业务　　　　　　D. 监理业务
   E. 业主

6. 我国的建筑施工企业分为(   )。
   A. 工程监理企业　　　　B. 施工总承包企业
   C. 劳务分包企业　　　　D. 专业承包企业
   E. 工程招标代理机构

7. 从事建筑活动的建筑施工企业应当具备的条件,下列选项中说法正确的有(   )。
   A. 有符合国家规定的注册资本
   B. 有向发证机关申请的资格证书
   C. 有与其从事的建筑活动相适应的具有法定执业资格的专业技术人员
   D. 有从事相关建筑活动应有的技术装备
   E. 法律、行政法规规定的其他条件

8. 获得专业承包资质的企业,可以(   )。
   A. 对所承接的工程全部自行施工
   B. 对主体工程实行施工承包
   C. 承接施工总承包企业分包的专业工程
   D. 承接建设单位按照规定发包的专业工程
   E. 将劳务作业分包给具有劳务分包资质的其他企业

9. 从事建筑活动的建筑业企业按照其拥有的(　　)等资质条件,划分为不同的资质等级,经资质审查合格,取得相应的资质证书后,方可在其资质等级许可的范围活动。
   A. 技术装备　　　　　　　　B. 注册资本
   C. 专业技术人员　　　　　　D. 已完成的建筑工程的优良率
   E. 类似业绩

10. 通常所说的工程咨询服务企业主要包括(　　)。
    A. 勘察设计单位　　　　　　B. 工程造价咨询单位
    C. 工程监理单位　　　　　　D. 工程管理单位
    E. 业主

11. 公共资源交易中心的基本功能有(　　)。
    A. 场所服务功能　　　　　　B. 信息服务功能
    C. 集中办公功能　　　　　　D. 监督管理功能
    E. 立法功能

12. 公共资源交易中心的工作原则有(　　)。
    A. 信息公开原则　　　　　　B. 依法管理原则
    C. 公平竞争原则　　　　　　D. 闭合管理原则
    E. 办事公正原则

13. 我国法律的形式主要有(　　)。
    A. 宪法　　　　　　　　　　B. 法律
    C. 行政法规　　　　　　　　D. 部门规章
    E. 企业规章

14. 为了规范招标投标活动,保护(　　),提高经济效益,保证项目质量,制定《招标投标法》。
    A. 国家利益
    B. 社会公共利益
    C. 招标投标活动当事人的合法权益
    D. 招标投标活动当事人的利益
    E. 建设单位的利益

15. 法律责任可分为(　　)。
    A. 民事法律责任　　　　　　B. 行政法律责任
    C. 刑事法律责任　　　　　　D. 企业法律责任
    E. 公民法律责任

三、简答题

1. 招标人和投标人应该具备的资格条件分别有哪些?
2. 招投标应遵守哪些原则?请详细叙述。

3. 我国招投标经历了哪些发展阶段？
4. 什么是工程招投标程序，它包含哪几个阶段？
5. 建设市场的特点有哪些？
6. 在公路建设市场中，参与的主体有哪些？客体又有哪些？
7. 我国项目业主产生的方式有哪几种？
8. 什么是公路工程承发包？
9. 评标委员会的法律责任有哪些？

工作任务一
思考题答案

工作任务二
WORK ASSIGNMENT TWO
公路工程资格预审

 学习目标

☞ **知识目标**
1. 熟悉公路工程资格审查的内容、方法及程序。
2. 掌握公路工程资格预审公告编制与发布。
3. 掌握公路工程资格预审申请文件编制与提交。
4. 掌握公路工程资格预审文件编制与发售。

☞ **技能目标**
1. 能够选择公路工程资格审查方法。
2. 能够依据范本编制相关文件。
3. 能够依据相关法律分析具体案例。

☞ **素质目标**
1. 能养成细致入微、严谨保密的职业素养。
2. 能具备顾全大局、互相尊重的团队协作意识。
3. 能养成时间规划、忠于职守的价值观念。

 任务描述

资格预审是对投标申请人的经营资格、履约能力进行评审,以确定合格的投标人。

应交通运输部的要求,为了加强公路工程施工招标管理,按照现行《招标投标法实施条例》等相关法律要求,规范公路工程资格预审组织程序。

依法必须进行招标的各等级公路和桥梁、隧道建设项目,应当依据《中华人民共和国标准施工招标资格预审文件》(2007年版)(以下简称《标准施工招标资格预审文件》)和《公路工程标准施工招标资格预审文件》(2018年版)以及招标人可根据项目实际情况,进行资格预审文件编制和资格预审申请文件编制。

 任务情境

本招标项目××省××至××高速公路项目已由××省发改委以××发改委××号文件

批准建设,初步设计由××省交通运输厅×号文件批准,项目建设方为××。建设资金来自交通运输部补助、国内银行贷款和××省自筹,项目出资比例为××省自筹×%、交通运输部补助×%、国内银行贷款×%。项目已具备招标条件,现进行公开招标,拟采用资格预审的方式进行资格审查。资格预审方法采用有限数量制。本次招标范围为××高速公路项目土建工程施工第6合同段。其资质、业绩要求等见表2-1。

××高速公路项目土建工程施工第6合同段资质、业绩要求　　表2-1

工程类别	合同编号	桩号	长度(km)	工程内容	资质要求	业绩要求
土建工程	6	K12+800~K39+450	27.35	互通1处、服务区1处、超长隧道1座(3550m)、中小隧道2座等	公路工程施工总承包特级或同时具备公路工程施工总承包一级和隧道工程专业承包一级资质	最近5年,交工过两个高速公路施工总承包工程(指路基、路面、桥梁、隧道中任意两个或两个以上的工程一起招标的工程)合同段的施工,且其中任意一个交工过的一座左右洞累计长度不小于6000m高速公路隧道施工经验

本次招标计划工期24个月。

本次资格预审要求申请人具备独立法人资格,持有有效的营业执照、安全生产许可证、住房和城乡建设部颁发的相应资质,具有上图业绩要求,并在人员、设备、资金等方面具有相应的施工能力。

 任务布置

1. 根据项目实际情况,拟定资格预审公告的内容。
2. 根据项目实际情况,拟定资格预审文件的内容。
3. 根据项目实际情况,拟定资格预审申请文件的格式。
4. 根据项目实际情况,进行资格预审申请文件的审查。

 任务分析

根据岗位职业能力的要求,本任务共安排了四项学习活动:资格预审公告的编制、资格预审文件的编制、资格预审申请文件的编制、资格预审申请文件的审查。利用工程项目导入,学生学习四个工作任务的相关知识,熟悉资格预审的工作流程,及各个环节的有关规定,融入招标组织诚实信用的职业操守。项目实施过程中学生跟随企业导师进行资格预审文件编制的模拟实训,还原项目实际工作情景,掌握资格预审过程中,招标人、投标人、资格评审专家等有关人员的主要岗位职责及行业规范、职业素养,养成严格遵守法律和行业规范,工作严谨、公平公正、诚实信用的职业素养。

 任务相关知识

根据《公路工程施工招标项目资格预审办法》规定,公路工程施工招标资格预审是指招标人在发出投标邀请前,对潜在投标人的投标资格进行的审查。只有通过资格预审的潜在投标人,方可取得投标资格。潜在投标人是具有独立法人资格、持有营业执照、具有与招标项目相应的施工资质和施工能力的施工企业。资格预审工作由招标人负责,任何单位和个人不得非法干预。资格预审工作应遵循公开、公平、公正、科学、择优的原则,不得实行地方保护和行业保护,不得对不同地区、不同行业的潜在投标人设定不同的资格标准。

招标资格预审文件由招标人或招标代理机构编制。

根据《公路工程标准施工招标资格预审文件》(2018年版),公路工程资格预审文件的编制内容如下:

(1)资格预审公告。
(2)申请人须知。
(3)资格审查方法。
(4)资格预审申请文件格式。
(5)项目建设概况:项目说明、建设条件、建设要求、其他需要说明的情况等。

资格后审,是指在开标后对投标人进行的资格审查。进行资格预审的,一般不再进行资格后审,招标文件另有规定除外。

子任务1　资格预审公告的编制

一、资格预审产生的背景

为了解决招标人无法快速择优投标企业的情况,建设部于2001年6月1日颁布实施了《房屋建筑和市政基础设施工程施工招标投标管理办法》(建设部令第89号),其中第十六条规定:"招标人可以根据招标工程的需要,对投标申请人进行资格预审,也可以委托工程招标代理机构对投标申请人进行资格预审。"在随后的《招标投标法实施条例》、《工程建设项目施工招标投标办法》(七部委〔2003〕30号令发布,九部委〔2013〕23号令修订)中,又对资格预审的程序、时限等做了其他具体规定。

资格预审中,招标人通过发布招标资格预审公告,向不特定的潜在投标人发出投标邀请,并组织招标资格审查委员会按照招标资格预审公告和资格预审文件确定的资格预审条件、标准和方法,对投标申请人的经营资格、专业资质、财务状况、类似项目业绩、履约信誉等条件进行评审,确定合格的潜在投标人。

1. 资格预审制度的优点

(1)采用资格预审能够精减投标人的数量,降低评标的难度,减少评标的工作量,降低招标投标成本。建设工程项目施工招标,经常会有几十家甚至上百家潜在投标人进行投标,评标工作量极大,招投标成本较高。通过资格预审程序,将一部分潜在投标人淘汰,使其不能进入投标程序。一方面,评标工作量会大大减少,评标的难度也有所降低。另一方面,投标人的减少,能降低招投标成本(包括招标人的评标费用和投标人的投标成本)。

(2)采用资格预审能够避免履约能力不佳的企业中标,降低履约风险。资格预审过程将潜在承包商范围缩小至已证明有能力执行特定质量标准的承包商,将资质、业绩达不到招标人要求的潜在投标人淘汰,避免其以价格取胜而中标,在一定程度上预防合同签订后履约风险的发生。

2. 资格预审制度的缺点

(1)资格预审增加招标费用,延长招标周期。在发布招标公告时,采用资格预审的项目把本可以一次完成的项目分成了两次,招标周期由原来的20天增加到了一个多月,投标人一次完成的工作需要两次投标,且评审费用随之增加。

(2)假借资质盛行。一些投标人本身根本没有取得过任何资质,为了谋取中标,借用一些资质较好的壳体,而这些被挂靠的企业在经济利益的驱动下,一般都会同意,并且在收取一定的管理费用满足自身利益的前提之下,不会去过问挂靠单位的经营管理情况,这种现象在目前是较为普遍的。这种表面上的优质企业、实质上的包工头模式导致了许多劣质工程。

(3)围标、串标的大量发生。采用资格预审方式时,招标人、招标代理机构和潜在投标人都有机会接触到报名信息,潜在投标人名称、数量、联系方式等相关信息保密工作难度大,信息极易泄露。这就为不法分子提供了可乘之机,在利益的驱使下,他们通过各种渠道均可以得到潜在投标人名单,最后通过资格预审的投标人往往被收买,进而拿下该项目。在招投标实务中,这种现象大量存在,已经成为目前影响工程建设领域公平、公正最主要的问题。

3. 资格预审方式的变化

当今社会,信息技术发展突飞猛进,招投标方式发生了历史性变革,传统的线下招投标向电子化招投标迈进。这一改变打破了传统意义上的地域差别和时空限制,节约了大量的时间和经济成本;同时信息得以及时沟通,增强招投标过程透明度,加快了招投标活动的整体过程。

在传统线下大量使用纸质标书评审时期,通过资格预审这种方式,有效解决了评标时间长、工作量大、效率低、招投标社会成本高等问题,产生了良好的社会效益和经济效益。但是随着电子招标方式的全面推广运用,资格预审方式在招标实务中的作用发生了显著的变化。

(1)资格预审的优势逐渐失去

①由于投标人的经营资格、专业资质、财务状况、类似项目业绩、履约信誉等情况在建设部门指定网站上可以明确地查到,对投标人的资信、报价打分电脑就可以完成,评委只需对其他部分进行评审,使得评审时间大大缩短。

②随着诚信体系的日臻完善、企业信用信息的同步公示,"资质、业绩造假"没有了市场,资信不佳企业的中标概率大大降低,中标后的履约风险也基本消除。

(2)资格后审被广泛使用和认可

与资格预审相反,资格审查中的另一种方式——"资格后审",在与电子化全流程紧密结合下的优势显得非常突出。其从制度本身上通过电子化手段可以避免信息的泄露,这一程序上的严密性能够充分保证投标人报名信息、数量、名称的保密,在评审阶段也可实现真正的"暗标"评审,这一方式使得招投标在竞争程度、成本支出、评标质量、预防围标串标行为、廉政建设等优势充分显现。实践证明:一般性工程建设项目可以不进行资格预审;建设周期较长、结构复杂或者技术要求较高的特殊性工程建设项目,确需进行资格预审的,招标人应按要求组成资格预审委员会,根据资格预审文件公布的标准和要求进行审查。

二、资格预审程序和要求

《公路工程建设项目招标投标管理办法》(中华人民共和国交通运输部令 2015 年第 24 号)对于资格预审程序和要求作出如下规定:

第十条 公路工程建设项目采用公开招标方式的,原则上采用资格后审办法对投标人进行资格审查。

第十一条 公路工程建设项目采用资格预审方式公开招标的,应当按照下列程序进行:

(一)编制资格预审文件。

(二)发布资格预审公告,发售资格预审文件,公开资格预审文件关键内容。

(三)接收资格预审申请文件。

(四)组建资格审查委员会对资格预审申请人进行资格审查,资格审查委员会编写资格审查报告。

(五)根据资格审查结果,向通过资格预审的申请人发出投标邀请书;向未通过资格预审的申请人发出资格预审结果通知书,告知未通过的依据和原因。

(六)编制招标文件。

(七)发售招标文件,公开招标文件的关键内容。

(八)需要时,组织潜在投标人踏勘项目现场,召开投标预备会。

(九)接收投标文件,公开开标。

(十)组建评标委员会评标,评标委员会编写评标报告、推荐中标候选人。

(十一)公示中标候选人相关信息。

(十二)确定中标人。

(十三)编制招标投标情况的书面报告。

(十四)向中标人发出中标通知书,同时将中标结果通知所有未中标的投标人。

(十五)与中标人订立合同。

采用资格后审方式公开招标的,在完成招标文件编制并发布招标公告后,按照前款程序第(七)项至第(十五)项进行。

采用邀请招标的,在完成招标文件编制并发出投标邀请书后,按照前款程序第(七)项至第(十五)项进行。

第十二条 国有资金占控股或者主导地位的依法必须进行招标的公路工程建设项目,采用资格预审的,招标人应当按照有关规定组建资格审查委员会审查资格预审申请文件。资格审查委员会的专家抽取以及资格审查工作要求,应当适用本办法关于评标委员会的规定。

第十三条 资格预审审查办法原则上采用合格制。

资格预审审查办法采用合格制的,符合资格预审文件规定审查标准的申请人均应当通过资格预审。

第十四条 资格预审审查工作结束后,资格审查委员会应当编制资格审查报告。资格审查报告应当载明下列内容:

(一)招标项目基本情况;

(二)资格审查委员会成员名单;

(三)监督人员名单;

(四)资格预审申请文件递交情况;

(五)通过资格审查的申请人名单;

(六)未通过资格审查的申请人名单以及未通过审查的理由;

(七)评分情况;

(八)澄清、说明事项纪要;

(九)需要说明的其他事项;

(十)资格审查附表。

除前款规定的第(一)、(三)、(四)项内容外,资格审查委员会所有成员应当在资格审查报告上逐页签字。

第十五条 资格预审申请人对资格预审审查结果有异议的,应当自收到资格预审结果通知书后3日内提出。招标人应当自收到异议之日起3日内作出答复;作出答复前,应当暂停招标投标活动。

招标人未收到异议或者收到异议并已作出答复的,应当及时向通过资格预审的申请人发出投标邀请书。未通过资格预审的申请人不具有投标资格。

第十六条 对依法必须进行招标的公路工程建设项目,招标人应当根据交通运输部制定的标准文本,结合招标项目具体特点和实际需要,编制资格预审文件和招标文件。

资格预审文件和招标文件应当载明详细的评审程序、标准和方法,招标人不得另行制定评审细则。

第十七条 招标人应当按照省级人民政府交通运输主管部门的规定,将资格预审文件及其澄清、修改,招标文件及其澄清、修改报相应的交通运输主管部门备案。

第十八条 招标人应当自资格预审文件或者招标文件开始发售之日起,将其关键内容上传至具有招标监督职责的交通运输主管部门政府网站或者其指定的其他网站上进行公开,公开内容包括项目概况、对申请人或者投标人的资格条件要求、资格审查办法、评标办法、招标人联系方式等,公开时间至提交资格预审申请文件截止时间2日前或者投标截止时间10日前结束。

招标人发出的资格预审文件或者招标文件的澄清或者修改涉及前款规定的公开内容的,招标人应当在向交通运输主管部门备案的同时,将澄清或者修改的内容上传至前款规定的网站。

第十九条 潜在投标人或者其他利害关系人可以按照国家有关规定对资格预审文件或者招标文件提出异议。招标人应当对异议作出书面答复。未在规定时间内作出书面答复的,应当顺延提交资格预审申请文件截止时间或者投标截止时间。

招标人书面答复内容涉及影响资格预审申请文件或者投标文件编制的,应当按照有关澄清或者修改的规定,调整提交资格预审申请文件截止时间或者投标截止时间,并以书面形式通知所有获取资格预审文件或者招标文件的潜在投标人。

……

第六十二条 各级交通运输主管部门应当建立健全公路工程建设项目招标投标信用体系,加强信用评价工作的监督管理,维护公平公正的市场竞争秩序。

招标人应当将交通运输主管部门的信用评价结果应用于公路工程建设项目招标。鼓励和支持招标人优先选择信用等级高的从业企业。

招标人对信用等级高的资格预审申请人、投标人或者中标人,可以给予增加参与投标的标段数量、减免投标保证金、减少履约保证金、质量保证金等优惠措施。优惠措施以及信用评价结果的认定条件应当在资格预审文件和招标文件中载明。

资格预审申请人或者投标人的信用评价结果可以作为资格审查或者评标中履约信誉项的评分因素,各信用评价等级的对应得分应当符合省级人民政府交通运输主管部门有关规定,并在资格预审文件或者招标文件中载明。

三、资格预审公告的基本要求

(1)资格预审文件的发售时间不得少于 5 日。
(2)资格预审文件中提到的货币单位除有特别说明外,均指人民币。
(3)每套资格预审文件售价只计工本费,最高不超过 1000 元。
(4)招标人应当合理确定提交资格预审申请文件的时间。依法必须进行招标的项目提交资格预审申请文件的时间,自资格预审文件停止发售之日起不得少于 5 日。

资格预审公告与招标公告的编制

(5)资格预审应当按照资格预审文件载明的标准和方法进行。国有资金占控股或者主导地位的依法必须进行招标的项目,招标人应当组建资格审查委员会审查资格预审申请文件。资格审查委员会及其成员应当遵守《招标投标法》《招标投标实施条例》有关评标委员会及其成员的规定。

(6)**联合体**。

《招标投标法》第三十一条规定:"两个以上法人或者其他组织可以组成一联合体,以一个投标人的身份共同投标。

联合体各方均应当具备承担招标项目的相应能力;国家有关规定或者招标文件对投标人资格条件有规定的,联合体各方均应当具备规定的相应资格条件。由同一专业的单位组成的联合体,按照资质等级较低的单位确定资质等级。

联合体各方应当签订共同投标协议,明确约定各方拟承担的工作和责任,并将共同投标协议连同投标文件一并提交招标人。联合体中标的,联合体各方应当共同与招标人签订合同,就中标项目向招标人承担连带责任。

招标人不得强制投标人组成联合体共同投标,不得限制投标人之间的竞争。"

组建联合体承包工程有利于多家联合,资质互补,资金雄厚;在技术、管理、报价、投标策略上可以取长补短,竞争优势明显。此外,它是承包人避免相互间过度竞争、平衡市场占有与利益分配、增加整体抵御风险能力的一种选择。

(7)资格预审公告媒体发布。依法必须进行招标的项目的资格预审公告和招标公告,应当在国务院发展改革部门依法指定的媒介发布。在不同媒介发布的同一招标项目的资格预审公告或者招标公告的内容应当一致。指定媒介发布依法必须进行招标的项目的境内资格预审公告、招标公告,不得收取费用。根据2017年国家发展和改革委发布的《招标公告和公示信息发布管理办法》要求,依法必须招标项目的招标公告和公示信息应当在"中国招标投标公共服务平台"或者项目所在地省级电子招投标公共服务平台(以下简称"发布媒介")发布。省级电子招投标公共服务平台应当与"中国招标投标公共服务平台"对接,按规定同步交互招标公告和公示信息。对依法必须招标项目的招标公告和公示信息,发布媒介应当与相应的公共资源交易平台实现信息共享。

依法必须招标项目的招标公告和公示信息鼓励通过电子招投标交易平台录入后交互至发布媒介核验发布,也可以直接通过发布媒介录入并核验发布。

按照电子招投标有关数据规范要求交互招标公告和公示信息文本的,发布媒介应当自收到起12小时内发布。采用电子邮件、电子介质、传真、纸质文本等其他形式提交或者直接录入招标公告和公示信息文本的,发布媒介应当自核验确认起1个工作日内发布。核验确认最长不得超过3个工作日。

招标人或其招标代理机构应当对其提供的招标公告和公示信息的真实性、准确性、合法性负责。发布媒介和电子招投标交易平台应当对所发布的招标公告和公示信息的及时性、完整性负责。

发布媒介应当按照规定采取有效措施,确保发布招标公告和公示信息的数据电文不被篡改、不遗漏和至少10年内可追溯。

四、资格预审公告的内容

依法必须招标项目的资格预审公告(图2-1)和招标公告,应当载明以下内容:
(1)招标项目名称、内容、范围、规模、资金来源。
(2)投标资格能力要求,以及是否接受联合体投标。
(3)获取资格预审文件或招标文件的时间、方式。
(4)递交资格预审文件或投标文件的截止时间、方式。
(5)招标人及其招标代理机构的名称、地址、联系人及联系方式。
(6)采用电子招投标方式的,潜在投标人访问电子招投标交易平台的网址和方法。
(7)其他依法应当载明的内容。

资格预审公告

_____(项目名称)_____标段施工招标资格预审公告

1.招标条件

本招标项目_____(项目名称)已由_____(项目审批、核准或备案机关名称)_____(批文名称及编号)批准建设,初步设计已由_____(批准机关名称)以_____(批文名称及编号)批准,项目业主为_____,建设资金来自_____(资金来源),出资比例为_____,招标人为_____。项目已具备招标条件,现进行公开招标,特邀请有兴趣的潜在投标人(以下简称申请人)提出资格预审申请。

图 2-1

2. 项目概况与招标范围

_____（说明本次招标项目的建设地点、规模、计划工期、招标范围、标段划分等）。

3. 申请人资格要求

本次资格预审要求申请人须具备_____资质、_____业绩，并在人员、设备、资金等方面具有相应的施工能力。

申请人应进入交通运输部"全国公路建设市场信用信息管理系统（http://glxy.mot.gov.cn）"中的公路工程施工资质企业名录，且申请人名称和资质与该名录中的相应企业名称和资质完全一致。

3.1 本次资格预审_____（接受或不接受）联合体资格预审申请。联合体申请资格预审的，应满足下列要求：_____。

3.2 每个申请人最多可对_____（具体数量）个标段提出资格预审申请；被招标项目所在地省级交通运输主管部门评为_____信用等级的申请人，最多可对_____（具体数量）个标段提出资格预审申请。每个申请人允许中个标。对申请人信用等级的认定条件为：_____。

3.3 与招标人存在利害关系可能影响招标公正性的单位，不得提出资格预审申请。单位负责人为同一人或存在控股、管理关系的不同单位，对同一标段提出资格预审申请的，最多只能有一家单位通过资格预审。

3.4 在"信用中国"网站（http://www.creditchina.gov.cn/）中被列入失信被执行人名单的申请人，不能通过资格预审。

4. 资格预审方法

本次资格预审采用_____（合格制/有限数量制）。

5. 资格预审文件的获取

请申请人于_____年_____月_____日至_____年_____月_____日每日上午_____时_____分至_____时_____分，下午_____时_____分至_____时_____分（北京时间，下同），在_____持单位介绍信和经办人身份证购买资格预审文件。参加多个标段资格预审的申请人必须分别购买相应标段的资格预审文件，并对每个标段单独递交资格预审申请文件。

资格预审文件每套售价_____元，售后不退。

6. 资格预审申请文件的递交

6.1 递交资格预审申请文件截止时间（申请截止时间，下同）为_____年_____月_____日_____时_____分，申请人应于当日_____时_____分至_____时_____分将资格预审申请文件递交至_____（详细地址）。

6.2 逾期送达的、未送达指定地点的或不按照资格预审文件要求密封的资格预审申请文件，招标人将予以拒收。

7. 发布公告的媒介

本次资格预审公告同时在_____（发布公告的媒介名称）上发布。

8. 联系方式

招 标 人：_____	招标代理机构：_____
地　　　址：_____	地　　　址：_____
邮 政 编 码：_____	邮　　　编：_____
联 系 人：_____	联 系 人：_____
电　　　话：_____	电　　　话：_____
传　　　真：_____	传　　　真：_____
电 子 邮 件：_____	电 子 邮 件：_____
网　　　址：_____	网　　　址：_____
开 户 银 行：_____	开 户 银 行：_____
账　　　号：_____	账　　　号：_____

_____年_____月_____日

图 2-1　资格预审公告

五、资格预审阶段的职业道德要求

1. 资格评审委员会

有下列情况之一的人员,应当回避:

(1)资格预审申请人主要负责人的近亲属。

(2)项目主管部门或行政监督部门的人员。

(3)与资格预审申请人有经济利益关系,可能影响评审公正性的。

(4)曾经在招投标活动中因违法违纪行为受到行政处罚或刑事处罚的人员。

资格审查过程中,审查委员会可以书面形式,要求申请人对提交的资格预审申请文件中不明确的内容澄清或说明,招标人和审查委员会不接受申请人主动提出的澄清或说明。

资格评审委员会应当按照资格预审文件明确的评审办法和标准进行评审,资格预审过程应当遵守公平公正、诚实信用的原则。

2. 资格预审申请人

资格预审申请人应当对提交的资格预审申请文件材料的真实性负责。资格预审申请人若提供虚假材料的,一经查实,即取消投标资格,并作为不良行为记录。

资格预审公告编制的具体格式和内容如图2-1所示。

> **拓展视野**
>
> 公路工程施工总承包企业资质分为特级、一级、二级、三级。
>
> 特级资质标准:
>
> (1)企业注册资本金3亿元以上。
>
> (2)企业净资产3.6亿元以上。
>
> (3)企业近3年年平均公路工程结算收入15亿元以上。
>
> (4)企业其他条件均达到一级资质标准。
>
> 一级资质标准:
>
> (1)企业近10年承担过下列4项中的3项以上所列工程的施工,工程质量合格。
>
> ①累计修建一级以上公路路基100km以上。
>
> ②累计修建高级路面400万 m^2 以上。
>
> ③累计修建单座桥长≥500m或单跨跨度≥100m的公路特大桥6座以上。
>
> ④完成过单项合同额1亿元以上的公路工程3个以上。
>
> (2)企业经理具有10年以上从事工程管理工作经历或具有高级职称;总工程师具有15年以上从事公路工程施工技术管理工作经历并具有本专业高级职称;总会计师具有高级会计职称;总经济师具有高级职称。
>
> 企业有职称的工程技术和经济管理人员不少于300人,其中工程技术人员不少于200人。在工程技术人员中,具有高级职称的人员不少于20人,其中具有公路工程系列高级职称的人员不少于15人;具有中级职称的人员不少于80人,其中具有公路工程系列中级职称的人员不少于50人。

企业具有的本专业一级资质项目经理不少于 15 人。

(3)企业注册资本金 6000 万元以上,企业净资产 8000 万元以上。

(4)企业近 3 年最高年公路工程结算收入 4 亿元以上。

(5)企业具有与承包工程范围相适应的施工机械和质量检测设备,并至少具有:

①160t/h 以上沥青混凝土拌和设备 3 台,120m^3/h 水泥混凝土拌和设备及 60t/h 以上水泥混凝土拌和设备各 1 台或 60t/h 以上水泥混凝土拌和设备 3 台,300t/h 以上稳定土拌和设备 4 台。

②摊铺宽度 12m 的沥青混凝土摊铺设备 2 台,摊铺宽度 8 米以上的沥青混凝土摊铺设备 4 台。

③120kW 以上平地机 5 台。

④1m^3 以上挖掘机 5 台。

⑤100kW 以上推土机 5 台。

⑥各型压路机 20 台(其中沥青混凝土压实设备 10 台,大型土方振动压实设备 10 台)。

⑦扭矩 200kN·m 以上的钻机 2 台。

⑧80t 以上自行式架桥机 2 套。

⑨50t 以上起重机 3 台。

⑩水泥混凝土泵车 4 台。

⑪隧道凿岩台车 2 台,水泥混凝土喷射泵 4 台,压浆设备 2 台。

二级资质标准:

(1)企业近 10 年承担过下列 4 项中的 3 项以上所列工程的施工,工程质量合格。

①累计修建二级以上公路路基 150km 以上。

②累计修建高级、次高级路面 200 万 m^2 以上。

③累计修建单座桥长 >100m,或单跨跨度 >40m 的公路大桥 4 座以上。

④完成过单项合同额 5000 万元以上的公路工程 3 项以上。

(2)企业经理具有 8 年以上从事工程管理工作经历或具有中级以上职称;技术负责人有 10 年以上从事公路工程施工技术管理工作经历并具有本专业高级职称;财务负责人具有中级以上会计职称。

企业有职称的工程技术和经济管理人员不少于 180 人,其中工程技术人员不少于 120 人。在工程技术人员中,具有公路工程系列高级职称的人员不少于 10 人,具有公路工程系列中职称的人员不少于 30 人。

企业具有的本专业二级资质以上项目经理不少于 10 人。

(3)企业注册资本金 3000 万元以上,企业净资产 4000 万元以上。

(4)企业近 3 年最高年公路工程结算收入 2 亿元以上。

(5)企业具有与承包工程范围相适应的施工机械和质量检测设备,并至少具有:

①120t/h 以上沥青混凝土拌和设备 1 台,60m^3/h 以上水泥混凝土拌设备 1 台,300t/h 以上稳定土拌和设备 2 台。

②摊铺宽度 8m 以上沥青混凝土摊铺设备 2 台。
③120kW 以上平地机 3 台。
④1m³ 以上挖掘机 3 台。
⑤100kW 以上推土机 3 台。
⑥各型压路机 10 台(其中,沥青混凝土压实设备 4 台,大型土方振动压实设备 2 台)。
⑦扭矩 200kN·m 以上钻机 1 台。
⑧80t 以上自行式架桥机 1 套。
⑨50t 以上起重机 1 台。
⑩水泥混凝土泵车 2 台。
⑪隧道凿岩台车 1 台,水泥混凝土喷射泵 2 台,压浆设备 1 台。

三级资质标准:

(1)企业近 10 年承担过下列 4 项中的 3 项以上所列工程的施工,工程质量合格。
①累计修建二级以上公路路基 80km 以上。
②累计修建高级、次高级路面 100 万 m² 以上。
③累计修建单座桥长>30m,或单跨跨度>20m 的公路中桥 4 座以上。
④完成过单项合同额 500 万元以上的公路工程。

(2)企业经理具有 6 年以上从事工程管理工作经历或具有中级以上职称;技术负责人具有 6 年以上从事公路工程施工技术管理工作经历并具有本专业中级以上职称;财务负责人具有中级以上会计职称。

企业有职称的工程技术和经济管理人员不少于 60 人,其中工程技术人员不少于 40 人。

在工程技术人员中,具有中级以上职称的人员不少于 20 人,其中具有公路工程系列中级以上职称的人员不少于 15 人。

企业具有的本专业三级资质以上项目经理不少于 10 人。

(3)企业注册资本金 1000 万元以上,企业净资产 1500 万元以上。

(4)企业近 3 年最高年公路工程结算收入 5000 万元以上。

(5)企业具有与承包工程范围相适应的施工机械和质量检测设备,并至少具有:
①60t/h 以上沥青混凝土拌和设备 1 台,40m³/h 以上水泥混凝土拌和设备 1 台。
②摊铺宽度 4.5m 以上沥青混凝土摊铺设备 2 台。
③120kW 以上平地机 2 台。
④0.8m³ 以上挖掘机 2 台。
⑤100kW 以上推土机 2 台。
⑥各型压路机 5 台(其中,沥青混凝土压实设备 2 台,大型土方振动压实设备 1 台)。
⑦30t 以上起重机 1 台。

承包工程范围:

(1)特级企业:可承担各等级公路及其桥梁、隧道工程的施工。

(2)一级企业:可承担单项合同额不超过企业注册资本金5倍的各等级公路及其桥梁、长度3000m及以下的隧道工程的施工。

(3)二级企业:可承担单项合同额不超过企业注册资本金5倍的一级标准及以下公路、单跨跨度<100m的桥梁、长度<1000m的隧道工程的施工。

(4)三级企业:可承担单项合同额不超过企业注册资本金5倍的二级标准及以下公路、单座桥长<500m、单跨跨度<40m的桥梁工程的施工。

注:公路工程包括公路(含厂矿和林业专用公路)及其桥梁、隧道和沿线设施工程。

拓展视野

临夏市规划四十三路(南滨河东路至王家磨路)道路工程资格预审公告

临夏市规划四十三路(南滨河东路至王家磨路)道路工程已由临夏市发展和改革局关于《临夏市规划四十三路(南滨河东路至王家磨路)道路工程可行性研究报告》的批复(临夏市发改发〔2023〕47号)文件及临夏市发展和改革局关于《临夏市规划四十三路(南滨河东路至王家磨路)道路工程初步设计》的批复(临市发改发〔2023〕149号)文件批准建设。已具备招标条件,现对该项目施工进行资格预审,特邀请有兴趣的潜在投标人(以下简称申请人)提出资格预审申请。

一、项目概况

1. 工程名称:临夏市规划四十三路(南滨河东路至王家磨路)道路工程。

2. 建设单位:临夏市住房和城乡建设局。

3. 建设地点:临夏市(北起南滨河东路,南至王家磨路)。

4. 资金来源:地方政府自筹解决。

5. 概算投资:总投资为1070.96万元,其中工程费用904.45万元;

6. 建设规模:路起点与南滨河东路相交,终点与王家磨路相交,为城市支路,全长491.087m,路幅宽度20m,设计速度20km/h。主要建设内容包括道路、给排水、绿化、照明、电力和交通工程等附属设施(具体内容详见施工图)。

7. 计划总工期:216日历天。

计划开竣工日期:2023年9月28日——2024年4月30日。

8. 标段划分。

9. 质量要求:工程质量要求符合《工程质量验收规范》合格标准。

10. 资格审查方式:资格预审。

二、申请人资格要求

1. 申请人须具备独立法人资格;具备建设行政主管部门核发的市政公用工程施工总承包三级(含三级)及以上资质的施工企业。具有有效的安全生产许可证。

2. 拟派项目负责人(即项目经理)须具有市政工程专业二级注册建造师执业资格和

有效的安全生产考核合格证书;技术负责人具有工程类中级及以上技术职称,安全负责人具有工程类中级及以上技术职称;安全生产负责人和安全员须持有有效的安全生产考核合格证书。

3.配备项目管理人员:项目负责人1人、技术质量负责人1人、安全生产负责人1人、注册造价师1人、施工员1人、质量员1人、安全员1人、材料员1人、资料员1人、机械员1人,须持有效资格证或岗位证书,以上人员均为本单位在职人员(施工员和质量员须为市政专业)。

4.财务要求:财务状况良好。

5.申请人的施工现场管理机构人员没有被甘肃省住建厅智慧住建系统锁定。

6.申请人基本信息可在甘肃住建厅智慧住建的门户网站查询。

7.省外企业需办理进甘信息登记(按甘肃省住房和城乡建设厅关于认真做好省外建筑企业信息登记工作的通知甘建建〔2016〕20号文执行)及"甘肃省省外建筑业企业工程项目投标备案表",省内企业需办理"甘肃省建筑业企业工程项目投标备案表"。建筑业企业各申请人请在甘肃省住建厅智慧住建系统上报投标工程项目信息和投标拟派项目管理机构人员信息,于招标文件获取截止日前将通过确认的"甘肃省省外建筑业企业工程项目投标备案表"或"甘肃省建筑业企业工程项目投标备案表"(一式三份)送至招标代理机构。"甘肃省省外建筑业企业工程项目投标备案表"或"甘肃省建筑业企业工程项目投标备案表"由招标代理机构递交评标委员会。

8.申请人按甘建建〔2015〕436号文件规定,授权委托代理人应当为本项目负责人(即项目经理),否则视为自动放弃投标。

9.本次招标不接受联合体投标。

10.各申请人可就上述标段提出资格预审申请。

三、资格审查方式

本次资格预审采用合格制,申请人自行判断是否符合提出资格预审申请。资格审查的具体要求见资格预审文件。资格审查不合格的投标文件将按废标处理。

四、资格预审文件获取时间及方式

1.资格预审文件获取时间:2023年8月31日20:00时至2023年9月5日20:00时,(法定公休日、法定节假日不除外)。

2.资格预审文件获取方式:登录临夏州公共资源交易网(http://ggzyjy.linxia.gov.cn),在应用系统中进入"甘肃省公共资源交易电子服务系统-临夏州",选择用"账号登录"或者"数字证书(CA)登录"后,点击最左侧的"我要投标",选择对应项目资格预审公告,免费下载资格预审文件。

五、资格预审申请文件的递交

1.投标文件制作工具下载:本次开标采用交易通电子开标系统进行开标工作。投标人进入官网(http://www.ejiaoyi.vip)→进入下载中心→下载建设工程投标文件制作工具→安装更新到最新版登录后即可制作投标文件(注:安装前退出360等杀毒软件,使用最新版本的投标文件制作工具,打开后若有更新提示,则选择更新),非交易通的锁请选择互认 CA 登录,登录时若提示"该锁无权限",则进入交易通数字证书在线服务网(http://www.ejiaoyi.vip/web/company/login.html)→主体账号登录(电话号码)→招投标权限绑定。

2. 申请文件递交的截止时间为:2023 年 9 月 12 日 9 时 00 分(北京时间)。

3. 投标文件递交方式、签到方法及开标注意事项。

(1)投标文件递交方式

投标人进入临夏州公共资源交易中心官网(网址:http://ggzyjy.linxia.gov.cn,推荐使用 360 安全浏览器极速模式)→选择网上开评标系统→选择交易通网上开评标系统→选择不见面投标→前往登录→用主体账号或 CA 登录→市政房建→项目管理→对应项目→我要参标→分别上传.gef、.sgef、.czr 格式的投标文件。(或者直接进入此网址上传:http://bid.ejiaoyi.vip:17000/bidder-login 推荐使用 360 安全浏览器极速模式),投标文件递交截止时间未上传的或者未上传指定网址的投标文件,招标人不予受理。在投标文件递交截止时间前如需更换投标文件,可点击重新上传,以最后一次上传的投标文件为准。

(2)签到

投标文件上传完成后点击签到,在弹出的页面输入签到人相关个人信息,确认后支付宝扫码进行人脸识别,微信用户扫码后拍摄人脸视频后上传即可完成人脸识别,特殊情况在开标前 0.5 小时内上传投标人手持身份证照片即可完成签到。

(3)开标

投标人进入交易通临夏州电子开评标系统(网址:http://bid.ejiaoyi.vip:17000/bidder-login 推荐使用 360 安全浏览器极速模式)→主体账号或 CA 登录→房建市政→项目管理→网上开标→点击右上角"进入开标",根据页面开标流程、开标直播、弹窗提示或者刷新页面的操作完成解密(解密环节系统默认 30 分钟,超过 30 分钟解密环节将会关闭)→质询(无异议的情况下手机扫码横屏完成签字即可)等操作。

4. 技术支持甘肃交易通信息技术有限公司。

(1)交易通技术支持电话:400×××××××。

(2)驻场人员电话:180××××××××、155××××××××。

六、其他

其他监督单位:临夏州住房和城乡建设局。

○ 拓展视野 ○

发布公告的媒介:临夏州公共资源交易网(网址:http://ggzyjy.linxia.gov.cn)、甘肃经济信息网。

招标人:临夏市住房和城乡建设局

联系人：××
联系电话：189×××××××
代理机构：甘肃如鸿项目管理有限公司
联系人：×××
联系电话：182×××××××
2023 年 8 月 31 日

子任务 2　资格预审文件的编制

根据《公路工程标准施工招标资格预审文件》(2018 年版)要求，公路工程施工招标资格预审文件的内容，主要包括资格预审公告、申请人须知、资格审查办法、资格预审申请文件格式、项目建设概况等内容，还包括关于资格预审文件澄清和修改的说明。

资格预审文件的编制之内容结构

招标人根据《公路工程标准施工招标资格预审文件》(2018 年版)编制项目资格预审文件时，不得修改"申请人须知"和"资格审查办法"正文，但可在前附表中对"申请人须知"和"资格审查办法"进行补充和细化，补充和细化的内容不得与"申请人须知"和"资格审查办法"正文内容相抵触。

《公路工程标准施工招标资格预审文件》(2018 年版)用相同序号标示的章、节、条、款、目，供招标人选择使用；以空格标示的由招标人填写的内容，招标人应根据招标项目特点和实际需要具体化，确实没有需要填写的，在空格中用"/"表示。

一、资格预审公告

关于资格预审公告的编制，前文已经叙述，此处不再重复。

在按"资格预审公告"的格式发布资格预审公告后，应将实际发布的资格预审公告编入出售的资格预审文件中。资格预审公告应同时注明发布的所有媒介名称。

招标人可根据招标项目具体特点和实际需要，选择规定的合格制或有限数量制其中之一，如无特殊情况，鼓励招标人采用合格制。资格审查办法前附表，应按规定要求列明全部审查因素和审查标准，并在前附表及正文中标明申请人不满足其要求即不能通过资格预审的全部条款。

二、申请人须知

申请人须知是《公路工程标准施工招标资格预审文件》(2018 年版)第二章，主要内容包括申请人须知前附表和申请人须知正文。申请人须知正文包括：

（1）总则。该部分内容包括项目概况,资金来源和落实情况,招标范围、计划工期、质量工要求和安全目标,申请人资格要求,语言文字,费用承担等规定。

（2）资格预审文件。该部分内容包括资格预选文件的组成、资格预审文件的澄清和资格预审文件的修改等规定。

资格预审文件的编制之申请人须知

（3）资格预审申请文件的编制。该部分内容包括资格预审申请文件的组成,资格预审申请文件的编制要求,资格预审申请文件的装订、签字等规定。

（4）资格预审申请文件的递交。该部分内容包括资格预审申请文件的密封和标识,资格预审申请文件的递交等规定。

（5）资格预审申请文件的审查。该部分内容包括审查委员会、资格审查等规定。

（6）通知和确认。该部分内容包括通知、解释和确认等规定。

（7）申请人的资格改变。

（8）纪律与监督。该部分内容包括严禁贿赂、不得干扰资格审查工作、保密及投诉等规定。

（9）是否采用电子招标投标。

（10）需要补充的其他内容。该部分内容包括申请规定、资格预审文件的修改、招标人的权力等规定。

下面就其主要内容和运作中需注意的要点进行重点介绍说明。

1. 申请人须知前附表

申请人须知前附表（表2-2）是申请人须知的重要组成部分。其作用在于进一步明确正文中的未尽事宜,由招标人根据下列格式和内容结合招标项目具体特点和实际需要编制和填写,必须全面、准确且务必做到与资格预审文件中章节的衔接,并不得与申请人须知的正文内容相抵触。

申请人须知前附表❶ 表2-2

条款号	条款名称	编列内容
1.1.2	招标人	名称： 地址： 联系人： 电话：
1.1.3	招标代理机构	名称： 地址： 联系人： 电话：

❶ a."申请人须知前附表"用于进一步明确正文中的未尽事宜,由招标人根据招标项目具体特点和实际需要编制和填写,且应与资格预审文件中其他章节相衔接,并不得与本章正文内容相抵触。

b."申请人须知前附表"中的附录表格同属"申请人须知前附表"内容,具有同等效力。

续上表

条款号	条款名称	编列内容
1.1.4	招标项目名称	
1.1.5	标段建设地点	
1.2.1	资金来源及比例	
1.2.2	资金落实情况	
1.3.1	招标范围	
1.3.2	计划工期	计划工期：_____日历天 计划开工日期：____年____月____日 计划交工日期：____年____月____日❶
1.3.3	质量要求	标段工程交工验收的质量评定：_____ 竣工验收的质量评定：_____。
1.3.4	安全目标❷	
1.4.1	申请人资质条件、能力和信誉	资质要求：见附录1(表2-2) 财务要求：见附录2(表2-3) 业绩要求：见附录3(表2-4) 信誉要求：见附录4(表2-5) 项目经理和项目总工资格：见附录5(表2-6) 其他要求：❸
1.4.2	是否接受联合体资格预审申请	□不接受 □接受，应满足下列要求： (1)联合体所有成员数量不得超过_____家； (2)联合体牵头人应具有_____资质； ……
1.4.3	申请人不得存在的其他关联情形	
1.4.4	申请人不得存在的其他不良状况或不良信用记录	
2.2.1	申请人要求澄清资格预审文件	时间：____年____月____日____时____分 形式：
2.2.2	资格预审文件澄清发出的形式	
2.2.3	申请人确认收到资格预审文件澄清	时间：收到澄清后_____小时内(以发出时间为准) 形式：

❶ 招标人如有阶段工期要求，请在此补充。
❷ 招标人应根据招标项目具体特点和实际需要，对工程施工过程中的人员安全提出目标要求。
❸ 对于特别复杂的特大桥梁和特长隧道项目主体工程以及其他有特殊要求的工程，招标人还可增加附录6、附录7对申请人的其他管理和技术人员(例如项目副经理、专业工程师等)以及主要机械设备和试验检测设备提出要求。

续上表

条款号	条款名称	编列内容
2.3.1	资格预审文件修改发出的形式	
2.3.2	申请人确认收到资格预审文件修改	时间：收到修改后_____小时内(以发出时间为准) 形式：
3.1.1	构成资格预审申请文件的其他资料	
3.2.4	近年财务状况的年份要求	_____年至_____年
3.2.5	近年完成的类似项目情况的时间要求	_____年_____月_____日至_____年_____月_____日
3.3.2	资格预审申请文件副本份数及其他要求	资格预审申请文件副本份数： 是否要求提交电子版文件： 其他要求：
3.3.3	装订的其他要求	
4.1.2	封套上写明	招标人名称：_____ 招标人地址：_____ _____(项目名称)_____标段施工招标资格预审申请文件 在_____年_____月_____日_____时_____分前不得开启 申请人名称：_____
4.2.3	是否退还资格预审申请文件	□否 □是，退还时间：
5.1.2	审查委员会的组建❶	审查委员会构成：_____人，其中招标人代表_____人，专家_____人； 专家确定方式：依法从相应评标专家库中随机抽取
5.2	资格审查方法	□合格制 □有限数量制
6.1	资格预审结果的通知时间	
6.3	资格预审结果的确认时间	收到投标邀请书后_____小时内(以发出时间为准)予以确认
8.4.1	监督部门	监督部门：_____ 地址：_____ 电话：_____ 传真：_____ 邮政编码：_____

❶ 国有资金占控股或主导地位的依法必须进行招标的项目，审查委员会应由招标人代表和有关方面的专家组成，人数为5人以上单数，其中技术、经济专家人数应不少于成员总数的三分之二。

续上表

条款号	条款名称	编列内容
9	是否采用电子招标投标	□否 □是,具体要求:
10.1.1	申请人申请资格	每个申请人最多可对本项目的_____个标段提出资格预审申请;被招标项目所在地省级交通运输主管部门评为_____信用等级的申请人最多可对本项目的_____个标段提出资格预审申请。❶每个申请人允许中_____个标。 对申请人信用等级的认定条件为:_____
需要补充的其他内容		

申请人须知前附表中的附录表格同属附表内容,具有同等效力,它们同样是资格预审的条件,因此,在编制时要根据招标项目的具体特点和实际需要来进行编制,其内容应全面、具体,要求适当、明确,并符合相关法律法规的规定。

对于采用有限数量制进行资格审查的技术特别复杂的特大桥梁和长大隧道工程,招标人还应增加附录对申请人的其他主要管理人员和技术人员以及主要工程机械设备和试验检测设备提出要求。

在编制文件时,要特别注意各种格式、表格下面的注解和说明。这些注解和说明是相关的规定要求及运作方法。

在编制附录1~附录7时,应分别遵循下述规定要求。

附录1(表2-3):具体资质要求由招标人在满足国家相关法律法规前提下,根据招标项目具体特点和实际情况确定。

附录1 资格预审条件(资质最低要求)　　　　　　　　　　表2-3

施工企业资质等级要求

附录2(表2-4):具体财务要求由招标人在满足国家相关法律法规前提下,根据招标项目具体特点和实际情况确定。例如,招标人可对申请人近3年的平均营业额、流动比率、资产负

---

❶ 如果每个申请人只允许中一个标,则同一个申请人在不同标段资格预审申请文件中提供的项目经理(以及备选人)和项目总工(以及备选人)在满足资格要求的基础上可以重复。

债率,净资产等提出要求。

附录2　资格预审条件(财务最低要求)　　　　　　　　　表2-4

财务要求

附录3(表2-5):具体业绩要求由招标人在满足国家相关法律法规前提下,根据招标项目具体特点和实际情况确定,但不得设置过高的业绩资格条件。

附录3　资格预审条件(业绩最低要求)　　　　　　　　　表2-5

业绩要求

附录4(表2-6):具体信誉要求由招标人在满足国家相关法律法规前提下,根据招标项目具体特点和实际情况确定,但不得与"申请人须知"第1.4.4项规定的内容重复。

附录4　资格预审条件(信誉最低要求)　　　　　　　　　表2-6

信誉要求

附录5(表2-7):对项目经理以及备选人和项目总工以及备选人的具体资格要求,由招标人在满足国家相关法律法规前提下,根据招标项目具体特点和实际情况确定,但不得设置过高的资格条件。

附录5　资格预审条件(项目经理和项目总工最低要求)　　　　表2-7

人员	数量	资格要求
项目经理		
项目经理备选人		
项目总工		
项目总工备选人		

附录6(表2-8);本表仅适用于特别复杂的特大桥梁和特长隧道项目主体工程以及其他有特殊要求的工程。对其他管理和技术人员(如项目副经理、专业工程师等)的最低要求,由招标人在满足国家相关法律法规前提下,根据招标项目具体特点和实际情况确定,但不得设置过高的资格条件。

附录6　资格预审条件(其他管理和技术人员最低要求)　　　表2-8

人员	数量	资格要求

附录7(表2-9):本表仅适用于特别复杂的特大桥梁和特长隧道项目主体工程以及其他有特殊要求的工程。对主要机械设备和试验检测设备的最低要求,由招标人在满足国家相关法律法规前提下,根据招标项目具体特点和实际情况确定。

附录7　资格预审条件(主要机械设备和试验检测设备最低要求)　　　表2-9

设备名称	规格、功率及容量	单位	最低数量要求

2. 对申请人资格要求

(1)申请人应具备承担本标段施工的资质条件、能力和信誉(见申请人须知前附表中附录)。

资格预审文件的编制之对申请人的资格要求

(2)申请人须知前附表规定接受联合体资格预审的,联合体申请人除应符合上述(1)项和申请人须知前附表的要求外,还应遵守以下规定:

①联合体各方必须按资格预审文件提供的格式签订联合体协议书,明确联合体牵头人和各方的权利义务,并承诺就中标项目向招标人承担连带责任。

②由同一专业的单位组成的联合体,按照资质等级较低的单位确定资质等级。

③通过资格预审的联合体,其各方组成结构、职责、财务能力、信誉情况等资格条件不得改变。

④联合体各方不得再以自己名义单独或加入其他联合体在同一标段中参加资格预审。

⑤联合体各方应分别按照本资格预审文件的要求,填写资格预审申请文件中的相应表格,并由联合体牵头人负责对联合体各成员的资料进行统一汇总后一并提交给招标人;联合体牵头人所提交的资格预审申请文件应认为已代表了联合体各成员的真实情况。

⑥尽管委任了联合体牵头人,但联合体各成员在资格预审、投标、签订合同与履行合同过程中,仍负有连带的和各自的法律责任。

(3)申请人不得存在下列情形之一:

①投标人(包括联合体各成员)不得与本标段相关单位存在下列关联关系:

a. 为招标人不具有独立法人资格的附属机构。
b. 与招标人存在利害关系且可能影响招标公正性。
c. 与本标段的其他投标人同为一个单位负责人,或者与本标段的其他投标人存在控股、管理关系。
d. 为本标段前期准备提供设计或咨询服务的法人或其任何附属机构。
e. 为本标段的监理人。
f. 为本标段的代建人。
g. 为本标段的招标代理机构。
h. 与本标段的监理人或代建人或招标代理机构同为一个法定代表人。
i. 与本标段的监理人或代建人或招标代理机构存在控股或参股关系。
j. 法律法规或投标人须知前附表规定的其他情形。

②投标人(包括联合体各成员)不得存在下列不良状况或不良信用记录:
a. 被省级及以上交通运输主管部门取消招标项目所在地的投标资格且处于有效期内。
b. 被责令停业,暂扣或吊销执照,或吊销资质证书。
c. 进入清算程序,或被宣告破产,或其他丧失履约能力的情形。
d. 在国家企业信用信息公示系统(http://www.gsxt.gov.cn/)中被列入严重违法失信企业名单。
e. 在信用中国网站(http://www.creditchina.gov.cn/)中被列入失信被执行人名单。
f. 投标人或其法定代表人、拟委任的项目经理在近3年内有行贿犯罪行为的(行贿犯罪行为的认定以检察机关职务犯罪预防部门出具的查询结果为准)。
g. 法律法规或投标人须知前附表规定的其他情形。

3. 资格预审申请文件的编制要求

(1)资格预审申请文件应按资格预审申请文件格式进行编写,如有必要,可增加附页,并作为申请文件的组成部分。

(2)法定代表人授权委托书必须由法定代表人签署。

①如果资格预审申请文件由委托代理人签署,则申请人须提交授权委托书,授权委托书应按第四章"资格预审申请文件格式"的要求出具,并由法定代表人和委托代理人亲笔签名,不得使用印章、签名章或其他电子纸版签名代替。

②如果由申请人的法定代表人亲自签署资格预审申请文件,则申请人须提交法定代表人身份证明,身份证明应符合《公路工程标准施工招标资格预审文件》(2018年版)第四章"资格预审申请文件格式"的要求。

③以联合体形式申请资格预审的,法定代表人授权委托书或法定代表人身份证明须由联合体牵头人按上述规定出具。

(3)"申请人基本情况表"应附企业法人营业执照副本和组织机构代码证副本(按照"三证合一"或"五证合一"登记制度进行登记的,可仅提供营业执照副本,下同)、施工资质证书副本、安全生产许可证副本、基本账户开户许可证的复印件,申请人在交通运输部"全国公路建设市场信用信息管理系统"公路工程施工资质企业名录中的网页截图复印件,以及申请人在国家企业信用信息公示系统中基础信息(体现股东及出资详细信息)的网页截图或由法定的社会验资机构出具的验资报告或注册地工商部门出具的股东出资情况证明复印件。

企业法人营业执照副本和组织机构代码证副本、施工资质证书副本、安全生产许可证副本、基本账户开户许可证的复印件应提供全本（证书封面、封底、空白页除外），应包括申请人名称、申请人其他相关信息、颁发机构名称、申请人信息变更情况等关键页在内，并逐页加盖申请人单位章。

（4）"财务状况表"应附经会计师事务所或审计机构审计的财务会计报表，包括资产负债表、现金流量表、利润表和财务情况说明书的复印件，具体年份要求见申请人须知前附表。

（5）"近年完成的类似项目情况表"应是已列入交通运输主管部门"公路建设市场信用信息管理系统"并公开的主包已建业绩或分包已建业绩，具体时间要求见申请人须知前附表。

4. 资格预审申请文件的装订、签字的规定要求

（1）申请人应按申请人须知中的要求，编制完整的资格预审申请文件，用不褪色的材料书写或打印；资格预审申请文件格式中明确要求申请人法定代表人或其委托代理人签字之处，必须由相关人员亲笔签名，不得使用印章、签名章或其他电子制版签名代替；明确要求申请人加盖单位章之处，必须加盖单位章。其中，资格预审申请函及对资格预审申请文件的澄清和说明应加盖申请人单位章，或由申请人的法定代表人或其委托代理人签字。以联合体形式申请资格预审的，资格预审申请文件由联合体牵头人的法定代表人或其委托代理人按上述规定签署并加盖联合体牵头人单位章。

资格预审申请文件中的任何改动之处应加盖单位章或由申请人的法定代表人或其委托代理人签字确认。签字或盖章的其他要求见申请人须知前附表。

（2）资格预审申请文件正本一份，副本份数见申请人须知前附表。正本和副本的封面上应清楚地标记"正本"或"副本"字样。当副本和正本不一致或电子版文件和纸质正本文件不一致时，以纸质正本文件为准。

（3）资格预审申请文件正本与副本应分别装订成册（A4纸幅），并编制目录且逐页标注连续页码。资格预审申请文件不得采用活页夹装订，否则，招标人对由于资格预审申请文件装订松散而造成的丢失或其他后果不承担任何责任。装订的其他要求见申请人须知前附表。

5. 通知、解释和确认

（1）通知

招标人在申请人须知前附表规定的时间内以书面形式将资格预审结果通知申请人，并向通过资格预审的申请人发出投标邀请书。

（2）解释

应申请人书面要求，招标人应对资格预审结果作出解释，但不保证申请人对解释内容满意。

（3）确认

通过资格预审的申请人收到投标邀请书后，应在申请人须知前附表规定的时间内以书面形式明确表示是否参加投标。在申请人须知前附表规定时间内未表示是否参加投标或明确表示不参加投标的，不得再参加投标，因此而造成的潜在投标人数量不足3个的，招标人可重新组织资格预审或不再组织资格预审而直接招标。

注：直接招标是指直接采用资格后审方式招标。

子任务 3　资格预审申请文件的编制

资格预审申请文件应包括资格预审申请函、法定代表人身份证明或附有法定代表人身份证明的授权委托书、联合体协议书、申请人基本情况表、财务状况表、近年完成的类似项目情况表、正在施工和新承接的项目情况表、近年发生的诉讼及仲裁情况表、初步施工组织计划和申请人须知前附表要求的其他材料。

《公路工程标准施工招标资格预审文件》(2018 年版)第四章是资格预审申请文件格式，在编制时要特别注意各种表式后面的注解。其目录和格式，如图 2-2 所示。

```
                            目　录
一、资格预审申请函
二、授权委托书或法定代表人身份证明
三、联合体协议书
四、申请人基本情况
   4-1  申请人基本情况表
   4-2  申请人企业组织机构框图
五、近年财务状况
   5-1  财务状况表
   5-2  银行信贷证明
六、近年完成的类似项目情况表
七、申请人的信誉情况表
八、拟委任的项目经理和项目总工资历表
九、拟委任的其他管理和技术人员情况表
   9-1  拟委任的其他管理和技术人员汇总表
   9-2  拟委任的其他管理和技术人员资历表
十、拟投入本标段的主要设备表
   10-1  拟投入本标段的主要施工机械表
   10-2  拟配备本标段的主要材料试验、测量、质检仪器设备表
十一、其他资料
```

图 2-2　资格预审申请文件格式目录和格式

一、资格预审申请函

资格预审申请函格式，如图 2-3 所示。

```
                        一、资格预审申请函
_____(招标人名称)：
   1. 按照资格预审文件的要求，我方(申请人)递交的资格预审申请文件及有关资料，用于你方(招标人)审查我方参
加_____(项目名称)_____标段的施工招标的投标资格。
   2. 我方的资格预审申请文件包含第二章"申请人须知"第 1.1.1 项规定的全部内容。
   3. 我方接受你方的授权代表进行调查，以审核我方提交的文件和资料，并通过我方的客户，澄清资格预审申请文件
中有关财务和技术方面的情况。
```

图　2-3

4. 你方授权代表可通过_____(联系人及联系方式)得到进一步的资料。

5. 我方在此声明,所递交的资格预审申请文件及有关资料内容完整、真实和准确,且不存在第二章"申请人须知"第1.4.3项和第1.4.4项规定的任何一种情形。

6. 我方在此承诺,资格预审申请文件(初步施工组织计划除外)作为施工合同文件的组成部分,对我方具有约束力。

申请人:_____(盖单位章)

法定代表人或其委托代理人:_____(签字)

电话:_____

传真:_____

申请人地址:_____

邮政编码:_____

_____年_____月_____日

图 2-3　资格预审申请函

二、法定代表人身份证明及授权委托书

法定代表人身份证明及授权委托书,如图 2-4、图 2-5 所示。

2.1　法定代表人身份证明

申请人名称:_____

姓名:_____(法定代表人亲笔签字)性别:_____ 年龄:_____ 职务:_____ 系_____(申请人名称)的法定代表人。

特此证明。

附:法定代表人身份证复印件。

申请人:_____(盖单位章)

_____年_____月_____日

注:法定代表人的签字必须亲笔签名,不得使用印章、签名章等代替。

图 2-4　法定代表人身份证明

2.2　投标授权委托书

本人_____(姓名)系_____(申请人名称)的法定代表人,现委托_____(姓名)为我方代理人。代理人根据授权,以我方名义签署、澄清、递交、撤回、修改_____(项目名称)标段施工招标资格预审申请文件,其法律后果由我方承担。

委托期限:本委托书签署三日起_____个月内。

代理人无转委托权。

附:法定代表人身份证明。

申请人:_____

法定代表人:_____

身份证号码:_____

委托代理人:_____

身份证号码:_____

_____年_____月_____日

图 2-5　授权委托书

三、联合体协议书

联合体协议书如图 2-6 所示。

三、联合体协议书

_____（所有成员单位名称）自愿组成_____（联合体名称）联合体，共同参加_____（项目名称）_____标段施工招标资格预审和投标，现就联合体投标事宜订立如下协议。

1. _____（某成员单位名称）为_____（联合体名称）牵头人。

2. 联合体各成员授权牵头人代表联合体参加资格预审申请或投标活动，签署文件，提交和接收相关资料、信息及指示，进行合同谈判活动，负责合同实施阶段的组织和协调工作，以及处理与本招标项目有关的一切事宜。

3. 联合体牵头人在本项目中签署的一切文件和处理的一切事宜，联合体各成员均予以承认。联合体各成员将严格按照招标文件、投标文件和合同的要求全面履行义务，并向招标人承担连带责任。

4. 联合体各成员单位内部的职责分工如下_____（牵头人名称）承担专业工程，占总工程量的_____%；_____（成员一名称）承担_____专业工程，占总工程量的_____%。

5. 资格预审申请工作、投标工作和联合体在中标后工程实施过程中的有关费用按各自承担的工作量分摊。

6. 本协议书自签署之日起生效，合同履行完毕后自动失效。

7. 本协议书一式_____份，联合体成员和招标人各执一份。

牵头人名称：_____（盖单位章）
法定代表人：_____（签字）
联合体成员名称：_____（盖单位章）
法定代表人：_____（签字）
联合体成员名称：_____（盖单位章）
法定代表人：_____（签字）
_____年_____月_____日

资格预审文件的编制之联合体投标

图 2-6　联合体协议书

四、申请人基本情况

申请人基本情况见表 2-10 ~ 表 2-16。

申请人基本情况表　　　　　　　　　　表 2-10

申请人名称					
注册地址			邮政编码		
联系方式	联系人		电话		
	传真		电子邮件		
法定代表人	姓名		技术职称		电话
技术负责人	姓名		技术职称		电话
营业执照号			员工总人数		

续上表

企业资质等级		其中	项目经理	
注册资金			高级职称人员	
成立日期			中级职称人员	
基本账户开户银行			初级职称人员	
基本账户银行账号			技工	
经营范围				
申请人关联企业情况	申请人应提供关联企业情况,包括: (1)申请人的所有股东名称及相应股权(出资额)比例;如申请人为上市公司,申请人应提供股权占公司股份总数_____%以上的所有股东名称及相应股权比例。 (2)申请人投资(控股)或管理的下属企业名称、持有股权(出资额)比例。 (3)与申请人单位负责人(即法定代表人)为同一人的其他单位名称			
备注				

申请人企业组织机构框图　　　　　　　　　　　　　　　表 2-11

以框图方式表示
说明:

拟委任的项目经理和项目总工资历表　　　　　　　　　　表 2-12

姓名		年龄		专业	
技术职称		学历		拟在本标段工程任职	
工作年限				类似施工经验年限	
毕业学校	_____年_____月毕业于_____学校_____专业,学制_____年				
经历					

时间	参加过的类似工程项目名称	担任职务	发包人及联系电话

续上表

时间	参加过的类似工程项目名称	担任职务	发包人及联系电话
获奖情况			
说明在岗情况	□目前未在其他项目上任职,现从事工作为:_____ □目前虽在其他项目上任职,但本项目中标后能够从该项目撤离,目前任职项目_____,担任职位:_____		
备注			

注:1. 本表应填写项目经理以及备选人和项目总工以及备选人相关情况。
2. 申请人应根据资格预审文件第二章"申请人须知"第3.2.7项的要求在本表后附相关证明材料。

拟委任的其他管理和技术人员汇总表 表2-13

姓名	年龄	拟在本项目中担任的职务	技术职称	工作年限	类似施工经验年限

注:1. 本表填报的人员应满足资格预审文件第二章"申请人须知"前附表附录6的要求。
2. 本表仅适用于特别复杂的特大桥梁和特长隧道项目主体工程以及其他有特殊要求的工程。

拟委任的其他主要管理人员和技术人员资历表 表2-14

姓名		年龄		专业	
技术职称		职务		拟在本标段工程任职	
毕业学校	_____年_____月毕业于_____学校_____专业,学制_____年				
经历					
时间	参加过的类似工程项目名称		担任职务		发包人及联系电话
获奖情况					
目前任职项目状况	项目名称				
	担任职位				
	可以调离日期				
备注					

拟投入本标段的主要施工机械　　　　　　　　　　　　　　　　　　　表 2-15

序号	设备名称	型号规格	国别产地	制造年份	额定功率（kW）	生产能力	数量(台)				预计进场时间
							小计	其中			
								自有	新购	租赁	

拟配备本标段的主要材料试验、测量、质检仪器设备表　　　　　　　　　表 2-16

序号	仪器设备名称	型号规格	数量	国别产地	制造年份	用途	备注

五、近年财务状况

申请人近年财务状况见表 2-17，如图 2-7 所示。

财务状况表　　　　　　　　　　　　　　　　　　　　　　　　　表 2-17

项目或指标	单位	_____年	_____年	_____年
一、注册资本	万元			
二、净资产	万元			
三、总资产	万元			
四、固定资产	万元			
五、流动资产	万元			
六、流动负债	万元			
七、负债合计	万元			
八、营业收入	万元			
九、净利润	万元			
十、现金流量净额	万元			
十一、主要财务指标				
1.净资产收益率	%			
2.总资产报酬率	%			
3.主营业务利润率	%			
4.资产负债率	%			
5.流动比率	%			
6.速动比率	%			

```
                        5.2  银行信贷证明
    银行名称：_____
    地址：_____
    致：_____（招标人全称）
       兹开具最高限额为人民币_____万元的银行信贷，供_____（申请人注册地点）_____（申请人
    名称）于年_____月_____日之前，在_____（项目名称）需要时使用。我行保证由_____
    （申请人名称）提供的财务报表中所开列的作为流动资产的各项中无一项包含在上述提到的银行信贷中。
       此项目若未中标，该信贷证明自动失效，无须退回我行。
                                              银行(盖单位章)：_____
                                              银行主要负责人(签字)：_____
                                              银行主要负责人姓名、职务：_____（打印）


                                              银行电话：_____
                                              银行传真：_____
```

图 2-7　银行信贷证明

六、近年完成的类似项目情况表

申请人近年完成的类似项目情况见表 2-18。

近年完成的类似项目情况表　　　　　　　　　　　　　　　　表 2-18

项目名称	
项目所在地	
发包人名称	
发包人地址	
发包人电话	
合同价格	
开工日期	
交工日期	
承担的工作	
工程质量	
项目经理	
项目总工	
总监理工程师及电话	
项目描述	
备注	

七、正在施工和新承接的项目情况表

申请人正在施工和新承接的项目情况见表 2-19。

正在施工和新承接的项目情况表　　　　　　　表 2-19

项目名称	
项目所在地	
发包人名称	
发包人地址	
发包人电话	
合同价格	
开工日期	
交工日期	
承担的工作	
工程质量	
项目经理	
项目总工	
总监理工程师及电话	
项目描述	
备注	

八、近年发生的诉讼及仲裁情况表

申请人近年发生的诉讼及仲裁情况见表 2-20。

近年发生的诉讼及仲裁情况表　　　　　　　表 2-20

项目	申请人情况说明

九、初步施工组织计划（总字数控制在 5000 字以内）

初步施工组织计划格式，如图 2-8 所示。

初步施工组织计划
一、施工组织机构、施工总平面布置图、施工总体进度计划表
二、质量目标、工期目标(包括总工期、书点工期)、安全目标
三、对项目重点、难点工程的理解及施工方案、工艺流程
四、保证措施
1.质量体系与保证措施

图 2-8

2. 工期保证措施
3. 人员安排与保证措施
4. 安全生产保证措施
5. 环境保护、水土保持、施工后期的场地恢复措施
6. 支付保障措施（包括有关民工工资、劳务分包、材料采购、设备租赁、工程分包等的按期支付保证措施）

图 2-8　初步施工组织计划

十、其他材料

资格预审其他材料，如图 2-9 所示。

项目建设概况
一、项目说明
1. 项目位置
公路的起讫地点、里程、等级，技术标准、主要控制点；独立大桥的桥型、荷载、跨径、桥长、桥宽、基础、水深、引道长度等；独立隧道的长度、宽度、防水排水、衬砌和设施等。
2. 主要工程内容
二、建设条件
1. 地形与地貌简况
2. 地质与地震简况
3. 水文与气象简况
4. 交通、电力、通信及其他条件
三、建设要求
1. 主要技术指标
2. 工程建设规模
3. 工期、质量、安全等要求
四、其他需要说明的情况
1. 招标范围及标段划分
2. 各标段主要工程量一览表

图 2-9　其他材料

子任务 4　认知资格审查办法

《公路工程标准施工招标资格预审文件》第三章是资格审查办法，分别规定了合格制和有限数量制两种资格审查方法，在编制招标文件时应根据招标项目具体特点和实际需要选择使用，并遵循其规定要求。

一、合格制

合格制（强制性条件审查法）是凡符合规定审查标准的申请人均通过预审。

1. 审查标准

(1) 初步审查标准

①申请人名称与营业执照、组织机构代码证、资质证书、安全生产许可证一致。

②资格预审申请函有法定代表人或其委托代理人签字并加盖单位公章。

③资格预审申请文件签署、盖章情况符合第二章"申请人须知"规定。

④提交资格预审申请文件的标段必须与购买资格预审文件的标段一致。

⑤申请人的授权委托书或法定代表人身份证明符合第二章"申请人须知"规定,资格预审申请文件正、副本份数符合第二章"申请人须知"规定。

⑥资格预审申请人如果以联合体形式申请,符合第二章"申请人须知"规定。

⑦资格预审申请文件有对招标人的权利提出削弱性或限制性要求,没有对申请人的责任和义务提出实质性修改。

⑧资格预审文件达到了招标文件中规定的其他要求。

(2) 详细审查标准

①申请人具备有效的营业执照、组织机构代码证、资质证书、安全生产许可证和基本账户开户许可证。

②申请人的资质等级符合"申请人须知"中的规定。

③申请人的财务状况符合"申请人须知"中的规定。

④申请人的类似项目业绩符合"申请人须知"中的规定。

⑤申请人的信誉符合"申请人须知"中的规定。

⑥申请人的项目经理(包括备选人)和项目总工(包括备选人资格)符合"申请人须知"中的规定。

⑦申请人的其他要求符合"申请人须知"中的规定。

⑧申请人不存在第二章"申请人须知"规定的任何一种情形。

⑨申请人符合第二章"申请人须知"必须满足的相关规定。

2. 审查程序

(1) 初步审查

审查委员会依上述初步审查标准对资格预审申请文件进行初步审查,有一项不符合审查标准的,不能通过资格预审。在审查中,审查委员会可以要求申请人提交"申请人须知"中规定的有关证明和证件,以便核验。

(2) 详细审查

审查委员会依据上述详细审查标准,对通过初步审查的资格预审申请文件进行详细审查,若有一项因素不符合审查标准的,不能通过资格预审。

(3) 资格预审申请文件的澄清

在审查过程中,审查委员会可以书面形式(包括信函、电报,传真等),要求申请人对所提交的资格预审申请文件中不明确的内容进行必要的澄清或说明。申请人的澄清或说明应采用书面形式,并不得改变资格预审申请文件的实质性内容。申请人的澄清和说明内容属于资格预审申请文件的组成部分,招标人和审查委员会不接受申请人主动提出的澄清或说明。

3. 审查结果

审查委员会按上述规定对资格预审申请文件完成审查后,确定通过资格预审的申请人名单,并向招标人提出书面审查报告;当通过资格预审申请人的数量不足 3 个时,招标人可重新组织预审或不再组织资格预审而直接招标。

二、有限数量制

本方法是对通过初步审查和详细审查的资格预审申请文件进行量化打分,按得分由高到低的顺序确定通过资格预审的申请人,通过资格预审的申请人不得超过招标人规定的数量。审查标准包括初步审查标准与详细审查标准,其内容与合格制所述相同,但有 1 个评分标准,其评分因素和评分标准由招标人在有限数量制审查办法前附表中作出规定。

有限数量制审查程序与合格制所述相同,但增加了评分程序,其规定是:通过详细审查的申请人不少于 3 个且没有超过规定数量的,均通过资格预审,不自行评分;通过详细审查的申请人数超过规定数的,审查委员会依据规定的评分标准进行评分,按得分由高到低的顺序进行排序,并决定选择几名申请人通过资格预审,其评分标准见表 2-21。

资格预审评分标准 表 2-21

条款号		评分因素与权重分值①				评分标准②
		评分因素③	评分因素权重分值④	各评分因素细分项	分值	
2.3	评分标准	拟投入本标段的项目经理(包括备选人)和项目总工(包括备选人)资历、信誉				
		类似工程经验				
		履约信誉⑤				
		财务能力				
		技术能力⑥				

注:①招标人应根据项目具体情况确定各评分因素及评分因素权重分值,并对各评分因素进行细分(如有),确定各评分因素细分项的分值,各评分因素权重分值合计应为 100 分。各评分因素得分应以审查委员会各成员的打分平均值确定,审查委员会成员总数为 7 人以上时,该平均值以去掉一个最高分和一个最低分后计算。

②招标人应列明各评分因素或各评分因素细分项(如有)的评分标准并作为审查委员会进行评分的依据。

③对于特别复杂的特大桥梁和特长隧道项目主体工程以及其他有特殊要求的工程,还可以将其他管理和技术人员(如项目副经理、专业工程师等)以及主要机械设备和试验检测设备列为评分因素进行评分,并适当调整本标准文件规定的评分因素权重分值范围。

④各评分因素权重分值范围如下:拟投入本标段的项目经理(包括备选人)和项目总工(包括备选人)资历、信誉 25~40 分;类似工程施工经验 25~35 分;履约信誉 10~25 分;财务能力 10~20 分;技术能力 0~10 分。

⑤招标人可结合招标项目所在地省级交通运输主管部门对申请人的信用评级对其履约信用进行评分,但不得任意设置歧视性条款并不得任意设立行政许可。

⑥"技术能力"指申请人的科研开发和技术创新能力,招标人可结合招标项目的具体情况提出相关要求,包括申请人获得的与项目施工有关的国家级工法、专利(发明专利或实用新型专利)、国家或省级科学技术进步奖,主编或参编过的国家、行业或地方标准等。

有限数量制审查结果的相关规定与合格制所述相同。

资格预审结果报交通运输主管部门审批后,即可对合格单位发送投标邀请书。

投标人在通过资格预审后,在送交投标文件时,应按新情况更改或补充其在申请资格预审时提供的资料,以证实其仍能继续满足资格审查合格的最低标准。

三、关于资格后审

资格后审是在对投标文件的评价比较并得出第一中标单位之后再进行资格审查的方式。按投标人须知中的约定,对第一中标单位进行资格后审,如果认为资格合格,则报请有关主管机关审核,批准后立即发放中标通知书。如果资格后审之后,认为第一中标单位的资格不能通过,或者未能获得上级主管机关批准,则依次对第二中标单位进行资格后审,以此类推。未列入评标委员会推荐名单的投标人,不得进入资格后审。经资格后审不合格的投标人的投标应作废标处理。

 任务实施

1. 通过任务情境、任务布置、任务分析,学生应探讨完成任务工单。
2. 学生在教师指导下,分组完成学习任务工单表2-1。
3. 结合学生讨论的结果,学生跟随教师学习和巩固项目相关知识,完成项目任务评析,找准切入点,融入思政教育,并做好知识点总结及点评。

 实战演练

通过公路工程资格预审文件编制模拟实训进行实战演练,学以致用、理论联系实际,进一步落实学习目标,具体内容见学习任务工单表2-2。

 任务评价

通过学生自评、企业导师及专业教师评价,综合评定通过项目任务实施各个环节学生对工作任务二相关知识的掌握及课程学习目标落实的情况。

1. 学生进行自我评价,并将结果填入学生自评表(学习任务工单表2-3)。
2. 企业导师对学生工作过程与工作结果进行评价,并将评价结果填入企业导师评价表中(学习任务工单表2-4)。
3. 教师对学生工作过程与工作结果进行评价,并将评价结果填入专业教师评价表(学习任务工单表2-5)。
4. 综合学生自评、企业导师评价、专业教师评价所占比重,最终得到学生的综合评分,并把各项评分结果填入综合评价表(学习任务工单表2-6)。

> 为便于师生使用,本书"任务实施""实战演练""任务评价"中的相关表格独立成册,见本书配套学习任务工单。

 任务小结

资格审查是招投标程序的重要环节。资格审查分为资格预审和资格后审两种方式,有合格制和有限数量制两种审查方法。资格预审程序为初步审查、详细审查、资格预审申请文件澄清、评审及提交资格审查报告等主要环节。学生通过学习,掌握资格预审公告编制与发布、资格预审文件编制与发售、资格预审申请文件编制与递交等知识。

思考题

一、单项选择题

1. 招标过程中,资格审查应主要审查潜在投标人或者投标人在(　　)没有骗取中标和严重违约及重大工程质量问题。
   A. 最近3年内　　　　　　　　B. 连续3年内
   C. 最近5年内　　　　　　　　D. 连续5年内

2. 下列选项中关于投标资格审查的说法正确的是(　　)。
   A. 资格审查分为资格预审和资格后审
   B. 资格审查由评标委员会进行
   C. 通过资格预审的投标申请人少于5个的,应当重新招标
   D. 要求提交资格预审申请文件的时间,不得少于3个工作日

3. 资格预审的目的是(　　)。
   A. 确保适度的竞争　　　　　　B. 排除不合格的投标书
   C. 排除不合格的投标人　　　　D. 节约招标时间

4. 资格预审文件的主要内容包括资格预审公告、(　　)、资格预审申请文件格式及各种附表等四部分。
   A. 预审合格人名单
   C. 刊登资格预审公告
   B. 编写资格预审评审报告
   D. 资格预审申请人须知

5. 根据《标准施工招标资格预审文件》,应在资格预审初步审查阶段对投标申请人审查的内容是(　　)。
   A. 提供资料的有效性和完整性　　B. 企业资质条件
   C. 拟派项目经理资格　　　　　　D. 企业类似工程业绩

6. 根据《工程建设项目施工招标投标办法》《标准施工招标资格预审文件》的规定,工程建设项目资格预审公告内容不包括(　　)。
   A. 资格预审文件的获取时间、地点和售价
   B. 同时发布公告的媒介名称
   C. 招标项目的条件
   D. 简要技术要求或项目性质

7. 依据《标准施工招标资格预审文件》的规定,资格审查办法中详细审查的要素标准不包括的是(　　)。
   A. 类似项目业绩　　　　　　　B. 信誉
   C. 申请人名称与营业执照　　　D. 项目经理资格

8. 对通过资格预审申请人的数量不足(　　)个的,招标人应重新组织资格预审或不再组织资格预审而直接招标。
   A. 3　　　　　B. 5　　　　　C. 6　　　　　D. 8

9. 按照《标准施工招标资格预审文件》的规定,资格预审的评审工作程序不包括(　　)。
   A. 详细审查
   B. 资格预审文件的修改
   C. 招标人审核确定资格预审合格申请人
   D. 资格预审申请文件的澄清

10. 某工程建设项目的资格预审文件根据《标准施工招标资格预审文件》编制,采用有限数量制评审。资格预审文件规定通过资格预审的申请人数量为7家,实际通过详细审查的申请人为3家。对此,下列做法中正确的是(　　)。
    A. 重新组织资格预审
    B. 修改资格预审标准,重新评审
    C. 3家均通过资格预审,不再进行评分
    D. 以资格后审方式招标

二、多项选择题

1. 资格预审的办法分为(　　)。
   A. 强制性预审　　　　　B. 合格制
   C. 综合评分制　　　　　D. 公开制
   E. 有限数量制

2. 资格预审公告包括(　　)。
   A. 招标条件　　　　　　B. 项目概况与招标范围
   C. 申请人须知　　　　　D. 资格预审办法
   E. 资格预审文件的获取与递交

3. 参照《标准施工招标资格预审文件》资格预审的评审工作程序主要包括(　　)。
   A. 初步审查
   B. 详细审查
   C. 资格预审申请文件的澄清
   D. 招标人审核确定资格预审合格申请人
   E. 向通过资格预审的申请人发出投标邀请书

4. 根据《标准施工招标资格预审文件》,收到投标邀请书的资格预审申请人应当采取的正确做法是(　　)。
   A. 如参加投标,应予以确认

B. 如参加投标,可以不用确认

C. 应参加投标,并予以确认

D. 应参加投标,但不必确认

E. 如不确认参加投标,则不能再参加投标

5. 根据国务院有关部门对资格预审的要求和《标准施工招标资格预审文件》范本的规定,资格预审程序一般包括(　　)。

A. 提出资格预审申请文件格式要求

B. 发布资格预审公告

C. 潜在投标人编制并提交资格预审申请文件

D. 招标人审核资格评审报告、确定资格预审合格申请人

E. 对资格预审申请文件进行评审并编写资格评审报告

6. 《标准施工招标资格预审文件》中明确规定工程施工的投标人、货物和服务招标,不得存在(　　)等情况。

A. 为本标段的监理单位

B. 为本标段设计施工总承包前期准备提供设计或咨询服务的法人或任何附属机构

C. 为本标段的代建人

D. 财产被冻结的公司

E. 被责令停业的公司

7. 依据《标准施工招标资格预审文件》的相关要求,编制招标资格预审文件的基本内容有(　　)。

A. 资格预审公告　　　　B. 申请人须知

C. 资格审查办法　　　　D. 工程建设项目概况

E. 工程建设项目招标范围

8. 下列关于资格预审,错误的有(　　)。

A. 资格预审可以使招标人了解潜在投标人对项目投标的兴趣,并据此可修改招标条款,以吸引更多的投标人参加竞争

B. 资格预审文件是由业主自行编制或委托咨询公司编制的

C. 招标人自资格预售文件出售之日起至停止出售之日止,最短不得少于5日

D. 对于任何一个投标意向者提出疑问的答复,仅需通知该投标意向者即可

E. 当业主对投标意向者报送的资格预审文件中的疑点要求澄清时,投标意向者应按实际情况,可以修改资格预审文件中的实质内容

9. 依据《招标投标法实施条例》,招标人以不合理条件限制、排斥投标人的行为有(　　)。

A. 就同一招标项目向投标人提供有差别的项目信息

B. 就同一招标项目对投标人采取不同的资格审查标准

C. 招标项目要求投标人企业为中外合资企业

D. 招标项目指定特定的专利作为中标条件

E. 依照招标项目的总体特点设定专门的技术条件

10. 根据《标准施工招标资格预审文件》规定,关于资格审查办法的说法正确的是(　　)。

A. 凡符合资格预审文件规定的初步审查标准和详细审查标准的申请人均通过资格预审

B. 合格制和有限数量制的审查标准无本质或重要区别

C. 合格制与有限数量制比较,合格制需要进行打分量化

D. 合格制比较公平公正,有利于招标人获得最优方案

E. 在审查过程中,只要有一项因素不符合审查标准的,就不能通过资格预审

三、简答题

1. 资格审查的原则是什么?
2. 资格审查的方法有哪两种?
3. 资格审查的方式有哪两种?
4. 资格预审文件包含哪些内容?

四、案例分析

【案例】

某公路工程项目估算总投资3500万元,建设工期16个月,工程采用公开招标方式确定施工单位,建设单位按照有关规定进行公开招标。根据该项目施工项目的具体情况,建设单位按规定要求参加投标的施工单位的施工资质最低不得低于二级资质。拟参加此投标的5家单位中A单位、B单位、D单位为二级资质,C单位为三级资质,E单位为一级资质。而C单位的法定代表人是建设单位某主要领导的亲戚,建设单位招标工作领导小组在资格预审时出现了分歧,正在犹豫不决时,C单位提出准备组成联合体投标,经C单位的法定代表人的私下活动,建设单位同意让C单位与A单位联合投标,并向A单位暗示,如果不接受这个投标方案,则该工程的中标将授予B单位。A为了获得该工程,同意与C单位联合投标。于是A单位和C单位联合投标获得成功。

【问题】

A单位与C单位组成的投标联合体是否有效?为什么?

工作任务二
思考题答案

工作任务三 WORK ASSIGNMENT THREE
公路工程施工招标

 **学习目标**

☞ **知识目标**

1. 熟悉公路工程施工招标范围。
2. 熟悉公路工程施工招标的条件和招标的准备。
3. 熟悉公路工程施工招标的方式和组织形式。
4. 熟悉公路工程施工招标的程序。
5. 熟悉与公路工程施工招标有关的法律责任。

☞ **技能目标**

1. 能够根据项目情况,选择合适的招标方式。
2. 能够判断项目是否具备进入招标程序的条件。
3. 能够在现实约束条件下,满足法律法规要求组织招标。
4. 能够根据《公路工程标准施工招标文件》(2018年版)和项目实际情况编制项目招标文件。
5. 提高组织协调能力、团队合作能力、书面写作能力。

☞ **素质目标**

1. 通过列举招投标过程中的典型违法案例(微视频),学生深刻地意识到违法将带来的严重后果,学生应熟悉法律,增强法律意识,树立法治观念,做遵纪守法的大国工匠。
2. 通过招标文件编制实训,学生熟悉招标人员岗位的要求。
3. 通过招标的组织,学生养成公开、公平、公正的招标素养。

 **任务描述**

公路工程招投标
思政教育

按照现行《招标投标法》《招标投标法实施条例》《公路工程建设项目招标投标管理办法》等相关规定,规范地进行招标准备、发布招标公告、现场踏勘、投标预备会等招标工作。按照《公路工程标准施工招标文件》(2018年版)格式要求,结合项目具体情况,编制招标公告、投标人须知、合同条款、工程量清单、技术规范和招标控制价。

任务情境

某依法进行招标的政府投资建设工程项目已核准的招标方式为公开招标,招标人委托招标代理机构代理招标,并委托具有相应资质的工程造价咨询单位编制工程量清单及招标控制价,招标人提出以下要求:

要求1:考虑到该项目建设工期紧,为缩短招标时间,要求采用邀请招标方式,招标文件发售时间为3日。

要求2:为控制工程造价,工程造价咨询单位编制的招标控制价不得超过经批准的初步设计概算的95%。

要求3:为防止投标人恶意低价竞标,规定本次招标的最低投标限价为招标控制价的85%。

要求4:为加强监督,邀请项目所在地的行政监督部门某处长担任本项目评标专家。

项目如期开标,在开标过程中发生以下事件:

事件1:投标人A未按招标文件规定递交投标保证金,于是招标代理机构当场宣布投标人A的投标文件为无效投标。

事件2:投标截止时间为上午10点00分,接收地点为开标现场会议室。投标人B开标当日9时59分进入该会议室大门,将投标文件递交给招标代理机构的时间是10时01分,招标代理机构拒收该文件。

事件3:行政监督部门某科长检查投标文件密封情况,宣布所有投标文件均密封完好。

事件4:招标代理机构工作人员依次拆封所有已接收的投标文件,且依次公布了投标人的投标报价、投标保证金递交情况和工期等内容。投标人C的投标文件中投标报价小写为:2234567元,大写为贰佰贰拾叁肆仟伍佰陆拾柒元,唱标人员核查投标文件,最终宣布其投标报价为贰佰贰拾叁万肆仟伍佰陆拾柒元。所有投标人在开标现场未提出异议,投标人C的委托代理人在开标记录表上签字确认。

事件5:所有投标人离开开标现场后,投标人D向招标人提出书面异议,内容为:"投标人C的投标文件应当在开标现场否决。"

 任务布置

1. 逐一指出招标人要求1~要求4中的不妥之处,简要说明理由。
2. 逐一指出事件1~事件4中的不妥之处,简要说明理由。
3. 招标人是否应接受事件5中投标人D的书面异议?简要说明理由。
4. 假设工程造价咨询单位编制的招标控制价超过经批准的相应工程的初步设计概算,招标人应当如何处理?简要说明理由。

任务分析

根据岗位职业能力的要求,本项目共安排了三个工作任务:①招标基础知识的掌握(熟悉招标投标法律法规、招标组织);②招标文件的编制;③招标控制价的编制。利用工程项目导入,引导学生学习三个工作任务的相关知识,熟悉整个过程的工作流程,及各个环节的有关规定,融入招标的职业操守。项目实施过程中邀请企业导师组织学生进行招标文件编制模拟实训,还原项目实际工作情景,使学生掌握招标准备、招标组织、招标文件编制过程中,招标人的主要岗位职责及行业规范、职业素养。教育引导学生养成严格遵守法律和行业规范、爱岗敬业、不偏不倚、工作严谨的职业素养。

任务相关知识

《招标投标法》第五条规定:"招标投标活动应当遵循公开、公平、公正和诚实信用原则。"

(1)公开原则是指招投标的程序应透明,招标信息和招标规则应公开,有助于提高投标人参与投标的积极性,防止权钱交易等腐败现象的滋生。

(2)公平原则是指参与投标者的法律地位平等,权利与义务相对应,所有投标人的机会平等,不得实行歧视。

(3)公正原则是指招标人及评标委员会必须按统一标准进行评审,市场监管机构对各参与方依法监督,一视同仁。

(4)诚实信用原则是指招标人、投标人都应诚实、守信、善意、实事求是,不得欺诈他人、损人利己。招标人不得以任何形式搞虚假招标;投标人递交的资格证明材料和投标书的各项内容都要真实,中标订立合同后,各方都要严格履行合同。诚实信用原则属于强制性规范,当事人不得以其协议加以排除和规避。

子任务1　认知公路工程施工招标

一、公路工程招标范围

工程招标的范围-必须招标

1. 必须招标的项目

根据《招标投标法》第三条规定,在中华人民共和国境内进行下列工程建设项目包括项目的勘察、设计、施工、监理以及与工程建设有关的重要设备、材料等的采购,必须进行招标:

(1)大型基础设施、公用事业等关系社会公共利益、公众安全的项目。

(2)全部或部分使用国有资金投资或者国家融资的项目。

(3)使用国际组织或者外国政府贷款、援助资金的项目。

根据国家发改委印发的《必须招标的基础设施和公用事业项目范围规定》(发改法规〔2018〕843号)文件,必须招标的具体范围包括:

(1)煤炭、石油、天然气、电力、新能源等能源基础设施项目。

(2)铁路、公路、管道、水运以及公共航空和A1级通用机场等交通运输基础设施项目。

(3)电信枢纽、通信信息网络等通信基础设施项目。

(4)防洪、灌溉、排涝、引(供)水等水利基础设施项目。

(5)城市轨道交通等城建项目。

《必须招标的工程项目规定》(国家发展改革委令第 16 号)经国务院批准,于 2018 年 3 月 27 日公布,自 2018 年 6 月 1 日施行。其中,

第二条 全部或者部分使用国有资金投资或者国家融资的项目包括:
(一)使用预算资金 200 万元人民币以上,并且该资金占投资额 10% 以上的项目;
(二)使用国有企业事业单位资金,并且该资金占控股或者主导地位的项目。

第三条 使用国际组织或者外国政府贷款、援助资金的项目包括:
(一)使用世界银行、亚洲开发银行等国际组织贷款、援助资金的项目;
(二)使用外国政府及其机构贷款、援助资金的项目。

第四条 不属于本规定第二条、第三条规定情形的大型基础设施、公用事业等关系社会公共利益、公众安全的项目,必须招标的具体范围由国务院发展改革部门会同国务院有关部门按照确有必要、严格限定的原则制订,报国务院批准。

第五条 本规定第二条至第四条规定范围内的项目,其勘察、设计、施工、监理以及与工程建设有关的重要设备、材料等的采购达到下列标准之一的,必须招标:
(一)施工单项合同估算价在 400 万元人民币以上;
(二)重要设备、材料等货物的采购,单项合同估算价在 200 万元人民币以上;
(三)勘察、设计、监理等服务的采购,单项合同估算价在 100 万元人民币以上。

同一项目中可以合并进行的勘查、设计、施工、监理以及与工程建设有关的重要设备、材料等的采购,合同估算价合计达到前款规定标准的,必须招标。

上述标准是工程建设项目强制招标的最低标准,任何单位和个人不得将依法必须进行招标的项目化整为零或者以其他任何方式规避招标。

2. 可以不招标的项目

根据《招标投标法》第六十六条规定,涉及国家安全、国家秘密、抢险救灾或者属于利用扶贫资金实行以工代赈、需要使用农民工等特殊情况,不适宜进行招标的项目,按照国家有关规定可以不进行招标。

根据《招标投标法实施条例》第九条规定,除《招标投标法》第六十六条规定的可以不进行招标的特殊情况外,有下列情形之一的,可以不招标:

可以不招标的项目

(1)需要采用不可替代的专利或者专有技术。
(2)采购人依法能够自行建设、生产或者提供。
(3)已通过招标方式选定的特许经营项目投资人依法能够自行建设、生产或者提供。
(4)需要向原中标人采购工程、货物或者服务,否则将影响施工或者功能配套要求。
(5)国家规定的其他特殊情形。

招标人为适用前款规定弄虚作假的,属于《招标投标法》第四条规定的规避招标。

引例 3-1

【背景资料】
2018 年 8 月某市市政道路进行改造,私有投资 1000 万元,财政预算资金投入 190 万元。
【问题】
本项目是否应当必须招标?若市政道路变为公路建设,请问是否应当必须招标?

【专家评析】

本案例属于使用混合资金进行工程建设的项目,是否必须招标,要从两方面审查判定:一方面是资金性质,另一方面是项目属性。依据发改委 16 号令《必须招标的工程项目规定》,本案不属于国有资金占控股或主导地位的项目,从资金性质角度不属于必须招标的项目。依据《必须招标的基础设施和公用事业项目范围规定》(发改法规〔2018〕843 号)文,未对第五点"等"字作特别说明,按等内不等外理解,城建项目除城市轨道交通外,其他城建项目不属于必须招标的基础设施和公用事业项目。因此,私有投资 1000 万元,财政预算资金投入 190 万元,进行市政道路改造,无论是从资金性质还是项目属性都不属于必须招标的工程项目,可以不招标。

二、公路工程招标方式

根据我国《招标投标法》第十条规定,招标分为公开招标和邀请招标。

公开招标是指招标人以招标公告的方式邀请不特定的法人或者其他组织投标。邀请招标是指招标人以投标邀请书的方式邀请特定的法人或者其他组织投标。

1. 公开招标

公开招标也称无限竞争性招标,是一种由招标人按照法定程序,在公共媒体发布其招标项目、拟采购的具体设备或工程内容等信息,向不特定的人提出邀请。所有符合条件的供应商或承包人都可以平等参加投标竞争,从中择优选择中标者的招标方式。

采用公开招标的,招标人不得以任何借口拒绝向符合条件的投标人出售招标文件;依法必须进行招标的项目,招标人不得以地区或部门不同等借口违法限制任何潜在投标人参加投标。

公开招标在其公开程度、竞争的广泛性等方面具有较大的优势,但公开招标也有一定的缺陷。比如,由于投标人众多,一般耗时较长,花费的成本也较高,对于采购标的较小的招标来说,采用公开招标的方式往往得不偿失;有些项目专业性较强,有资格承接的法人或其他组织较少,或者需要在较短时间内完成采购任务等,也不宜采用公开招标的方式。

邀请招标与公开招标一样都必须按规定的招标程序进行,要制定统一的招标文件,投标人都必须按招标文件的规定进行投标。但是邀请招标不需要在相关网站上发布招标信息,邀请的是特定的有限数量的法人或其他组织投标。公开招标的特点是,投标的承包商多、竞争范围大、业主有较大的选择余地,有利于降低工程造价,提高工程质量和缩短工期,但是也是明显的缺点,即耗时长,费用大。

根据《招标投标法》第十六条、第十七条规定:

招标人采用公开招标方式的,应当发布招标公告,邀请不特定的法人或者其他组织投标。依法必须进行施工招标项目的招标公告,应当在国家指定的报刊和信息网络上发布。

招标人采用邀请招标方式的,应当向三个以上具备承担施工招标项目的能力、资信良好的特定的法人或者其他组织发出投标邀请书。

根据《招标公告和公示信息发布管理办法》(国家发改委令第 10 号)第八条规定,依法必须招标项目的招标公告和公示信息应当在"中国招标投标公共服务平台"或者项目所在地省级电子招标投标公共服务平台(以下统一简称"发布媒介")发布。

2.邀请招标

《招标投标法》第十一条规定:"国务院发展计划部门确定的国家重点项目和省、自治区、直辖市人民政府确定的地方重点项目不适宜公开招标的,经国务院发展计划部门或者省、自治区、直辖市人民政府批准,可以进行邀请招标。"

根据《招标投标法实施条例》第七条规定,按照国家有关规定需要履行项目审批、核准手续的依法必须进行施工招标的工程建设项目,其招标范围、招标方式、招标组织形式应当报项目审批部门审批、核准。项目审批、核准部门应当及时将审批、核准确定的招标内容通报有关行政监督部门。第八条规定,国有资金占控股或者主导地位的依法必须进行招标的项目,应当公开招标;但有下列情形之一的,可以邀请招标:

(1)技术复杂、有特殊要求或者受自然环境限制,只有少量潜在投标人可供选择。

(2)采用公开招标方式的费用占项目合同金额的比例过大。

根据《工程建设项目施工招标投标办法》第十一条规定,依法必须进行公开招标的项目,有下列情形之一的,可以邀请招标:

(1)项目技术复杂或有特殊要求,或者受自然地域环境限制,只有少量潜在投标人可供选择。

(2)涉及国家安全、国家秘密或者抢险救灾,适宜招标但不宜公开招标。

(3)采用公开招标方式的费用占项目合同金额的比例过大。

有前款第二项所列情形,属于本办法第十条规定的项目,由项目审批、核准部门在审批、核准项目时作出认定;其他项目由招标人申请有关行政监督部门作出认定。

全部使用国有资金投资或者国有资金投资占控股或者主导地位的并需要审批的工程建设项目的邀请招标,应当经项目审批部门批准,但项目审批部门只审批立项的,由有关行政监督部门批准。

3.政府采购方式

根据《政府采购法》第四条规定,政府采购工程进行招标投标的,适用招标投标法。第二十六条规定,政府采购采用以下方式:

(1)公开招标。

(2)邀请招标。

(3)竞争性谈判。

(4)单一来源采购。

(5)询价。

(6)国务院政府采购监督管理部门认定的其他采购方式。

公开招标应作为政府采购的主要采购方式。

依据《政府采购非招标采购方式管理办法》第二条规定,采购人、采购代理机构采用非招标采购方式采购货物、工程和服务的,适用本办法。

本办法所称非招标采购方式,是指竞争性谈判、单一来源采购和询价采购方式。

竞争性谈判是指谈判小组与符合资格条件的供应商就采购货物、工程和服务事宜进行谈判,供应商按照谈判文件的要求提交响应文件和最后报价,采购人从谈判小组提出的成交候选人中确定成交供应商的采购方式。

单一来源采购是指采购人从某一特定供应商处采购货物、工程和服务的采购方式。

询价是指询价小组向符合资格条件的供应商发出采购货物询价通知书,要求供应商一次报出不得更改的价格,采购人从询价小组提出的成交候选人中确定成交供应商的采购方式。

第三条规定,采购人、采购代理机构采购以下货物、工程和服务之一的,可以采用竞争性谈判、单一来源采购方式采购;采购货物的,还可以采用询价采购方式:

(1)依法制定的集中采购目录以内,且未达到公开招标数额标准的货物、服务。

(2)依法制定的集中采购目录以外、采购限额标准以上,且未达到公开招标数额标准的货物、服务。

(3)达到公开招标数额标准、经批准采用非公开招标方式的货物、服务。

(4)按照招标投标法及其实施条例必须进行招标的工程建设项目以外的政府采购工程。

根据《国务院办公厅关于印发中央预算单位政府集中采购目录及标准(2020年版)的通知》(国办发〔2019〕55号)文:使用投资预算资金120万元以上的建设工程,与建筑物、构筑物新建、改建、扩建无关的装修工程、拆除工程、修缮工程,适用招投标法的除外,应执行《政府采购法》规定。

《关于政府采购工程项目有关法律适用问题的复函》(财库便函〔2020〕385号)对不属于依法必须进行招标的项目范围及应当采用的采购方式又做了进一步明确:"工程招标限额标准以上,与建筑物和构筑物的新建、改建、扩建项目无关的单独的装修拆除、修缮项目,以及政府集中采购目录以内或者政府采购限额标准以上、工程招标数额标准以下的政府采购工程项目,不属于依法必须进行招标的项目,政府采购此类项目时,应当按照政府采购法实施条例第二十五条的规定,采用竞争性谈判、竞争性磋商或者单一来源方式进行采购。"根据《中华人民共和国政府采购法实施条例》第二十五条规定,政府采购工程依法不进行招标的,应当依照政府采购法和本条例规定的竞争性谈判或者单一来源采购方式采购。

根据《政府采购法》:

第三十条规定,符合下列情形之一的货物或者服务,可以依照本法采用竞争性谈判方式采购:

(1)招标后没有供应商投标或者没有合格标的或者重新招标未能成立的。

(2)技术复杂或者性质特殊,不能确定详细规格或者具体要求的。

(3)采用招标所需时间不能满足用户紧急需要的。

(4)不能事先计算出价格总额的。

第三十一条的规定,符合下列情形之一的货物或者服务,可以依照本法采用单一来源方式采购:

(1)只能从唯一供应商处采购的。

(2)发生了不可预见的紧急情况不能从其他供应商处采购的。

(3)必须保证原有采购项目一致性或者服务配套的要求,需要继续从原供应商处添购,且添购资金总额不超过原合同采购金额10%的。

第三十二条的规定,采购的货物规格、标准统一、现货货源充足且价格变化幅度小的政府采购项目,可以依照本法采用询价方式采购。

三、公路工程招标组织形式

公路工程招标的组织形式,包括招标人自行招标和招标人委托招标机构代理招标两种。

根据《工程建设项目自行招标试行办法》国家计委令第5号公布,九部委〔2013〕第23号令修订第四条规定,招标人自行办理招标事宜,应当具有编制招标文件和组织评标的能力,具体包括:

公路工程招标方式

(1)具有项目法人资格(或者法人资格)。

(2)具有与招标项目规模和复杂程度相适应的工程技术、概预算、财务和工程管理等方面专业技术力量。

(3)有从事同类工程建设项目招标的经验。

(4)拥有3名以上取得招标职业资格的专职招标业务人员。

(5)熟悉和掌握招标投标法及有关法规规章。

当招标人不具备上述条件时,应当委托具有相应资格的招标代理机构办理招标事宜。任何组织和个人不得强制其委托招标代理机构办理招标事宜,也不得为招标人指定招标代理机构。

招标代理机构是依法设立、从事招标代理业务并提供相关服务的社会中介组织。法律法规并未规定必须是法人组织。

根据《招标投标法》规定,招标代理机构应当具备下列条件:

(1)有从事招标代理业务的营业场所和相应资金。

(2)有能够编制招标文件和组织评标的相应专业力量。

工程招标代理

(3)有符合法定条件的可以作为评标委员会成员人选的技术、经济等方面的专家库。

根据《工程建设项目施工招标投标办法》第二十二条规定,招标代理机构代理可以在其资格等级范围内承担下列招标事宜:

(1)拟订招标方案,编制和出售招标文件、资格预审文件。

(2)审查投标人资格。

(3)编制标底。

(4)组织投标人踏勘现场。

(5)组织开标、评标,协助招标人定标。

(6)草拟合同。

(7)招标人委托的其他事宜。

招标代理机构不得无权代理、越权代理,不得明知委托事项违法而进行代理。

招标代理机构不得在所代理的招标项目中投标或者代理投标,也不得为所代理的招标项目的投标人提供咨询;未经招标人同意,不得转让招标代理业务。

四、公路工程施工招标程序

根据《公路工程建设项目招标投标管理办法》第十条规定,公路工程建设项目采用公开招标方式的,原则上采用资格后审办法对投标人进行资格审查。第十一条规定,公路工程建设项目采用资格预审方式公开招标的,应当按照下列程序进行:

工程施工招标程序

(1)编制资格预审文件。

(2)发布资格预审公告,发售资格预审文件,公开资格预审文件关键内容。

(3)接收资格预审申请文件。

(4)组建资格审查委员会对资格预审申请人进行资格审查,资格审查委员会编写资格审查报告。

(5)根据资格审查结果,向通过资格预审的申请人发出投标邀请书;向未通过资格预审的申请人发出资格预审结果通知书,告知未通过的依据和原因。

(6)编制招标文件。

(7)发售招标文件,公开招标文件的关键内容。

(8)需要时,组织潜在投标人踏勘项目现场,召开投标预备会。

(9)接收投标文件,公开开标。

(10)组建评标委员会评标,评标委员会编写评标报告、推荐中标候选人。

(11)公示中标候选人相关信息。

(12)确定中标人。

(13)编制招标投标情况的书面报告。

(14)向中标人发出中标通知书,同时将中标结果通知所有未中标的投标人。

(15)与中标人订立合同。

采用资格后审方式公开招标的,在完成招标文件编制并发布招标公告后,按照前款程序第(7)项至第(15)项进行。

采用邀请招标的,在完成招标文件编制并发出投标邀请书后,按照前款程序第(7)项至第(15)项进行。

1. 招标准备工作

(1)公路工程施工招标应具备的条件

根据《工程建设项目施工招标投标办法》第七条规定,工程施工招标人是依法提出施工招标项目、进行招标的法人或者其他组织。第八条规定,依法必须招标的工程建设项目,应当具备下列条件才能进行施工招标:

公开招标的各时间节点相关要求

①招标人已经依法成立。

②初步设计及概算应当履行审批手续的,已经批准。

③有相应资金或资金来源已经落实。

④有招标所需的设计图纸及技术资料。

根据《公路工程建设项目招标投标管理办法》第八条规定,对于按照国家有关规定需要履行项目审批、核准手续的依法必须进行招标的公路工程建设项目，招标人应当按照项目审批、核准部门确定的招标范围、招标方式、招标组织形式开展招标。

公路工程建设项目履行项目审批或者核准手续后，方可开展勘察设计招标；初步设计文件批准后，方可开展施工监理、设计施工总承包招标；施工图设计文件批准后，方可开展施工招标。

施工招标采用资格预审方式的，在初步设计文件批准后，可以进行资格预审。

引例3-2

【背景资料】

某市拟修建一条一级公路，项目法人已经成立。该项目资金由自筹资金和银行贷款两部分组成。自筹资金已经到位，银行贷款正在协商谈判中。2018年3月18日，设计单位完成了初步设计文件。施工图设计文件预计2018年5月10日完成。该市考虑到项目工期急迫，于是决定于2018年3月19日进行施工招标。该项目的施工招标，经主管部门审批后采用邀请招标方式。招标人于2018年3月20日向其合作过的3家施工单位发出了投标邀请书。

【问题】

本项目在上述条件下是否可以进行施工招标？为什么？

【专家评析】

该项目在上述条件下还不能进行施工招标。因为项目资金还未落实、施工图设计还未通过审批。

(2)确定招标方式

我国《招标投标法》规定的招标方式包括公开招标和邀请招标两种。按照《工程建设项目施工招标投标办法》的规定，国务院发展计划部门确定的国家重点建设项目和各省、自治区、直辖市人民政府确定的地方重点项目，以及全部使用国有资金投资或者国有资金投资占控股或者主导地位的工程建设项目，应当公开招标。

符合《工程建设项目招标投标办法》规定的条件，不适宜公开招标的项目，依法履行审批手续后，可以进行邀请招标。

依法必须进行公开招标的项目，有下列情形之一的，可以邀请招标：

(一)项目技术复杂或有特殊要求，或者受自然地域环境限制，只有少量潜在投标人可供选择；

(二)涉及国家安全、国家秘密或者抢险救灾，适宜招标但不宜公开招标；

(三)采用公开招标方式的费用占项目合同金额的比例过大。

(3)划分标段

对于需要划分标段的招标项目，招标人应当合理划分标段。一般情况下，一个项目应当作为一个整体进行招标。但是，对于大型项目，作为一个整体进行招标将大大降低招标的竞争性，因为符合招标条件的潜在投标人的数量太少，这样就应当将招标项目划分成若干个标段分别进行招标。但也不能将标段划分得太小，太小的标段将失去对实力雄厚的潜在投标人的吸引力，同时将标段划分得太小，会影响施工规模的经济性，使施工成本增加，发包人和监理人的施工协同和管理工作量也将增加（管理成本加大），这对工程的投资控制是不利的。

公路工程施工招标，可以对整个建设项目分标段一次招标，也可以根据不同专业、不同实施阶段分别进行招标，但不得将招标工程化整为零或者以其他任何方式规避招标。公路工程施工招标标段，应当按照有利于对项目实施管理和规模化施工的原则。公路工程是长达几十千米甚至几百千米的带状结构，多以公路工程为主，但有时也有建筑工程、机电工程。因此，划分好标段对工程施工有非常大的意义。标段的划分直接影响工程质量、工程进度、工程造价。划分标段的影响因素很多，如工程性质、工程规模、目标工期、标段的管理工作、土石方调配、项目所在地自然施工环境等。

根据公路工程的施工特点，在总劳动力、材料、机具设备、造价、质量、工期等要素的条件下，划分标段时应考虑：

①能够采用现代化的施工方法和施工工艺、保证施工质量的施工机具，在保证正常的流水作业和必要的工序间隔的前提下，达到高效、经济施工的目的。

②充分考虑时间控制问题，同时综合考虑劳动力、材料、施工机具设备等所必需的施工资源问题，使其能够有效、合理、经济地配置与利用，每个标段至少能容纳一个配备了一套现代施工设备的施工队，在一个合理的工期内完成工程，保证施工过程的连续性、协调性、均衡性、经济性。

③避免造成标段间的大施工干扰（如施工交通、用地等）。这种干扰将明显影响工效，造成污染或损坏修建的工程，影响工程质量。

④能科学地安排施工顺序，采用合理的施工组织方法，在保证工程质量和施工安全的前提下，充分利用空间，争取时间，使人尽其力、物尽其用，达到高效、优质、低耗的目的。因此，工程性质相同且相邻的地段（如石方、软土段），尽可能避免化整为零，否则既影响工作效率，又影响工程质量。

⑤保持构造物的完整性，除了特大桥之外，尽可能不肢解完整的工程构造物。

⑥能合理规划设计辅助工程、临时工程及施工现场临时设施，尽可能减少这些工程设施，节约施工用地，做到统筹规划、合理布局，利用当地资源，就地取材，减少物资的运输量。

如果从项目管理的角度出发，招标人在划分标段时应当综合考虑以下因素：

①招标项目的专业要求。如果招标项目的几部分内容专业要求接近，则该项目可以考虑作为一个整体进行招标；如果该项目的几部分内容专业要求相距甚远，则可考虑划分为不同的标段分别招标。对于一个项目中的土建和设备安装两部分内容，则可考虑分别招标。

②招标项目的管理要求。有时一个项目的各部分内容相互之间干扰不大、方便招标人进行统一管理，这时就可以考虑对各部分内容分别进行招标；反之，如果各个独立的承包人之间的协调管理十分困难，则应当考虑将整个项目发包给一个承包人，由该承包人进行分包后统一进行协调管理。

③对工程投资的影响。标段划分对工程投资有一定的影响，这种影响是由多方面因素造成的。如果一个项目作为一个整体招标，则承包人需要进行分包，分包的价格在一般情况下不如直接发包的价格低；如果一个项目作为一个整体招标，既有利于承包人的统一管理，人工、机械设备、临时设施等可以统一使用，又可以降低费用。因此，应当具体情况具体分析。

④工程各项工作的衔接。在划分标段时，还应考虑到项目在建设过程中的时间和空间的

衔接,尽可能避免产生平面或立面交接工作责任不清的情况。如果建设项目的各项工作的衔接、交叉和配合少,责任清楚,则可考虑分别发包;反之,则应考虑将项目作为一个整体发包给一个承包人,因为由一个投标人进行协调管理,容易做好衔接工作。

2. 资格预审公告或招标公告的发布

公开招标的项目,应当依照《招标投标法》和《招标投标法实施条例》的规定发布招标公告,编制招标文件。招标人采用资格预审办法对潜在投标人进行资格审查的,应当发布资格预审公告、编制资格预审文件。依法必须进行招标的项目的资格预审公告和招标公告,应当在国务院发展改革部门依法指定的媒介发布。在不同媒介发布的同一招标项目的资格预审公告或者招标公告的内容应当一致。指定媒介发布依法必须进行招标的项目的境内资格预审公告、招标公告,不得收取费用。编制依法必须进行招标的项目的资格预审文件和招标文件,应当使用国务院发展改革部门会同有关行政监督部门制定的标准文本。

招标人应当按照资格预审公告、招标公告或者投标邀请书规定的时间、地点发售资格预审文件或者招标文件。资格预审文件或者招标文件的发售期不得少于5日。招标人发售资格预审文件、招标文件收取的费用应当限于补偿印刷、邮寄的成本支出,不得以营利为目的。

招标公告是指采用公开招标方式的招标人(包括招标代理机构)向所有潜在投标人发出的一种广泛的通告。招标公告的目的是使所有潜在投标人都具有公平的投标竞争机会。招标人采用公开招标方式的,应当发布招标公告。根据《公路工程标准施工招标文件》(2018年版)的规定,若在公开招标过程中采用资格预审程序,可用资格公告代替招标公告,资格预审公告后不再单独发布招标公告。

为了规范招标公告发布行为,保证潜在投标人平等、便捷、准确地获取招标信息,《招标公告和公示信息发布管理办法》对招标公告的发布作出了明确的规定,资格预审公告的发布可参照此规定。

(1)对招标公告发布的监督。国家发改委根据国务院授权,按照相对集中,适度竞争,受众分布合理的原则,对依法必须招标项目的招标公告,要求在指定的报纸、信息网络等媒介上发布,并对招标公告发布活动进行监督。

(2)对招标人的要求。依法必须公开招标项目的招标公告必须在指定媒介发布。招标公告的发布应当充分公开,任何单位和个人不得非法限制招标公告的发布地点和发布范围。招标人或其委托的招标代理机构在两个以上媒介发布的同一招标项目的招标公告的内容应当相同。

(3)拟发布的招标公告文本有下列情形之一的,有关媒介可以要求招标人或其委托的招标代理机构及时予以改正、补充或调整:

①字迹潦草、模糊,无法辨认的。

②载明的事项不符合规定的。

③没有招标人或其委托的招标代理机构主要负责人签名并加盖公章的。

④在两家以上媒介发布的同一招标公告的内容不一致的。

指定媒介发布的招标公告的内容与招标人或其委托的招标代理机构的招标公告文本不一致,并造成不良影响的,应当及时纠正,重新发布。

3. 资格审查

招标人可以根据招标项目本身的特点和需要，要求潜在投标人或者投标人提供满足其资格要求的文件，对潜在投标人或者投标人进行资格审查。资格审查可以分为资格预审和资格后审。资格预审是指在投标前对潜在投标人的资质条件、业绩、信誉、技术、资金等方面情况进行资格审查，只有通过资格预审的潜在投标人，方可取得投标资格。资格后审是指在开标后对投标人进行的资格审查。

采取资格预审的，招标人应当在资格预审文件中载明资格预审的条件、标准和方法；采取资格后审的，招标人应当在招标文件中载明对投标人资格要求的条件、标准和方法。招标人不得改变载明的资格条件或者以没有载明的资格条件对潜在投标人或者投标人进行资格审查。除招标文件另有规定外，进行资格预审的，一般不再进行资格后审。

招标人组建的资格审查委员会在规定时间内，按照资格预审文件中规定的标准和方法，对提交资格预审申请文件的潜在投标人资格进行审查。

如通过资格审查的数量不足3个的，招标人重新组织资格预审或不再组织资格预审而直接招标。

招标人在规定的时间内，以书面形式将资格预审结果通知申请人，并向通过资格预审的申请人发出投标邀请书。通过资格预审的申请人收到投标邀请书后，应在规定时间内以书面形式明确表示是否参加投标。在规定时间内未表示是否参加投标或明确表示不参加投标的，不得再参加投标。因此造成潜在投标人数量不足3个的，招标人可重新组织资格预审或不再组织资格预审而直接招标。

引例3-3

【背景资料】

2018年5月某市工程建设项目招标在中标结果公示期间，收到举报反映该项目第一中标候选人A公司不满足招标文件资格条件中的信誉要求，在投标前3年内有骗取中标，严重违约行为。监管部门收到举报后，经调核实第一中标候选人因参与串通投标被某省行业监管部门做出行政处罚，并禁止其一年期限内参与依法应当招标项目的投标资格，禁止期限至2018年4月止。

【问题】

施工企业A是否具备合法性？为什么？

【专家评析】

《招标投标法实施条例》第六十七条、第六十八条规定的串通投标情节严重的行为，弄虚作假骗取中标情节严重的行为，被有关行政监督部门取消其1~2年内参加依法必须进行招标的项目的投标资格。本案例中，A公司因参与串通投标，被某省行业监管部门做出一年参与投标的投标资格限制，属于投标法定条件限制，但在本案涉及项目开标之时，A公司投标限制期限已届满，所以该限制条件在本案中对于A公司并不适用。

《招标投标法实施条例》第三十九条、第四十二条，串通投标与骗取中标分别为两种不同的违法行为。结合本案例招标文件中对投标人投标前3年内无骗取中标、严重违约的法定约定，该项目第一中标候选人具备投标资格。

4. 编制和发售招标文件

按照我国《招标投标法》的规定,招标文件应当包括招标项目的技术要求,对投标人资格审查的标准、投标报价要求和评标标准等所有实质性要求和条件,以及签订合同的主要条款。建设项目施工招标文件是由招标人或其委托的咨询机构编制,由招标人发布的,既是投标单位编制投标文件的依据,也是招标人与将来中标人签订工程承包合同的基础。招标文件中提出的各项要求,对整个招标工作乃至承包发包双方都有约束力。

招标人应当高质量地编制招标文件,鼓励通过市场调研、专家咨询论证等方式,明确招标需求,优化招标方案;对于委托招标代理机构编制的招标文件,应当认真组织审查,确保合法合规、科学合理、符合需求;对于涉及公共利益、社会关注度较高的项目,以及技术复杂、专业性强的项目,鼓励就招标文件征求社会公众或行业意见。依法必须招标项目的招标文件,应当使用国家规定的标准文本,根据项目的具体特点与实际需要编制。招标文件中资质、业绩等投标人资格条件要求和评标标准应当以符合项目具体特点和满足实际需要为限度审慎设置,不得通过设置不合理条件排斥或者限制潜在投标人。依法必须招标项目不得提出注册地址、所有制性质、市场占有率、特定行政区域或者特定行业业绩、取得非强制资质认证、设立本地分支机构、本地缴纳税金社保等要求,不得套用特定生产供应者的条件设定投标人资格、技术、商务条件。简化投标文件形式要求,一般不得将装订、纸张、明显的文字错误等列为否决投标情形。鼓励参照《公平竞争审查制度实施细则》,建立依法必须招标项目招标文件公平竞争审查机制,鼓励建立依法必须招标项目招标文件公示或公开制度,严禁设置投标报名等没有法律法规依据的前置环节。

5. 组织踏勘现场与召开投标预备会

招标人根据招标项目的具体情况,可以组织潜在投标人踏勘项目现场和召开投标预备会,向其介绍工程场地和相关环境的有关情况。招标人不得单独或者分别组织任何一个投标人进行现场踏勘。

(1)在"招标公告"或"投标邀请书"规定组织踏勘现场的,招标人按规定的时间、地点组织投标人踏勘项目现场。部分投标人未按时参加踏勘现场的,不影响踏勘现场的正常进行。招标人不得组织单个或部分投标人踏勘项目现场。

(2)投标踏勘现场的费用自理;除招标人原因外,投标人自行负责在踏勘现场中所发生的人员伤亡和财产损失。

(3)招标人在踏勘现场中介绍的工程场地和相关的周边环境情况,供投标人在编制投标文件时参考,招标人不对投标人据此作出的判断和决策负责;招标人提供的本合同工程的水文、地质、气象和料场分布、取土场、弃土场位置等参考资料,并不构成合同文件的组成部分,投标人应对自己对上述资料的解释、推论和应用负责,招标人不对投标人据此作出的判断和决策承担任何责任。

(4)在"招标公告"或"投标邀请书"中规定召开投标预备会的,招标人按规定的时间和地点召开投标预备会,澄清投标人提出的问题。投标人应按投标人须知前附表规定的时间和形式将提出的问题送达招标人,以便招标人在会议期间澄清。投标预备会后,招标人对投标人所提出的问题,以投标人须知前附表规定的形式通知所有购买招标文件的投标人。该澄清内容为招标文件的组成部分。

引例 3-4

【背景资料】

山西大运高速公路施工合同采用《公路工程标准施工招标文件》(2018 年版)合同条款。该高速公路某隧道工程在煤矿附近。施工中承包人提出,因发包人提供的参考资料有误,瓦斯提前出现。为了确保施工安全,承包人已暂停施工。对此,承包人通过监理人向发包人提出索赔,要求发包人赔偿因停工造成的损失。

【问题】

承包人提出的索赔是否成立?为什么?

【专家评析】

承包人提出的索赔不成立。因为《公路工程标准施工招标文件》(2018 年版)规定,招标人提供的本合同工程的水文、地质、气象和料场分布、取土场、弃土场位置等图纸参考资料,并不构成合同文件的组成部分,投标人应对自己对上述资料的解释、推论和应用负责,招标人不对投标人据此作出的判断和决策承担。《公路工程标准施工招标文件》(2018 年版)4.10.1 有脚注:如果在招标阶段,招标人在图纸中直接指定了取土场和弃土场位置,且作为投标人投标报价的依据,则招标人应在项目专用合同条款中对本项规定进行调整。

6. 招标文件的修改

(1)招标人以投标人须知前附表规定的形式修改招标文件,并通知所有已购买招标文件的投标人。对于修改招标文件的时间距投标截止时间不足 15 日,且修改内容可能影响投标文件编制的,将相应延长投标截止时间。

(2)投标人收到修改内容后,应按投标人须知前附表规定的时间和形式通知招标人,确认已收到该修改。

7. 招标文件的异议

投标人或其他利害关系人对招标文件有异议的,应在投标截止时间 10 日前以书面形式提出。

招标人将在收到异议之日起 3 日内作出答复;在作出答复前,将暂停招标投标活动。

8. 开标、评标和定标

在建设项目施工招标中,开标、评标和定标是招标程序中极为重要的环节。只有做出客观、公正的评标、定标,才能最终选择最合适的承包人,从而顺利进入建设项目施工的实施阶段。

我国《招标投标法》规定,开标应当在招标文件确定的提交投标文件截止时间的同一时间公开进行。

评标由招标人依法组建的评标委员会负责。评标委员会由招标人或其委托的招标代理机构熟悉相关业务的代表,以及有关技术、经济等方面的专家组成,人数为 5 人以上的单数,其中技术、经济专家人数应不少于成员总数的 2/3。

招标人确定中标人后,应当在投标有效期内以书面形式向中标人发出中标通知书,并同时将中标结果通知所有未中标的投标人。招标人在确定中标人之日起3日内,按照投标人须知前附表规定的公告媒介和期限公告中标结果,公告期不得少于3日。公告内容包括中标人名称、中标价。

中标通知书是合同文件的组成部分。中标通知书对招标人和中标人具有法律约束力。中标通知书发出后,招标人改变中标结果或者中标人放弃中标项目的,应当依法承担法律责任。

招标人和中标人应当自中标通知书发出之日起30天内,根据招标文件、中标人的投标文件订立书面合同,招标人最迟将在中标通知书发出后5日内向中标候选人以外的其他投标人退还保证金,与中标人签订合同后5日内向中标人和其他中标候选人退还投标保证金。

中标人无正当理由拒签合同的,招标人取消其中标资格,其投标保证金不予退还;给招标人造成的损失超过投标保证金数额的,中标人还应当对超过部分予以赔偿。发出中标通知书后,招标人无正当理由拒签合同的,招标人向中标人退还投标保证金;给中标人造成损失的,还应赔偿其损失。

施工合同订立后,招标人和中标人不得再行订立背离合同实质性内容的其他协议。

除招标人授权评标委员会直接确定中标人外,招标人应当根据评标委员会提出的书面评标报告和推荐的中标候选人确定中标人。国有资金占控股或者主导地位的依法必须进行招标的公路工程建设项目,招标人应当确定排名第一的中标候选人为中标人。排名第一的中标候选人放弃中标、因不可抗力不能履行合同、不按照招标文件要求提交履约保证金,或者被查实存在影响中标结果的违法行为等情形,不符合中标条件的,招标人可以按照评标委员会提出的中标候选人名单排序依次确定其他中标候选人为中标人,也可以重新招标。

公路工程施工合同组成的各项文件应互相解释、互为说明。除项目专用条款另有约定,解释合同文件的优先顺序依次为:合同协议书、中标通知书、投标函及投标函附录、项目专用合同条款、公路工程专用合同条款、通用合同条款、技术规范、图纸、已标价工程量清单、补遗书以及其他合同文件组成。

五、招标阶段招投标各方应遵守的职业道德

作为招标方,在招标工作中应遵守的职业道德主要包括:
(1)不泄露标底。
(2)不接受投标人的贿赂。
(3)不与投标人勾结而从中营私舞弊。
(4)在评标定标过程中秉公办事等。
作为投标方,在投标工作中应遵守的职业道德主要包括:
(1)不在投标人之间串通作弊,哄抬标价或抢标、夺标。
(2)不向招标人行贿。
(3)不以其他一切不正当手段而得标并从中牟取非法利润。
(4)在投标过程中遵纪守法,讲求信誉等。
作为评标机构的参加人员等应遵守的职业道德主要是不谋私利、公正服务。

工程施工招标
各阶段相关要求

引例 3-5

【背景资料】

某国企施工招标项目,经评审,投标人 A、B、C 依次被评标委员会推荐为第一、第二、第三中标候选人。中标候选人公示期间,招标代理机构收到异议,其内容为中标候选人 A、B 的拟派项目经理均有在建工程且担任项目负责人,违反了招标文件的规定。对此,招标代理机构组织原评标委员会依据评标办法进行了审核。经核实,对第一中标候选人 A 的异议成立,对第二中标候选人 B 的异议不成立。

招标人与招标代理机构商议后,决定组织评标委员会重新评标。重新评标时,否决了原第一中标候选人 A 的投标文件,并按评标办法对其余投标文件进行了评审。最终,投标人 C、B、D 被评标委员会依次推荐为第一、第二、第三中标候选人,招标代理机构对以上结果进行了公示。

【问题】

招标人与招标代理人针对异议的处理方法是否妥当?为什么?

【专家评析】

关于第一次异议处理。本案例中,招标代理机构在中标候选人公示期间收到异议,组织原评标委员会进行了复评,由评标委员会核实异议内容,认定异议属实取消原中标候选人资格的做法无误。

《招标投标法实施条例》第五十五条规定:"国有资金占控股或者主导地位的依法必须进行招标的项目,招标人应当确定排名第一的中标候选人为中标人。排名第一的中标候选人放弃中标、因不可抗力不能履行合同、不按照招标文件要求提交履约保证金,或者被查实存在影响中标结果的违法行为等情形,不符合中标条件的,招标人可以按照评标委员会提出的中标候选人名单排序依次确定其他中标候选人为中标人,也可以重新招标。"关于第一次中标候选人公示的异议,评标委员会核实异议属实后,招标人可以确定第二中标候选人 B 为中标人,与其签订合同。如果第二中标候选人 B 与招标人的预期差距较大(如履约能力差),或者对招标人明显不利(如价格偏高),招标人也可以选择重新招标。在其他中标候选人符合中标条件、完全可以满足采购需求的情况下,从节省交易时间和交易成本、提高招标效率的角度出发,建议招标人按照中标候选人顺序依次确定中标人。所以,本案例应当取消 A 的中标资格,并确定 B 为中标候选人。

子任务 2　招标文件的编制

招标文件是指招标人向潜在投标人发出的邀请文件,是告知投标人招标项目的内容范围、数量与招标要求,投标资格要求、招标投标程序规则、投标文件编制与递交要求、评标标准与方法、合同条款与技术标准等招标投标活动主体必须掌握的信息和遵守的依据要求,对招标投标各方均具有法律约束力。

招标文件概述

招标文件不仅是招标人与中标人签订合同的基础,是合同的重要组成部分,还是工程实施过程中合同双方都应该遵守的准则,是发生纠纷时进行判断、裁决的依据,招标文件关系着工程的顺利实施。

为了规范施工招标文件编制活动,促进招标投标活动的公开、公平和公正,2007年国家发展改革委等九部委联合制定了《中华人民共和国标准施工招标文件》(以下简称《标准施工招标文件》)及相关附件。在此基础上,交通运输部结合公路工程施工招标特点和管理需要,组织专家编写了2018年版《公路工程标准施工招标文件》。

公路工程招标文件的组成

《公路工程标准施工招标文件》(2018年版)由四卷九章组成,如图3-1所示。

```
                              第一卷
  第一章  招标公告/投标邀请书
  第二章  投标人须知
  第三章  评标办法(合理低价法/技术评分最低标价法/综合评分法/经评审的最低投标价法)
  第四章  合同条款及格式
  第五章  工程量清单
                              第二卷
  第六章  图纸(另册)
                              第三卷
  第七章  技术规范(另册)
  第八章  工程量清单计量规则(另册)
                              第四卷
  第九章  投标文件格式
```

图3-1 《公路工程标准施工招标文件》(2018年版)的内容

本招标文件的编制是以任务二资格预审文件的编制示例(某高速公路项目土建工程施工第6合同段招标)进行编制,其基本内容和格式根据《标准施工招标文件》、《公路工程标准施工招标文件》(2018年版)以及根据项目具体特点和实际需要进行编制。具体编制内容如下。

一、"第一章 招标公告/投标邀请书"的编制

如果在公开招标过程中不进行资格预审时,则招标人应当发布招标公告。

招标公告和投标邀请书的编制

如果在公开招标过程中采用资格预审程序时,则可用资格预审公告代替招标公告,待资格审查后,向每一个通过资格审查的投标人发出投标邀请书。另外,当项目采用邀请招标时,招标人也向被邀请的投标人发出投标邀请书。但二者在内容和要求上是不同的。招标公告、资格预审公告的编制内容及要求前文已经叙述,在此仅详细介绍投标邀请书的编制内容与要求,共包括以下两种情况。

1. 投标邀请书(代资格预审通过通知书)

投标邀请书(代资格预审通过通知书)如图3-2所示。

第一章　投标邀请书(代资格预审通过通知书)

×× 省 ×× 至 ×× 高速公路项目土建工程第 6 合同段

(被邀请单位名称):

你单位已通过资格预审,现邀请你单位按招标文件规定的内容,参加 ×× 省 ×× 至 ×× 高速公路项目土建工程第 6 合同段施工投标。

请你单位于 2020 年 4 月 1 日至 2020 年 4 月 5 日(法定公休日、法定节假日除外),每日 9 时 00 分至 11 时 00 分,14 时 30 分至 17 时 00 分(北京时间,下同),在 ×× 省 ×× 市 ×× 办公楼 1 楼 206 室持本投标邀请书、单位介绍信及经办人身份证购买招标文件。

招标文件每套售价人民币 1000 元,施工招标图纸每套售价 3000 元,招标人根据对本合同工程勘察所取得的水文、地质、气象和料场分布、取土场、弃土场位置等资料编制的参考资料售价人民币 1000 元,一律现金支付,售后不退。

招标人将于下列时间和地点组织进行工程现场踏勘并召开投标预备会。

现场踏勘时间:2020 年 4 月 15 日 9:00,集中地点: ×× 省 ×× 市 ×× 办公楼前坪。

投标预备会时间:2020 年 4 月 17 日 9:00,地点: ×× 省 ×× 市 ×× 办公楼 1 楼 208 会议室。

递交投标文件的截止时间(投标截止时间,下同)、地点(开标地点,下同)为 2020 年 5 月 5 日 10 时 00 分,投标人应于当日 8 时 00 分至 10 时 00 分将投标文件递交至 ×× 省 ×× 市 ×× 商务中心一楼招标投标交易中心开标室交招标人签收。

逾期送达或者未送达指定地点的投标文件,招标人不予受理。

你单位收到本投标邀请书后,请于 2020 年 3 月 30 日 17 时 30 分前以传真或快递方式予以确认,并明确是否准备参与投标。

招　标　人:	招标代理机构:
地　　　址:	地　　　址:
邮政编码:	邮政编码:
联　系　人:	联　系　人:
电　　　话:	电　　　话:
传　　　真:	传　　　真:
电子邮件:	电子邮件:
网　　　址:	网　　　址:
开户银行:	开户银行:
账　　　号:	账　　　号:
年　　月　　日	年　　月　　日

图 3-2　投标邀请书(代资格预审通过通知书)

○拓展视野○

(1)投标邀请书是招标人向通过资格预审的投标人或潜在投标人正式发出的参与本项目投标的邀请文件,也是投标人具有参加投标资格的证明。招标人可根据项目具体特点和实际需要对内容进行补充、细化,但应遵守《招标投标法》等有关法律法规的规定。

(2)招标人应自招标文件开始发售之日起,将招标文件的关键内容上传至具有招标监督职责的交通运输主管部门政府网站或其指定的其他网站上进行公开,公开内容包括项目概况、对投标人的全部资格条件要求、评标办法全文、招标人联系方式等。

(3)《公路工程标准施工招标文件》(2018 年版)中,提供了 3 种情况的招标公告与投标邀请书格式内容及区别,见表 3-1。

招标公告与投标邀请书的区别　　　　　　　　　　　　　　表3-1

		适用范围	内容
招标公告	招标公告（未进行资格预审）	适用于未进行资格预审项目的公开招标项目	招标公告包括项目名称、招标条件、项目概况、招标范围、投标人资格要求、招标文件的获取、投标文件的递交、发布公告的媒介和联系方式等
投标邀请书	投标邀请书（适用于邀请招标）	适用于邀请招标的项目	其中大部分内容与招标公告基本相同，不同之处是，投标邀请书无须说明发布公告的媒介，但增加了对投标人在收到投标邀请书后的约定时间内，以传真或快递的方式确认是否参加投标的要求
	投标邀请书（代资格预审通过通知书）	适用于代资格预审通过通知书的投标邀请书	与邀请招标的投标邀请书相比，由于已经经过了资格预审阶段，所以在代资格预审通过通知书的投标邀请书内容里，不包括招标条件、项目概况与招标范围和投标人资格要求等内容

（4）招标公告/投标邀请书内容的基本要求如下：

①每套招标文件售价只计工本费，最高不超过1000元（不含图纸部分）；图纸每套售价最高不超过3000元；参考资料也应只计工本费，最高不超过1000元。

②现场踏勘。是否组织现场踏勘，以及何时组织现场踏勘，由招标人依据项目特点及招标进程自主决定选择不组织或组织，二者取其一。需要注意，如果选择后者，则应进一步明确踏勘的时间和集合地点。现场踏勘后涉及对招标文件进行澄清修改的，应当依据《招标投标法》第二十三条规定："招标人对已发出的招标文件进行必要的澄清或修改的，在招标文件要求提交投标文件的截止时间至少十五日前，以书面形式通知所有招标文件收受人。"

招标人在现场踏勘中介绍的工程场地和相关的周边环境情况，以及提供的本合同工程的水文、地质、气象和料场分布、取土场、弃土场位置等参考资料，并不构成合同文件的组成部分，投标人应为自己对上述资料的解释、推论和应用负责，招标人不对投标人据此作出的判断和决策承担任何责任。现场踏勘一般安排在投标预备会的前1~2天。

③投标预备会与发售招标文件的时间应有一定的间隔，一般不得少于3天，以便投标人阅读招标文件和准备提出问题。

④依法必须进行招标的公路工程项目，自招标文件开始发售之日起至投标人递交投标文件截止之日止，不得少于20日。

2. 招标公告(未进行资格预审)

招标公告(未进行资格预审),如图 3-3 所示。

第一章　招标公告(未进行资格预审)①

_____(项目名称)_____标段施工招标公告②

1. 招标条件

本招标项目_____(项目名称)已由_____(项目审批、核准或备案机关名称)以_____(批文名称及编号)批准建设,施工图设计已由_____(批准机关名称)以_____(批文名称及编号)批准,项目业主为_____,建设资金来自_____(资金来源),出资比例为_____,招标人为_____。项目已具备招标条件,现对该项目的施工进行公开招标。

2. 项目概况与招标范围

_____(说明本次招标项目的建设地点、规模、计划工期、招标范围、标段划分等)。

3. 投标人资格要求

3.1 本次招标要求投标人须具备_____资质、_____业绩,并在人员、设备、资金等方面具有相应的施工能力。

投标人应进入交通运输部"全国公路建设市场信用信息管理系统(http://glxy.mot.gov.cn)"中的公路工程施工资质企业名录,且投标人名称和资质与该名录中的相应企业名称和资质完全一致。③

3.2 本次招标_____(接受或不接受)联合体投标。联合体投标的,应满足下列要求:_____。

①招标人可根据项目具体特点和实际需要对本章内容进行补充、细化,但应遵循《中华人民共和国招标投标法》第十六条和《招标公告和公示信息发布管理办法》等有关法律法规的规定。

②招标人应自招标文件开始发售之日起,将招标文件的关键内容上传至具有招标监督职责的交通运输主管部门政府网站或其指定的其他网站上进行公开,公开内容包括项目概况、对投标人的全部资格条件要求、评标办法全文、招标人联系方式等。招标人可将招标文件的关键内容全部载明在招标公告正文中,或者作为招标公告的附件进行公开,或者作为独立文件在网站上进行公开。

③本段规定仅适用于根据《关于发布公路工程从业企业资质名录的通知》(厅公路字[2011]114号)要求,招标人应通过名录对投标人资质条件进行审核的公路施工企业。

3.3 每个投标人最多可对_____(具体数量)个标段投标;被招标项目所在地省级交通运输主管部门评为信用等级的投标人,最多可对_____(具体数量)个标段投标。④每个投标人允许中个_____标。对投标人信用等级的认定条件为:_____。

3.4 与招标人存在利害关系可能影响招标公正性的单位,不得参加投标。单位负责人为同一人或存在控股、管理关系的不同单位,不得参加同一标段投标,否则,相关投标均无效。

3.5 在"信用中国"网站(http://www.creditchina.gov.cn/)中被列入失信被执行人名单的投标人,不得参加投标。

4. 招标文件的获取

4.1 凡有意参加投标者,请于_____年_____月_____日至_____年_____月_____日②,每日上午_____时_____分至_____时_____分,下午_____时_____分至_____时_____分(北京时间,下同),在_____(详细地址)持单位介绍信和经办人身份证购买招标文件。参加多个标段投标的投标人必须分别购买相应标段的招标文件,并对每个标段单独递交投标文件。

4.2 招标文件每套售价_____元③,图纸每套售价_____元,招标人根据对本合同工程勘察所取得的水文、地质、气象和料场分布、取土场、弃土场位置等资料编制的参考资料每套售价_____元,售后不退④。

5. 投标文件的递交及相关事宜

5.1 招标人将于下列时间和地点组织进行工程现场踏勘并召开投标预备会。

踏勘现场时间:_____年_____月_____日_____时_____分,集中地点:_____;投标预备会时间:_____年_____月_____日_____时_____分,地点:_____。

5.2 投标文件递交的截止时间(投标截止时间,下同)为_____年_____月_____日_____时_____分⑤,投标人应当日_____时_____分至_____时_____分将投标文件递交至_____(详细地址)。

图 3-3

5.3 逾期送达的、未送达指定地点的或不按照招标文件要求密封的投标文件,招标人将予以拒收。

6. 发布公告的媒介

本次招标公告同时在_____(发布公告的媒介名称)上发布。

7. 联系方式

招标人：	招标代理机构：
地　　址：	地　　址：
邮政编码：	邮政编码：
联 系 人：	联 系 人：
电　　话：	电　　话：
传　　真：	传　　真：
电子邮件：	电子邮件：
开户银行：	开户银行：
账　　号：	账　　号：
年　　月　　日	年　　月　　日

图 3-3　未进行资格预审

注:①招标人可根据招标项目所在地省级交通运输主管部门的有关规定,对信用等级高的投标人给予增加参与投标标段数量的优惠。

②招标文件(未进行资格预审)的发售时间不得少于 5 日。

③招标文件中提到的货币单位除有特别说明外,均指人民币(元)。

④每套招标文件售价只计工本费,最高不超过 1000 元(不含图纸部分);图纸每套售价最高不超过 3000 元;参考资料也应只计工本费,最高不超过 1000 元。

⑤依法必须进行招标的公路工程,自招标文件开始发售之日起至投标人递交投标文件截止之日止,不得少于 20 日。

二、"第二章　投标人须知"的编制

投标人须知是工程招标中的重要组成部分,是为了让投标人了解投标项目的性质、基本情况以及在整个投标活动中所必须遵守的各项规定和投标时应注意的事项,并给出了有关投标文件编制与投标、开标、评标直至签订合同的信息。投标人要仔细阅读,以便做好投标工作的安排,正确履行投标手续,避免造成废标。

投标人须知的投标人须知前附表

投标人须知由投标人须知前附表和投标人须知(正文)组成。

投标人须知主要包括以下内容:投标人须知前附表、总则、招标文件、投标文件、投标、开标、评标、合同授予、纪律与监督、是否采用电子招标投标、需要补充的其他内容。

"投标人须知前附表"由招标人编制和填写。具体内容由招标人在满足国家相关法律法规的规定的前提下,根据招标项目具体特点和实际情况确定,但不得设置过高的资格条件。当"投标人须知前附表"与"投标人须知"不一致时,以"投标人须知前附表"为准。"投标人须知前附表"中的附录表格同属"投标人须知前附表"内容,具有同等效力。

1. 投标人须知前附表

投标人须知前附表见表 3-2。

投标人须知前附表[①]　　　　　　表3-2

条款号	条款名称	编列内容
1.1.2	招标人	名称： 地址： 联系人： 电话：
1.1.3	招标代理机构	名称： 地址： 联系人： 电话：
1.1.4	招标项目名称	
1.1.5	标段建设地点	
1.2.1	资金来源及比例	
1.2.2	资金落实情况	
1.3.1	招标范围	
1.3.2	计划工期	计划工期：＿＿＿＿＿日历天 计划开工日期：＿＿＿年＿＿＿月＿＿＿日 计划交工日期：＿＿＿年＿＿＿月＿＿＿日[②]
1.3.3	质量要求	标段工程交工验收的质量评定：＿＿＿＿＿＿＿＿＿ 竣工验收的质量评定：
1.3.4	安全目标[③]	
1.4.1[④]	投标人资质条件、能力和信誉	资质要求：见附录1 财务要求：见附录2 业绩要求：见附录3 信誉要求：见附录4 项目经理和项目总工资格：见附录5 其他要求：[⑤]

[①] a. "投标人须知前附表"用于进一步明确正文中的未尽事宜，由招标人根据招标项目具体特点和实际需要编制和填写，且应与招标文件中其他章节相衔接，并不得与本章正文内容相抵触。
b. "投标人须知前附表"中的附录表格同属"投标人须知前附表"内容，具有同等效力。
[②] 招标人如有阶段工期要求，请在此补充。
[③] 招标人应根据招标项目具体特点和实际需要，对工程施工过程中的人员安全提出目标要求。
[④] 本项适用于未进行资格预审的情况。
[⑤] 对于特别复杂的特大桥梁和特长隧道项目主体工程以及其他有特殊要求的工程，招标人可增加附录6和附录7，对投标人的其他管理人员和技术人员以及主要机械设备和试验检测设备提出要求。

续上表

条款号	条款名称	编列内容
1.4.2❶	是否接受联合体投标	□不接受 □接受,应满足下列要求: (1)联合体所有成员数量不得超过＿＿＿＿家; (2)联合体牵头人应具有资质:＿＿＿＿
1.4.3	投标人不得存在的其他关联情形	
1.4.4	投标人不得存在的其他不良状况或不良信用记录	
1.10.2	投标人在投标预备会前提出问题	时间:
		形式:
1.11.1	分包	□不允许 □允许,允许分包的专项工程(或不允许分包的专项工程:)＿＿＿＿ 对分包人的资格要求:＿＿＿＿
2.1	构成招标文件的其他资料	
2.2.1	投标人要求澄清招标文件	时间:＿＿＿＿年＿＿＿＿月＿＿＿＿日＿＿＿＿时＿＿＿＿分
		形式:
2.2.2	招标文件澄清发出的形式	
2.2.3	投标人确认收到招标文件澄清	时间:收到澄清后＿＿＿＿小时内(以发出时间为准)
		形式:
2.3.1	招标文件修改发出的形式	
2.3.2	投标人确认收到招标文件修改	时间:收到修改后＿＿＿＿小时内(以发出时间为准)
		形式:
3.1.1	投标文件密封形式	□双信封 □单信封
3.1.2	构成投标文件的其他资料	
3.2.1	增值税税金的计算方法	
3.2.1	工程量清单的填写方式	□投标人按照招标人提供的工程量固化清单电子文件填写工程量清单,下载网站:＿＿＿＿ □投标人按照招标人提供的书面工程量清单填写工程量清单

---

❶ 本项适用于未进行资格预审的情况。

续上表

条款号	条款名称	编列内容
3.2.3	报价方式	□单价 □总价
3.2.6	是否接受调价函❶	□是 □否
3.2.8	最高投标限价	□无 □有,最高投标限价_____元(其中含暂列金额_____元)
3.2.9	投标报价的其他要求	
3.3.1	投标有效期	自投标人提交投标文件截止之日起计算_____日
3.4.1	投标保证金	是否要求投标人递交投标保证金: □要求,投标保证金的金额:_____❷ 投标保证金可采用的其他形式:_____❸ 招标人指定的开户银行及账号如下: 账户名称:_____ 开户银行:_____ 账号:_____ 采用银行保函时,出具保函的银行级别:_____ □不要求
3.4.3	投标保证金的利息计算原则	(1) 计算利息的起始日期为投标截止当日,终止日期为招标人退还投标保证金日期的前一日; (2) 投标保证金的利息按照第(1)款所述计息时间段内招标人指定汇入银行公告的活期存款利率计付,并扣除招标人汇款手续费; (3) 利息金额计算至分位,分以下尾数四舍五入
3.4.4	其他可以不予退还投标保证金的情形	
3.5❹	资格审查资料的特殊要求	□无 □有,具体要求:
3.5.2❹	近年财务状况的年份要求	_____年至_____年
3.5.3❹	近年完成的类似项目情况的时间要求	_____年_____月_____日至_____年_____月_____日

---

❶ 一般情况下建议招标人不接受调价函。
❷ 招标人可根据招标项目所在地省级交通运输主管部门的有关规定,对信用等级高的投标人,给予减免投标保证金额的优惠。
❸ 招标人不得强制限定投标保证金采用现金或支票方式缴纳,不得拒绝银行保函形式的投标保证金。
❹ 本项适用于未进行资格预审的情况。

续上表

条款号	条款名称	编列内容
3.6.1	是否允许递交备选投标方案	□不允许 □允许
3.7.4	投标文件副本份数及其他要求	投标文件副本份数： 是否要求提交电子版文件： 其他要求：
3.7.5	装订的其他要求	
4.1.2❶	封套上应载明的信息	投标文件第一个信封(商务及技术文件)封套： 招标人名称：_____ 招标人地址：_____ (项目名称)_____标段施工招标第一个信封(商务及技术文件)投标文件 招标项目编号：_____ 在_____年_____月_____日_____时_____分前不得开 启投标人名称：_____ 投标文件第二个信封(报价文件)封套： 招标人名称：_____ 招标人地址：_____ (项目名称)_____标段施工招标第二个信封(报价文件)投标文件 招标项目编号：_____ 在投标文件第二个信封(报价文件)开标前不得开启 投标人名称：_____ 投标人地址：_____ 银行保函封套： 招标人名称：_____ 招标人地址：_____(项目名称)_____标段施工招标投标保证金(银行保函原件) 招标项目编号：_____ 投标人名称：

---

❶ 本项适用于采用双信封形式的投标文件。

续上表

条款号	条款名称	编列内容
4.1.2❶	封套上应载明的信息	投标文件封套： 招标人名称：_____ 招标人地址：_____（项目名称）_____标段施工招标投标文件 招标项目编号：_____ 在_____年_____月_____日_____时_____分前不得开 启投标人名称：_____ 银行保函封套： 招标人名称：_____ 招标人地址：_____（项目名称）_____标段施工招标投标保证金（银行保函原件） 招标项目编号：_____ 投标人名称：_____
4.2.3	是否退还投标文件	□否 □是，退还时间：
5.1❷	开标时间和地点	投标文件第一个信封（商务及技术文件）开标时间：同投标截止时间 投标文件第一个信封（商务及技术文件）开标地点：同递交投标文件地点 投标文件第二个信封（报价文件）开标时间：_____投标文件第二个信封（报价文件）开标地点：
5.1❸	开标时间和地点	开标时间：同投标截止时间 开标地点：同递交投标文件地点
5.2.1❹	第一个信封（商务及技术文件）开标程序	(4)密封情况检查：检查商务及技术文件是否存在提前开启情况 (5)开标顺序：_____
5.2.3❺	第二个信封（报价文件）开标程序	(4)密封情况检查：检查报价文件是否存在提前开启情况 (5)开标顺序：_____
5.3.1❻	开标程序	(4)密封情况检查：检查投标文件是否存在提前开

---

❶ 本项适用于采用单信封形式的投标文件。
❷ 本项适用于采用双信封形式的投标文件。
❸ 本项适用于采用单信封形式的投标文件。
❹ 本项适用于采用双信封形式的投标文件。
❺ 本项适用于采用双信封形式的投标文件。
❻ 本项适用于采用单信封形式的投标文件。

续上表

条款号	条款名称	编列内容
6.1.1	评标委员会的组建	评标委员会构成：_____人,其中招标人代表_____人,专家_____人； 评标专家确定方式：依法从相应评标专家库中随机抽取
6.3.2	评标委员会推荐中标候选人的人数	
7.1	中标候选人公示媒介及期限	公示媒介： 公示期限：_____日 公示的其他内容：_____
7.4	是否授权评标委员会确定中标人	□是 □否
7.5	中标通知书和中标结果通知发出的形式	
7.6	中标结果公告媒介及期限	公告媒介： 公告期限：_____日
7.7.1	履约保证金	是否要求中标人提交履约保证金： □要求,履约保证金的形式:银行保函或现金、支票形式 履约保证金的金额：_____%签约合同价,被招标项目所在地省级交通运输主管部门评为_____信用等级的中标人,履约保证金金额为_____%签约合同价 采用银行保函时,出具保函的银行级别：_____ □不要求
8.5.1	监督部门	监督部门：_____ 地址：_____ 电话：_____ 传真：_____ 邮政编码：_____
9	是否采用电子招标投标	□否

2. 投标人须知正文

(1)正文主要内容

①总则。说明项目概况、资金来源和落实情况、招标范围、计划工期和质量要求、投标人资格要求、费用承担、保密、语言文字、计量单位、踏勘现场、投标预备会、分包、偏离。

②招标文件。说明招标文件的组成、澄清和修改。

③投标文件。说明投标文件的组成、报价、投标有效期、保证金、资格审查资料、备选方案投标和投标文件的编制。

④投标。说明投标文件的密封和标识、投标文件的递交,以及投标文件的修改与撤回。

投标人须知的正文相关内容

投标人须知之投标保证金和投标有效期

⑤开标。说明开标时间和地点、开标程序。
⑥评标。说明评标委员会、评标原则、评标。
⑦合同授予。说明定标方式、中标通知、履约担保、签订合同。
⑧重新招标和不再招标。说明重新招标和不再招标的情形。
⑨纪律和监督。说明对招标人、投标人、评标委员会成员、与评标活动有关的工作人员的纪律要求；投诉。
⑩需要补充的其他内容。说明需要补充的其他内容。
以下就各条款中的重点内容进行详细叙述。

(2) 关于分包的规定

中标人按照合同约定或者经招标人同意，可以将中标项目的部分非主体、非关键性工作分包给他人完成。接受分包的人应当具备相应的资格条件，并不得再次分包。中标人应当就分包项目向招标人负责，接受分包的人就分包项目承担连带责任。分包应符合以下规定：

①分包内容要求：允许分包的工程范围仅限于非关键性工程或者适合专业化队伍施工的专业工程。

②接受分包的第三人资质要求：分包人的资格能力应与其分包工程的标准和规模相适应，具备相应的专业承包资质或劳务分包资质。

③其他要求：投标人如有分包计划，应按"投标文件格式"的要求填写"拟分包项目情况表"，而且投标人中标后的分包应满足合同条款第 4.3 款的相关要求。

(3) 关于评标

投标文件按照招标文件规定采用双信封形式密封的，开标分两个步骤公开进行：

第一步，对第一信封内的商务文件和技术文件进行开标，对第二信封不予拆封并由招标人予以封存。

第二步，宣布通过商务文件和技术文件评审的投标人名单，对其第二信封内的报价文件进行开标，宣读投标报价。未通过商务文件和技术文件评审的，对其第二信封不予拆封，并当场退还给投标人；投标人未参加第二信封开标的，招标人应当在评标结束后及时将第二信封原封退还投标人。

招标人应当按照国家有关规定组建评标委员会负责评标工作。

国家审批或者核准的高速公路、一级公路、独立桥梁和独立隧道项目，评标委员会专家应当由招标人从国家重点公路工程建设项目评标专家库相关专业中随机抽取；其他公路工程建设项目的评标委员会专家可以从省级公路工程建设项目评标专家库相关专业中随机抽取，也可以从国家重点公路工程建设项目评标专家库相关专业中随机抽取。

对于技术复杂、专业性强或者国家有特殊要求，采取随机抽取方式确定的评标专家难以保证胜任评标工作。公路工程勘察设计和施工监理招标，应当采用综合评估法进行评标，对投标人的商务文件、技术文件和报价文件进行评分，按照综合得分由高到低排序，推荐中标候选人。评标价的评分权重不宜超过 10%，评标价得分应当根据评标价与评标基准价的偏离程度进行计算。

公路工程施工招标中，评标采用综合评估法或者经评审的最低投标价法。

综合评估法包括合理低价法、技术评分最低标价法和综合评分法。其中，合理低价法是指对通过初步评审的投标人，不再对其施工组织设计、项目管理机构、技术能力等因素进行评分，仅依据评标基准价对评标价进行评分,按照得分由高到低排序,推荐中标候选人的评标方法。技术评分最低标价法是指对通过初步评审的投标人的施工组织设计、项目管理机构、技术能力等因素进行评分,按照得分由高到低排序,对排名在招标文件规定数量以内的投标人的报价文件进行评审,按照评标价由低到高的顺序推荐中标候选人的评标方法。招标人在招标文件中规定的参与报价文件评审的投标人数量不得少于3个。综合评分法是指对通过初步评审的投标人的评标价、施工组织设计、项目管理机构、技术能力等因素进行评分,按照综合得分由高到低排序,推荐中标候选人的评标方法。其中评标价的评分权重不得低于50%。

经评审的最低投标价法是指对通过初步评审的投标人,按照评标价由低到高排序,推荐中标候选人的评标方法。

公路工程施工招标评标,一般采用合理低价法或者技术评分最低标价法。对于技术特别复杂的特大桥梁和特长隧道项目主体工程,可以采用综合评分法。对于工程规模较小、技术含量较低的工程,可以采用经评审的最低投标价法。

实行设计施工总承包招标的,招标人应当根据工程地质条件、技术特点和施工难度确定评标办法。

设计施工总承包招标的评标采用综合评分法的,评分因素包括评标价、项目管理机构、技术能力、设计文件的优化建议、设计施工总承包管理方案、施工组织设计等。评标价的评分权重不得低于50%。特殊招标项目,可以由招标人直接确定。

(4)招标文件

招标人应当在招标文件中合理划分双方风险,不得设置将应由招标人承担的风险转嫁给勘察设计、施工、监理等投标人的不合理条款。招标文件应当设置合理的价格调整条款,明确约定合同价款支付期限、利息计付标准和日期,确保双方主体地位平等。

招标人不得在招标文件中设置对分包的歧视性条款。

招标人有下列行为之一的,属于分包的歧视性条款:

①以分包的工作量规模作为否决投标的条件。

②对投标人符合法律法规以及招标文件规定的分包计划设定扣分条款。

③按照分包的工作量规模对投标人进行区别评分。

④以其他不合理条件限制投标人进行分包的行为。

(5)投标文件

投标人在投标文件中填报的资质、业绩、主要人员资历和目前在岗情况、信用等级等信息,投标人应当按照招标文件要求装订、密封投标文件,并按照招标文件规定的时间、地点和方式将投标文件送达招标人。

公路工程勘察、设计和施工监理招标的投标文件应当以双信封形式密封,第一信封内为商务文件和技术文件,第二信封内为报价文件。

对公路工程施工招标,招标人采用资格预审方式进行招标且评标方法为技术评分最低标价法的,或者采用资格后审方式进行招标的,投标文件应当以双信封形式密封,第一信封内为商务文件和技术文件,第二信封内为报价文件。

(6)定标

招标人在收到评标报告之日起3日内,按照投标人须知前附表规定的公示媒介和期限公示中标候选人,公示期不得少于3日。公示内容包括中标人名称、中标价。

招标人授权评标委员会直接确定中标人外,招标人应当根据评标委员会提出的书面评标报告和推荐的中标候选人确定中标人。国有资金占控股或者主导地位的依法必须进行招标的公路工程建设项目,招标人应当确定排名第一的中标候选人为中标人。排名第一的中标候选人放弃中标、因不可抗力不能履行合同、不按照招标文件要求提交履约保证金,或者被查实存在影响中标结果的违法行为等情形,不符合中标条件的,招标人可以按照评标委员会提出的中标候选人名单排序依次确定其他中标候选人为中标人,也可以重新招标。

招标人和中标人应在中标通知书发出之日起30日内,根据招标文件和中标人的投标文件订立书面合同。

签约合同价的确定原则如下:按照评标办法对投标报价进行修正后,若修正后的最终投标报价小于开标时的投标函大写金额报价,则签订合同时以修正后的最终投标报价为准;按照评标办法规定对投标报价进行修正后,若修正后的最终投标报价大于开标时的投标函大写金额报价,则签订合同时以开标时大写金额报价为准,同时按比例修正相应子目的单价或合价。

(7)纪律和监督

对招标人、投标人、评标委员会成员、与评标活动有关的工作人员等的纪律要求均应说明。

(8)投诉

投标人或者其他利害关系人认为,招标投标活动不符合法律、行政法规规定的,可以自知道或者应当知道之日起10日内向交通运输主管部门投诉。投诉人投诉时,应当提交投诉书。投诉书应当包括下列内容:

①投诉人的名称、地址及有效联系方式。
②被投诉人的名称、地址及有效联系方式。
③投诉事项的基本事实。
④异议的提出及招标人答复情况。
⑤相关请求及主张。
⑥有效线索和相关证明材料。

对本办法规定应先提出异议的事项进行投诉的,应当提交已提出异议的证明文件。未按规定提出异议或者未提交已提出异议的证明文件的投诉,交通运输主管部门可以不予受理。

引例3-6

【背景资料】

某高速公路施工合同采用《公路工程标准施工招标文件》(2018年版)合同条款,采用综合单价,发包人委托监理单位进行施工监理,在施工中发生如下争议事件:

某桥面施工时,按技术规范的要求,在该桥桥面找平层混凝土施工完成后,应在找平层上喷洒一层沥青胶结材料底层以及三层防水沥青,但施工图上没有标明,工程量清单中也没有出现该项工作。承包人认为,他们只是按图施工,既然图纸没有要求,他们也没有责任再去喷洒一层沥青胶结材料层以及三层防水沥青,如果要求他们做该项防水处理工作发包人必须针对该项防水理工作支付相应费用。但监理人明确指示承包人必须按技术规范进行该项防水处理工作,而且不再增加任何费用。

【问题】

监理人的指示是否符合合同要求？为什么？

【专家评析】

监理的指示符合合同要求：

(1) 按照《公路工程标准施工招标文件》(2018年版)合同条款，当施工合同各组成文件出现相互矛盾的情况时，有其解释的优先顺序，技术规范优先于图纸和工程量清单解释合同，所以应该首先执行技术规范的要求。

(2) 工程量清单遗漏项目经理应提出变更，计算其费用，监理工程师根据实际情况予以变更。

三、评标办法

评标办法详见工作任务四

评标办法

四、"第四章 合同条款及格式"的编制

《公路工程标准施工招标文件》(2018年版)的合同条款由通用合同条款、公路工程专用合同条款和项目专用合同条款三部分构成，而且附有合同协议书、履约担保和预付款担保三个格式文件。三个合同条款解释的优先顺序是：项目专用合同条款优先于公路工程专用合同条款，公路工程专用合同条款优先于通用合同条款。

合同条款及格式

1. 通用合同条款

通用合同条款是以发包人委托监理人管理工程合同的模式设定合同当事人的权利、义务和责任，区别于由发包人和承包人双方直接进行约定和操作的合同管理模式。通用合同条款运用于单价合同和总价合同。

具体条款共分24个方面的问题：一般约定、发包人义务、监理人、承包人、材料和工程设备、施工设备和临时设施、交通运输、测量放线、施工安全、治安保卫和环境保护、进度计划、开工和竣工、暂停施工、工程质量、试验和检验、变更、价格调整、计量与支付、竣工验收、缺陷责任与保修责任、保险、不可抗力、违约、索赔、争端的解决。招标人在编制招标文件时，可根据各行业和具体工程的不同特点和要求，进行修改和补充。

通用合同条款采用《公路工程标准施工招标文件》(2018年版)的通用合同条款，如图3-4所示。

通用合同条款（节选）

9. 施工安全、治安保卫和环境保护

9.2 承包人的施工安全责任

9.2.5 合同约定的安全作业环境及安全施工措施所需费用应遵守有关规定，并包括在相关工作的合同价格中。因采取合同未约定的安全作业环境及安全施工措施增加的费用，由监理人按第3.5款商定或确定。

图3-4 通用合同条款（节选）

注：由于篇幅有限，通用合同条款的内容略。

2. 公路工程专用合同条款

公路工程专用合同条款是在考虑了公路工程的特点的基础上,对通用合同条款所做的约定、补充和细化,运用于公路工程施工项目。

公路工程专用合同条款采用《公路工程标准施工招标文件》(2018年版)的公路工程专用合同条款,如图3-5所示。

公路工程专用合同条款(节选)

9. 施工安全、治安保卫和环境保护
9.2 承包人的施工安全责任
9.2.5 细化如下:
除项目合同条款另有约定外,安全生产费用应为投标价(不含安全生产费及建筑工程一切险、第三者责任险的保险费)的1.5%(若发包人公布了投标控制价上限时,按投标控制价上限的1.5%计)。安全生产费用应用于施工安全防护用具及设施的采购和更新、安全施工措施的落实、安全生产条件的改善,不得挪作他用。如承包人在此基础上增加安全生产费用以满足项目施工需要,则承包人应在本项目工程量清单其他相关子目的单价或总额价中予以考虑,发包人不再另行支付。因采取合同未约定的特殊防护措施增加的费用,由监理人按第3.5款商定或确定。

图3-5 公路工程专用合同条款(节选)

注:由于篇幅有限,公路工程专用合同条款的内容略。

3. 项目专用合同条款

项目专用合同条款是根据招标项目的具体特点和实际需要,对通用合同条款、公路工程专用合同条款所做的补充、细化,是专用于本施工项目的。项目专用合同条款包括项目专用合同条款数据表和项目专用合同条款两部分(表3-3、图3-6)。

项目专用合同条款数据表　　表3-3

序号	条目号	信息或数据	
1	1.1.2.2	发包人: 地址:	邮政编码:
2	1.1.2.6	监理人: 地址:	邮政编码:
3	1.1.4.5	缺陷责任期:自实际交工日期起计算_____年①	
4	1.6.3	图纸需要修改和补充的,应由监理人取得发包人同意后,在该工程或工程相应部位施工前天签发图纸修改图给承包人	
5	3.1.1	监理人在行使下列权力前需要经发包人事先批准: (6)根据第15.3款发出的变更指示,其单项工程变更涉及的金额超过了该单项工程签约时合同价的_____%或累计变更超过了签约合同价的_____%	
6	5.2.1	发包人是否提供材料或工程设备:□是　□否 如发包人负责提供部分材料或工程设备,相关规定如下:_____	
7	6.2	发包人是否提供施工设备和临时设施:□是　□否 如发包人负责提供部分施工设备和临时设施,相关规定如下:_____	

续上表

序号	条目号	信息或数据
8	8.1.1	发包人提供测量基准点、基准线和水准点及其书面资料的期限：＿＿＿＿＿＿＿ 承包人将施工控制网资料报送监理人审批的期限：＿＿＿＿＿＿＿
9	11.5(3)	逾期交工违约金：＿＿＿＿＿＿元/天
10	11.5(3)	逾期交工违约金限额：＿＿＿＿＿＿％签约合同价②
11	11.6	提前交工的奖金：＿＿＿＿＿＿元/天
12	11.6	提前交工的奖金限额：＿＿＿＿＿＿％签约合同价
13	15.5.2	承包人提出的合理化建议降低了合同价格或者提高了工程经济效益的，发包人按所节约成本的＿＿＿＿＿＿％或增加收益的＿＿＿＿＿＿％给予奖励
14	16.1	□因物价波动引起的价格调整按照第16.1.1项或第16.1.2项约定的原则处理 若按第16.1.1项的约定采用价格调整公式进行调价，每半年或一年按价格调整公式进行一次调整 □合同期内不调价③
15	17.2.1(1)	开工预付款金额：＿＿＿＿＿＿％签约合同价④
16	17.2.1(2)	材料、设备预付款比例：＿＿＿＿＿＿等主要材料、设备单据所列费用的＿＿＿＿＿＿％⑤
17	17.3.2	承包人在每个付款周期末向监理人提交进度付款申请单的份数：＿＿＿＿＿＿份
18	17.3.3(1)	进度付款证书最低限额：＿＿＿＿＿＿％签约合同价或＿＿＿＿＿＿万元⑥
19	17.3.3(2)	逾期付款违约金的利率：＿＿＿＿＿＿‰/天⑦
20	17.4.1	质量保证金金额：＿＿＿＿＿＿％合同价格⑧，若交工验收时承包人具备被招标项目所在地省级交通运输主管部门评定的最高信用等级，发包人给予＿＿＿＿＿＿％合同价格质量保证金的优惠。⑨ 质量保证金是否计付利息： □是，利息的计算方式：＿＿＿＿＿＿ □否
21	17.5.1(1)	承包人向监理人提交交工付款申请单（包括相关证明材料）的份数：＿＿＿＿＿＿份
22	17.6.1(1)	承包人向监理人提交最终结清申请单（包括相关证明材料）的份数：＿＿＿＿＿＿份
23	18.2(2)	竣工资料的份数：＿＿＿＿＿＿份
24	18.5.1	单位工程或工程设备是否需投入施工期运行：□是　□否 如单位工程或工程设备需要进行施工期运行，需要施工期运行的单位工程或工程设备规定如下：＿＿＿＿＿＿
25	18.6.1	本工程及工程设备是否进行试运行：□是　□否 如本工程及工程设备需要进行试运行，试运行的具体规定如下：＿＿＿＿＿＿
26	19.7(1)	保修期：自实际交工日期起计算＿＿＿＿＿＿年⑩
27	20.1	建筑工程一切险的保险费率：＿＿＿＿＿＿‰

续上表

序号	条目号	信息或数据
28	20.4.2	第三者责任险的最低投保金额：_____万元,事故次数不限(不计免赔额) 保险费率：_____‰
29	24.1	争议的最终解决方式:仲裁或诉讼 如采用仲裁,仲裁委员会名称：_____

注：①缺陷责任期一般为自实际交工日期起计算 1 年,最长不超过 2 年。
②逾期交工违约金限额一般应为 10% 签约合同价。
③对于工程规模不大、工期较短的工程(如工期不超过 12 个月),可以不进行调价。
④开工预付款金额一般应为 10% 签约合同价。
⑤指主要材料,一般应为 70%~75%,最低不少于 60%。
⑥国际上一般按月平均支付额的 0.3~0.5 倍计算,我国可按 0.2~0.3 倍计,以利承包人资金周转。
⑦相当于中国人民银行短期贷款利率加手续费。招标人不能自行取消本项内容或降低利率。
⑧质量保证金最高不超过合同价格的 3%。
⑨若交工验收时承包人具备被招标项目所在地省级交通运输主管部门评定的最高信用等级,发包人可在质量保证金方面给予一定的优惠奖励,如发包人可给予承包人 2% 合同价格质量保证金的优惠,具体优惠幅度由发包人自行确定。
⑩保修期一般应为自实际交工日期起计算 5 年。

项目专用合同条款
说明:本部分所列的项目专用合同条款是对"公路工程专用合同条款"中规定必须在项目专用合同条款中明确的内容的集中,招标人编制的"项目专用合同条款"不限于本部分所列内容。 4.1 承包人的一般义务 4.1.10 其他义务 (4)承包人应履行的其他义务：_____ 4.11 不利物质条件 4.11.1 不利物质条件的范围：_____ 10.1 合同进度计划 承包人编制施工方案的内容：_____ 11.4 异常恶劣的气候条件 异常恶劣的气候条件的范围：_____ 12.1 承包人暂停施工的责任 12.1 (6)由承包人承担的其他暂停施工：_____ 17.1 计量 17.1.5 本项目工程量清单中总额价子目的支付原则和支付进度：_____ 17.3 工程进度付款 17.3.5 农民工工资保证金的缴存时间：_____ 农民工工资保证金的缴存金额：_____ 农民工工资保证金的扣留条件：_____ 农民工工资保证金的返还时间：_____ 21.1 不可抗力的确认 21.1.1 (6)不可抗力的其他情形：_____

图 3-6

22.1 承包人违约
22.1.2 承包人发生第22.1.1项约定的违约情况时,发包人有权向承包人课以违约金,具体约定如下:_____
22.2 发包人违约
22.2.2 发包人无正当理由不按时返还履约保证金、质量保证金或农民工工资保证金的,发包人应向承包人支付的违约金如下:_____
……

图3-6 项目专用合同条款

招标人在编制项目招标文件中的项目专用合同条款时,除通用合同条款明确、专用合同条款可做出不同约定以及公路工程专用合同条款明确项目专用合同条款可做出不同约定外,补充和细化的内容不得与通用合同条款及公路工程专用合同条款强制性规定相抵触;同时,补充、细化或约定的不同内容,不得违反法律、行政法规的强制性规定和平等、自愿、公平和诚实信用原则。

项目专用合同条款可对下列内容进行补充和细化:

①通用合同条款中明确指出,专用合同条款可对通用合同条款进行修改的内容(在通用合同条款中用"应按合同约定""应按专用合同条款约定""除合同另有约定外""除专用合同条款另有约定外""在专用合同条款中约定"等多种文字形式表达)。

②公路工程专用合同条款中明确指出,项目专用合同条款可对公路工程专用合同条款进行修改的内容(在公路工程专用合同条款中用"除项目专用合同条款里有约定外""项目专用合同条款可能约定的""项目专用合同条款约定的其他情形"等多种文字形式表达);评标委员会负责评标工作。

五、"第五章 工程量清单"的编制

工程量清单由说明、工程量清单表、计日工表、暂估价表、投标报价汇总表和工程量清单单价分析表几部分组成。

工程量清单的相关内容

1. 说明

说明包括工程量清单说明、投标报价说明、计日工说明和其他说明。其对工程量清单的性质、承包人填报工程量清单的单价和合同价格的要求等作了明确规定。因此,说明在招投标期间对图和进行工程报价有实质影响,并且对工程实施期间工程是否进行计量与支付以及如何进行计量与支付有直接影响。

(1)工程量清单说明

①本工程量清单是根据招标文件中包括的有合同约束力的工程量清单计量规则、图纸以及有关工程量清单的国家标准、行业标准、合同条款中约定的其他规则编制。约定计量规则中没有的子目,其工程量按照有合同约束力的图纸所标示尺寸的理论净量计算。计量采用中华人民共和国法定计量单位。

工程量清单说明

②本工程量清单应与招标文件中的投标人须知、通用合同条款、专用合同条款、工程量清单计量规则、技术规范及图纸等一起阅读和理解。

③本工程量清单中所列工程数量是估算的或设计的预计数量,仅作为投标报价的共同基

础,不能作为最终结算与支付的依据。实际支付应按实际完成的工程量,由承包人按工程量清单计量规则规定的计量方法,以监理人认可的尺寸、断面计量,按本工程量清单的单价和总额价计算支付金额;或者根据具体情况,按合同条款第1.4款的规定,按监理人确定的单价或总额价计算支付额。

④工程量清单各章是按第八章"工程量清单计量规则"、第七章"技术规范"的相应章次编号的,因此,工程量清单中各章的工程子目的范围与计量等应与"工程量清单计量规则""技术规范"相应章节的范围、计量与支付条款结合起来理解或解释。

⑤对作业和材料的一般说明或规定,未重复写入工程量清单内,在给工程量清单各子目标价前,应参阅第七章"技术规范"的有关内容。

⑥工程量清单中所列工程量的变动,丝毫不会降低或影响合同条款的效力,也不免除承包人按规定的标准进行施工和修复缺陷的责任。

⑦图纸中所列的工程数量表及数量汇总表仅是提供资料,不是工程量清单的外延。当图纸与工程量清单所列数量不一致时,以工程量清单所列数量作为报价的依据。

(2)投标报价说明

①工程量清单中的每一子目需填入单价或价格,且只允许有一个报价。

②除非合同另有规定,工程量清单中有标价的单价和总额价均已包括了为实施和完成合同工程所需的劳务、材料、机械、质检(自检)、安装、缺陷修复、管理、保险、税费、利润等费用,以及合同明示或暗示的所有责任、义务和一般风险。

③工程量清单中投标人没有填入单价或价格的子目,其费用视为已分摊在工程量清单中其他相关子目的单价或价格之中。承包人必须按监理人指令完成工程量清单中未填入单价或价格的子目,但不能得到结算与支付。

④符合合同条款规定的全部费用应认为已被计入有标价的工程量清单所列各子目之中,未列子目不予计量的工作,其费用应视为已分摊在本合同工程的有关子目的单价或总额价之中。

⑤承包人用于本合同工程的各类装备的提供、运输、维护、拆卸、拼装等支付的费用,已包括在工程量清单的单价与总额价之中。

⑥工程量清单中各项金额均以人民币(元)结算。

⑦暂列金额(不含计日工总额)的数量及拟用子目的说明。

⑧暂估价的数量及拟用子目的说明。

(3)计日工说明

①总则

a. 本说明应参照通用合同条款第15.7款一并理解。

b. 未经监理人书面指令,任何工程不得按计日工施工;接到监理人按计日工施工的书面指令,承包人也不得拒绝。

c. 投标人应在计日工单价表中填列计日工子目的基本单价或租价,该基本单价或租价适用于监理人指令的任何数量的计日工的结算与支付。计日工的劳务、材料和施工机械由招标人(发包人)列出正常的估计数量,投标人报出单价,计算出计日工总额后列入工程量清单汇总表中并进入评标价。

d. 计日工不调价。

②计日工劳务

a. 在计算应付给承包人的计日工工资时,工时应从工人到达施工现场,并开始从事指定的工作算起,到返回原出发地点为止,扣去用餐和休息的时间。只有直接从事指定的工作,且能胜任该工作的工人才能计工,随同工人一起做工的班长应计算在内,但不包括领工(工长)和其他质检管理人员。

b. 承包人可以得到用于计日工劳务的全部工时的支付,此支付按承包人填报的"计日工劳务单价表"所列单价计算。该单价应包括基本单价及承包人的管理费、税费、利润等所有附加费。其中,劳务基本单价包括:承包人劳务的全部直接费用,如工资、加班费、津贴、福利费及劳动保护费等;承包人的利润、管理、质检、保险、税费;易耗品的使用,水电及照明费,工作台、脚手架、临时设施费,手动机具与工具的使用及维修,以及上述各项伴随而来的费用。

③计日工材料

承包人可以得到计日工使用的材料费用(上述②款已计入劳务费内的材料费用除外)的支付,此费用按承包人"计日工材料单价表"中所填报的单价计算,该单价应包括基本单价及承包人的管理费、税费、利润等所有附加费,说明如下:

a. 材料基本单价按供货价加运杂费(到达承包人现场仓库)、保险费、仓库管理费以及运输损耗等计算。

b. 承包人的利润、管理、质检、保险、税费及其他附加费。

c. 从现场运至使用地点的人工费和施工机械使用费不包括在上述基本单价。

④计日工施工机械

a. 承包人可以得到用于计日工作业的施工机械费用的支付,该费用按承包人填报的"计日工施工机械单价表"中的租价计算。该租价应包括施工机械的折旧、利息、维修、保养、零配件、油燃料、保险和其他消耗品的费用以及全部有关使用这些机械的管理费、税费、利润和司机与助手的劳务费等费用。

b. 在计日工作业中,承包人计算所用的施工机械费用时,应按实际工作小时支付。除非经监理人的同意,计算的工作小时才能将施工机械从现场某处运到监理人指令的计日工作业的另一现场往返运送时间包括在内。

2. 工程量清单表

《公路工程标准施工招标文件》(2018年版)工程量清单共分为7章:第100章总则(表3-4)、第200章路基(表3-5)、第300章路面、第400章桥梁、涵洞、第500章隧道、第600章安全设施及预埋管线、第700章绿化及环境保护设施。

工程量清单(节选) 表3-4

清单第100章总则					
子目号	子目名称	单位	数量	单价	合价
101	通则				
101-1	保险费				
-a	按合同条款规定,提供建筑工程一切险	总额			

续上表

清单第100章总则					
子目号	子目名称	单位	数量	单价	合价
-b	按合同条款规定,提供第三者责任险	总额			
102	工程管理				
102-1	竣工文件	总额			
102-2	施工环保费	总额			
102-3	安全生产费	总额			
102-4	信息化系统(暂估价)	总额			
103	临时工程与设施				
103-1	临时道路修建、养护与拆除(包括原道路的养护)	总额			
103-2	临时占地	总额			
103-3	临时供电设施架设、维护与拆除	总额			
103-4	电信设施的提供、维修与拆除	总额			
103-5	临时供水与排污设施	总额			
104	承包人驻地建设				
104-1	承包人驻地建设	总额			
105	施工标准化				
105-1	施工驻地	总额			
105-2	工地试验室	总额			
105-3	拌和站	总额			
105-4	钢筋加工场	总额			
105-5	预制场	总额			
105-6	仓储存放地	总额			
105-7	各场(厂)区、作业区连接道路及施工主便道	总额			

清单第100章合计人民币_____

工程量清单(节选) 表3-5

清单第200章路基					
子目号	子目名称	单位	数量	单价	合价
202	场地清理				
202-1	清理与掘除				
-a	清理现场	m²			
-b	砍伐树木	棵			

续上表

清单第200章路基					
子目号	子目名称	单位	数量	单价	合价
-c	挖除树根	棵			
202-2	挖除旧路面				
-a	水泥混凝土路面	m³			
-b	沥青混凝土路面	m³			
-c	碎石路面	m³			
202-3	拆除结构物				
-a	钢筋混凝土结构	m³			
-b	混凝土结构	m³			
-c	砖、石及其他砌体结构	m³			
-d	金属结构	kg			
202-4	植物移栽				
-a	移栽乔(灌)木	棵			
-b	移栽草皮	m²			
203	挖方路基				
203-1	路基挖方				
-a	挖土方	m³			
-b	挖石方	m³			
-c	挖除非适用材料(不含淤泥、岩盐、冻土)	m³			
-d	挖淤泥	m³			
-e	挖岩盐	m³			
-f	挖冻土	m³			
203-2	改河、改渠、改路挖方				
-a	挖土方	m³			
-b	挖石方	m³			
-c	挖除非适用材料(不含淤泥、岩盐、冻土)	m³			
-d	挖淤泥	m³			
-e	挖岩盐	m³			
-f	挖冻土	m³			

3. 计日工表

计日工俗称"点工",在施工过程中,完成发包人提出的工程合同范围以外的零星项目或工作,按合同中约定的综合单价计价。计日工的特点是灵活性较强,可操作性较强。

计日工的劳务、材料和施工机械由招标人列出正常的估计数量或假定数量,投标人报出单价,计算出计日工总额后列入工程量清单汇总表中。在施工过程中,以单价为准,按实际完成的工程量进行计日工的结算与支付,不可以调价。

有的招标文件只要求投标人在计日工表中填报单价而不填报计日工总价,这样计日工费用没有计入总报价中,承包人会将计日工价格报得偏高或很高。如果在施工中使用计日工,那么建设单位将支付出更多的费用。因此,为控制投标人的计日工报价的合理性,限制投标人随意提高计日工报价,应将计日工总额计入投标总价。

计日工表由计日工劳务、计日工材料、计日工施工机械以及计日工汇总表等4个部分内容组成。

(1) 计日工劳务

计日工劳务见表3-6。

计日工劳务　　　　　　　　　　　　　　　　　　表3-6

编号	子目名称	单位	暂定数量	单价	合价
101	班长	h			
102	普通工	h			
103	焊工	h			
104	电工	h			
105	混凝土工	h			
106	木工	h			
107	钢筋工	h			
……					
劳务小计金额: (计入"计日工汇总表")					

(2) 计日工材料

计日工材料见表3-7。

计日工材料　　　　　　　　　　　　　　　　　　表3-7

编号	子目名称	单位	暂定数量	单价	合价
201	水泥	t			
202	钢筋	t			
203	钢绞线	t			
204	沥青	t			
205	木材	m³			
206	砂	m³			
207	碎石	m³			
208	片石	m³			
……					
材料小计金额: (计入"计日工汇总表")					

(3)计日工施工机械

计日工施工机械见表3-8。

计日工施工机械　　　　　　　表3-8

编号	子目名称	单位	暂定数量	单价	合价
301	装载机				
301-1	1.5m³ 以下	h			
301-2	1.5～2.5m³	h			
301-3	2.5m³ 以上	h			
302	推土机				
302-1	90kW 以下	h			
302-2	90～180kW	h			
302-3	180kW 以上	h			
	……				
施工机械小计金额： (计入"计日工汇总表")					

(4)计日工汇总表

计日工汇总表见表3-9。

计日工汇总表　　　　　　　表3-9

名称	金额	备注
劳务		
材料		
施工机械		
计日工总计： (计入"投标报价汇总表")		

4.暂估价表

暂估价是指招标人在工程量清单中提供的用于支付必然发生但暂时不能确定价格的材料和设备的单价以及专业工程的金额。暂估价包括材料暂估价、设备暂估价及专业工程暂估价。招标人在发布工程量清单时,应在材料、设备暂估单价表和专业工程暂估价表中分别列项。招标人发布的招标文件应明确暂估价的定价或发承包方式及结算办法。

招标文件提供了暂估单价的材料,按暂估的单价计入综合单价。

暂估价表由材料暂估价表、工程设备暂估价表、专业工程暂估价表等内容组成。

(1)材料暂估价表

材料暂估价表见表3-10。

材料暂估价表　　　　　　　　　　　　　　　　　　　表 3-10

序号	名称	单位	数量	单价	合价	备注

(2) 工程设备暂估价表

工程设备暂估价表见表 3-11。

工程设备暂估价表　　　　　　　　　　　　　　　　　表 3-11

序号	名称	单位	数量	单价	合价	备注

(3) 专业工程暂估价表

专业工程暂估价表见表 3-12。

专业工程暂估价表　　　　　　　　　　　　　　　　　表 3-12

序号	专业工程名称	工程内容	金额
小计：			

5. 投标报价汇总表

投标报价汇总表是投标人在投标报价时将工程量清单各章合计、计日工合计及暂列金额合计进行汇总,得出该项目的总报价。

暂列金额是招标人在工程量清单中暂定并包括在合同价款中的一笔款项。它包括用于施工合同签订时尚未确定或者不可预见的所需材料、设备、服务的采购,施工中可能发生的工程变更、合同约定调整因素出现时的工程价款调整以及发生的索赔、现场签证确认等的费用。暂列金额的取值系数,招标人应根据项目具体情况而定,一般情况取值不宜超过工程量清单第100章~第700章合计金额的3%。

暂列金额应由监理人报招标人批准后指令全部或部分使用,或者根本不予使用。

_____(项目名称)_____标段投标报价汇总表见表3-13。

投标报价汇总表 表3-13

序号	章次	科目名称	金额(元)
1	100	总则	
2	200	路基	
3	300	路面	
4	400	桥梁、涵洞	
5	500	隧道	
6	600	安全设施及预埋管线	
7	700	绿化及环境保护设施	
8		第100章~700章清单合计	
9		已包含在清单合计中的材料、工程设备、专业工程暂估价合计	
10		清单合计减去材料、工程设备、专业工程暂估价合计(即8-9=10)	
11		计日工合计	
12		暂列金额(不含计日工总额)[①]	
13		投标报价(即8+11+12=13)	

注:1. 材料、工程设备、专业工程暂估价已包括在清单合计中,不应重复计入投标报价。

2. "①"表示暂列金额的设置不宜超过工程量清单第100章~700章合计金额的3%。

6. 工程量清单单价分析表

工程量清单单价分析表(表3-14)就是工程量清单中投标报价的综合单价组成,包括人工费、材料费、机械费用、其他、管理费、税金和利润等。

表 3-14 工程量清单单价分析表

序号	编码	子目名称	人工费			材料费						机械费用	其他	管理费	税费	利润	综合单价
			工日	单价	金额	主材				辅材费	金额						
						主材耗量	单位	单价	主材费								

> **拓展视野**

一、工程量清单表相关费用计算提取标准确定

1. 施工环保费用提取标准确定

施工环保是指承包人在工程施工中,应严格遵守国家环境保护部门及本规范的有关规定。承包人有责任采取有效措施以预防和消除因施工造成的环境污染,对工程范围以外的土地及植被应注意保护,并应保证发包人避免由于污染而承担的索赔或罚款。

施工环保费用是指施工现场为达到环保部门要求所需要的各项费用。招标人应根据项目具体情况来确定提取标准。

2. 安全生产费用的提取标准确定

安全生产费用应用于：

(1) 完善、改造和维护安全防护设施设备支出。

(2) 安全生产检查、评价、咨询和标准化建设支出。

(3) 安全防护用品支出,安全生产宣传、教育、培训支出。

(4) 安全生产适用的新技术、新标准、新工艺等费用的支出。

依据财政部、应急管理部联合制定的《企业安全生产费用提取和使用管理办法》第十七条规定,建设工程施工企业以建筑安装工程造价为计提依据,于月末按工程进度计算提取企业安全生产费用。提取标准如下：

(1) 矿山工程3.5%；

(2) 铁路工程、房屋建筑工程、城市轨道交通工程3%；

(3) 水利水电工程、电力工程2.5%；

(4) 冶炼工程、机电安装工程、化工石油工程、通信工程2%；

(5) 市政公用工程、港口与航道工程、公路工程1.5%。

建设工程施工企业编制投标报价应当包含并单列企业安全生产费用,竞标时不得删减。国家对基本建设投资概算另有规定的,从其规定。

本办法实施前建设工程项目已经完成招投标并签订合同的,企业安全生产费用按照原规定提取标准执行。

二、工程量清单计价项目的编码原则

公路工程工程量清单子目的划分应分级划分、逐层编制,编码可递延、可扩展,根据项目的实际情况逐级递延,具体需要划分多少级,以工程项目的实际需要为准,一般最多划分为五级。以 502-7-a-(a-1)隧道洞顶回填黏土防水层细目为例:5—一级编码(隧道),02—二级编码(节洞口及明洞工程),7—三级编码(目洞顶回填防水层),a—四级编码(细目防水层),a-1—五级编码(子细目黏土防水层)。

三、工程量清单计量规则

工程量清单计量规则是计量工程量的计量依据。工程量清单计量规则确定了清单子目所包含的工作内容。工程量清单计量规则、技术规范对承包人完成子目工作的工作质量提出了对应的质量检验标准。

四、工程量清单与计量规则、招标文件、合同文件的关系

（1）报价时，招标文件各部分的优先次序：合同专用条款及数据表（含招标文件补遗书中与此相关部分）优先于合同通用条款；工程量清单中的工程数量（含招标文件补遗书中与此有关部分）优先于图纸中的工程数量；工程量清单中项目项目划分、计量规则与技术规范必须相结合。

（2）所有工程项目，除个别注明外，均采用我国法定的计量单位。

（3）除非监理人另有准许，一切计量工作都应在监理人在场情况下，由承包人测量、记录。工程量应由承包人计算，由监理人审核。

（4）除合同特殊约定单独计量外，全部必需的模板、脚手架、装备、机具、螺栓、垫圈和钢制件等其他材料，应包括在工程量清单中所列的有关支付项目中，均不单独计量。

（5）除监理人另有批准外，凡超过图纸所示的面积或体积，都不予计量与支付。

（6）承包人应严格标准计量基础工作和材料采购检验工作。

（7）沥青混凝土、沥青碎石、水泥混凝土、高强度等级水泥砂浆的施工现场必须使用电子计量设备称重。

（8）"承包人驻地建设"与"施工标准化"属于选择性工程子目，由发包人根据工程项目管理实际情况选择使用或同时使用。

六、图纸

由于篇幅有限，此处略。

知识链接

图纸是用标明尺寸的图形和文字来说明工程建筑、机械、设备等的结构、形状、尺寸及其他要求的一种技术文件，是进行工程招投标和施工的标准与依据，是合同文件的重要组成部分，是编制工程量清单以及投标报价的重要依据，也是进行施工及验收的依据。

1. 施工图纸的提供

公路与桥梁工程监理人应在发出中标通知书之后42天内，向承包人免费提供由发包人或其委托的设计单位设计的施工图纸、技术规范和其他技术资料各2份，并向承包人进行技术交底，承包人需要更多的施工图纸时，应当自费复制。由于发包人未按时提供图纸造成工期延误的，按发包人延误工期有关规定办理。

2. 设计图纸的影响

设计图纸不仅严重影响工程造价，对项目的投资效益也有决定性影响。其影响主要体现在以下3个方面：

（1）设计图纸决定工程性质、施工难度及工程数量，由此影响工程造价。

（2）设计图纸影响建设工期，由此影响工程造价和投资效益。

（3）设计图纸的质量影响结构安全性和耐久性，影响工程变更及施工进度计划的实施，由此影响使用寿命和投资效益以及工程造价。

3. 施工图纸的错误

当承包人在查阅合同文件或在本工程实施过程中,发现有关的工程设计、技术规范、图纸或其他资料中的任何差错遗漏或缺陷后,应及时通知监理人。监理人在接到该通知后,应立即就此作出决定,并通知承包人和发包人。

七、技术规范

技术规范是有关工程施工工序、执行工艺过程以及产品质量要求等方面的准则和标准,是工程投标和工程施工承包的重要技术经济文件,是招标文件中一个非常重要的组成部分。技术规范详细、具体地说明了承包人履行合同时的质量要求、验收标准、材料的品级和规格以及为满足质量要求应遵守的施工技术规范规定等。规范、图纸和工程量清单表、工程量清单计量规则都是投标人在投标时必不可少的资料,根据这些材料,投标人才能拟订施工方案、施工工序、施工工艺等施工规划的内容,并据此进行工程估价和确定投标报价。

技术规范及投标文件格式的编制

1. 公路工程技术规范的内容

技术规范是依据现行标准和规范,结合项目工程具体情况择要选编而成的。有些条文只是指示性的,即要求按照指定的标准或规范的规定执行,所以必须与现行标准和规范配合使用。

《公路工程标准施工招标文件》(2018年版)技术规范的基本内容根据其性质可分为五部分:工程范围、材料、各施工工艺要求、质量检验与验收、计量与支付。技术规范是分章节进行编制,这些章节与工程量清单的章节编排相对应。其内容和结构如下:第100章总则、第200章路基、第300章路面、第400章桥梁、涵洞、第500章隧道、第600章安全设施及预埋管线、第700章绿化及环境保护设施。

2. 技术规范的作用

技术规范是一份十分重要的技术经济文件,其主要作用如下:

(1)它是招标人编制工程量清单、计算工程量的依据。

(2)它是投标人进行工程估价和确定投标报价的重要依据,是投标人编制投标文件不可缺少的资料。

(3)它是施工过程中承包人控制施工质量和监理工程师检验施工质量的主要依据。

3. 技术规范的范围

《公路工程标准施工招标文件》(2018年版)技术规范适用于各级公路项目的新建、扩建或改建的施工与管理。本规范对工程在施工中使用的原材料、半成品或成品,隐蔽工程以及施工原始资料和记录,均进行一系列的控制与检查,使工程质量符合规定的质量标准。在每一章节的施工要求中,均对质量标准、质量等级、检验内容和方法等提出了要求。如有未写明之处,应按照国家和交通运输部现行有关规范规定且经监理人批准后执行。本规范仅为方便起见划分为若干章节,阅读时应将本规范视作一个整体。凡本规范或与本规范有关的其他规范及图纸中未规定的细节,或在涉及任何条款的细节没有明确的规定时,都应认为指的是需经监理人同意的我国公路工程的常规做法。

在工程实施中所采用的材料设备与工艺,应符合本规范及本规范引用的其他标准与规范的相应要求。在工程实施全过程中,所引用的标准或规范如果有修改或新版,应由发包人决定是否用新标准或规范,承包人应在监理人的监督下按发包人的决定执行。采用新标准、规范所增加的费用由发包人承担。对于工程所采用的标准或规范的任何部分,当承包人认为改用其他标准或规范,能够保证工程达到更高质量时,承包人应在42天前报经监理人审批后,方可采用;否则,承包人应严格执行本规范。但这种批准,应不免除承包人根据合同条款规定的任何责任。当适用于工程的几种标准与规范出现意义不明或不一致时,应由监理人作出解释和校正,并就此向承包人发出指令。除非本规范另有规定,在引用的标准或规范发生分歧时,应按以下顺序优先考虑:

(1)本规范。
(2)中华人民共和国国家标准。
(3)有关部门标准与规范。

《公路工程标准施工招标文件》(2018年版)技术规范(节选)内容如图3-7所示。

技术规范(节选)
第203节 挖方路基(节选)

203.01 范围
本节工作内容为挖方路基施工和边沟、截水沟、排水沟以及改河、改渠、改路等开挖有关作业。

203.02 一般要求
1. 在挖方路基开工前至少28d,承包人应将开挖工程断面图报监理人批准,否则不得开挖。
2. 所有挖方作业均应符合图纸和《公路路基施工技术规范》(JTG F10—2006)的有关规定,并应按监理人的要求施工。
3. 挖方作业应保持边坡的稳定,不得对邻近的各种结构物及设施产生损坏或干扰,否则由此而引起的后果应由承包人自负。
4. 在开挖中出现石方时,承包人应测量土石方界限,经监理人鉴定认可后,分层进行开挖,如果出现零星石方,承包人应在事前测量石方数量,报经监理人批准后,方能继续施工。

图3-7 《公路工程标准施工招标文件》(2018年版)技术规范(节选)

注:由于篇幅有限,《公路工程标准施工招标文件》(2018年版)技术规范的其他内容略。

八、投标文件格式

采用《公路工程标准施工招标文件》(2018年版)的格式,详见工作任务四公路工程投标文件的编制。

招投标思政课一:对招投标违规违纪行为的案例剖析

子任务3 工程标底与招标控制价的编制

根据《招标投标法实施条例》第二十七条规定,招标人可以自行决定是否编制标底。一个招标项目只能有一个标底。标底必须保密。接受委托编制标底的中介机构不得参加受托编制标底项目的投标,也不得为该项目的投标人编制投标文件或者提供咨询。招标人设有最高投标限价的,应当在招标文件中明确最高投标限价或者最高投标限价的计算方法。招标人不得规定最低投标限价。

招标控制价的计算程序和方法

一、招标控制价的概念

工程控制价是指招标人根据国家或省级、行业建设主管部门颁发的有关计价依据和办法,按设计施工图纸计算的、招标工程限定的最高工程造价,即我们常说的"拦标价"。

标底和招标控制价的区别

二、标底与招标控制价的区别

招标控制价不同于标底,招标控制价反映的是招标人对工程的最高限价,标底是招标人对工程的心理价位。它们之间的区别主要有以下几点:

(1)招标控制价(拦标价)是最高限价,投标价如超过招标控制价则为废标。标底是心理价位,接近标底的投标报价得分最高,但在报价均高于标底时,最低的投标价仍能中标。

(2)招标控制价是公开的,标底是保密的。

(3)低于招标控制价的合理最低价即可中标。

三、招标控制价的意义

(1)招标控制价是预防某些投标人高价围标的有效手段,是对拟建工程投标报价的最高限定价。因此,由招标人编制的合理的招标控制价不仅能够保护自己的利益不受到损失,还能保证工程招标成功乃至工程建设的顺利进行。

(2)招标控制价是检验投标报价合理性的标准。招标控制价是招标人根据政府部门颁布的工程计价定额和取费标准编制的,它体现的是社会工程造价平均水平,可以检验出投标报价的合理性。

(3)招标控制价是对施工图设计成果是否符合设计概算投资的有效检验,如果招标控制价突破设计概算投资,作为发包人,就要及时考虑追加投资或修改设计,降低标准以适应发包人的投资能力。

(4)招标控制价的编制是对施工图设计及招标文件等进一步完善的有效手段。招标控制价的编制依据是招标文件和工程量清单,在招标控制价的编制组价过程中,很容易发现招标文件和工程量清单以及施工图之间相互矛盾和不明确的地方,促使招标人及时对这些文件加以修改和完善。

(5)符合市场规律,规范市场秩序。工程量清单招标遵循市场确定价格的原则,招标控制价的设立避免了建设市场的无序竞争,起着引导报价、良性竞争的有利作用,有效地规范了市场秩序。

四、招标控制价应用时应注意的问题

(1)国有资金投资的工程建设项目应实行工程量清单招标,并应编制招标控制价。根据

《招标投标法》的规定,国有资金投资的工程进行招标,招标人可以不设标底。当招标人不设标底时,为有利于客观、合理地评审投标报价和避免哄抬标价,造成国有资产流失,招标人应编制招标控制价,作为招标人能够接受的最高交易价格。

(2)招标控制价超过批准的概算时,招标人应将其报原概算审批部门审核。由于我国对国有资金投资项目的投资控制实行的是投资概算审批制度,国有资金投资的工程原则上不能超过批准的投资概算。

(3)投资人的投标报价高于招标控制价的,其投标应予以拒绝。国有资金投资的工程,招标人编制并公布的招标控制价相当于招标人的采购预算,同时要求其不能超过批准的概算。因此,招标控制价是招标人在工程招标时能接受投标人报价的最高限价。国有资金中的财政性资金投资的工程在招投标时还应符合《政府采购法》相关条款的规定,如第三十六条"在招标采购中,出现下列情形之一的,应予废标……(三)投标人的报价均超过了采购预算,采购人不能支付的",规定了国有资金投资的工程,投标人的报价不能高于招标控制价,否则,其投标将被拒绝。

(4)招标控制价应由具有编制能力的招标人或受其委托的工程造价咨询人编制。应当注意的是,应由招标人负责编制招标控制价,当招标人不具有编制招标控制价的能力时,可委托具有工程造价咨询企业编制。工程造价咨询企业不得同时接受招标人和投标人对同一工程的招标控制价和投标报价的编制。

(5)招标控制价应在招标文件中公布,不应上浮或下调,招标人应将招标控制价及有关资料报送工程所在地工程造价管理机构备查。招标控制价的作用决定了招标控制价不同于标底,无须保密。为体现招标的公平、公正,防止招标人有意抬高或压低工程造价,招标人应在招标文件中如实公布招标控制价,不得对所编制的招标控制价进行上浮或下调。招标人在招标文件中公布招标控制价时,应公布招标控制价各组成部分的详细内容,不得只公布招标控制价总价。同时,招标人应将招标控制价报工程所在地的工程造价管理机构备查。

(6)投标人对招标人公布招标控制价有异议的,在开标前5日提出书面复核申请,报送本地交通行政主管部门,交通行政主管部门收到复核申请后应及时会同交通造价管理机构组织有关单位和人员进行复核。

五、招标控制价编制依据

(1)招标控制价原则上按照交通运输部及省交通行政主管部门颁发的造价定额、计价办法、计量规范等相关文件编制。

(2)勘察、设计文件及相关资料。

(3)招标文件及工程量清单等有关要求。

(4)交通造价管理机构发布的指导价和市场信息。

公路工程施工招标综合案例

招投标思政课二:对招投标违规违纪行为的案例剖析

1.通过任务情境、任务布置、任务分析,学生应探讨完成任务工单。

2.学生在教师指导下,分组完成学习任务工单表3-1。

3.结合学生讨论的结果,学生跟随教师学习和巩固项目相关知识,完成项目任务评析,找准切入点,融入思政教育,并做好知识点总结及点评。

实战演练

通过兴赣北延 A8 标招标文件的编制模拟实训进行实战演练,学以致用、理论联系实际,进一步落实学习目标,具体内容见学习任务工单表 3-2。

任务评价

通过学生自评、企业导师及专业教师评价,综合评定通过项目任务实施各个环节学生对工作任务三相关知识的掌握及课程学习目标落实的情况。

1. 学生进行自我评价,并将结果填入学生自评表(学习任务工单表 3-3)。
2. 企业导师对学生工作过程与工作结果进行评价,并将评价结果填入企业导师评价表(学习任务工单表 3-4)。
3. 专业教师对学生工作过程与工作结果进行评价,并将评价结果填入专业教师评价表(学习任务工单表 3-5)。
4. 根据综合学生自评、企业导师评价、专业教师评价所占比重,最终得到学生的综合评分,并把各项评分结果填入综合评价表(学习任务工单表 3-6)。

> 为便于师生使用,本书"任务实施""实战演练""任务评价"中的相关表格独立成册,见本书配套学习任务工单。

任务小结

招标文件是整个工程招标投标和施工过程中重要的法律文件之一,是投标人编制投标文件和参加投标的依据,是评标委员会评标的依据,也是订立合同的基础,对参与招标投标活动的各方均有法律效力。招标文件的编制应该正确、详细地反映项目实际,要按照规范要求进行编制。本章任务重点学习了招标相关法律法规、招标组织流程、招标文件的组成、招标控制价构成及招标文件备案与发售等。

一、单项选择题

1. 《招标投标法》规定,依法必须招标的项目自招标文件开始发出之日起至投标人提交投标文件截止之日止,最短不得少于(　　)日。
   A. 20　　　B. 30　　　C. 10　　　D. 15

2. 根据《招标投标法》规定,招标人和中标人应当在中标通知书发出之日起(　　)日内,按照招标文件和中标人的投标文件订立书面合同。
   A. 20　　　B. 30　　　C. 10　　　D. 15

3. 当招标人采用邀请招标方式招标时,应当向(　　)个以上具备承担招标项目的能力、资信良好的特定的法人或者其他组织发出投标邀请书。
   A. 3　　　B. 4　　　C. 5　　　D. 2

4. 招标人对已发出的招标文件进行必要的澄清或者修改的,应当在招标文件要求提交投标文件截止时间至少( )天前,以书面形式通知所有招标文件收受人。

A.20　　　　　B.10　　　　　C.15　　　　　D.7

5. 关于公路工程招投标的说法,下列选项正确的是( )。

A.在投标有效期内,投标人可以补充、修改或者撤回其投标文件

B.投标人在招标文件要求提交投标文件的截止时间前,可以补充、修改或者撤回投标文件

C.投标人可以挂靠或借用其他企业的资质证书参加投标

D.投标人之间可以先进行内部竞价,内定中标人,然后再参加投标

6. 甲、乙两个工程承包单位组成施工联合体投标,参与竞标某公路工程招标项目,则下列说法错误的有( )。

A.甲、乙两个单位以一个投标身份参与投标

B.如果中标,甲、乙两个单位应就中标项目向公路工程项目招标人承担连带责任

C.如果中标,甲、乙两个单位应就各自承担部分与公路工程项目招标人签订合同

D.如在履行合同中乙单位破产,则甲单位应当承担原由乙单位承担的工程任务

7. 甲、乙工程承包单位组成施工联合体参与某项目的投标,中标后联合体接到中标通知书,但未与招标人签订合同,联合体投标时提交了5万元投标保证金。此时,两家单位认为该项目盈利太少,于是放弃该项目,对此,《招标投标法》的相关规定是( )。

A.5万元投标保证金不予退还

B.5万元投标保证金退还一半

C.若未给招标人造成损失,投标保证金可全部退还

D.若未给招标人造成损失,投标保证金退还一半

8. 甲、乙两个公路工程承包单位组成施工联合体投标,甲单位为施工总承包甲级资质,乙单位为乙级资质,则该施工联合体应按( )资质确定等级。

A.甲级　　　　B.乙级　　　　C.不分等级

9. 下列不属于招标文件内容的是( )。

A.投标邀请书　　　　　　B.设计图纸

C.合同主要条款　　　　　D.财务报表

10. 招标文件发售后,招标人要在招标文件规定的时间内组织投标人踏勘现场,了解工程现场和周围环境情况,并对潜在投标人针对( )及现场提出的问题进行答疑。

A.设计图纸　　B.招标文件　　C.地质勘察报告　D.合同条款

11.《招标投标法》第二十八条规定:招标人收到投标文件后,应当(   ),不得开启。在招标文件要求提交投标文件的截止时间后送达的投标文件,招标人应当拒收。

  A.登记备案 B.签收送审 C.集中上报 D.签收保存

12.资格预审程序中应首先进行(   )。

  A.资格预审资料分析 B.发出资格预审合格通知书

  C.发布资格预审通告 D.发售资格预审文件

13.工程量清单是招标单位按照国家颁布的统一工程项目划分、统一计量单位和统一工程量计算规则,根据施工图纸计算工程量,提供给投标单位作为投标报价的基础。结算拨付工程款时以(   )为依据。

  A.工程量清单 B.实际工程量

  C.承包方报送的工程量 D.合同中的工程量

14.我国施工招标文件部分内容的编写应遵循的规定有(   )。

  A.明确投标有效期不超过18天

  B.明确评标原则和评标方法

  C.招标文件的修改,可用各种形式通知所有招标文件接收人

  D.明确评标委员会成员名单

15.根据相关规定,对招标文件或者资格预审文件的收费应当合理,不得以营利为目的。对于所附的设计文件,招标人可以向投标人酌收(   )。

  A.手续费 B.租金 C.押金 D.成本费

二、多项选择题

1.在施工招标中,进行合同数量的划分应考虑的主要因素有(   )。

  A.施工内容的专业要求 B.施工现场条件

  C.投标人的财务能力 D.对工程总投资的影响

  E.投标人的所在地

2.某省地税局办公楼扩建工程项目招标,有十多家单位参与竞标,根据《招标投标法》关于联合体投标的规定,下列说法正确的有(   )。

  A.A单位资质不够,可以与别的单位组成联合体参与竞标

  B.B、C两家单位组成联合体投标,它们应当签订共同投标协议

  C.D、E两家单位构成联合体,它们签订的共同投标协议应当提交招标人

  D.F、G两家单位构成联合体,它们各自对招标人承担责任

  E.H、I两家单位构成联合体,两家单位对投标人承担连带责任

3.依照相关规定,建设项目(   ),经项目主管部门批准,可以不进行招标。

  A.与科技、教育、文化相关的

  B.涉及生态环境保护的

  C.建筑艺术造型有特殊要求的

D. 勘察、设计采用特定专利的

E. 勘察、设计采用专有技术的

4. 招标文件应当包括(　　)等所有实质性要求和条件及拟签订合同的主要条款。

A. 招标工程的报批文件　　　B. 招标项目的技术要求

C. 对投标人资格审查的标准　D. 投标报价要求

E. 评标标准

5. 某政府投资民用建筑工程项目拟进行施工招标,该项招标应当具备的条件有(　　)。

A. 资金或资金来源已经落实

B. 按照国家有关规定需要履行项目审批手续的,已经履行审批手续

C. 建筑施工许可证已经取得

D. 有满足施工招标需要的设计文件及其他技术资料

E. 施工组织设计已经完成

6. 招标人甲欲完成一项招标工作,根据《招标投标法》的规定,以下(　　)活动是必需的。

A. 招标人甲发布招标公告或寄送投标邀请书

B. 招标人甲编制相应的招标文件

C. 招标人甲组织潜在投标人踏勘项目现场

D. 招标人甲要求投标人提供有关资质证明文件和业绩情况,并对投标人进行资格审查

E. 计算出标底并报招标主管部门审定

7. 建筑业企业资质分为(　　)三个序列,每个序列各有其相应的等级。

A. 施工总承包　　　　　　　B. 专业承包

C. 劳务分包　　　　　　　　D. 施工承包

E. 分包

8. 招标文件内容中既说明招标投标的程度要求,将来又构成合同文件的是(　　)。

A. 合同条款　　　　　　　　B. 投标人须知

C. 设计图纸　　　　　　　　D. 技术标准与要求

E. 工程量清单

9. 关于工程招标的投标预备会,下列说法中正确的有(　　)。

A. 投标预备会是招标必不可少的程序之一

B. 招标人可以在投标预备会上澄清、解答潜在投标人提出的疑问

C. 招标人在投标预备会上不能主动对招标文件中的内容作出说明

D. 投标预备会一般在现场踏勘后召开

E. 招标文件应明确是否召开投标预备会

10. 工程量清单招标时,工程量清单应由( )。
    A. 有编制能力的招标人自行编制
    B. 有相应资质的招标代理机构编制
    C. 监理单位编制
    D. 有相应资质的工程造价咨询机构编制
    E. 建设银行编制

11. 计日工劳务单价应包括( )。
    A. 基本单价　　　　　B. 承包人管理费
    C. 税费　　　　　　　D. 利润

12. 工程计量的单位有( )。
    A. 计日工　　　　　　B. 万元
    C. 物理计量单位　　　D. 自然计量单位

13. 以下哪些是招标人有权不予受理的投标文件( )。
    A. 逾期送达的或者未送达指定地点的
    B. 未按照招标文件的规定格式填写,内容不全,字迹模糊无法辨认的
    C. 开标以前递交了"降价信"的
    D. 投标人的名称、组织机构与资格预审时不一致的

14. 凡投标人在工程量清单中增加填报的细目,其单价、总额价应按照( )的办法处理。
    A. 对所增加细目的报价,业主将不予接受
    B. 对所增加细目的报价,业主应当予以接受
    C. 严重的,将视为"非符合标"而遭到拒绝
    D. 投标人可以通过澄清主动改正

15.《公路工程标准施工招标文件》(2018年版)规定,在特殊情况下,招标人在原定投标文件有效期内可以根据需要向投标人提出延长投标文件有效期的要求,投标人有权同意或拒绝;如果同意延长,则投标人( )。
    A. 不得在延长后的投标有效期内修改投标文件
    B. 应同意增加投标保证金
    C. 应延长其投标保证金的有效期
    D. 具有优先中标的权利,可适当减少其投标保证金

三、简答题

1. 招标公告的内容包括哪些?
2. 招标文件的组成有哪些?
3. 简述招标文件的编制依据及编制注意事项。
4. 简述招标控制价的概念和意义。

四、案例分析

【案例】

某高速公路项目以公开招标方式选择承包人。招标文件规定采用资格后审方式审查投标人资格。

(1)2018年3月25日,招标人在国家指定媒介上发布招标公告,并规定发售招标文件时间自公告之日起至3月30日(星期日)止。

(2)2018年3月27日,一家施工单位×前来购买招标文件,该企业以前与招标人曾发生过经济纠纷,招标人以此为由拒绝出售。

(3)2018年4月1日上午10时,招标人点名确认除投标人A外其他投标人均到场,随后进行了现场踏勘。第二天,投标人A提出需要进行现场踏勘,招标人组织该投标人进行了现场踏勘并详细讲解了现场情况。

(4)2018年4月18日上午9时整为投标文件递交截止时间,开标时间定于2018年4月18日下午4时整。

(5)截至投标截止时间之前,共有12家单位提交了投标文件。开标前,投标人代表检查投标文件的密封情况,当场宣布密封完好后,由工作人员当众拆封,宣布投标人名称、投标价格、工期及投标保证金合格与否等内容。

(6)随后,招标人组建评标委员会,评标委员会由当地建设局市政处1人,政府专家库中随机抽取4人组成。在评标过程中,评标委员会成员Y声明,投标人C是其所在单位的全资子公司,本人应当回避,但评标委员会认为,Y专家是该行业的技术权威可以参加评标。最终,包括Y在内的评标委员会出具报告推荐一名中标候选人C。

(7)发出中标通知书之前,招标人与投标人C开始合同谈判,要求其将合同范围内的水泵改为招标人供货,投标人C提出在核减设备费用基础上增加50万元。招标人不同意,并与排名第二的投标人D进行商谈,投标人D接受了招标人的条件,最终在核减设备费用基础上增加10万元,并以此作为签约合同价。招标人据此向投标人D发出了中标通知书。

【问题】

该项目施工招标在哪些方面存在问题或不当之处?请逐一说明。

工作任务三
思考题答案

工作任务四
WORK ASSIGNMENT FOUR
公路工程施工投标

 学习目标

☞ **知识目标**

1. 熟悉公路工程施工投标相关的基本概念、投标的程序及投标的工作内容。
2. 熟悉公路工程施工投标前期准备工作的内容。
3. 掌握公路工程施工投标文件的组成、商务文件和技术文件的内容和编制要求。
4. 掌握公路工程施工投标报价文件的编制依据、方法策略与报价技巧。

☞ **技能目标**

1. 具备一定的计算机技能,能够查阅、收集招标信息和编辑文档。
2. 能够按照招标文件的要求编制合格的商务文件。
3. 能够结合公司实际情况和技术规范编制适当可行的技术文件。
4. 能够根据招标文件的工程量清单和相关定额等编制准确的投标报价。
5. 具备灵活运用投标策略和报价技巧,编制更具竞争力投标价的创新能力。
6. 能够根据招标文件要求进行投标文件的包装、密封、标识和递交。

☞ **素质目标**

1. 认同招投标等相关岗位的职业价值,树立爱岗位、履职责、忠岗位的职业意识。
2. 培育自身遵纪守法、诚实信用、细致入微、严谨保密、严于律己、不围标不串标的职业素质。
3. 增强自身互相尊重、顾全大局的团队协作意识,培育自身的团队管理能力。
4. 培养自身吃苦耐劳、坚持不懈的劳动精神以及主动探索、寻求突破的创新意识。

 任务描述

按照现行《招标投标法》《招标投标法实施条例》《公路工程建设项目招标投标管理办法》及《公路工程标准施工招标文件》(2018年版)中关于投标的相关规定,对公路工程施工招标公告和投标人须知进行解读。通过本工作任务学习,学生应熟悉投标文件相关信息,掌握投标的工作程序,能够按格式及编制要求编制商务文件及技术文件,选择合理的投标策略和报价技巧编制投标报价文件，完成投标文件的装订与密封递交。

 任务情境

某公路工程建设项目采用"两阶段"招标，并在招标文件上明确规定了投标资格条件以及问题澄清截止时间和投标截止时间等时间节点。在开标会议上，开启投标文件时出现下列事件：

事件1："部门通报"遭拒

施工企业A受到某省行业主管部门通报，禁止其在本省本行业内参与投标，有效期为2018年11月1日至2019年11月1日。企业信誉不符合投标条件，主持人当场宣布该投标文件无效。

事件2："投标截止时间"质疑

投标截止时间10天前，招标人网上答疑公布的"投标截止时间由2019年11月10日上午10：00改为9：30"。因此，在开标现场，招标人对9：30过后投标人递交的标书予以拒收，由此引发了开标现场秩序混乱。

事件3：把"二"写成"一"

在检查投标文件密封环节，发现其中一家投标人投标文件袋的封面内容存在问题（应该是第二个文件袋的"二"字，被写成了"一"字），经现场监督人、公证人、主持人等讨论决定：对该份投标文件不予开标。

事件4："正本"变"副本"

开启标书时，封面标注为正本文件的"跳"出副本文件，封面标注为副本文件的却"跑"出正本文件，主持人当场宣布该投标文件无效。

事件5："报价大漏洞"放弃投标

开启标书时，施工企业A发现由于疏漏，报价比其他家低很多，清单中漏项，遂提出撤回标书，要求招标单位退还投标保证金，被招标人拒绝。

  任务布置

通过上述任务情境，学生应探讨并解决以下几个问题。

1. 施工企业A的投标文件是否无效？投标文件无效的情形有哪些？投标文件废标的情况有哪些？

2. 施工企业参加投标的资格条件包括哪些？信誉条件有哪些明确规定？

3. "两阶段"招标对应的是哪种形式的投标文件？其投标文件的组成有哪些？

4. 投标文件应该如何密封和标识？

5. 何为投标有效期？投标保证金有什么作用？二者有何联系？在什么情况下，投标保证金将被没收？

6. 投标报价的策略与技巧有哪些？我们在投标过程中，应如何正确运用？

 任务分析

根据岗位职业能力的要求，本工作任务共安排了5个学习活动：公路工程施工投标概述，公路工程施工投标前期准备工作，招标文件的购买研究、现场踏勘与投标预备会，公路工程投

标文件的编制,投标文件的密封标识与递交修改。利用工程任务情境,引导学生学习5个学习活动的相关知识,熟悉整个投标的工作流程以及各个环节的有关规定与注意事项,融入投标工作人员的职业操守。任务实施过程中邀请企业导师组织学生进行资格预审申请文件编制、投标文件的编制以及密封、标识和递交,还原实际工作情境,使学生了解投标过程中投标机构等相关人员的主要岗位职责及行业规范、职业素养,树立爱岗位、履职责、忠岗位的职业意识和顾全大局、互相尊重的团队协作意识,培养细致入微、严谨保密的职业素养,吃苦耐劳、坚持不懈的劳动精神,主动探索、寻求突破的创新意识,诚实守信的品格以及顾全大局、善于规划、忠于职守的时间和价值观念。

 任务相关知识

投标是指投标人根据招标公告的要求填写招标文件,实质性响应招标人要求,并将其送交招标人的行为。投标是通过竞争获得工程建设施工任务的过程。潜在投标人在明确自身具备投标条件情况下,应认真梳理招标信息、做好投标准备工作,并且在细致研究招标文件的基础上,根据招标文件的要求,严格按照投标程序,在规定的期限内向招标人递交投标文件,提出合理报价,以争取获胜中标。

招标文件对投标人的要求虽烦琐但十分重要,直接影响投标文件的有效性,应当引起投标人的高度重视。不同招标文件要求不尽相同。投标人每一次投标都不应麻痹大意,以免造成"一着不慎、满盘皆输"的后果。

投标文件编制是招投标过程中不可忽视的重要环节,如果一个细节做得不好,可能造成整个投标工作作废,因此如何避免标书被废很重要。"粗枝大叶、眼高手低"是投标的大忌。正如著名教育家陶行知所说的:"本来事业并无大小;大事小做,大事变成小事;小事大做,则小事变成大事。""细节决定成败",每一个投标人都应当从高处着眼,从小处入手,深入研究招标文件,科学制定投标策略,以缜密的思维、认真的态度做好每一次投标,方能在激烈的竞争中立于不败之地。

子任务1　认知公路工程施工投标

投标是指投标人根据招标公告的要求填写招标文件,实质性响应招标人要求,并将其送交招标人的行为。投标人是指响应招标、参加投标竞争的法人或者其他组织。为了保护国家利益、社会公共利益或者他人的合法权益,《招标投标法》《招标投标法实施条例》《公路工程建设项目招标投标管理办法》《公路工程标准施工招标文件》(2018年版)对投标人的资格条件、限制情形及禁止行为进行了一系列规范性要求。

工程项目投标概述

一、投标的资格条件

《招标投标法》第二十六条规定:"投标人应当具备承担招标项目的能力;国家有关规定对

投标人资格条件或者招标文件对投标人资格条件有规定的,投标人应当具备规定的资格条件。"

1. 投标人的资格条件

《公路工程标准施工招标资格预审文件》(2018年版)第二章申请人须知和《公路工程标准施工招标文件》(2018年版)第二章投标人须知均明确地指出投标人资格要求(1.4)。

投标人应具备招标文件所规定的承担本标段施工的资质条件、能力和信誉(1.4.1)。主要包括:①资质条件;②财务要求;③业绩要求;④信誉要求;⑤项目经理资格和项目总工资格要求;⑥其他要求。

对于特别复杂的特大桥梁和特长隧道项目主体工程以及其他有特殊要求的工程,还包含其他管理和技术人员要求和主要机械设备和试验检测设备要求。

2. 联合体投标的资格条件

根据《招标投标法》第三十一条规定,两个以上法人或者其他组织可以组成一个联合体,以一个投标人的身份共同投标。联合体各方均应当具备承担招标项目的相应能力;国家有关规定或者招标文件对投标人资格条件有规定的,联合体各方均应当具备规定的相应资格条件。由同一专业的单位组成的联合体,按照资质等级较低的单位确定资质等级。联合体各方应当签订共同投标协议,明确约定各方拟承担的工作和责任,并将共同投标协议连同投标文件一并提交招标人。

《公路工程标准施工招标文件》(2018年版)第二章投标人须知指出,招标文件规定接受联合体投标的,联合体除应符合以上投标人的资格条件之外,还应符合以下要求:

(1)联合体各方应按招标文件提供的格式签订联合体协议书,明确联合体牵头人和各方权利义务,并承诺就中标项目向招标人承担连带责任。

(2)由同一专业的单位组成的联合体,按照资质等级较低的单位确定资质等级。

(3)联合体各方不得再以自己名义单独或参加其他联合体在同一标段中投标。

(4)联合体各方应分别按照本招标文件的要求,填写投标文件中的相应表格,并由联合体牵头人负责对联合体各成员的资料进行统一汇总后一并提交给招标人;联合体牵头人所提交的投标文件应认为已代表了联合体各成员的真实情况。

(5)尽管委任了联合体牵头人,但联合体各成员在投标、签订合同与履行合同过程中,仍负有连带的和各自的法律责任。

3. 投标人(含联合体成员)的限制情形

根据《招标投标法实施条例》第三十四条规定,与招标人存在利害关系可能影响招标公正性的法人、其他组织或者个人,不得参加投标。单位负责人为同一人或者存在控股、管理关系的不同单位,不得参加同一标段投标或者未划分标段的同一招标项目投标。否则,相关投标均无效。《公路工程标准施工招标文件》(2018年版)第二章投标人须知1.4.3和1.4.4则针对以上情况作了详细介绍。

(1)投标人(包括联合体各成员)不得与本标段相关单位存在下列关联关系:

①为招标人不具有独立法人资格的附属机构(单位)。

②与招标人存在利害关系且可能影响招标公正性。

③与本标段的其他投标人同为一个单位负责人。
④与本标段的其他投标人存在控股、管理关系。
⑤为本标段前期准备提供设计或咨询服务的法人或其任何附属机构(单位)。
⑥为本标段的监理人。
⑦为本标段的代建人。
⑧为本标段的招标代理机构。
⑨与本标段的监理人或代建人或招标代理机构同为一个法定代表人。
⑩与本标段的监理人或代建人或招标代理机构存在控股或参股关系。
⑪法律法规或投标人须知前附表规定的其他情形。
(2)投标人(包括联合体各成员)不得存在下列不良状况或不良信用记录。
①被省级及以上交通运输主管部门取消招标项目所在地的投标资格且处于有效期内。
②被责令停业,暂扣或吊销执照,或吊销资质证书。
③进入清算程序,或被宣告破产,或其他丧失履约能力的情形。
④在国家企业信用信息公示系统(http://www.gsxt.gov.cn/)中被列入严重违法失信企业名单。
⑤在"信用中国"网站(http://www.creditchina.gov.cn/)中被列入失信被执行人名单。
⑥投标人或其法定代表人、拟委任的项目经理在近3年内有行贿犯罪行为的(行贿犯罪行为的认定以检察机关职务犯罪预防部门出具的查询结果为准)。
⑦法律法规或投标人须知前附表规定的其他情形。

二、投标的禁止行为

《招标投标法》第三十二条规定,投标人不得相互串通投标报价,不得排挤其他投标人的公平竞争,损害招标人或者其他投标人的合法权益。投标人不得与招标人串通投标,损害国家利益、社会公共利益或者他人的合法权益。禁止投标人以向招标人或者评标委员会成员行贿的手段谋取中标。第三十三条规定,投标人不得以低于成本的报价竞标,也不得以他人名义投标或者以其他方式弄虚作假,骗取中标。

1. 禁止投标人相互串通投标

(1)有下列情形之一的,属于投标人相互串通投标:
①投标人之间协商投标报价等投标文件的实质性内容。
②投标人之间约定中标人。
③投标人之间约定部分投标人放弃投标或者中标。
④属于同一集团、协会、商会等组织成员的投标人按照该组织要求协同投标。
⑤投标人之间为谋取中标或排斥特定投标人而采取的其他联合行动。
(2)有下列情形之一的,视为投标人相互串通投标:
①不同投标人的投标文件由同一单位或者个人编制。
②不同投标人委托同一单位或者个人办理投标事宜。
③不同投标人的投标文件载明的项目管理成员为同一人。

串标投标的简介

④不同投标人的投标文件异常一致或者投标报价呈规律性差异。
⑤不同投标人的投标文件相互混装。
⑥不同投标人的投标保证金从同一单位或者个人的账户转出。

2. 禁止招标人与投标人串通投标

有下列情形之一的,属于招标人与投标人串通投标:
(1)招标人在开标前开启投标文件并将有关信息泄露给其他投标人。
(2)招标人直接或者间接向投标人泄露标底、评标委员会成员等信息。
(3)招标人明示或者暗示投标人压低或者抬高投标报价。
(4)招标人授意投标人撤换、修改投标文件。
(5)招标人明示或者暗示投标人为特定投标人中标提供方便。
(6)招标人与投标人为谋求特定投标人中标而采取的其他串通行为。

3. 不得以他人名义投标或者以其他方式弄虚作假骗标

(1)以他人名义投标

投标人通过受让或者租借等方式获取的资格、资质证书投标的,属于以他人名义投标。

(2)以其他方式弄虚作假

投标人有下列情形之一的,属于以其他方式弄虚作假的行为:
①使用伪造、变造的许可证件。
②提供虚假的财务状况或者业绩。
③提供虚假的项目负责人或者主要技术人员简历、劳动关系证明。
④提供虚假的信用状况。
⑤其他弄虚作假的行为。

引例 4-1

【背景资料 1】

2019 年 6 月,某市公共资源交易中心官网一次性发布"36 份行政处罚决定书"。这 36 家施工单位,在 2017 年 7 月 19 日开标的某镇政府驻地建成区整治一期工程招投标活动中,与其他投标人串通投标。最终,每家单位被处罚招标项目合同金额(¥3351919.48 元)10‰,即人民币叁万叁仟伍佰壹拾玖元整(¥33519.00 元)。

【背景资料 2】

2019 年 4 月,某市审计局对两段公路工程进行审计过程中,发现串通投标嫌疑,移交线索给公安机关侦查,进而案发。该案涉案人员共有 21 人,企业、私人资金账户 58 个,涉事企业 53 家,涉案金额达 1.37 亿元。8 月 15 日,该案嫌疑人罗某、何某等 5 人因涉嫌串通投标罪被移送至县人民检察院审查起诉。据了解,此次投标共有 53 家企业参与投标,通过查看标书外观,侦查人员发现有 5 家投标企业的标书做工粗糙,该 5 家公司的标书关键部分雷同,为同一人制作。

【背景资料 3】

2020 年 1 月,某市"某村道路改造提升工程 B 标段"开标。其中 6 家企业因软硬件信息明细中的计价软件加密锁序列号相同和计算机硬件信息(网卡 MAC 地址、CPU 序列号、硬盘序列号)相同,被认定为投标文件雷同,被否决投标,114万元的投标保证金不予退还。

【背景资料4】

2020年8月,某市公共资源交易中心连续发布了10则通报,10家企业因"投标企业定额套项组价高度雷同",被认定为属于"串通投标"。总计没收184.4万元保证金,并对10家企业各记不良行为记录一次,禁止其1年内参与当地招投标活动。

【问题】

1. 什么情况视为投标人相互串通投标?
2. 通过以上案例,对你有何启示?

【专家评析】

1.《招标投标法实施条例》第三十九条和第四十条明确了投标人串标的11种情形。

(1)有下列情形之一的,属于投标人相互串通投标:

①投标人之间协商投标报价等投标文件的实质性内容。

②投标人之间约定中标人。

③投标人之间约定部分投标人放弃投标或者中标。

④属于同一集团、协会、商会等组织成员的投标人按照该组织要求协同投标。

⑤投标人之间为谋取中标或者排斥特定投标人而采取的其他联合行动。

(2)有下列情形之一的,视为投标人相互串通投标:

①不同投标人的投标文件由同一单位或者个人编制。

②不同投标人委托同一单位或者个人办理投标事宜。

③不同投标人的投标文件载明的项目管理成员为同一人。

④不同投标人的投标文件异常一致或者投标报价呈规律性差异。

⑤不同投标人的投标文件相互混装。

⑥不同投标人的投标保证金从同一单位或者个人的账户转出。

2. 启示:串标是指投标单位之间或投标单位与招标单位之间相互串通,骗取中标,严重伤害了其他投标人的合法权益,串标实质上是一种无序竞争、恶意竞争行为,它扰乱了正常的招投标秩序,妨碍了竞争机制应有功能的充分发挥,破坏了建设市场的正常管理和诚信环境,严重影响到招投标的公正性和严肃性。各投标人应严格遵守国家相关法律法规,如出现串标行为,会被相关政府监管部门公告,被招标人列入禁止交易对象;构成犯罪的,将被追究刑事责任。

三、投标的基本程序

投标与招标一样有其自身的运行规律,有着与招标相适应的程序。投标人要想获得投标的成功,首先要掌握投标的程序及其主要工作,从而在投标过程中依据程序步骤及相应的工作内容采取相应的对策。

公路工程施工投标的基本程序主要分为:投标准备阶段、投标具体工作阶段和中标签订合同阶段三大阶段。

公路工程施工投标的基本程序,如图4-1所示。

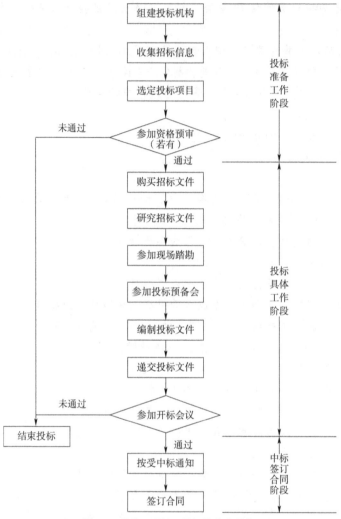

图 4-1 公路工程施工投标的基本程序

四、投标的工作内容

1. 投标准备工作阶段

(1) 组建投标机构。

(2) 收集招标信息。

(3) 选定投标项目。根据招标公告或招标单位的邀请,筛选投标的有关标段,分析招标信息,选择适合本企业承包的工程参加投标。

(4) 参加资格预审。向招标人提交资格预审申请书的同时,还应附上本企业营业执照以及承包工程的资格证明文件、企业简介、技术人员状况、历年施工业绩、施工机械装备等资料。

2. 投标具体工作阶段

(1) 购买招标文件。经招标人投标资格预审合格后,向招标单位购买招标文件及资料。

(2) 研究招标文件。研究招标文件合同要求、技术规范、图纸和工程量清单,了解合同特点和技术要点,制订出初步施工方案,提出现场踏勘提纲和准备向业主提出的疑问。

(3)进行现场踏勘。认真了解施工现场环境、资源情况,并做好详细记录,为投标文件的编制,特别是报价文件、技术标书的编制,以及标前答疑打下基础。

(4)参加投标预备会。参加招标人召开的投标预备会会议,根据现场情况和对招标文件研究的情况,提出自己的问题、倾听招标人解答各单位答疑。

(5)编制和递交招标文件。在认真踏勘现场及调查研究的基础上,修改原有施工方案,落实和制定出切实可行的施工组织设计,编制好技术标书;在工程所在地材料单价、运输条件、运距长短的基础上,编制出切实可靠的材料单价,进行成本分析,编制成本预算,然后根据投标环境分析和制定的投标策略计算并确定标价,编制好报价文件;填好合同文件所规定的各种表格、文书以及相应附件资料,编制好商务标书。将以上文件资料合成三部分标书,统一编码,盖好印鉴密封,在规定的时间内送到招标人指定的地点。

(6)参加开标会。参加招标人召开的开标会议,并做好相应记录;做好澄清准备,随时准备答复招标人要求补充的资料或需进一步澄清的问题。

3. 中标签订合同阶段

(1)接受中标通知。随时准备答复招标人要求补充的资料或需进一步澄清的问题。

(2)签订合同。如果中标,与招标人一起依据招标文件规定的时间和要求签订承包合同,并递交银行履约保函。

引例 4-2

【背景资料】

施工企业 A 受到某省行业主管部门通报,禁止其在本省本行业内参与投标,有效期为 2018 年 8 月 1 日至 2019 年 8 月 1 日。该省项目一在 2019 年 7 月 10 日发出招标公告,报名截止日期为 2019 年 7 月 16 日,投标截止日期为 2019 年 8 月 10 日。该省项目二在 2019 年 7 月 29 日发出招标公告,报名截止日期为 2019 年 8 月 4 日,投标截止日期为 2019 年 8 月 13 日。

【问题】

施工企业 A 参与这两个项目的投标,是否具备合法性?为什么?

【专家评析】

施工企业 A 参与项目一不具备合法性。因为到报名截止日前施工企业 A 仍然在禁止有效期内。施工企业 A 参与项目二具备合法性。因为施工企业 A 可以在 2019 年 8 月 2 日去报名,过了禁止有效期,招标人应接受施工企业 A 的报名。

子任务 2　公路工程施工投标前期的准备工作

公路工程施工投标前期的准备工作主要有组建投标机构、获取招标信息、选择招标项目、接受资格审查四项内容。

一、组建投标机构

公路工程施工投标
前期准备工作

投标工作是一项技术很强、重要且经常性的工作,涉及投标人的经营决策、施工组织、人员派遣、设备安排、成本计划及资金投入等一系列问题,需要领导层及时作出决策。因此,投标工作的开展离不开一个强有力的投标机构。

投标机构的人员主要包括:

(1)主管领导,一般由企业经理或业务副经理担任。

主要职责:领导投标工作,以便于企业领导之间密切联系,最终决定是否投标与否,对投标项目作出报价决策。

(2)经营部负责人,一般由经营部或业务开发部部长或副部长担任。

主要职责:具体负责投标组的日常工作安排,负责与招标人、合作单位、银行、公证部门等的联络或业务洽谈等。

(3)编制施工组织设计人员,一般由总工程师或者技术负责人以及公路工程施工各类技术人才组成。

主要职责:负责研究技术规范,编制施工组织设计,确定人员、材料、机械的需求量等;参与投标文件的包装、递送。

(4)编制商务文件工作人员,一般由办公室文秘、会计和档案资料员等组成。

主要职责:负责收集统计整理编制资格预审申请文件及其更新资料,开具商务文件;负责投标文件的汇编、包装和递交。

(5)编制工程投标报价人员,一般由合同预算部门主管、合约计量工程师和造价工程师等组成。

主要职责:具体负责研究投标人须知、合同条款;负责编制施工成本价和投标报价;负责投标项目竞争情况调研工作,提出报价的建议;参与投标文件的包装、递送。

二、获取招标信息

企业要想参与投标,获取招标信息是第一步,应该充分了解市场信息,早收集、早准备。获取招标信息的主要途径如下:

(1)通过有形建设市场、网络、广播电视新闻、广告,主动获取招标工程、国家重点项目、工程改扩建计划信息等。

《招标投标法》第十六条规定:"招标人采用公开招标方式的,应当发布招标公告。依法必须进行招标的项目的招标公告,应当通过国家指定的报刊、信息网络或者其他媒介发布。"例如,中国招标投标公共服务平台(http://www.cebpubservice.com)、全国公共资源交易平台(http://www.ggzy.gov.cn)等。

(2)提前跟踪信息,从项目源头掌握招标信息。承包人从工程立项就开始跟踪,并根据自身技术优势和工程经验为发包人提供合理化建议,加强与发包人的沟通和联系。

(3)搞好公共关系,多渠道获取信息。经常派业务人员深入政府有关部门、各建设单位有关部门、各咨询单位等代理机构以及与总承包人和业务往来单位等建立广泛联系,获取信息;

取得老客户信任,从而承接后续工程等。

三、选择招标项目

目前,通过投标竞争获取工程施工项目,已经成为我国公路工程施工企业生存的基本途径;国内外经常有公路工程施工项目进行招标,而且通常是几个项目同时招标。那么,如何选择投标项目,增加公路施工企业获取业务的机会,密切关系着企业的生存和发展。

投标人应当熟悉企业自身优缺点,对招标工程、招标人情况做深入调研和了解,注重招标信息分析,对投标与否作出决策。

1. 选择投标项目的注意事项

一般,投标人在选择投标项目过程中应当注意以下事项:

(1)实事求是、量力而行。既要根据本企业资质条件以及自身技术力量、机械设备、施工经验等方面的条件,又要考虑招标项目是否有可实现的利润,中标后能否保证工期和质量要求。

(2)发挥优势、扬长避短。选择适合发挥本企业优势的项目,避开本企业缺乏经验的项目。

(3)知己知彼、有的放矢。注意收集潜在竞争对手的技术经济信息和市场投标报价动向,考虑所投项目是否有一定竞争取胜的把握和机会。若胜算不大,不宜勉强投标,更不宜陪标。

(4)综合权衡、放眼长远。所投项目应尽量符合本企业长期经营战略、短期利益和长期利益相结合。确保重点项目,而不是中标项目越多越好,防止战线太长而顾此失彼。

2. 慎重选择或放弃投标的情形

通常情况下,当存在下列情形之一的招标项目,投标人要慎重选择或放弃投标:

(1)工程规模、技术要求超过本企业单位资质等级的项目。

(2)本企业单位业务范围之外的项目。

(3)项目所在地区经济和政治风险大的项目。

(4)本企业单位在技术等级、信誉、财务能力、技术水平、业绩等方面明显弱于潜在竞争对手参加的项目。

(5)本企业单位生产任务饱和,而招标工程项目难度大、风险大及盈利水平较低的项目。

四、接受资格审查

我国公开招标一般采取资格后审(在投标的同时附上资格材料);邀请招标则是对邀请单位直接发函,一般也采取资格后审。但是当招标文件要求资格预审时,投标人(潜在投标人,即申请人)在通过研究招标信息并决定对某项目进行投标后,首先应参加资格预审。资格预审是对潜在投标人(申请人)资格条件的认定过程。

1. 资格预审的意义

对于进行资格预审的招标项目,企业只有通过了建设单位主持的资格预审,才有资格参加投标竞争。当企业对拟投标工程的情况了解不全面、尚需进一步研究是否参加投标时,可通过资格预审文件得到有关资料,从而进一步决策是否参加该工程投标竞争;同时,可以在购买预审文件时了解到竞争对手,从而衡量自己在整个投标人中的竞争实力,避免盲目投标,减少费用损失。

2. 资格预审的程序

(1) 购买资格预审文件

根据资格预审公告规定的时间和地点,持单位介绍信和本人身份证或招标人指定的相关资料报名,并购买资格预审文件。

(2) 选择拟投标合同段

潜在投标人(申请人)需要根据招标人规定和企业自身实力,选择拟申请投标的合同段。潜在投标人(申请人)也可以参加多个标段资格预审,此时,潜在投标人(申请人)则必须分别购买相应标段的资格预审文件,并对每个标段单独递交资格预审申请文件。

(3) 选择拟投标形式和分包人

根据拟投合同段工程规模和难度以及本单位的能力和需要,在资格预审阶段,潜在投标人(申请人)必须对投标形式作出决策,即采用独立投标还是采用联合体方式投标。独立投标和联合体形式投标在资格预审时所需提供的材料要求不同。联合体方式投标,需要提供联合体各方的有关资格预审材料。另外,还需要决定是否分包,如分包要确定分包人及分包的部分工程,在资格预审申请文件中要提供关于分包的资料。

(4) 编制资格预审申请文件

取得资格预审文件后,潜在投标人(申请人)应仔细研读,组织经济、技术、文秘、会计等相关人员严格按照资格预审文件的投标人须知及相关要求不重不漏地完成资格预审申请文件的编制,真实、齐全地提供相应的证明材料。除了提供规定资料之外,还应尽可能提供反映本企业独特性的证明材料,以引起招标人注意、留下良好印象,为下一步投标竞争奠定基础。

(5) 资格预审申请文件的装订和递交

潜在投标人(申请人)应当按照资格预审文件要求进行装订、密封和标识,并且在资格预审公告规定的时间、地点递交资格预审申请文件。

3. 资格预审申请文件的组成

(1) 资格预审申请文件

资格预审申请文件应包括下列内容:

①资格预审申请函。
②授权委托书或法定代表人身份证明。
③联合体协议书。
④申请人基本情况。
⑤近年财务状况。
⑥近年完成的类似项目情况表。
⑦申请人的信誉情况表。
⑧拟委任的项目经理和项目总工资历表。
⑨拟投入本标段的主要设备表。
⑩其他资料(见申请人须知前附表)。

资格预申请文件的封面与目录可参考图4-2。

_____省（自治区、直辖市） _____（项目名称）_____标段施工招标 资格预审申请文件 申请人：_____（盖单位章） ____年____月____日	目　　录 一、资格预审申请函 二、授权委托书或法定代表人身份证明 三、联合体协议书 四、申请人基本情况 　　4-1　申请人基本情况表 　　4-2　申请人企业组织机构框图 五、近年财务状况 　　5-1　财务状况表 　　5-2　银行信贷证明 六、近年完成的类似项目情况表 七、申请人的信誉情况表 八、拟委任的项目经理和项目总工资历表 九、拟委任的其他管理和技术人员情况表 　　9-1　拟委任的其他管理和技术人员汇总表 　　9-2　拟委任的其他管理和技术人员资历表 十、拟投入本标段的主要设备表 　　10-1　拟投入本标段的主要施工机械表 　　10-2　拟配备本标段的主要材料试验、测量、质检仪器设备表 十一、其他资料

图4-2　资格预申请文件的封面与目录

资格预审申请文件的各类表格的格式，均已在第二章公路工程资格预审进行了详细展示，此处不再进行讲述；也可以直接参考《公路工程标准施工招标资格预审文件》（2018年版）的"第四章 资格预审申请文件格式"。

（2）资格预审申请证明材料

资格预审申请证明材料主要有以下四类：

①资质证明材料。例如，企业资质证书，拟派往工地的项目经理、总工、其他主要管理人员及其他主要技术人员的资格（资质）证书、职称证书、执业资格证书等。

②企业经济状况证明材料。它主要有企业银行信贷情况和企业近年财务状况。

③业绩证明材料。它包括已完成的类似工程项目的项目清单和相应证明材料。

④社会信誉方面的证明材料。它包括近期完成项目的工程质量奖、招标人好评证明材料以及其他必要的证明材料。

4. 资格预审申请文件编制的注意事项

资格预审时间通常很短，所要填报的资料的信息量大，潜在投标人（申请人）应该充分做好资格预审基础材料工作，建立企业资格预审资料信息库，并注意随时更新，才能做好投标资格预审工作。

投标资格预审基础资料的主要内容包括：

(1)企业法人营业执照复印件。
(2)施工资质证书副本(全本)复印件。
(3)安全生产许可证副本(全本)复印件。
(4)基本账户开户许可证复印件。
(5)公司简介包括公司概况表、公司组织机构框图、各类员工人数、企业资产、业绩台账及相应的图片。
(6)近5年经会计师事务所或审计机构审计的财务会计报表,包括资产负债表、现金流量表、利润表和财务情况说明书的复印件。
(7)近5年已交(竣)工项目的中标通知书(合同协议书)复印件,由发包人出具的公路工程(合同段)交工验收证书或由竣工验收委员会出具的公路工程竣工验收鉴定书或质量监督机构对各参建单位签发的工作综合评价等级证书的复印件,有关证明在建工程概况表(包括工程名称、规模、承包合同段、工期、投入施工人员等情况)。
(8)公司主要管理人员和技术人员的资历表,有关资质证明材料,如身份证、职称资格证书、执业资格证(建造师注册证书、安全生产考核合格证书、造价工程师等)的复印件。
(9)公司拥有主要施工机械、材料试验、测量、质检仪器设备概况表(包括名称、数量、型号、规格、额定功率、生产能力、购置年度、机械状况等)。
(10)合作单位(拟作为联合体成员或分包单位)的资质、公司概况、公司业绩、施工设备、财务能力以及主要管理人员资历表等有关资料和证件。

5. 资格预审申请文件的装订、签字、密封、标识与递交

(1)资格预审申请文件的装订、签字

编制完整的资格预审申请文件,用不褪色的材料书写或打印。资格预审申请文件格式中明确要求申请人法定代表人或其委托代理人签字之处,必须由相关人员亲笔签名,不得使用印章、签名章或其他电子制版签名代替;明确要求申请人加盖单位章之处,必须加盖单位章。其中,资格预审申请函及对资格预审申请文件的澄清和说明应加盖申请人单位章,或由申请人的法定代表人或其委托代理人签字。

以联合体形式申请资格预审的,资格预审申请文件由联合体牵头人的法定代表人或其委托代理人按上述规定签署并加盖联合体牵头人单位章。

资格预审申请文件中的任何改动之处都应加盖申请人单位章,或由申请人的法定代表人或其委托代理人签字确认。

(2)资格预审申请文件的密封、标识

资格预审申请文件的正本、副本及其电子版文件(如需要)应统一密封在一个封套中。封套应加贴封条,并在封套的封口处加盖申请人单位章或由申请人的法定代表人或其委托代理人签字。资格预审申请文件封套上应写明的内容见《公路工程标准施工资格预审文件》(2018年版)第二章申请人须知前附表4.1.2。未按要求密封的资格预审申请文件,招标人将予以拒收。

(3)资格预审申请文件的递交

申请人应按照"资格预审公告"的申请截止时间以及申请人递交资格预审申请文件的地点递交资格预审申请文件。逾期送达或未送达指定地点的资格预审申请文件,招标人将予以拒收。

引例 4-3

【背景资料】

某省国道主干线高速公路土建施工项目实行公开招标,根据项目的特点和要求,招标人提出了招标方案和工作计划。采用资格预审方式组织项目土建施工招标,招标过程中发生了下列事件:

事件1:7月1日(星期三)发布资格预审公告。公告载明,资格预审文件自7月2日起发售(周日为休息日,不安排值班),资格预审申请文件于7月22日下午16:00之前递交至招标人处。某投标人因从外地赶来,7月6日(星期一)上午上班时间前来购买预审文件,被告知已经停售。

事件2:资格审查过程中,资格审查委员会发现某省路桥总公司提供的业绩证明材料部分是其下属第一工程有限公司业绩证明材料,且其下属的第一工程有限公司具有独立法人资格和相关资质。考虑到同属于一个大单位,资格审查委员会认可了其下属公司业绩为其业绩。

事件3:投标邀请书向所有通过资格预审的申请单位发出,投标人在规定时间内购买了招标文件。按照招标文件要求,投标人须在投标截止时间5日前提交投标保证金,因为项目较大,要求每个标段交100万元投标保证金。

【问题】

1. 请问所有事件中有哪些不妥当,请逐一说明。
2. 请问资格预审申请过程中,投标人应准备哪些资格预审证明材料?

【专家评析】

1. 事件1不妥。《公路工程标准施工招标资格预审文件》(2018年版)第一章资格预审公告规定:资格预审文件的发售时间不得少于5日,自资格预审文件出售之日起至停止出售之日止,最低不得少于5日。本案中,7月2日(星期四)开始出售资格预审文件,按照最短5日,7月5日为休息日,不安排值班,所以,顺延到工作日,因此最早停售日期应是7月7日(星期二)。

事件2不妥。《招标投标法》第二十五条规定,投标人是响应招标参加投标竞争的法人或者其他组织。本案中,投标人或是以总公司法人的名义投标,或是以具有法人资格的子公司的名义投标。法人总公司或具有法人资格的子公司投标,只能以自己的名义、自己的资质、自己的业绩投标,不能相互借用资质和业绩。

事件3不妥。投标保证金从性质上属于投标文件,在投标截止时间前都可以提交。本案招标文件约定在投标截止时间5日前提交投标保证金不妥,其行为侵犯了投标人权益。

2. 资格预审申请证明材料主要有四类:

①资质证明材料。例如,企业资质证书,拟派往工地的项目经理、总工、其他主要管理人员及其他主要技术人员的资格(资质)证书、职称证书、执业资格证书等。

②企业经济状况证明材料。它主要有企业银行信贷情况和企业近年财务状况。

③业绩证明材料。它包括已完成的类似工程项目的项目清单和相应证明材料。

④社会信誉方面的证明材料。它包括近期完成项目的工程质量奖、招标人好评证明材料以及其他必要的证明材料。

子任务 3　招标文件的购买与研究、现场踏勘与投标预备会

一、招标文件的购买与研究

1. 招标文件的购买

投标的具体工作内容——招标文件的购买与研究

一般投标人在接到招标人的资格预审合格通知书或投标邀请书后，就表明已经具备并获得了参加该项目投标的资格。如果决定参加投标，就要及时根据"资格预审合格通知书"或"投标邀请书"中载明的招标文件的发售地点、时间、价格和其他相关资料的要求，及时购买招标文件。

2. 招标文件的研究

招标文件是投标人了解拟建工程项目情况的重要资料，也是投标和报价的主要依据。如果投标人没有按照招标文件要求提交全部资料，或者没有对招标文件在各方面都做出实质性响应的投标将被否决或拒收。因此，在购买招标文件后，投标负责人不可着急安排编制投标文件，首先要认真通读招标文件，了解并分析招标文件的相关条款和要求，字斟句酌地研究招标文件的相关内容，尤其要注意以下四个方面。

（1）投标人须知

投标人须知是招标文件的重要组成部分，详细说明了以下方面：

①投标资质、能力、信誉等条件要求：若招标项目为资格后审，购买招标文件后，投标人首先要着重注意招标文件是否设了某些资格条件的特殊条款，再确定是否继续参与投标。因为投标"门槛"在招标公告并不完全，如招标人在业绩上要求投标人必须有几个业绩，同时项目经理也需要同类业绩；要求投标人注册资金在多少金额以上或者要求企业资产负债率最低要求等。

②工程质量工期、安全等目标：这些招标文件已明确的目标，在我们填写投标函和编制施工组织设计等文件中必须作出符合性的响应。

③投标保证金：汇入时间，是否需从基本账户汇出，汇出完后是否需要去招标方换取相关收据，保证金有效期要求，采用保函时开具保函的银行等级要求。

④履约担保：采用形式、金额及相关要求等。

⑤签字、盖章及密封要求：这个环节虽简单但却失误最多，在开标现场检查签字、盖章和密封情况时，经常会出现个别投标单位出现漏盖公章或者漏签字的情况而导致废标。

⑥评标办法与标准：在投标人须知中，还应特别注意招标人评标的方法和标准、授予合同的条件等，便于投标人有针对性投标。投标一旦偏离或者不完整，就有可能导致废标。

（2）合同条款

平时，投标人员应多看、多熟悉、多研究通用合同条款。

在投标阶段,则应着重研究专用合同条款,因为它是由招标人针对本项目、对通用合同条款起补充作用而制定的,体现了本地区本项目的特点。尤其要注意核准相关日期、付款条件、保证金、争议解决、结算办理、价款调整、权责条款等。

(3)招标图纸和参考资料

招标图纸是招标文件和合同的重要组成部分,是投标人在拟订施工组织方案、确定施工方法、计算投标报价必不可少的资料。在投标时,投标人应严格按招标图纸和工程量清单计算标价。

对于招标提供的水文、气象等参考资料,投标人应根据上述资料作出自己的分析和判断,据此拟订施工方案,确定施工方法,提出投标报价,业主和监理工程师对这类分析和判断概不负责。

(4)技术规范和工程量清单

投标人主要通过技术规范了解工程项目的技术标准和具体要求,作为指定施工方案和编制投标报价的依据。同时,投标人要对比分析工程量清单中开列的项目,核实工程量,为制定投标策略寻找依据。对于技术规范规定的工作内容,如果工程量清单中未开列出来或未明文包含的,则要在所列项目中计算进去,否则将成为漏项。如有不明确之处,则可在投标预备会议向业主提出澄清,尤其要特别注意工程量清单所列内容含混的项目。

二、现场踏勘

现场踏勘是指招标人组织潜在投标人(申请人)对工程现场和周围环境等客观条件进行的现场勘察。它是投标人在投标阶段必须开展的重要工作。

现场踏勘及标前会议

1. 现场踏勘的时间、地点

《公路工程标准施工招标文件》(2018年版)1.9 踏勘现场 1.9.1 指出:第一章"招标公告"或"投标邀请书"规定组织踏勘现场的,招标人按规定的时间、地点组织投标人踏勘项目现场。同时,部分投标人未按时参加踏勘现场的,不影响踏勘现场的正常进行。但是,招标人不得组织单个或部分投标人踏勘项目现场。

因此,潜在投标人(申请人)不一定必须参加现场踏勘。也并非所有的招标项目,招标人都有必要组织潜在投标人(申请人)进行实地勘查,对于采购对象比较明确(如货物招标),往往就没有必要进行现场查勘。

2. 现场踏勘的主要内容

《公路工程标准施工招标文件》(2018年版)1.9 踏勘现场 1.9.4 指出:招标人应主动向潜在投标人(申请人)介绍所有现场的有关情况。潜在投标人(申请人)对影响供货或者承包项目的现场条件进行全面考察,包括经济、地理、地质、气候、法律环境等情况。

因此,潜在投标人(申请人)在现场踏勘之前,应事先拟定好现场踏勘的提纲和疑点,设计好调查表格,做到有准备、有计划地进行现场踏勘,其主要内容如下。

(1)地理地貌及气象条件

①项目所在地及附近地形地貌与设计图纸是否相符。

②项目所在地的河流水深、地下水情况、水质等。

③项目所在地近20年的气象,如最高气温、最低气温、每月雨量、雨日、冰冻深度、降雪量、冬季时间、风向、风速、台风等情况。

④当地特大风、雨、雪、地震灾害情况。

(2) 自然资源与市场情况

①工程所需各种材料,当地市场供应数量、质量、规格、性能是否满足工程要求以及其价格情况。

②当地借土地点、数量、单价、运距。

③当地各种运输、装卸以及汽柴油价格。

④当地主副食供应情况和近3~5年物价上涨率。

⑤保险费、税费情况。

(3) 工程施工条件

①工程所需建筑材料的料源及分布地。

②场内外交通运输条件,现场周围道路桥梁通过能力、便道、便桥修建位置、长度、数量。

③施工供电、供水条件,外电架设的可能性(包括数量、架支线长度、费用等)。

④新建生产生活房屋的场地及租赁民房情况、租地单价。

⑤当地劳动力来源、技术水平及工资标准情况。

⑥当地施工机械租赁、修理能力、价格水平。

3. 现场踏勘的费用及责任承担

《公路工程标准施工招标文件》(2018年版)1.9 踏勘现场 1.9.2 和 1.9.3 指出:投标人踏勘现场发生的费用自理。除招标人的原因外,投标人自行负责在踏勘现场中所发生的人员伤亡和财产损失。

《公路工程标准施工招标文件》(2018年版)1.9 踏勘现场 1.9.5 指出:招标人提供的本合同工程的水文、地质、气象和料场分布、取土场、弃土场位置等参考资料,并不构成合同文件的组成部分,投标人应对自己就上述资料的解释、推论和应用负责,招标人不对投标人据此作出的判断和决策承担任何责任。

三、投标预备会

1. 投标预备会的目的与含义

在现场踏勘过程中或者标前调查过程中,投标人若发现招标人提供的参考资料与实际调查不符时,可以及时向招标人要求澄清答疑,以获取有用的信息并据此作出是否投标或投标策略以及投标报价。但是,鉴于投标人问题的随机性与重复性,招标人一一解答投标人的问题并不现实。因此,也就有了投标预备会。

投标预备会,也称招标文件交底会,在报送投标报价前由招标人第一章"招标公告"或"投标邀请书"规定的时间和地点召开的一次会议,以便澄清投标人提出的各种问题。一般由参加现场踏勘的投标人参加投标预备会。如果投标人不能参加投标预备会,可以委托其当地的代理人参加,也可以要求招标机构将投标预备会的记录寄给投标人。

2. 问题的送达与澄清

《公路工程标准施工招标文件》(2018年版)1.10 投标预备会指出:投标人应按"投标人须知前附表"规定的时间和形式将提出的问题送达招标人,以便招标人在会议期间澄清。

一般,投标预备会结束后,招标人应将其对投标人所提问题进行澄清和口头解答的会议记录加以整理,用书面补充通知(又称"补遗")的形式发给所有购买招标文件的投标人。补充文件作为招标文件的组成部分,具有同等的法律效力。补充文件应在投标截止日期前一段时间发出,以便让投标人有充足时间作出反应。当其与原招标文件有矛盾,应当说明以"补遗"文件为准。

3. 参加投标预备会的注意事项

在投标预备会期间,投标人一定要注意以下事项:
(1)招标文件中对投标者有利之处,不要轻易提请澄清。
(2)不轻易让竞争对手从投标人提出的问题中窥探出投标人的设想、施工方案。
(3)对含糊不清的重要合同条款,均可要求业主或招标人澄清解释。
(4)业主或招标人的澄清或答复,应以书面文件为准。

引例 4-4

【背景材料】

某工程招标文件中标明,距离施工现场 1km 处存在一个天然砂场,并且该砂可以免费取用。现场实地考察后承包人没有提出疑问,承包人在投标报价中没有考虑工程买砂的费用,只计算了取砂和运输费用。

由于承包人在现场踏勘时没有仔细了解天然砂场中砂的具体情况,中标后,在工程施工中准备使用该砂时,监理工程师认为该砂级配不符合工程施工要求而不允许在施工中使用,于是承包人只得自己另行购买符合要求的砂。

承包人以招标文件中标明现场有砂而投标报价中没有考虑为理由,要求业主补偿现在必需的购买砂的差价,监理工程师不同意承包人的补偿要求。

【问题】

监理工程师不同意承包人的补偿要求是否合法。

【专家评析】

监理工程师不同意承包人的补偿要求合法。《公路工程标准施工招标文件》(2018 年版)1.9 踏勘现场 1.9.5 指出:招标人提供的本合同工程的水文、地质、气象和料场分布、取土场、弃土场位置等参考资料,并不构成合同文件的组成部分,投标人应对自己就上述资料的解释、推论和应用负责,招标人不对投标人据此作出的判断和决策承担任何责任。

子任务 4　投标文件的编制

投标文件是指投标人编制的实质性响应招标文件要求的资料文本的统称。投标文件应对招标文件有关工期、投标有效期、质量要求、安全目标、技术标准和要求、招标范围等实质性内容作出响应。施工投标文件的编制是工程投标程序的关键环节。它既是投标人响应招标程度的标识,又是招标人评定投标人能否中标的依据。在编制投标文件时,需要投标人正确理解和认真研究招标文件中的全部内容,严格按照招标文件的要求进行填报,不得对招标文件进行修改,不得遗漏或回避招标文件中的问题,更不能提出任何附加条件。凡与招标文件的规定有重大不符合的投标文件,将按有关重大偏差的规定处理。

投标文件应按《公路工程标准施工招标文件》(2018年版)第九章"投标文件格式"进行编写,如有必要,可以增加附页,作为投标文件的组成部分。其中,投标函附录在满足招标文件实质性要求的基础上,可以提出比招标文件要求更有利于招标人的承诺。本节主要包括投标文件的组成、投标文件的编制要求、商务技术文件的编制、投标报价文件的编制四项内容。

一、投标文件的组成

投标文件一般由商务文件、技术文件、报价文件组成。其中,商务文件是指企业资质、营业执照、相关获奖证书、公司业绩证明等的相关文件,技术文件是指施工组织设计等为完成招标文件规定的工程所采取的各种技术措施文件,报价文件是指已标价工程量清单、投标函等显示投标报价部分的文件。

根据一阶段招标和两阶段招标,投标相对应地分为单信封投标和双信封投标。单信封投标是指投标人将投标报价、商务文件、技术文件一次性提交的投标方式。双信封投标是指招标文件规定按商务及技术文件以及报价文件两部分编制和提交投标文件的方式。双信封投标可以避免投标报价对评标委员会评价商务、技术投标文件产生影响,尽可能保证商务及技术文件评价的客观性,但是双信封程序相对比较复杂、时间较长,一般适合规模较大、技术比较复杂的工程项目。

《公路工程建设项目招标投标管理办法》第三十二条规定,投标人应当按照招标文件要求装订、密封投标文件,并按照招标文件规定的时间、地点和方式将投标文件送达招标人。公路工程勘察设计和施工监理招标的投标文件应当以双信封形式密封,第一信封内为商务文件和技术文件,第二信封内为报价文件。对公路工程施工招标,招标人采用资格预审方式进行招标且评标方法为技术评分最低标价法的,或者采用资格后审方式进行招标的,投标文件应当以双信封形式密封,第一信封内为商务文件和技术文件,第二信封内为报价文件。

《公路工程标准施工招标文件》(2018年版)则根据单信封投标和双信封投标形式分别给出了两种投标形式的投标文件内容组成,并给出了各组成内容的具体格式。

当采用单信封投标时,投标文件包含以下内容:
(1)投标函及投标函附录。
(2)授权委托书或法定代表人身份证明。
(3)联合体协议书。
(4)投标保证金。
(5)已标价工程量清单。
(6)施工组织设计。
(7)项目管理机构。
(8)拟分包项目情况表。
(9)资格审查资料(资格后审)。

(10)调价函及调价后的工程量清单(如有)。
(11)投标人须知前附表规定的其他资料。
当采用双信封投标时,投标文件包含以下内容:
第一个信封(商务及技术文件):
(1)投标函及投标函附录。
(2)授权委托书或法定代表人身份证明。
(3)联合体协议书。
(4)投标保证金。
(5)施工组织设计。
(6)项目管理机构。
(7)拟分包项目情况表。
(8)资格审查资料(资格后审)。
(9)投标人须知前附表规定的其他资料。
第二个信封(报价文件):
(1)调价函及调价后的工程量清单(如有)。
(2)投标函。
(3)已标价工程量清单。
(4)合同用款估算表。

另外,投标人在评标过程中作出的符合法律规定和招标文件规定的澄清确认,构成投标文件的组成部分。

二、投标文件的编制要求

在招投标过程中,投标人提交的每一份投标文件,都凝聚着投标决策者和众多专业人员的大量心血,况且财力、物力花费不少,因此几乎所有的投标人都十分珍惜每一次中标机会。但在具体招投标实践中,鉴于投标时间紧张,经常会有投标人屡战屡败,其投标甚至被作为"废标"处理,往往"乘兴而来、败兴而归",只因为忽视了系列投标文件的细节。所以,除了要对招标文件提出的实质性要求和条件作出响应外,还应该注重投标文件的质量要求、编制要求和注意事项。

投标文件的编制要求

1. 投标文件的质量特征

投标文件的质量特征可以概括为五个词汇:全面、适当、完整、有效、真实。全面是指招标文件要求提供的资料投标文件中都必须有;适当是指不符合招标文件要求的资料和招标文件不需要的资料一般不提供;完整是指投标文件提供的资料要完整,不漏不缺;有效是指投标文件提供的资料要能实质性响应招标文件;真实是指投标文件提供的资料不弄虚作假,真实可信。

2. 投标文件的编制要求

(1)响应招标,格式符合要求

投标人编制投标文件时必须使用招标文件提供的投标文件表格格式,但表格可以按同样格式扩展。投标保证金、履约保证金的方式,按招标文件有关条款的规定可以选择。投标人根据招标文件的要求和条件填写投标文件的空格时,凡要求填写的空格都必须填写,不得留空,否则,即被视为放弃意见。实质性的项目或数字(如工期、质量等级、价格等)未填写的,将被作为无效或作废的投标文件处理。将编制好的投标文件按规定的日期送交招标人,等待开标、定标。

(2)字迹清晰,签字盖章齐全

投标文件应使用不褪色的材料书写或打印。在投标文件格式中,明确要求投标人法定代表人或其委托代理人签字之处,必须由相关人员亲笔签名,不得使用印章、签名章或其他电子制版签名代替;明确要求投标人加盖单位章之处,必须加盖单位章。其中,投标函、调价函及对投标文件的澄清和说明应加盖投标人单位章,或由投标人的法定代表人或其委托代理人签字。以联合体形式参与投标的,投标文件由联合体牵头人的法定代表人或其委托代理人按上述规定签署并加盖联合体牵头人单位章。法定代表人授权委托书或法定代表人身份证明需由联合体牵头人按上述规定出具。

投标文件应尽量避免涂改、行间插字或删除。如果出现上述情况,改动之处应加盖单位章或由投标人的法定代表人或其授权的代理人签字确认。签字或盖章的其他要求见投标人须知前附表。

(3)装订规范,密封标识准确

投标文件正本一份,副本份数见投标人须知前附表。正本和副本的封面上应清楚地标记"正本"或"副本"的字样。当副本和正本不一致时,以正本为准。投标文件的正本与副本应分别装订成册(A4纸幅),并编制目录、逐页标注连续页码。

投标文件不得采用活页夹装订,否则,招标人对由于投标文件装订松散而造成的丢失或其他后果不承担任何责任。装订的其他要求见投标人须知前附表。

(4)反复核查,报价金额无误

报价文件编制要谨慎细致,反复核查。注重校核新旧投标文件,确保文件无误;工程量清单细目做到不重不漏,保证分项和汇总计算均无错误;填报投标报价文件应逐一核查投标函报价金额,确保报价金额的大写金额与报价数字一致。

三、商务及技术文件的编制

当采用双信封投标时,投标文件包含第一个信封(商务及技术文件)和第二个信封(报价文件)。本节以双信封形式讲解商务及技术文件的编制内容、格式要求、封面及主要内容。

图4-3为商务及技术文件的封面及目录。

1."投标函及投标函附录"的编制

投标函是投标文件的正式函件,应按招标人要求写明项目名称、总投标价、总工期和其他招标人要求的主要合同义务等。投标函附录是表格形式,应按招标文件项目专用合同条款数据表中约定的数据内容进行填写。投标函及投标函附录的具体编制格式,可参考图4-4和表4-1。

```
_____省（自治区、直辖市）


_____（项目名称）_____标段施工招标
```

目　录

一、投标函及投标函附录
二、授权委托书或法定代表人身份证明
三、联合体协议书
四、投标保证金
五、施工组织设计
六、项目管理机构
七、拟分包项目情况表
八、资格审查资料
九、其他资料

投 标 文 件
（商务及技术文件）

投标人：_____（盖单位章）
_____年_____月_____日

图 4-3　商务及技术文件的封面及目录

投标函

_____（招标人名称）：

1. 我方已仔细研究_____（项目名称）_____标段施工招标文件的全部内容（含补遗书第____号至第____号），在考察工程现场后，愿意以第二个信封（报价文件）中的投标总报价（或根据招标文件规定修正核实后确定的另一金额），按合同约定实施和完成承包工程，修补工程中的任何缺陷。

2. 我方承诺在招标文件规定的投标有效期内不撤销投标文件。

3. 工程质量：_____；安全目标：_____；工期：_____日历天。

4. 如我方中标，我方承诺：

(1) 在收到中标通知书后，在中标通知书规定的期限内与你方签订合同；

(2) 在签订合同时不向你方提出附加条件；

(3) 按照招标文件要求提交履约保证金；

(4) 在合同约定的期限内完成合同规定的全部义务；

(5) 在你方和我方进行合同谈判之前，我方将按照合同附件提出的最低要求填报派驻本标段的其他管理和技术人员及主要机械设备和试验检测设备，经你方审批后作为派驻本标段的项目管理机构主要人员和主要设备且不进行更换。如我方拟派驻的人员和设备不满足合同附件要求，你方有权取消我方中标资格。①

5. 我方在此声明，所递交的投标文件及有关资料内容完整、真实和准确，且不存在招标文件第二章"投标人须知"第1.4.3项和第1.4.4项规定的任何一种情形。

图　4-4

6. 在合同协议书正式签署生效之前,本投标函连同你方的中标通知书将构成我双方之间共同遵守的文件,对双方具有约束力。

7. _____(其他补充说明)。

投标人:_____(盖单位章)②

法定代表人或其委托代理人:_____(签字)

地　　址:_____

网　　址:_____

电　　话:_____

传　　真:_____

邮政编码:_____

_____年_____月_____日

注:①本条款不适用于已按资格预审文件或招标文件要求提供了其他管理和技术人员、主要机械设备和试验检测设备的项目。
②投标人仅须在投标函上加盖单位章,或由法定代表人或其委托代理人签字。

图 4-4　投标函格式示意图(商务及技术文件)

表 4-1 实例

投标函附录

表 4-1

序号	条款名称	合同条目号	约定内容	备注
1	缺陷责任期	1.1.4.5	自实际交工日期起计算_____年	
2	逾期交工违约金	11.5 (3)	_____元/天	
3	逾期交工违约金限额	11.5 (3)	____%签约合同价	
4	提前交工的奖金	11.6	_____元/天	
5	提前交工的奖金限额	11.6	____%签约合同价	
6	价格调整的差额计算	16.1.1	见价格指数和权重表	
7	开工预付款金额	17.2.1(1)	____%签约合同价	
8	材料、设备预付款比例	17.2.1(2)	_____等主要材料、设备单据所列费用的____%	
9	进度付款证书最低限额	17.3.3(1)	____%签约合同价或____万元	
10	逾期付款违约金的利率	17.3.3(2)	_____‰/天	
11	质量保证金金额	17.4.1	____%合同价格,若交工验收时承包人具备被招标项目所在地省级交通运输主管部门评定的最高信用等级,发包人给予____%合同价格质量保证金的优惠	
12	保修期	19.7 (1)	自实际交工日期起计算____年	

价格指数和权重表约定了价格调整计算时的基础数据。基本价格指数是指投标年份(送交投标书截止日期前28天的所在年份)的价格指数,计算时采用100。权重系数由业主根据标底资料测定确定范围,在招标文件发出前填写;投标人投标时在此范围内填写各因素的权重系数,合同实施期间将按此权重系数进行调价。价格指数和权重表的编制,可参考表4-2。

表4-2实例

价格指数和权重表 表4-2

名称		基本价格指数		权重			价格指数来源
		代号	指数值	代号	允许范围	投标人建议值	
定值部分				A			
变值部分	人工费	F_{01}		B_1	__至__		
	钢材	F_{02}		B_2	__至__		
	水泥	F_{03}		B_3	__至__		
	柴油	F_{04}		B_4	__至__		
	……	……		……	……		
合计						1.00	

2."授权委托书或法定代表人身份证明"的编制

法定代表人身份证明是投标单位法人的身份证明文件,其具体内容及编制格式如图4-5所示。法定代表人的签字必须是亲笔签名,不得使用印章、签名章或其他电子制版签名。

```
                    法定代表人身份证明
  投标人名称:_____
  姓名:_(法定代表人亲笔签字)_  性别:_____ 年龄:_____ 职务:_____ 系_____(投标
人名称)的法定代表人。
  特此证明。
  附:法定代表人身份证复印件。
                                    投标人:_____(盖单位章)
                                          _____年_____月_____日
```

图4-5 法定代表人身份证明格式

授权委托书是投标人委托有关单位或个人代表投标人参加投标活动的书面证明,其具体内容及编制格式如图4-6所示。法定代表人和委托代理人必须在授权书上亲笔签名,不得使用印章、签名章或其他电子制版签名。

如果由投标人的法定代表人亲自签署投标文件,则不需提交授权委托书,但需对法定代表人身份证明中法定代表人的签名、申请人的单位章的真实性进行公证。

3."联合体协议书"的编制

凡是采用联合体形式参与投标的,均应签署并提交联合体协议书。采用资格预审,且接受联合体形式参与投标的招标项目,当通过资格预审后递交投标文件时,投标人应在此提供资格预审申请文件中所附的联合体协议书复印件。

授权委托书

本人_____（姓名）系_____（投标人名称）法定代表人，现委托_____（姓名）为我方代理人。代理人根据授权，以我方名义签署、澄清确认、递交、撤回、修改_____（项目名称）_____标段施工投标文件、签订合同和处理有关事宜，其法律后果由我方承担。

委托期限：自本委托书签署之日起至投标有效期期满。

代理人无转委托权

附：法定代表人身份证复印件及委托代理人身份证复印件。

投标人：_____（盖单位章）
法定代表人：_____（签字）
身份证号码：_____
委托代理人：_____（签字）
身份证号码：_____
_____年_____月_____日

注：1. 法定代表人和委托代理人必须在授权委托书上亲笔签名，不得使用印章、签名章或其他电子制版签名代替；
2. 以联合体形式投标的，本授权委托书应由联合体牵头人的法定代表人按上述规定签署。

图 4-6　授权委托书格式

采用资格后审时，如项目接受联合体形式参与投标，则投标文件中应提交联合体协议书正本，其格式如图 4-7 所示。

联合体协议书

_____（所有成员单位名称）自愿组成_____（联合体名称）联合体，共同参加_____（项目名称）_____标段施工投标。现就联合体投标事宜订立如下协议。

1. _____（某成员单位名称）为_____（联合体名称）牵头人。
2. 联合体各成员授权牵头人代表联合体参加投标活动，签署文件，提交和接收相关的资料、信息及指示，进行合同谈判活动，负责合同实施阶段的组织和协调工作，以及处理与本招标项目有关的一切事宜。
3. 联合体牵头人在本项目中签署的一切文件和处理的一切事宜，联合体各成员均予以承认。联合体各成员将严格按照招标文件、投标文件和合同的要求全面履行义务，并向招标人承担连带责任。
4. 联合体各成员单位内部的职责分工如下：_____（牵头人名称）承担_____专业工程，占总工程量的_____%；_____（成员一名称）承担_____专业工程，占总工程量的_____%；……。
5. 投标工作和联合体在中标后工程实施过程中的有关费用按各自承担的工作量分摊。
6. 本协议书自所有成员单位法定代表人签字并加盖单位章之日起生效，合同履行完毕后自动失效。
7. 本协议书一式_____份，联合体成员和招标人各执一份。

联合体牵头人名称：_____（盖单位章）
法定代表人：_____（签字）

联合体成员名称：_____（盖单位章）
法定代表人：_____（签字）

联合体成员名称：_____（盖单位章）
法定代表人：_____（签字）
……
_____年_____月_____日

图 4-7　联合体协议书格式

联合体协议书中必须明确联合体成员的数量、成员内部的职责分工以及联合体牵头人的职权与义务,并且符合招标文件的相关要求。联合体协议中牵头人的职责、权利及义务包含:①编制本项目投标文件;②接收与本项目投标有关资料、信息及指示,并处理与之有关一切事务;③递交投标文件,进行合同谈判;④负责履行合同阶段的主办、组织和协调工作。

4."投标保证金"的编制

投标保证金是指投标人按照招标文件的要求向招标人出具的,以一定金额表示的投标责任担保,主要目的是防止投标人在投标文件有效期随意撤回投标或拒签正式合同协议或不提交履约担保等情况发生。投标人不按招标文件要求提交投标保证金的,其投标文件作废标处理。

投标保证金应采用现金、支票、银行保函或招标人在投标人须知前附表规定的其他形式提交:

(1)若采用现金或支票,则投标人应在递交投标文件截止时间之前,将投标保证金由投标人的基本账户转入招标人指定账户(见投标人须知前附表);投标人应在此提供汇款凭证的复印件。

(2)若采用银行保函形式,则银行保函应由符合投标人须知前附表规定级别的银行开具,并采用招标文件提供的格式,具体如图4-8所示;银行保函复印件装订在投标文件内,原件应在递交投标文件截止时间之前单独密封递交给招标人。

```
                          投标保证金
_____(招标人名称):
    鉴于_____(投标人名称)(以下称"投标人")于_____年_____月_____日参加
_____(项目名称)_____标段施工的投标,_____(担保人名称,以下简称"我方")无条件地、不可
撤销地保证:若投标人在投标有效期内撤销投标文件,中标后无正当理由不与招标人订立合同,在签订合同时向招标人
提出附加条件,不按照招标文件要求提交履约保证金,或发生招标文件明确规定可以不予退还投标保证金的其他情形,
我方承担保证责任。收到你方书面通知后,我方在7日内向你方无条件支付人民币(大写)_____元。
    本保函在投标有效期或经延长的投标有效期内保持有效。要求我方承担保证责任的通知应在上述期限内送达我
方。你方延长投标有效期的决定,应通知我方。

                                       担保人名称:_____(盖单位章)
                                       法定代表人或其委托代理人:_____(签字)
                                       地      址:_____
                                       邮政编码:_____
                                       电      话:_____
                                       传      真:_____
                                                _____年_____月_____日
```

图4-8 投标保证金(银行保函)格式

5."施工组织设计"的编制

投标阶段的施工组织设计,又称为初步施工组织计划或竞标性施工组织设计。它既是投标人编制工程造价(投标报价)和指导工程施工的重要依据,也是投标文件的重要组成部分及招标评标的重要内容之一;它是指导拟建工程施工全过程各项活动的技术、经济和组织的综合性文件;它是对拟建项目在时间、空间、人力、物力、技术和组织等方面所做的全面合理的组织

预安排，以期达到耗工少、工期短、质量高和造价低的最优效果。

(1) 编制依据

①国家现行的有关施工技术规范、试验规程、公路工程定额及地方性相关文件规定。
②设计图纸，已复核的工程数量、图表资料。
③施工现场调查报告或资料。
④招标人对工程项目计划工期、质量、劳动力、机械设备、环境保护、安全等要求。
⑤招标人对工程项目施工组织设计的技术要求。
⑥市场经济动态信息资料。
⑦施工队伍素质、施工经验和技术装备水平。

(2) 编制原则

①合理安排工程的总体施工进度。
②充分利用时间和空间，合理安排施工顺序。
③合理部署施工现场，实现安全文明施工。
④控制性工程应采用国内外先进的施工技术和工艺，尽可能缩短工期。
⑤提出具有针对性、切实可行的质量、工期、安全、环保等保证措施。

(3) 编制程序

①熟悉、审查图纸，进行施工现场调查研究。
②确定或计算工程量。
③制订施工方案。
④编制工程进度计划和资源调配计划。
⑤规划施工现场并绘制施工平面图。
⑥制定安全、质量保证等相关体系及措施。

(4) 编制内容及格式

投标人在详细研究招标文件，考察施工现场并准备和掌握足够的基础资料、信息后，即可编制施工组织设计文件。施工组织设计格式如图4-9所示。

(5) 编制注意事项

编制施工组织设计是一项要求严格、步骤烦琐、量大面广的工作，为编制出科学、合理的施工组织设计，应注意以下事项。

①针对性

在评标过程中，常常发现投标人为了使标书内容充实，以体现投标人的水平，把技术标做得很厚。其中的内容往往都是对规范标准的成篇引用，或对其他项目标书的成篇抄袭，使投标文件毫无针对性。该有的内容没有，无须有的内容却充斥标书，这样的投标文件易引起评标专家的反感，导致技术标部分得分较低。

②全面性

如前面评标办法介绍的，对技术标的评分标准一般分为许多项目，这些项目都分别被赋予一定的评分分值。这就意味着，这些项目不能发生缺项，一旦发生缺项，该项目就可能被评为零分，这样中标概率将会大大降低。

另外，对一般项目而言，评标的时间往往有限，评标专家没有时间对技术标深入分析，因此,只要有关内容齐全,且无明显的错误,技术标部分一般扣分较少。所以,对一般工程而言,技术标部分的全面比内容的深入、细致更重要。

施工组织设计
（适用于技术评分最低标价法和综合评分法）

1. 投标人应按以下要点编制施工组织设计（文字宜精练、内容具有针对性）：
（1）总体施工组织布置及规划
（2）主要工程项目的施工方案、方法与技术措施（尤其对重点、关键和难点工程的施工方案、方法及措施）
（3）工期的保证体系及保证措施
（4）工程质量管理体系及保证措施
（5）安全生产管理体系及保证措施
（6）环境保护、水土保持保证体系及保证措施
（7）文明施工、文物保护保证体系及保证措施
（8）项目风险预测与防范,事故应急预案
（9）其他应说明的事项

2. 施工组织设计（除采用文字表述外可附图表,图表及格式要求附后）。
附表一　施工总体计划表
附表二　分项工程进度率计划(斜率图)
附表三　工程管理曲线
附表四　分项工程生产率和施工周期表
附表五　施工总平面图
附表六　劳动力计划表
附表七　临时占地计划表
附表八　外供电力需求计划表
附表九　合同用款估算表

图 4-9　施工组织设计格式

③先进性

技术标部分应尽量使用最新施工工艺。没有技术亮点,没有特别吸引招标人的技术方案,一般得分较低。因此,投标文件编制时,投标人应仔细分析招标文件,采用先进的技术、设备、材料或工艺,使投标文件有更多的亮点。

④可行性

技术标的内容为指导施工实施,因此,技术标应有较强的可行性。为了凸显技术标的先进性,盲目提出不切实际的施工方案、设备计划,都会给今后具体实施带来困难,甚至导致建设单位或监理工程师提出违约指控。

⑤经济性

投标人参加投标承揽业务的最终目的是获取最大的经济利益,而施工方案的经济性直接关系到投标人的效益,因此必须谨慎考虑。另外,施工方案是投标报价的一个重要影响因素。因此,制订经济合理的施工方案,能降低投标报价,使报价更具竞争力。

知识链接：竞标性施工组织设计案例（扫描封面二维码）。

6. "项目管理机构"的编制

项目管理机构是投标人拟为承包本标段工程设立的组织机构,一般以框图的方式表示,反

映投标人的机构管理情况,如图4-10所示。项目管理机构应按精干高效、便于管理和控制的原则设置,还应考虑与业主的协调配合,保证投标人与业主沟通的顺畅、部门机构的有效对接。

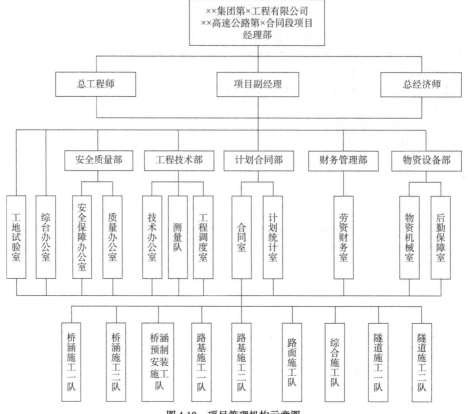

图4-10 项目管理机构示意图

注:根据本工程的特点、工程量和工期要求,结合我单位工程项目管理经验,如果我单位中标,拟组建××集团第×工程有限公司××高速公路第×标段项目经理部,实行项目经理负责制,项目经理全面负责本标段的施工组织和管理,项目部设安全质量部、工程技术部、物资设备部、计划合同部、财务管理部、综合办公室和工地试验室(五部二室),下辖两个路基施工队、两个桥涵施工队、一个预制安装施工队、两个隧道施工队、一个综合施工队、一个路面施工队。

投标人应根据工程的规模和特点、工程量以及工期要求,结合企业自身工程项目管理经验和企业实际来编制并组建,主要有直线式、职能式、矩阵式等多种组织结构模式。

(1)直线式项目管理机构。每一个工作部门只能对其直接的下属部门下达工作指令,每一个工作部门也只有一个直接的上级部门。因此,每个工作部门只有唯一的指令源,避免矛盾指令影响组织系统的运行。这种模式适合于技术简单、专业单一的中小型项目或可以划分为若干个相对独立子项的大中型项目的分级管理。

(2)职能式项目管理机构。根据专业特长进行专业化分工和人才资源配置,设置不同的职能部门。优点:利于发挥专业技术人员的专业特长;缺点:每一个职能部门可根据它的管理职能对其直接和非直接的下属工作部门下达工作指令,使得每一个工作部门可能得到其直接和非直接的上级工作部门下达的工作指令,造成多头命令且责任不清,指令可能互相矛盾,协调困难。

(3)矩阵式项目管理机构。将专业职能和项目职能有机结合起来,发挥专业职能部门纵向优势和项目组织的横向优势,形成了一种纵向职能部门和横向项目机构相交叉的"矩阵"型组织形式。该模式适用于现代化大型复杂项目或多个项目同时进行的项目管理。

7."拟分包项目情况表"的编制

如果投标人拟在中标后将中标项目的部分非主体、非关键性工作进行分包的,应符合投标人须知前附表规定的分包内容、分包金额和接受分包的第三人资质要求等限制性条件。同时,应按要求填写"拟分包项目情况表"(表4-3),写明分包人以往做过的类似工程,包括工程名称、地点、造价、工期、交工年份和其发包人与总监理工程师的姓名和地址。若无分包人,则投标人填写"无"即可。

拟分包项目情况表 表4-3

分包人名称		地址	
法定代表人		电话	
营业执照号码		资质等级	
拟分包的工程项目	主要内容	预计造价(万元)	已经做过的类似工程
分包值合计(万元)			

投标人选择分包要以有利于风险共担和优势互补为原则,分包工程量一般不超过合同工程量的30%。

8."资格审查资料"的编制

资格审查一般分为资格预审和资格后审。

已进行资格预审的投标人在此项目资格预审通过至今,资格审查资料的编制主要分为两种情况:

(1)在资质条件、能力、信誉等方面均未发生更新,仍能满足资格预审文件的要求,则直接说明"无更新和补充"即可。

(2)存在资质条件、能力、信誉等方面情况更新,则投标人应按通过资格预审后的新情况及招标文件"投标人须知"第3.5.1款的规定对资格预审材料进行更新或补充,表格格式同资格预审文件规定。

投标人资格审查资料一般主要更新包含:①资格预审之后新承包的工程名称、规模、进展程度和工程质量;②资格预审后新交工的工程及评定的质量等级;③最近的仲裁或诉讼介入情况等资料。

如果投标人在送交投标文件时,其财务状况发生变化,或发生重大安全或质量事故,或发生法人合法变更或重组,或由于其他任何情况,导致投标人不能满足资格预审的各项条件时,投标人必须在其投标文件中对上述情况进行如实说明。否则,招标人一经查实,将视为投标人弄虚作假,其投标文件按废标处理。

资格后审应按工作任务二"公路工程资格预审文件的编制"中的要求内容进行编制,主要有以下 10 种相关表格需要填写:

(1) 投标人基本情况表。
(2) 投标人企业组织机构框图。
(3) 近年财务状况。
(4) 近年完成的类似项目情况表。
(5) 投标人的信誉情况表。
(6) 拟委任的项目经理和项目总工资历表。
(7) 拟委任的其他管理和技术人员汇总表。
(8) 拟委任的其他管理和技术人员资历表。
(9) 拟投入本标段的主要施工机械表。
(10) 拟配备本标段的主要材料试验、测量、质检仪器设备表。

9. "投标人须知前附表规定的其他资料"的编制

如果没有其他材料则不用附材料,如果有则在此加以说明。

四、投标报价文件的编制

投标报价文件是投标文件中最重要的部分,既是招标人评标、定标的重要依据,也是投标人能否中标和中标后能否实现效益的基础。本节以双信封形式论述投标报价文件的编制内容以及格式要求。

编制投标价

投标报价文件的封面及目录如图 4-11 所示。

图 4-11 投标报价文件的封面及目录

1. 投标报价文件的内容及格式要求

(1)"调价函"的编制

招标人在招标文件中"投标人须知前附表"已经明确是否接受调价函方式报价。一般情况下,招标人不接受调价函,此时投标人无须填写调价函。如果招标人接受调价函,投标人则可以根据企业自身实际情况和投标竞争程度选择填写调价函。调价函格式如图4-12所示。同时,投标人还应注意招标文件中的调价函装订、签署、密封和构成内容的具体要求。

调价函

_____(招标人名称:)

经我方慎重研究,基于_____理由,在_____(项目名称)_____标段施工招标投标函报价人民币(大写)_____元(¥_____)的基础上进行调价,调价后金额为人民币(大写)_____元(¥_____),调价后金额为我方最终报价。

调价后的工程量清单[①]附后,否则调价无效。

投标人:_____(盖单位章)[②]

法定代表人或其委托代理人:_____(签字)

_____年_____月_____日

图4-12 调价函格式

注:①调价后的工程量清单包括工程量清单说明、投标报价说明、计日工说明、其他说明及工程量清单各项表格(工程量清单表5.1~表5.5)。

②投标人仅须在调价函上加盖单位章,或由法定代表人或其委托代理人签字。

(2)"投标函"的编制

投标函是投标文件的正式函件,应按招标人要求写明项目名称、总投标价、总工期和其他招标人要求的主要合同义务等。在双信封形式中,投标报价文件中"投标函"主要是明确总投标价,其内容及格式如图4-13所示。

(3)"已标价工程量清单"的编制

"已标价工程量清单"是投标文件的重要组成部分,是决定能否中标的主要依据,也是支付工程进度款和办理工程结算、调整工程量以及工程索赔的依据。它包括工程量清单说明、投标报价说明、计日工说明、其他说明及工程量清单各项表格。

投标人应按照《公路工程施工标准招标文件》(2018年版)第五章"工程量清单"的要求逐项填报工程量清单,包括工程量清单说明、投标报价说明、计日工说明、其他说明及工程量清单各项表格(工程量清单表5.1~表5.5),具体表格名称、内容及样式已在工作任务三公路工程施工招标文件的编制论述,在此不再详细展开。

现在招投标一般采用固化的工程量清单,招标人在出售招标文件的同时向投标人提供工程量固化清单电子文件(光盘或U盘),投标人填写工程量清单中的单价和总额价即可完成投标工程量清单的编制。

```
                                        投 标 函
         _____(招标人名称:)
     1. 我方已仔细研究_____(项目名称)_____标段施工招标文件的全部内容(含补遗书第
_____号至第_____号),在考察工程现场后,愿意以人民币(大写)_____元(¥_____)的
投标总报价(或根据招标文件规定修正核实后确定的另一金额,其中,增值税税率为_____,)按合同约定实施和
完成承包工程,修补工程中的任何缺陷。
     2. 在合同协议书正式签署生效之前,本投标函连同你方的中标通知书将构成我们双方之间共同遵守的文件,对双方
具有约束力。
     3. _____(其他补充说明)。


                                            投标人:_____(盖单位章)①

                                            法定代表人或其委托代理人:_____(签字)
                                            地址:_____
                                            网址:_____
                                            电话:_____
                                                 _____年_____月_____日
```

图 4-13 投标函格式(报价文件)

注:①投标人仅须在投标函上加盖单位章,或由法定代表人或其委托代理人签字。

投标人必须严格遵循工程量固化清单电子文件中的数据、格式以及运算定义,并将已填写完毕的投标工程量清单电子文件单独拷入招标人提供的光盘或 U 盘中,密封在投标文件正本内。严禁投标人修改工程量固化清单电子文件中的数据、格式以及运算定义。

工程量清单中的每一子目需填入单价或价格,而且只允许有一个报价。除非合同另有规定,工程量清单中有标价的单价和总额价均已包括了为实施和完成合同工程所需的劳务、材料、机械、质检(自检)、安装、缺陷修复、管理、保险、税费、利润等费用,以及合同明示或暗示的所有责任、义务和一般风险。工程量清单中,投标人没有填入单价或价格的子目,其费用视为已分摊在工程量清单中其他相关子目的单价或价格之中。承包人必须按监理人指令完成工程量清单中未填入单价或价格的子目,但不能得到结算与支付。

符合合同条款规定的全部费用应认为已被计入有标价的工程量清单所列各子目之中,未列子目不予计量的工作,其费用应视为已分摊在合同工程的有关子目的单价或总额价之中。承包人用于合同工程的各类装备的提供、运输、维护、拆卸、拼装等支付的费用,已包括在工程量清单的单价与总额价之中。

投标人根据招标人提供的工程量固化清单电子文件填报完成并打印的投标工程量清单中的投标报价和投标函大写金额报价应一致,如果报价金额出现差异时,则以投标函大写金额报价为准。

(4)"合同用款估算表"的编制

投标人可按工程进度估算并填写合同用款估算表,具体格式见表 4-4。用款额按所报单价和总额价估算,不包括价格调整和暂列金额、暂估价,但应考虑开工预付款的扣回以及签发

付款证书后到实际支付的时间间隔。

合同用款估算表　　　　　　　　　表4-4

从开工月算起的时间（月）	投标人的估算			
	分期		累计	
	金额(元)	占比(%)	金额(元)	占比(%)
第一次开工预付款				
1～3				
4～6				
7～9				
10～12				
13～15				
……				
……				
缺陷责任期				
小计		100.00		
投标价：				
说明				

2. 投标报价的编制

（1）投标报价的费用构成

我国建设工程造价实行"双轨制"计价管理办法：工程概预算的编制采用定额计价模式；工程招投标和结算阶段采用工程清单计价模式。工程清单计价模式是指在工程招投标中，按照国家统一的工程量计价规范，由招标人或委托的有资质的咨询机构编制的反映工程实体消耗和措施消耗的工程量清单，以作为招标文件的一部分供投标人参考填报各工程细目综合单价的方式。中标后，则与招标人签订单价合同。

项目的投标报价一般由施工成本、利润税金与风险金三部分组成。施工成本是指公路工程建设过程中产生的直接工程费、措施费、企业管理费、规费、专项费用等建设安装工程费。税金主要是国家统一征收的增值税。利润是根据项目的具体情况和公司的利润目标确定的。风险金是指在合同约定期，通过分析本项目中合同条款、施工条件、现场情况等由承包人承担风险的风险因素以及不可预见的风险情况而确定的不可预见费等，如公路工程主要材料价格上涨等。

（2）投标报价的编制依据

①招标文件与图纸。招标文件中的工程量清单、技术规范、计量细则等是填写投标报价的

基础。

②标前调查、现场踏勘收集的有关资料。它为施工单位确定计日工单价、施工辅助费用、临时设施费用等提供一定的依据。

③施工组织设计。施工组织设计,确定了施工顺序、施工方法及机械搭配选用等,直接决定了直接成本的多少。

④竞争对手的信息与资料。

⑤招标文件规定的各种标准与规范。例如,《公路工程预算定额》(JTG/T 3832—2018)、《公路工程机械台班费用定额》(JTG/T 3833—2018)、《公路工程基本建设项目概算预算编制办法》(JTG 3830—2018)以及地方政府制定的有关收费标准及补充定额等,是确定项目施工中人工、材料、机械的消耗量标准和人工、材料、机械单价以及各项费用的基本依据。

(3) 投标报价的编制步骤

①研究招标文件及现场踏勘收集的资料

招标文件作为合同文件的一个重要组成部分,对招投标责任、义务、利益、风险均作出了明确的规定,其中很多条款影响并左右着投标人的报价。因此,投标人在编制报价之前一定要认真研究招标文件中的技术规范及工程量清单说明和细目划分,将清单细目与清单说明及技术规范中的计量规则和计量方法两者对应起来,进行分析和理解,避免造成缺项、漏项或重复计算,使报价偏低或过高,从而影响中标概率。

②审核工程量清单、复核计算工程量

工程量清单是指招标单位按一定的原则将招标的工程进行合理分解,以明确工程的内容和范围,并将这些内容数量化的一套工程项目表。当招标文件有工程量清单时,投标人需要复核工程量;招标文件无工程量清单但规定了工程计量规则时,投标人则应按招标文件规定及图纸计算工程量。

复核工程量主要分为两方面:清单工程量所包含的数量和隐含的数量以及工程量清单之外的工程量(技术规范中计量规则规定应包括的其他施工辅助措施工程量,按施工组织设计的施工方案、施工工艺等造成的施工方案工程量,如桥梁预制台座、临时工程等的工程量等)。

如果复核后发现清单工程量数量与图纸数量不符,或有明显错误时,投标人应记录下来,在投标预备会前向招标人提出问题,澄清答疑,并按招标人发出的补遗书进行修改。若招标人对此问题不进行答疑,则仍按原工程数量报价。

复核工程量的作用:

a.促进投标人对技术规范中的计量支付规则做进一步的研究、理解,为分解工程量清单和套用定额做准备。

b.有助于投标人全面掌握各分项工程的数量和计量单位,便于更好地分析定额和确定报价。

c.有助于投标人发现工程量清单中的错漏,为制定报价策略和技巧提供依据。

③分析施工方案

投标竞争是比技术、比管理的竞争。技术和管理的先进性应充分体现在编制的施工组织设计中,以达到降低成本、缩短工期的目的。施工方案的不同,将会直接影响施工成本大小。所以,投标报价的编制必须细致地分析施工方案的施工方法、工艺流程及机械组合选择。

④计算工程量清单各细目单价与合价

投标人必须按招标人提供的工程量清单进行组价,并按综合单价的形式进行报价。投标人必须对清单项目进行分析与分解,确定每个清单价目的组价定额和定额工程量以及相关费率,从而确定各清单细目的合价与单价,最终,按"章"汇总形成各章的合计数。

工程量清单第100章~第700章,每个工程子目(分项工程)的合价=综合单价×工程量。例如,挖土方的合价=挖土方的综合单价×挖方总量。首先,根据施工组织的施工方法、工艺流程及机械组合选择进行定额套取及造价管理站定期发布的月度(季度)材料信息价单价得出直接工程费(人工费、材料费、机械使用费);其次,结合费率确定措施费、企业管理费、规费、利润、税金;最后,确定分项工程的合价和综合单价。

一般,投标人应建立企业自身的标准价格数据库,从库中抽取某综合单价,并对其调整使之符合拟投标工程的实际情况。

⑤汇总计算基础报价

结合招标文件规定的计日工数量与劳务市场调查确定的计日工单价计算计日工单价表,最终按照投标报价汇总表汇总各章金额,计算总标价即基础报价。

⑥策略技巧优化调整,确定最终报价

鉴于投标竞争的激烈度以及报价编制依据的一致性,所以投标报价要分析投标项目的整体特点,按照工程的类别、施工条件等确定投标价的策略与技巧,从而调整投标价,确定最终报价,增加中标概率。

(4)报价文件编制的注意事项

①在编制工程量清单报价时,投标人应将所有文件组合起来查阅与理解,不能孤立地片面理解。

②应按招标文件工程量清单编制说明的要求进行报价。

③计日工计价表,若无数量,单价可高报一些。

④单价分析表必须合情合理、有依有据,对不平衡报价项目的单价进行分析时,人工费、机械使用费等弹性项目可报得高一些,材料费等刚性项目则报得低(接近实际)一些。

⑤合同用款计划表,必须在考虑投标报价总金额、施工组织设计安排、投标人资金情况、类似项目的经验和招标人对资金使用的要求等综合因素后实事求是地合理估计。

⑥填制调价公式权重系数表和材料基期价格指数表,要充分理解合同条款,掌握大量有效的价格信息,再根据项目费用的实际构成和施工期可能产生的影响大小合理确定权重。

⑦在编制临时用地计划表时,遵循合理估计、按需使用、遵守法规的原则。

(5)投标策略与投标报价技巧

①投标策略

投标策略是指承包人在投标竞争中的指导思想与系统工作部署及其参与投标竞争的方式和手段。投标策略作为投标取胜的方式、手段和艺术,贯穿于

投标策略与投标报价技巧

投标竞争的始终,有十分丰富的内容。在投标与否的决策、投标项目选择的决策、投标积极性的决策、投标报价的决策、投标取胜等方面,都无不包含着投标策略。

企业在参加工程投标前,应根据招标工程情况和企业自身的实力,组织有关投标人员进行投标策略分析,其中包括企业目前经营状况和自身实力分析、对手分析和机会利益分析等。在招投标过程中,如何运用以长制短、以优制劣的策略和技巧,关系到能否中标和中标后的效益。在通常情况下,投标策略有生存型报价策略、竞争型报价策略和盈利型报价策略三种。

生存型报价策略是指以克服生存危机为目标而争取中标的策略。如果是政府调整基建投资方向、擅长的工程项目减少的营业范围单一的专业工程投标人或者企业经济状况、投标项目减少的投标人,这时应以生存为重,采取不盈利甚至赔本也要夺标的态度,只要能暂时维持生存渡过难关,就会有东山再起的希望。

竞争型报价策略是指以竞争为手段,以开拓市场、低盈利为目标,在精确计算成本的基础上,充分估计各竞争对手的报价目标,以有竞争力的报价达到中标目的的策略。这种策略是大多数企业采用的,也叫保本低利策略。

采取竞争型报价策略的情形有以下几种:

a. 经营状况不景气,近期接收到的投标邀请较少。

b. 竞争对手有威胁时。

c. 试图打入新的地区。

d. 开拓新的工程施工类型。

e. 投标项目风险小,施工工艺简单、工程量大、社会效益好的项目。

f. 附近有本企业其他正在施工的项目。

盈利型报价策略是指投标报价充分发挥自身优势,以实现最佳盈利为目标,对效益较小的项目热情不高,对盈利大的项目充满自信。

采用盈利型报价策略的情形有两种:

a. 投标人在该地区已经打开局面、施工能力饱和、信誉度高、竞争对手少、具有技术优势并对招标人有较强的品牌效应。

b. 施工条件差、难度高、资金支付条件不好、工期质量等要求苛刻,为联合伙伴陪标的项目等。

②投标报价技巧

投标报价技巧是指在投标报价中采用某些投标报价手段使招标人可以接受标书,以使中标后能获得更大的经济效益。施工企业在正常条件下要想在一项竞争性投标中获胜,最关键的问题就是要有一个恰当的投标报价。因此,投标人在工程投标时,应着重在先进合理的技术方案和较低的投标价格上下功夫,因此可以采取一些辅助性的报价技巧作为中标的助力。投标报价技巧主要有不平衡报价法、多方案报价法、建议方案法、突然降价法、先亏后赢法、联合体法、优惠条件法。

a. 不平衡报价法,也称为前重后轻法,是指一个工程项目的投标报价在总价基本确定后,调整内部各个项目的报价,以期既不提高总价,不影响中标,又能在结算时得到更理想的经济效益。常见的不平衡报价情形见表4-5。

不平衡报价的情形 表4-5

序号	信息类型		变动趋势	不平衡结果
1	施工项目施工前期、后期		前期(如开办项目等)	单价高
			后期(如设备安装、装饰工程等)	单价低
2	工程量变化因素	清单工程量不准确(如土石方工程量等)	增加	单价高
			减少	单价低
3		设计图纸不明确(如高速公路匝道设计不完全等)	增加工程量	单价高
			减少工程量	单价低
4		工程量不明确而要求报单价的项目(如计日工等)	没有工程量	单价高
			有假定的工程量	单价适中
5	暂定工程		自己承包的可能性	单价高
			自己承包的可能性	单价低
6	单价组成分析表		人工费和机械费	单价高
			材料费	单价低

不平衡报价法的选用,一定要建立在对工程量表中工程量仔细核对分析的基础上,特别是对报低单价的项目,如工程量执行时增多将造成承包人的重大损失。同时,一定要控制在合理幅度内(一般为10%左右),以免引起业主反对,甚至导致个别清单项目报价不合理而废标。如果不注意这一点,有时业主会挑选出报价过高的项目,要求投标者进行单价分析,而围绕单价分析中过高的内容压价,以致承包人得不偿失。

b. 多方案报价法是指一些招标文件,如果工程范围不很明确,条款不清楚或很不公正,或技术规范要求过于苛刻时,只要在充分估计投标风险的基础上,按多方案报价法处理。它是按原招标文件报一个价,然后再提出:"如某条款(如某规范规定)作某些变动,报价可降低多少……",报一个较低的价。

这样可以降低总价,吸引业主;或者对某些部分工程提出按"成本补偿合同"方式处理,其余部分报一个总价。

c. 有时招标文件中规定,可以提出建议方案,即可以修改原设计方案,提出投标者的方案;也可以增加建议方案。这时,投标者应组织一批有经验的设计和施工工程师,对原招标文件的设计和施工方案仔细研究,提出更合理的方案以吸引业主,促成自己施工方案中标。这种新的建议方案可以降低总造价或提前竣工或使工程运用更合理。

但是要注意:对原招标方案一定要标价,以供业主比较。增加建议方案时,不要将方案写得太具体,保留方案的技术关键,防止业主将此方案交给其他承包人,需要强调的是,建议方案一定要比较成熟,或过去有这方面的实践经验。因为投标时间不长,如果仅为中标而匆忙提出一些没有把握的建议方案,可能引起很多后患。

d. 突然降价法是指先按一般情况报价或表现出自己对该工程兴趣不大,到快投标截止时,再突然降价。报价是一件保密性很强的工作,但是竞争对手往往通过各种渠道、手段来刺探情况,因此在报价时可以采取迷惑竞争对手的手法。

采用这种方法时,一定要在准备投标报价的过程中考虑好降价的幅度,在临近投标截止日期前,根据情报信息与分析判断,再作最后决策。如果由于采用突然降价法而中标,因为开标只降总价,在签订合同后可采用不平衡报价法的思想调整工程量表内的各项单价或价格,以期取得更高的效益。

e. 先亏后盈法是指对于一些大型分期建设的工程,在第一期投标时,减少利润以争取中标。随后,在第二期工程投标时,以第一期的工程经验、临时设施以及赢得的信誉,拿下二期工程。但如果第二期工程遥遥无期,则不可采用这种方法。

f. 联合体法是指两三家公司,其主营业务类似或相近,单独投标会出现经验、业绩不足或工作负荷过大而造成高报价,失去竞争优势。若以捆绑形式联合投标,可以做到优势互补、规避劣势、利益共享、风险共担,相对提高了竞争力和中标概率。这种方式目前在国内许多大项目中使用。

g. 投标报价附带优惠条件是一种行之有效的手段。投标人根据本企业的实力和承担能力,向招标人提出高质量、缩短工期,提出新技术、新工艺和设计方案,减免预付款、延期付款和垫付工资,免费转让新技术、技术协作,提供物资、设备、仪器(交通车辆和设施等)等方面的承诺,以此优惠条件吸引招标人,取得招标人的赞同,是顺利中标的辅助手段。采用优惠取胜法时,要特别注意两点:

第一,提出的优惠条件,一定要符合本企业的实力和承担能力,不得以虚假、欺骗和不符合实际的手段,对招标人提出优惠条件。

第二,认真研究招标文件中的内容,分析工程的结构特点、施工条件、资金情况、工期和质量要求等,了解招标人的需求和心理,针对招标人的迫切要求提出优惠条件。

引例 4-5

【背景资料】

某路桥公司中标承建某市一条长 30km 的道路。该工程质量要求高、工期紧、总报价较低,且工程位于丘陵地带,地形较复杂,沿线居民众多。为了保质保量地按合同要求完成任务,解决好以上矛盾,承包人认为最重要的是搞好项目总体施工组织设计的编制,并且能切实有效执行。为此,项目经理部拟出了编制总体施工组织设计的编制方法与步骤和总体施工组织设计基本内容要点,具体如下:

(1)分析设计资料,选择施工方案和施工方法。

(2)施工方法与相应的技术组织措施。

(3)计算人工、材料、机具需要量,制订供应计划;

(4)施工进度计划。

(5)编制工地运输计划。

(6)质量、安全保证体系。

(7)计算技术经济指标。

(8)冬、雨期及农忙时节的施工安排。

(9)编制依据。

(10)工程概况(包括明确工期、质量、安全目标及技术规范和检验标准等)。
(11)各种资源需要量及其供应。
(12)编制工程施工总体进度计划。
(13)拟定有效的施工方案,选择适当的施工机具和施工方法。
(14)设计临时工程,编制供水、供电(供热)计划。
(15)确定劳力、材料、机械物资的需用量及组织和供应途径。
(16)绘制施工平面布置图。
(17)质量、工期、安全、环保及文明施工的保证措施。
(18)编写说明书。
(19)施工现场的平面布置。
(20)反映所采用施工方案合理性的技术经济指标(如分项工程生产率和施工周期表、工程管理曲线、分项工程进度率计划等)。

【问题】

根据上述提供的要点,分别写出:

1.任何施工组织设计都必须具有的基本内容(只需写出上述要点的编号即可)。

2.施工组织设计的基本内容中主要用于指导施工过程进行的内容(只需写出上述要点的编号即可)。

3.施工方案包括的内容有哪些?

【专家评析】

1.基本内容要点为(2)(4)(11)(19)。

2.施工组织设计的基本内容中主要用于指导施工过程进行的内容为(2)(4)。

3.施工方案内容主要包括:施工方法的确定;施工机具和设备的选择;施工顺序的安排、科学的施工组织、合理的施工进度、现场的平面布置及各种技术措施。

引例 4-6

【背景资料】

某一工程项目采用总价合同招标方式招标,前期施工的甲、乙两个项目的报价金额分别为 200 万元和 310 万元,后期施工的丙、丁两个项目的报价金额分别为 300 万元和 210 万元,甲、乙、丙、丁四个项目的报价总金额为 1020 万元,前期施工的甲、乙两个项目的总报价及后期施工的丙、丁两个项目的总报价均为 510 万元。

【问题】

1.若施工单位拟采用不平衡报价法,前期项目提价 7%,后期项目降价 7%,甲、乙、丙、丁四个项目的最终报价分别为多少?

2.若甲、乙两个项目与丙、丁两个项目的工程款结算日期相距一年,贷(存)款利率为 10%,则运用不平衡报价法后,投标人所能获得的利息方面的收益有多少?

【专家评析】

1.若改为不平衡报价法,提、降价幅度均为 7%,则甲、乙、丙、丁四个项目的报价金额:甲为 214 万元、乙为 332 万元、丙为 279 万元、丁为 195 万元。此时,甲、乙、丙、丁四个项目总的报金额仍为1020万元,但前期施工的甲、乙两个项目的报价金额为546万元,比平衡报价法多36万元。这就意味着承包人能在前期增加资金收入36万元,占工程总价的3.5%。

2. 若甲、乙两个项目与丙、丁两个项目的工程款结算日期相距一年,贷(存)款利率为10%,则运用不平衡报价法后,投标人所能获得的利息方面的收益(减少贷款利息支出或增加存款利息收入)为:$36 \times 10\% = 3.6$(万元),占工程总报价的0.35%。其具体计算过程见表4-6。

计算过程 表4-6

项目		平衡报价(万元)			不平衡报价(万元)				前后期增减资金收入(万元)	前后期增减占工程总价比
		报价	合价1	总价	报价	计算过程	合价2	总价	合价2—合价1	
前期	甲	200	510	1020	214	$200 \times (1+7\%) = 214$	546	1020	36	$\dfrac{36}{1020}$ $=3.5\%$
	乙	310			332	$310 \times (1+7\%) = 332$				
后期	丙	300	510		279	$300 \times (1-7\%) = 279$	474		-36	
	丁	210			195	$210 \times (1-7\%) = 195$				

引例4-7

【背景资料】

某一工程项目采用单价合同招标方式招标,招标文件工程量清单中的甲、乙两个项目的工程量分别为4000m³、3000m³及其预计工程量分别为6000m³、2000m³,采用平衡报价法和不平衡报价法,甲、乙工程项目的工程量及报价见表4-7。

甲、乙工程项目的工程量及报价 表4-7

项目名称	清单工程量(m³)	平衡报价(元)			不平衡报价(元)	备注
		单价	金额	合价	单价	
甲	4000	150	600000	930000	158	$\dfrac{930000 - 99 \times 3000}{4000} = 158$
乙	3000	110	330000		99	$110 \times (1-10\%) = 99$

【问题】

1. 如果工程项目开工后,工程量为预计的工程量,比较平衡报价法与不平衡报价法两者的收益差距?

2. 如果预计工程量有误,甲项目的工程量达不到6000m³或乙项目实际完成的工程量大于预计工程量2000m³,请分析会造成的后果并谈谈不平衡报价的优缺点。

【专家评析】

1. 当采用平衡报价法时,甲、乙两个项目的总收益为1120000元;当采用不平衡报价法时,甲、乙两个项目的总收益为1146000元;两者相比较,承包人采用不平衡报价法可多收益

26000 元。这是承包人运用不平衡报价法后所获得的额外收益。具体计算见表 4-8。

平衡报价与不平衡报价区分表　　　　表 4-8

项目名称	预计工程量（m³）	平衡报价（元）			不平衡报价（元）			多收益（元）
		单价	金额	合价1	单价	金额	合价2	合价2—合价1
甲	6000	150	900000	1120000	158	948000	1146000	1146000 – 1120000 = 26000
乙	2000	110	220000		99	198000		

2. 如果由于建设单位其他方面的原因，甲项目实际完成的工程量小于预计工程量 6000m³ 或乙项目实际完成的工程量大于预计工程量 2000m³，则将使承包人达不到预期的收益（额外收益 26000 元），甚至造成亏损（用不平衡报价法报价的实际总收入小于用平衡报价法报价的总收入）。

总之，投标人在投标中采用不平衡报价法进行报价后所带来的额外收益是可观的，但是该方法也是有风险的，只有在对预期工程量进行精确计算的前提下才能用。在报价中单价过高或过低时，有时招标人会要求承包人提供报价过高或过低的项目的单价进行单价分析。若因此导致招标人质疑，反而得不偿失。因此，运用不平衡报价应当谨慎。

子任务 5　投标文件的密封、标识、递交与修改

一、投标文件的密封、标识

1. 双信封形式密封、标识（有动画需求）

（1）双信封形式的密封

若采用双信封形式，投标文件应采用双信封形式密封。投标文件第一个信封（商务及技术文件）以及第二个信封（报价文件）应单独密封包装。商务及技术文件的正本与副本应统一密封在一个封套中。报价文件的正本与副本、投标文件电子版文件（如需要）以及填写完毕的工程量固化清单电子文件（如采用工程量固化清单形式）应统一密封在另一个封套中。封套应加贴封条，并在封套的封口处加盖投标人单位章或由投标人的法定代表人或其委托代理人签字。

采用银行保函形式提交投标保证金的，银行保函原件应密封在单独的封套中。

（2）双信封形式的标识

投标文件第一个信封（商务及技术文件）、第二个信封（报价文件）以及银行保函封套上应写明的内容见投标人须知前附表 4.1.2 封套上应载明的信息，具体格式见表 4-9 ~ 表 4-11。

投标文件第一个信封(商务及技术文件)封套应载明的内容　　　　表 4-9

招标人名称:_____ 招标人地址:_____ _____(项目名称)_____标段施工招标第一个信封(商务及技术文件)投标文件; 招标项目编号:_____ 在_____年_____月_____日_____时_____分前不得开启; 投标人名称:_____

投标文件第二个信封(报价文件)封套应载明的内容　　　　表 4-10

招标人名称:_____ 招标人地址:_____ _____(项目名称)_____标段施工招标第二个信封(报价文件)投标文件; 招标项目编号:_____ 在投标文件第二个信封(报价文件)开标前不得开启; 投标人名称:_____ 投标人地址:_____

银行保函封套应载明的内容　　　　表 4-11

招标人名称:_____ 招标人地址:_____ _____(项目名称)_____标段施工招标投标保证金(银行保函原件); 招标项目编号:_____ 投标人名称:_____

2. 单信封形式密封、标识(有动画需求)

(1) 单信封形式的密封

若采用单信封形式,投标文件应采用单信封形式密封。投标文件的正本与副本、投标文件电子版文件(如需要)以及填写完毕的工程量固化清单电子文件(如采用工程量固化清单形式)应统一密封在一个封套中。封套应加贴封条,并在封套的封口处加盖投标人单位章,或由投标人的法定代表人或其委托代理人签字。

采用银行保函形式提交投标保证金的,银行保函原件应密封在单独的封套中。

(2) 单信封形式的标识

投标文件以及银行保函封套上应写明的内容见招标文件第二章投标人须知的"投标人须知前附表"4.1.2 封套上应载明的信息,具体格式如图 4-14 所示。

3. 密封、标识的注意事项

未按要求密封的投标文件,招标人将予以拒收。

```
招标人名称：_____
招标人地址：_____
_____(项目名称)_____标段施工招标投标文件；
招标项目编号：_____
在_____年_____月_____日_____时_____分前不得开启；
投标人名称：_____
```

图4-14　单信封投标文件封套上应载明的内容

二、投标文件的递交与签收

投标人应按招标文件规定的投标截止时间前及指定地点递交投标文件。除投标人须知前附表另有规定外，投标人所递交的投标文件不予退还。

招标人收到投标文件后，应向投标人出具签收凭证。对于逾期送达的或者未送达指定地点的投标文件，招标人有权不予受理。在特殊情况下，招标人如果决定延后递交投标截止时间，应在投标人须知前附表规定的时间前，以书面形式通知送达所有投标人，延后投标截止时间。在此情况下，招标人和投标人的权利和义务相应延后至新的投标截止时间。

三、投标文件修改与撤回

投标文件按要求送达招标人后，在招标文件规定的投标截止时间前，投标人可以补充、修改或撤回已提交的投标文件，但应以书面形式通知招标人。

补充、修改的内容为投标文件的组成部分。补充、修改的投标文件应按照招标文件规定进行编制、密封、标记和递交，并标明补充或"修改"字样。

投标文件的密封、标识、递交与修改、撤回

投标人在投标截止时间前撤回投标文件且招标人已收取投标保证金的，招标人应当自收到投标人书面撤回通知之日起5日内退还其投标保证金。

投标截止后投标人撤销投标文件的，招标人可以不退还投标保证金。投标人补充、修改或撤回已提交投标文件的书面通知，应按照招标文件的要求签字或盖章。招标人收到书面通知后，向投标人出具签收凭证。

引例4-8

【背景资料】

某高速公路工程项目采用公开招标的形式，共有A、B、C、D、E 5家施工单位购买了招标文件。招标文件规定2022年6月20日上午10:00为投标文件接收截止时间。在提交投标文件的同时，需提交投标保证金20万元。2022年6月20日，A、B、C、E 4家投标单位在上午10:00前将投标文件送达，D单位在上午10:30送达。各单位均按招标文件的规定提交了投标保证金。上午9:55时，C单位向招标人递交了一份投标价格下降5%的书面说明。在开标过程中，招标人发现 E 单位的标袋密封处仅有投标单位公章,没有法定代表人印章或签字。

【问题】

1. 以上投标文件为废标的有哪些?说明理由。
2. C 单位向招标人递交的书面说明是否有效?

【专家评析】

1. D、E 两家投标文件为废标。D 单位未能在投标截止时间前送达投标文件,按规定应作为废标处理。E 单位因投标书只有单位公章未有法定代表人印章或签字,不符合投标文件的密封、标识的要求,为废标。

2. C 单位向招标人递交的书面说明有效。投标人在招标文件要求提交投标文件的截止时间前,可以补充、修改或者撤回已提交的投标文件,补充、修改的内容作为投标文件的组成部分。

 任务实施

1. 通过任务情境、任务布置、任务分析,学生应探讨完成任务工单。
2. 学生在教师指导下,分组完成学习任务工单表 4-1。
3. 结合学生讨论的结果,学生跟随教师一起学习和巩固项目相关知识,完成项目任务评析,找准切入点融入思政内容,以实现德育目标,并做好知识点总结及点评。

 实战演练

通过公路工程施工投标文件编制及密封标识与递交模拟实训进行实战演练,学以致用、理论联系实际,进一步落实学习目标,具体内容见学习任务工单表 4-2。

 任务评价

通过学生自评、企业导师及专业教师评价,综合评定通过项目任务实施各个环节学生对工作任务四相关知识的掌握及课程学习目标落实的情况。

1. 学生进行自我评价,并将结果填入学生自评表(学习任务工单表 4-3)。
2. 企业导师对学生工作过程与工作成果进行评价,并将评价结果填入企业导师评价表(学习任务工单表 4-4)。
3. 专业教师对学生工作过程与工作结果进行评价,并将评价结果填入专业教师评价表(学习任务工单表 4-5)。
4. 综合学生自评、企业导师评价、专业教师评价所占比重,最终得到学生的综合评分,并将各项评分结果填入综合评价表(学习任务工单表 4-6)。

> 为便于师生使用,本书"任务实施""实战演练""任务评价"中的相关表格独立成册,见本书配套学习任务工单。

 任务小结

投标工作主要包括申请投标资格、购买招标文件、现场踏勘与参加投标预备会、办理投标保函、计算投标报价、编制投标文件和递交投标文件等。

招标文件是投标人了解拟建工程项目情况的重要资料,也是投标和报价的主要依据。如果投标人没有按照招标文件要求提交全部资料,或者没有对招标文件在各方面都做出实质性响应的投标将被否决或拒收。因此,投标人在购买招标文件后,要字斟句酌地研究招标文件的相关内容。

标前调查、现场踏勘是投标人投标时全面了解现场施工环境和施工风险的重要途径,是投标人编制好投标报价的先决条件。投标人要尽量参加,为后期投标报价决策提供先决条件。

施工组织设计既是评标、定标的重要资料,也是投标人编制商务标书和报价文件的依据。其主要内容包括合理的施工组织和施工方案、科学的施工进度计划及资源调配计划、统筹的规划与设计施工现场平面图等。

我国公路工程施工招投标一般都采用工程量清单计价模式、单价合同。投标人必须按招标人提供的工程量清单进行组价,并按综合单价的形式进行报价。清单计价包含分部分项工程项目计价、措施项目计价及其他项目计价三部分。招标人提供的工程量清单是分部分项工程项目清单中的工程量,措施项目中的工程量及施工方案工程量,由投标人在投标时按设计文件及施工组织设计、施工方案进行二次计算,以价格的形式分摊到报价内。

投标文件可分为商务标书、技术标书和报价文件三部分,根据招标文件要求,可采用单信封或双信封形式进行组标。当采用单信封形式时,以上三部分内容同时密封在一个信封内。若采用双信封形式,商务标书和技术标书密封在第一个信封内,报价文件密封在第二个信封内。投标人应按招标文件规定的投标截止时间前及指定地点递交投标文件。投标文件按要求送达招标人后,在招标文件规定的投标截止时间前,投标人可以补充、修改或撤回已提交的投标文件,但应以书面形式通知招标人。

投标报价策略包括生存型报价策略、竞争型报价策略、盈利型报价策略。投标报价技巧有不平衡报价法、多方案报价法、突然降价法、先亏后盈法、优惠条件法等。

思考题

一、单项选择题

1. 下列各种情况,投标文件有效的是( )。
   A. 投标文件未密封
   B. 投标文件逾期送达
   C. 投标文件封面无投标单位盖章
   D. 投标单位未参加开标会议,而且拒绝承认开标结果

2. 现场考察时,招标人应向投标人介绍工程场地和相关的周边环境情况,投标人由此得出的推论应由( )负责。
   A. 发包人
   B. 监理人
   C. 承包人
   D. 发包人和承包人共同

3. 为了提高中标概率,投标人在选择投标项目过程中应(   )。

　　A. 投标项目越多越好

　　B. 选择风险大、利润高的标投

　　C. 选择风险小、利润低的标投

　　D. 综合权衡后量力而行,选择能发挥自身优势把握大的投标

4. 投标单位在投标报价中,对工程量清单中的每一项均须计算填写单价和合价,在开标后,发现投标单位没有填写单价和合价的项目,则(   )。

　　A. 允许投标单位补充填写

　　B. 视为废标

　　C. 退回投标书

　　D. 认为此项费用已包括工程量清单的其他单价和合价中

5. 工程量清单是招标单位按《建设工程工程量清单计价规范》(GB 50500—2013)规定的工程量计算规则,根据施工图纸计算工程量,提供给投标单位作为投标报价的基础。结算拨付工程款时,以(   )为依据。

　　A. 工程量清单

　　B. 实际工程量

　　C. 承包方报送的工程量

　　D. 合同中的工程量

6. 招标人对招标文件的书面答疑、修改和补遗,应以补遗书的方式寄给(   )。

　　A. 购买投标文件的所有投标人

　　B. 提出质疑的投标人

　　C. 部分投标人

　　D. 与此利益相关的投标人

7. 关于业主或投标人的口头澄清或答复,投标人据此为依据来确定标价出现失误其责任应由(   )承担。

　　A. 承包人　　　　　　　　　B. 监理人

　　C. 招标人与承包人共同　　　D. 业主

8. 施工组织设计除采用文字表述外一般还应附上相关图表,以下图表不需提供的是(   )。

　　A. 施工总平面图　　　　　　B. 施工总体计划表

　　C. 工程管理曲线　　　　　　D. 组织机构图

9. 一个工程项目的投标报价在总价确定后,通过调整内部各个项目的报价使得不提高总价,不影响中标,又能在结算时得到更理想的经济效益的投标技巧称为(   )。

　　A. 突然降价法　　　　　　　B. 先亏后盈法

　　C. 多方案报价法　　　　　　D. 不平衡报价法

10. 对于能够早日结算的项目,预计今后工程量会增加的项目,投标报价时可以(　　)。

　　A. 适当降低

　　B. 适当提高

　　C. 正常报价

　　D. 以上全对

11. 采用双信封形式进行组标时,应密封在第二个信封内的材料是(　　)。

　　A. 法定代表人身份证明

　　B. 投标保证金

　　C. 已标价工程量清单

　　D. 施工组织设计

12. 基期价格指数指送交投标书截止日期前(　　)天的所在年份的价格指数,计算时采用100。

　　A. 30　　　B. 28　　　C. 20　　　D. 14

13. 投标工程量清单中的投标报价和投标函大写金额报价出现差异时应以(　　)为准。

　　A. 投标函大写金额报价

　　B. 工程量清单中的投标报价

　　C. 金额小的

　　D. 评标委员会确定

14. 投标人拟在中标后将中标项目的部分非主体、非关键性工作进行分包的,应符合投标人须知前附表规定的分包内容、分包金额和接受分包的第三人资质要求等限制性条件,分包工程量一般不超过合同工程量的(　　)。

　　A. 40%　　　B. 30%　　　C. 20%　　　D. 10%

15. 投标人对其过低的报价不能合理说明或者不能提供相应证明材料的,可认定投标人以低于成本报价竞标,其投标应(　　)。

　　A. 扣分　　　　　　B. 按废标处理

　　C. 评标委员会决定　D. 修改后重报

16. 投标文件一般情况下(　　)附带条件。

　　A. 都带　　　　　　B. 可以带

　　C. 上级批准可带　　D. 不能带

17. 在投标报价程序中,在调查研究、收集信息资料后,应当(　　)。

　　A. 对是否参加投标作出决定

　　B. 确定投标方案

　　C. 办理资格审查

　　D. 进行投标计价

18. 投标工作的核心是( )。
    A. 编制施工组织设计
    B. 校核工程量
    C. 投标报价
    D. 编制施工方案

19. 投标文件对招标文件的响应有细微偏差,包括( )。
    A. 提供的投标担保有瑕疵
    B. 货物包装方式不符合招标文件的要求
    C. 个别地方存在漏项
    D. 明显不符合技术规范要求

20. 根据招标投标相关法律法规,下列招标投标行为中,不构成招标人与投标人串通投标的是( )。
    A. 招标人从几名中标候选人中确定中标人
    B. 招标人在开标前将投标情况告知其他投标人
    C. 招标人预先内定中标人
    D. 招标人与投标人事先商定压低标价,中标后再给中标人让利

21. 下列情形中,不属于"视为投标人相互串通投标"的是( )。
    A. 属于同一集团、协会、商会等组织成员的投标人按照该组织要求协同投标
    B. 不同投标人的投标文件载明的项目管理成员为同一人
    C. 不同投标人的投标文件相互混装
    D. 不同投标人的投标保证金从同一单位或者个人的账户转出

22. 甲、乙两个同一专业的施工单位分别具有该专业二、三级专业资质,甲、乙两个单位的项目经理数量合计符合一级企业资质要求。甲、乙两单位组成联合体参加投标,则该联合体资质等级应为( )。
    A. 一级   B. 二级   C. 三级   D. 暂定级

23. 在建设工程施工投标程序中,确定投标策略后和计算投标报价前需要完成的工作是( )。
    A. 招标环境调查
    B. 招标文件研究
    C. 投标答疑会
    D. 制定施工方案

24. 投标文件编制的基本前提是( )。
    A. 响应招标文件要求
    B. 参与投标竞争活动
    C. 响应资格预审文件要求
    D. 潜在投标人的确认和公告

25. 下列关于投标文件密封的说法错误的是(　　)。
    A. 投标文件的密封可以在公证机关的见证下进行
    B. 投标文件未按照招标文件要求密封的,招标人有权不予退还该投标人的投标保证金
    C. 招标人可以在法律规定的基础上,对密封和标记增加要求
    D. 投标文件未密封的不得进入开标

二、多项选择题

1. 《公路工程标准施工招标文件》(2018年版)规定,投标文件的细微偏差指(　　)。
    A. 施工组织设计不够完善
    B. 项目管理机构不够完善
    C. 提出了与招标文件不同的工程验收、计量、支付办法
    D. 在招标人给定的工程量清单中修改了某些子目的工程数量
    E. 在按照招标文件的规定对其投标价进行算术性错误修正及其他错误修正后,最终报价未超过投标控制价上限

2. 《公路工程标准施工招标文件》(2018年版)规定,投标人对其投标报价(　　)。
    A. 不能修改
    B. 投标截止时间后不能修改
    C. 签发中标通知时以前都可以修改
    D. 开标之前可以修改的通知应不迟于投标截止时间前到达招标人
    E. 在签订合同之前都可以修改

3. 评标时,以下哪些符合对投标报价的算术修正的原则(　　)。
    A. 当以数字表示的金额与以文字表示的金额有差异时,以数字表示的金额为准
    B. 当以数字表示的金额与以文字表示的金额有差异时,以文字表示的金额为准
    C. 各细目的"总额价"的实际累计值,若不等于投标总价时,以各细目累计的金额为准,修正总价
    D. 单价与工程量的乘积与总价之间不一致时,以单价为准

4. 投标人应具备的条件和要求有(　　)。
    A. 资质条件
    B. 财务要求
    C. 业绩要求
    D. 信誉要求
    E. 项目经理资格和项目总工资格等人员要求

5. 招标文件内容广泛,投标人在阅读时应重点研究( )。
   A. 投标人须知　　　　B. 合同条款
   C. 技术规范　　　　　D. 招标图纸
   E. 工程量清单

6. 施工组织设计文件应包括的主要内容有( )。
   A. 总体施工组织布置及规划
   B. 施工方案、方法与技术措施
   C. 技术规范
   D. 各项保证体系及保证措施
   E. 应急预案

7. 投标清单报价的组成内容包括( )。
   A. 投标成本　　　　　B. 施工成本
   C. 风险金　　　　　　D. 利润税金
   E. 总部管理费用

8. 投标报价策略包括( )。
   A. 生存型报价策略　　B. 盈利型报价策略
   C. 保守型报价策略　　D. 竞争型报价策略
   E. 冒险型报价策略

9. 投标报价的技巧有( )。
   A. 突然降价法　　　　B. 先亏后盈法
   C. 多方案报价法　　　D. 不平衡报价法
   E. 低于成本报价法

10. 投标文件的组成包括( )。
    A. 报价文件　　　　　B. 商务标书
    C. 技术标书　　　　　D. 澄清资料
    E. 工程量清单

11. 当采用双信封形式进行组标时,应密封在第一个信封内的资料是( )。
    A. 法定代表人身份证明
    B. 投标保证金
    C. 已标价工程量清单
    D. 施工组织设计
    E. 资格审查资料

12. 投标文件格式包括( )。
    A. 合同协议书　　　　B. 履约担保
    C. 投标函附录　　　　D. 联合体协议书
    E. 施工组织设计

13. 下列情形中,视为投标人相互串通投标的有(   )。
    A. 不同投标人的投标文件相互混装
    B. 属于同一集团、协会、商会等组织成员的投标人按照该组织要求协同投标
    C. 招标人授意投标人撤换、修改投标文件
    D. 不同投标人委托同一单位办理投标
    E. 不同投标人的投标文件存在规律性差异

14. 《公路工程标准施工招标文件》(2018年版)规定,在特殊情况下,招标人在原定投标文件有效期内可以根据需要向投标人提出延长投标文件有效期的要求,投标人有权同意或拒绝;如果同意延长,则投标人(   )。
    A. 不得在延长后的投标有效期内修改投标文件
    B. 应同意增加投标保证金
    C. 应延长投标保证金的有效期
    D. 具有优先中标的权利
    E. 可以适当减少其投标保证金

15. 投标决策内容主要包括(   )。
    A. 是否投标   B. 收集资料
    C. 编制投标价   D. 如何投标

16. 投标文件中技术部分包括(   )等内容。
    A. 主要技术措施   B. 施工网络计划图表
    C. 事故应急预案   D. 项目管理机构配备情况
    E. 拟分包项目情况

17. 工程投标文件一般内容的组成包括(   )。
    A. 已标价的工程量清单
    B. 法定代表人身份证明或授权委托书
    C. 投标保证金
    D. 投标函及投标函附录
    E. 技术性能参数的详细描述

18. 下列选项中,属于工程项目投标文件组成内容的是(   )。
    A. 合同条件及格式   B. 报价工程量清单
    C. 技术标准和要求   D. 拟分包项目情况表
    E. 项目管理机构

19. 工程施工招标,招标人接收投标人递交的投标文件时,应当(   )。
    A. 查验投标文件的包装、密封和标识并详细记录查验情况
    B. 详细记录投标文件送达人、送达时间和份数
    C. 当场拒绝逾期送达和密封不符合要求的投标文件
    D. 确认投标保证金是否满足招标文件要求
    E. 不查验投标文件的密封、标识,留待开标时查验

三、简答题

1. 简述投标的一般程序。
2. 简述施工组织设计编制的一般程序。
3. 投标前,投标人需要仔细研究招标文件,需要重点注意的内容有哪些?
4. 投标文件的组成内容有哪些?
5. 简述投标报价的策略和报价技巧。
6. 投标文件应如何密封和标识?

四、案例分析

1.【案例】

某公路项目,施工过程中承包人无法在施工现场附近找到满足技术规范要求的砂石料,只得去较远地方外购,运输距离长加之路况差,造成承包人运输负担沉重,工期滞后,成本直线上升,承包人以在投标时发包人没有在招标文件中预先告知这种情况,所报单价没有考虑额外增加费用为由,提出补偿材料差价。

【问题】

(1)承包人能否获得补偿?请说明理由。
(2)承包人应吸取什么经验教训?

2.【案例】

某工程项目招标。一投标人在投标截止日期前一天递交了一份合乎要求的投标文件,其报价为1亿元。在投标截止期前1小时,他又交了一封按投标文件要求密封的信,在该补充信中说明:"出于友好目的,本投标人决定将计算总标价及所有单价都降低5%。"但招标单位有关人员认为,投标人不得递交两份投标文件,因而拒收该投标人的补充材料。

【问题】

(1)招标单位有关工作人员做法合适吗?
(2)如果投标人在其信中提出将其报价比评标价最低的投标降低5%,是否可以?
(3)投标人采用了什么报价技巧?

3.【案例】

某国有企业计划投资700万元修建农村公路,选取中标单位,共有A、B、C、D、E 5家投标单位参加了投标,建设单位委托了一家符合资质要求的监理单位进行该工程的施工招标代理工作,由于招标时间紧,建设单位要求招标代理单位采取内部议标的方式进行招标,开标时出现了如下事件:

事件1:A投标单位的投标文件未按招标文件的要求而是按该企业的习惯做法密封。

事件2:B投标单位虽按招标文件的要求编制了投标文件但有一页文件漏打了页码。

事件3:C投标单位投标保证金超过了招标文件中规定的金额。

事件4:D投标单位投标文件记载的招标项目完成期限超过招标文件规定的完成期限。

事件5:E投标单位某分项工程的报价有个别漏项。

【问题】

(1)采取的内部招标方式是否妥当？请说明理由。

(2)5家投标单位的投标文件是否有效或应被淘汰？请分别说明理由。

工作任务四
思考题答案

工作任务五 WORK ASSIGNMENT FIVE

公路工程施工开标、评标及合同授予

☞ 知识目标

1. 熟悉公路工程施工开标的时间、地点、主要程序。
2. 掌握公路工程施工开标、评标、定标各个阶段的主要工作内容。
3. 熟悉公路工程施工评标的原则、评标委员会成员组成及评标程序。
4. 掌握几种常用的评标方法。
5. 熟悉公路工程施工定标的原则和合同授予的基本要求。

☞ 技能目标

1. 能按照招标文件的规定组织开标,处理开标过程中的关键问题。
2. 能正确组建评标委员会,按照招标文件规定对投标文件进行评审。
3. 能按照招标文件规定推荐或确定中标人,编制发出中标通知书。
4. 能按照招标文件规定流程签订合同协议书。
5. 提高组织协调能力、团队合作能力、语言表达能力和书面写作能力。

☞ 素质目标

1. 学习招标人、投标人、评标专家等各方从业规范,激发自身的求知欲、创新能力,做精益求精的大国工匠。
2. 通过学习评标专家的职业操守,严格遵守行业规范,养成不偏不倚、工作严谨的评标素养,树立公正、法治、敬业、诚信等社会主义核心价值观。
3. 通过开标、评标、定标模拟实训,熟悉该环节中招标人、投标人、评标专家等有关人员岗位的职责。

按照现行《招标投标法》《公路工程建设项目招标投标管理办法》《公路工程标准施工招标文

件》(2018年版)中关于开标、评标及合同授予的相关规定,对公路工程施工招标文件进行解读,学生应掌握开标相关信息的获取以及开标过程的相关要求、各方参与者在各环节的主要工作、评标的相关知识及几种评标方法的具体实施、合同授予过程中的定标原则和基本要求等。

 任务情境

某新建高速公路为重点工程项目,计划于2020年10月28日开工,由于工程复杂技术难度高,一般施工队伍难以胜任,业主自行决定采取邀请招标方式进行施工招标。于2020年7月8日向A、B、C、D、E、F、G、H、I 9家企业发了投标邀请书,9家企业均接受了邀请,并于规定时间(7月20—22日每天09:00—14:00)购买了招标文件。招标文件中规定,8月18日下午4时是招标文件规定的投标截止时间,9月10日发出中标通知书。

在投标截止时间之前,A、B、D、E、F、G、H、I 8家企业提交了投标文件,C企业于8月18日下午5时才送达,原因是中途堵车;8月21日下午由当地招投标监督管理办公室主持进行了公开开标。

评标委员会成员共有7人组成,其中当地招投标监督管理办公室1人,公证处1人,招标人1人,技术经济方面专家4人。评标时发现E企业投标文件虽无法定代表人签字和委托人授权书,但投标文件均已有项目经理签字并加盖了公章。

各投标人的投标报价见表5-1。

各投标人的投标报价(单位:万元)　　　　　　　　　　　　　　　　表5-1

投标人	A	B	C	D	E	F	G	H	I
报价	14000	13000	12500	12000	16000	14500	11500	15500	15000

评标采用合理低价法,评标价为各单位的有效投标报价,在开标时采用抽签确定评标平均价下浮5%为评标基准价,评标价每高于1%,扣2分,每低于1%,扣1分。

评标委员会于8月28日提出了评标报告,招标人在签订合同前,认为中标人的价格略高于自己期望的合同价格,因而又与中标人就合同价格进行了多次谈判。考虑到招标人的要求,中标人觉得小幅度降价可以满足自己利润的要求,同意降低合同价。9月10日招标人以邮递方式将中标通知书寄出,中标单位于9月12日收到,并于10月11日签订了书面合同。

 任务布置

通过上述任务情境,学生应探讨完成以下几个任务。

1. 企业自行决定采取邀请招标方式的做法是否妥当?说明理由。
2. C企业和E企业投标文件是否有效?说明理由。
3. 请指出开标工作的不妥之处,并说明理由。
4. 请指出评标委员会成员组成的不妥之处,并说明理由。
5. 计算各单位评标价得分,并按由高到低的顺序推荐中标候选人。如果你是评标专家,在评标过程中应如何贯彻公正、法治、敬业、诚信等社会主义核心价值观。
6. 请指出合同授予过程中的不妥之处,并说明理由。
7. 该项目招标人、投标人、评标专家等均存在的不妥之处,启示着我们在未来的工作中应该遵纪守法、精益求精,避免出现差错。请思考应该如何提高自己的创新能力,做精益求精的大国工匠。

任务分析

根据岗位职业能力的要求,本工作任务共安排了3个学习活动:公路工程施工开标、公路工程施工评标、合同授予。利用工程项目导入,学生熟悉整个过程的工作流程,以及各个环节的有关规定,融入评标专家的职业操守。任务实施过程中学生跟随企业导师进行开标、评标模拟实训,还原项目实际工作情景,使学生掌握在开标、评标及合同授予过程中,招标人、投标人、评标专家等有关人员的主要岗位职责及行业规范、职业素养,严格遵守法律和行业规范,养成爱岗敬业、不偏不倚、工作严谨的职业素养。

任务相关知识

在工程施工招标投标的过程中,核心且重要的环节就是评标、定标。从某个角度说,评价招标投标的成功与否,只需考察其评标、定标过程。公路工程开标、评标和定标应遵守以下原则:

(1)公平、公正、公开和诚实信用的原则。其中,公平是指在评定标过程中所涉及的一切活动对所有投标人都应该一视同仁,不得倾向某些投标人而排斥另外一些竞标人。公正是指在对投标文件的评比中,应以客观内容为标准,不以主观好恶为标准,不能带有成见。

(2)科学、合理、择优的原则。科学是指评标办法要科学合理。评标的根本目的是择优,所以在评标过程中以及中标结果的确定上都应以最优的投标人作为中标候选人。

(3)不违反正当竞争的原则。不能违反原则而以招标人的意图来确定中标结果。

(4)贯彻业主对本工程施工招标的各项要求和原则。

子任务 1 公路工程施工开标

招标投标活动经过招标阶段、投标阶段,就进入开标阶段。公开招标和邀请招标均应举行开标会议,体现公平、公正、公开和诚实信用的原则。

一、开标的时间、地点及要求

开标准备工作及开标程序

开标是招标人按照招标文件的投标人须知前附表中规定的时间和地点,公开开启投标人提交的投标文件,并公开宣布投标人的名称、投标报价、工期等主要内容的行为。它是招标投标的一项重要程序,具体要求:

(1)提交投标文件截止之时,即开标之时,其中无间隔时间,以防不端行为有可乘之机。

(2)开标的主持人和参加人。主持人是招标人或招标代理机构,并负责开标全过程的工作。招标人邀请所有投标人的法定代表人或其委托代理人准时参加。一方面,投标人得以了解开标是否依法进行,起到监督的作用;另一方面,投标人可了解其他投标人投标情况,做到知彼知己,以衡量自己中标的可能性,或者衡量自己是否在中标的名单之中。投标人若未派法定代表人或委托代理人出席开标活动,视为该投标人默认开标结果。

如果发生了下列情况,可以推迟开标时间:
(1)招标文件发布后对原招标文件作了变更或补充。
(2)开标前发现有影响招标公正情况的不正当行为。
(3)出现突发事件等。

二、开标准备工作

开标会是招标投标工作中一个重要的法定程序。开标前应做好下列各项准备工作:
(1)开标前,应向当地政府招标管理部门进行开标大会的监督申请。
(2)根据招标文件的开标地点做好落实工作。
①投标文件的接收:
a. 招标人应当安排专人,在招标文件指定地点接收投标人递交的投标文件(包括投标保证金),详细记录投标文件送达人、送达时间、份数、包装密封、标识等查验情况,经投标人确认后,向其出具投标文件和投标保证金的接收凭证。招标人应妥善保存已受理的投标文件并保证投标文件不丢失、不损坏、不泄密。

b. 未按招标文件要求密封和标识的投标文件,招标人将不予受理。在投标截止时间前,应当允许投标人在投标文件接收场地之外自行更正修补。在投标截止时间后递交的投标文件,招标人应当拒绝接收。

c. 若至投标截止时间提交投标文件的投标人少于3个的,不得开标,招标人应将接收的投标文件原封退回投标人,并依法重新组织招标。重新招标后投标人仍少于3个的,属于必须审批的工程建设项目,报经原审批部门批准后可以不再进行招标;其他工程建设项目,招标人可自行决定不再进行招标。

②开标资料。招标人应准备好开标所需资料,包括开标记录表、招标控制价(标底)文件(如有)、投标文件接收登记表、签收凭证等。另外,招标人还应准备好相关国家法律法规文本、招标文件及其澄清和修改内容,以备必要时使用。

③开标现场。招标人应精细、周全地准备好开标现场,包括提前布置好开标会议室、准备好开标需要的设备、设施和服务等。另外,招标人应组织工作人员将已受理的投标文件及可能的撤销函运送到开标地点。

④工作人员。招标人参与开标会议的有关工作人员包括主持人、开标人、唱标人、记录人及其他辅助人员等,应按时到达开标现场。

(3)成立评标委员会。

三、开标程序

政府招标管理部门将监督开标过程的"公开、公平、公正"。开标会议议程一般如下:

(1) 主持人宣布开标纪律。

开标会议纪律一般包括：场内严禁吸烟；凡与开标无关人员不得进入开标会场；参加开标会议的所有人员应关闭手机、遵纪守法等，开标期间不得大声喧哗；投标人代表有疑问应举手发言，参加会议人员未经主持人同意不得在场内随意走动；任何人不得干扰正常的开标程序；等等。

(2) 核对校验投标人代表身份。

投标人授权出席开标会的代表填写开标会签到表，招标人专人负责核对签到人身份。法定代表人出席开标会的要出示其有效证件；投标人代表出示法定代表人委托书和有效身份证件，同时招标人代表当众核查，确认授权代表的有效性。主持人还应当核查各投标人出席开标会代表的人数，无关人员应当退场。

(3) 公布在投标截止时间前递交投标文件的投标人数量。

招标人当场宣布在投标截止时间前递交投标文件的投标人名称、时间等。

(4) 宣布开标人、唱标人、记录人、监标人等有关人员姓名。

主持人一般为招标人代表，也可以是招标人指定的招标代理机构的代表。开标人一般为招标人或招标代理机构的工作人员。唱标人为投标人的代表，或者招标人，或招标代理机构 的工作人员。记录人由招标人指派，有形建设市场工作人员同时记录唱标内容。招标办监管人员或招标办授权的有形建设市场工作人员进行监督。记录人按开标会记录的要求开始记录。

(5) 按照投标人须知前附表规定由投标人推选的代表检查投标文件的密封情况。

目的在于检查开标现场的投标文件密封状况是否与招标文件约定和受理时的密封状况一致，密封不符合招标文件要求的投标文件应当场宣布为废标，不得进入评标。

(6) 按照投标人须知前附表规定的开标顺序当众开标、唱标。

主持人宣布开标顺序，如招标文件未约定开标顺序的，一般按照投标文件递交的逆顺序进行开标、唱标。开标由指定的开标人在监督人员及与会代表的监督下当众拆封，拆封后应当检查投标文件组成情况并记入开标会记录。

开标人应将投标书和投标书附件以及招标文件中可能规定需要唱标的其他文件交唱标人进行唱标。唱标内容一般包括投标报价、工期和质量标准、质量奖项等方面的承诺、替代方案报价、投标保证金、主要人员等，并记录在案。在递交投标文件截止时间前收到的投标人对投标文件的补充、修改要同时宣布，在递交投标文件截止时间前收到投标人撤回其投标的书面通知的投标文件不再唱标，但需在开标会上说明。

若招标人宣读的内容与投标文件不符，投标人有权在开标现场提出疑问，经招标人当场核查确认之后，可重新宣读其投标文件。若投标人现场未提出疑问，则认为投标人已确认招标人宣读的内容。

(7) 计算并宣布评标基准价，设有标底的公布标底。

如果投标人认为某一标段的评标基准价计算有误，有权在开标现场提出，经招标人当场核实确认之后，可重新宣布评标基准价。对于开标现场宣布的评标基准价，除计算有误经评标委员会修正外，在整个评标期间保持不变，不随任何因素发生变化。

若招标人发现投标文件出现以下任一情况，其投标报价将不再参加评标基准价的计算：

①未在投标函上填写投标总价。
②投标报价或调价函中的报价超出招标人公布的最高投标限价(如有)。
③投标报价或调价函中报价的大写金额无法确定具体数值。
④投标函上填写的标段号与投标文件封套上标记的标段号不一致。

(8)开标会记录签字。

投标人代表、招标人代表、监标人、记录人等有关人员在开标记录上签字确认。

开标记录表格式,见表附件1。

(9)开标结束。

完成开标会议全部程序和内容后,主持人宣布开标会议结束,转入评标阶段。

附件1 开标记录表(表5-2)。

_____(项目名称)_____标段施工开标记录表   表5-2

开标时间:___年___月___日___时_____分

序号	投标人	送达情况	密封情况	投标报价(元)	是否超过投标控制价上限	备注	签名
1							
2							
3							
4							
…							
招标人编制的标底或投标控制价上限(如有)							

招标人代表:_____   记录人:_____   ___年___月___日

四、开标注意事项

开标注意事项及废标情况

(1)开标会议的参加人、开标时间、开标地点等要求都应在招标文件明确写明。一般不得改变,如特殊原因而需要变更,则应按招标文件的约定,及时发函通知所有潜在投标人。

(2)在投标截止时间前,投标人书面通知招标人撤回其投标的,无须进入开标程序。

(3)依据投标函及投标函附录(正本)唱标,其中投标报价大小写不一致的,以大写金额为准;单价与数量乘积与总价不一致的,以单价为准。

(4)开标时,开标工作人员应认真核验并如实记录投标文件的密封、标识以及投标报价、投标保证金等开标、唱标情况,发现投标文件存在问题或投标人提出异议的,特别是涉及影响评标委员会对投标文件评审结论的,应如实记录在开标记录上。但招标人不应在开标现场对投标文件是否有效作出判断和决定,应递交评标委员会评定。

(5)投标人对开标有异议的,应在开标现场提出,招标人当场作出答复,并作好记录,有异议的投标人代表、招标人代表、记录人等有关人员在记录上签字确认。

子任务2　公路工程施工评标

招标项目一般在开标后即组织评标。评标工作由招标人依法组建的评标委员会进行。评标委员会应按照招标文件中规定的评标方法、标准和程序对投标文件进行评审。招标文件中没有规定的方法和标准，不得作为评标的依据。任何单位和个人不得非法干预或者影响评标过程和结果。招标人应当采取必要措施，保证评标活动在严格保密的情况下进行。

一、评标委员会

公路工程施工招标投标的评标、定标工作由招标人授权评标、定标组织完成，这个组织即评标委员会。评标委员会是在招投标管理机构的监督下，由招标人依法设立，负责评标和定标的临时组织。评标委员会负责对所有投标文件进行评定，提出书面评标报告、推荐或确定中标候选人等工作。

评标委员会的组建（动画）

1. 评标委员会的组建

评标委员会的人员构成直接影响着评标、定标结果，而评标、定标结果又涉及各方面的经济利益，同时这项工作经济性、技术性、专业性比较强。因此，评标委员会由

评标委员会的组建

招标人或其委托的招标代理机构熟悉相关业务的代表，以及有关技术、经济等方面的专家组成，评标委员会成员为5人及以上单数，其中技术、经济等方面的专家不得少于成员总数的三分之二。

2. 评标专家的选取

招标人从国务院有关部门或者省（自治区、直辖市）人民政府有关部门提供的专家名册，或者从招标代理机构的专家库内的相关专业的专家名单中确定评标委员会名单。一般招标项目可以采取随机抽取方式；对技术特别复杂，专业性要求特别高或者国家有特殊要求的招标项目，可以由招标人直接确定。评标委员会成员的名单在中标结果确定前应当保密。

3. 评标专家应当符合的条件

在评标过程中，评标委员会处于主导地位，是评标的主体，其工作十分重要。为了保证评标委员会中专家的素质，根据《招标投标法》《评标委员会和评标方法暂行规定》《评标专家和评标专家库管理暂行办法》的规定，评标专家必须具备如下条件：

（1）从事相关领域工作满8年并具有高级职称或同等专业水平。

（2）熟悉有关招标投标的法律法规，并具有与招标项目相关的实践经验。

（3）能够认真、公正、诚实、廉洁地履行职责。

（4）身体健康，能够承担评标工作。

4. 评标委员会应当回避的情形

《公路工程标准施工招标文件》（2018年版）规定，评标委员会成员有下列情形之一的，应

主动提出回避:
(1)为负责招标项目监督管理的交通运输主管部门的工作人员。
(2)与投标人法定代表人或其委托代理人有近亲属关系。
(3)为投标人的工作人员或退休人员。
(4)与投标人有其他利害关系,可能影响评标活动公正性。
(5)在与招标投标有关的活动中有过违法违规行为、曾受过行政处罚或刑事处罚。

招标人可以要求评标专家签署承诺书,确认其不存在上述法定回避的情形。在评标过程中,评标委员会成员有回避事由、擅离职守或因健康等原因不能继续评标的,招标人有权更换。被更换的评标委员会成员作出的评审结论无效,由更换后的评标委员会成员重新进行评审。

5. 评标专家的权利
(1)接受专家库组建机构的邀请,成为专家库成员。
(2)接受招标人依法选聘,担任招标项目评标委员会成员。
(3)熟悉招标文件的有关技术、经济、管理特征和需求,依法对投标文件进行客观评审,独立提出评审意见,抵制任何单位和个人的不正当干预。
(4)获取参加评标活动的劳务报酬。
(5)法律法规规定的其他权利。

6. 评标专家的义务
(1)接受建立专家库机构的资格审查和培训、考核,如实申报个人有关信息资料。
(2)属于法规规定的不得担任评标委员会成员的情形之一的,应当主动提出回避。
(3)对招标人负责,维护招标投标双方的合法利益,认真、客观、公正地对投标文件进行评审。
(4)遵守评标工作程序和纪律,不得私自接触投标人,不得收受投标人、中介人或其他利害关系人的任何好处,不得透露对投标文件的评审和比较、中标候选人的推荐情况以及与评标有关的其他情况。
(5)自觉依法监督、抵制、反映和核查招标、投标、代理、评标活动中的虚假、违法和不规范行为。
(6)接受和配合有关行政监督部门的监督、检查。
(7)法律法规规定的其他义务。

7. 评标委员会的主要工作内容
(1)负责评标工作,向招标人推荐中标候选人或根据招标人的授权直接确定中标人。
(2)可以否决所有投标。因为所有投标都不符合招标文件的要求,或者有效投标少于3家。
(3)评标委员会完成评标后,应当向招标人提出书面评标报告。

二、评标过程中参与各方的职业道德要求

1. 招标人
(1)招标人不得泄露招标投标活动中应保密的情况和资料。
(2)招标人不得与投标人串通损害国家利益、社会公共利益或他人合法权益。

2. 投标人

(1) 投标人不得相互串通投标或与招标人串通投标,不得向招标人或评标委员会成员行贿谋取中标,不得以他人名义投标或以其他方式弄虚作假骗取中标。

(2) 投标人不得以任何方式干扰、影响评标工作。

3. 评标委员会成员

(1) 评标委员会成员不得收受他人的财物或其他好处,不得向他人透露对投标文件的评审和比较、中标候选人的推荐情况以及评标有关的其他情况。

(2) 在评标活动中,评标委员会成员应客观、公正地履行职责,遵守职业道德,不得擅离职守,影响评标程序正常进行,不得使用《公路工程标准施工招标文件》(2018年版)第三章"评标办法"没有规定的评审因素和标准进行评标。

4. 与评标活动有关的工作人员

(1) 与评标活动有关的工作人员不得收受他人的财物或其他好处,不得向他人透露投标文件的评审和比较、中标候选人的推荐情况以及评标有关的其他情况。

(2) 在评标活动中,与评标活动有关的工作人员不得擅离职守,影响评标程序正常进行。

5. 其他

(1) 投标人或其他利害关系人认为招标投标活动不符合法律、行政法规规定的,可以自知道或应当知道之日起10日内向有关行政监督部门投诉。投诉应有明确的请求和必要的证明材料,监督部门的联系方式见投标人须知前附表。

(2) 任何单位或个人不得对评标委员会施加压力,影响评标工作的正常进行。评标委员会的成员在评标、定标过程中不得与投标人或者与招标结果有利害关系的人进行私下接触,不得收受投标人、中介人、其他利害关系人的财物或其他好处,以保证评标、定标的公正、公平。

三、评标的原则和依据

1. 评标原则

评标人员应当按照招标文件确定的评标标准和方法,对投标文件进行评审和比较,要本着实事求是的原则,不得带有任何主观意愿和偏见,高质量、高效率地完成评标工作,并应遵循以下原则。

(1) 公平竞争、机会均等原则

制定评标办法时,对各投标人要一视同仁,不得存在歧视条款。不允许针对某一特定的投标人某一方面的优势或弱势在评标具体条款中带有倾向性。

(2) 客观公正、科学合理原则

对投标文件的评价、比较和分析要客观、公正,不以主观好恶为标准。对评审指标的设置和评分标准的具体划分,要充分考虑招标项目的具体特点和招标人合理意愿,尽量减少人为因素,做到科学合理。

(3) 实事求是、择优定标原则

对投标文件的评审,要从实际出发,实事求是。评标定标活动既要全面,也要有重点,有理有据,不能草率评定。

(4)独立性、保密原则

评标工作在评标委员会内部独立进行,不受外界任何因素的干扰和影响,评委对出具的评标意见承担责任。评委及熟知情况的有关工作人员要保守投标人的商业和技术秘密。

2.评标依据

评标委员会成员评标的依据主要有下列几项:

(1)招标文件。
(2)开标前会议纪要。
(3)评标方法及细则。
(4)标底(如有)。
(5)投标文件。
(6)其他有关资料

注:招标文件中没有规定的方法和标准,评标时不得采用。

四、评标程序

评标的程序

工程施工招标的评标和定标依据招标工程的规模、技术复杂程度来决定评标的办法与时间。一般国际性招标项目评标大约需要3~6个月时间,如我国鲁布革水电站引水工程国际公开招标项目评标时间为1983年11月—1984年4月。但小型工程由于承包工作内容较为简单、合同金额不大,可以采用即开、即评、即定的方式,由评标委员会及时确定中标人。国内大型工程项目的评审因评审内容复杂、涉及面宽,通常分成初步评审和详细评审两个阶段进行。另外,在评审过程中,还可能要求投标人对其投标文件进行澄清和补正。

工程评标程序分为评标的准备、初步评审、详细评审、投标文件的澄清和说明、编写提交评标报告五个环节。

1.评标的准备

(1)《招标投标法实施条例》规定,招标人应当向评标委员会提供评标所必需的信息,但不得明示(暗示)其倾向或者排斥特定投标人。招标人及其招标代理机构应为评标委员会评标做好以下评标前的准备工作:

①准备评标需用的资料。例如,招标文件及其澄清与修改、招标控制价(标底)文件、开标记录等。

②准备评标相关表格。
③选择评标地点和评标场所。
④布置评标现场,准备评标工作所需工具。
⑤妥善保管开标后的投标文件并运到评标现场。
⑥做好评标安全、保密和服务等有关工作。

(2)评标委员会成员在正式对投标文件进行评审前,应当认真研究招标文件,主要了解以下内容:

①招标的目标。

②招标工程项目的范围和性质。

③招标文件中规定的主要技术要求、标准和商务条款。

④招标文件规定的评标标准、评标方法和在评标过程中考虑的相关因素。

评标委员会应根据评标工作量和工程特点,制订工作计划,明确分工。在评标工作开始之前,首先要听取招标人或者其委托的招标代理机构关于工程情况的说明,并认真研读招标文件,以获取评标所需要的重要信息和数据。因此,评标委员会成员应当重点了解招标文件规定的评标标准和方法。招标文件中没有规定的方法不得作为评标的论据。

2. 初步评审

初步评审,也称对投标书的响应性审查,是指从所有的投标书中筛选出符合最低要求的合格投标书,剔除所有无效投标书和存在重大偏差的投标书,以减少详细评审的工作量,保证评审工作的顺利进行。此阶段不是比较各投标书的优劣,而是以投标须知为依据,检查各投标书是否为响应性投标,确定投标书的有效性。

初步评审的内容包括以下几个方面。

(1)对投标文件的符合性评审

投标文件的符合性评审包括形式评审、资格评审、响应性评审及商务符合性和技术符合性鉴定。投标文件应实质上响应招标文件的所有条款、条件,无显著的差异或保留。对投标文件的符合性评审的主要工作内容如下:

①投标文件的有效性。投标人以及联合体形式投标的所有成员是否已通过资格预审,获得投标资格;投标文件中是否提交了承包方的法人资格证书及投标负责人的授权委托证书;如果是联合体,是否提交了合格的联合体协议书以及投标负责人的授权委托证书;投标保证的格式、内容、金额、有效期、开具单位是否符合招标文件要求;投标文件是否按要求进行了有效的签署。

②投标文件的完整性。投标文件中是否包括招标文件规定应递交的全部文件,如标价的工程量清单、报价汇总表、施工进度计划、施工方案、施工人员和施工机械设备的配备以及应该提供的必要的支持文件与资料等。

③与招标文件的一致性。凡是招标文件中要求投标人填写的空白栏目是否全部填写,作出明确的回答,如投标书及其附录是否完全按要求填写;对于文件的任何条款、数据或说明是否有任何修改、保留和附加条件。

通常符合性评审是初步评审的第一步,如果投标文件实质上不响应招标文件要求,将被列为废标予以拒绝,并且不允许投标人通过修正或撤销其不符合要求的差异或保留,使之成为具有响应性投标。

(2)技术性评审

投标文件的技术性评审包括:①方案可行性评估和关键工序评估;②劳务、材料、机械设备、质量控制措施、安全保证措施评估以及对施工现场周围环境污染保护措施评估。

(3)商务性评审

投标文件的商务性评审包括投标报价校核、审查全部报价数据计算的正确性、分析报价构成的合理性、与标底价格进行对比分析。例如,投标书中存在计算或统计的错误,由招标委员会予以修正后请投标人签字确认。修正后的投标报价对投标人起约束作用。如果投标人拒绝确认,则按投标人违约对待,没收其投标保证金。

①修正原则。a.投标报价有算术错误的,评标委员会按以下原则进行修正：
ⓐ投标文件中的大写金额与小写金额不一致的,以大写金额为准。
ⓑ总价金额与依据单价计算出的结果不一致的,以单价金额为准修正总价,但单价金额小数点有明显错误的除外。
ⓒ当单价与数量相乘不等于合价时,以单价计算为准,如果单价有明显的小数点位置差错,应以标出的合价为准,同时对单价予以修正。
ⓓ当各子目的合价累计不等于总价时,应以各子目合价累计数为准,修正总价。
b.工程量清单中的投标报价有其他错误的,评标委员会按以下原则进行修正：
ⓐ在招标人给定的工程量清单中漏报了某个工程子目的单价、合价、总额价,或所报单价、合价、总额价减少了报价范围,则漏报的工程子目单价、合价、总额价或单价、合价、总额价中减少的报价内容视为已含入其他工程子目的单价、合价、总额价之中。
ⓑ在招标人给定的工程量清单中多报了某个工程子目的单价、合价、总额价,或所报单价、合价、总额价增加了报价范围,则从投标报价中扣除多报的工程子目报价或工程子目报价中增加了报价范围的部分报价。
ⓒ当单价与数量的乘积与合价(金额)虽然一致,但投标人修改了该子目的工程数量,则其合价按招标人给定的工程数量乘以投标人所报单价予以修正。
②修正结果。修正后的最终投标报价若超过投标控制价上限(如有),投标人的投标文件作废标处理。

对于修正结果,评标委员会应通过招标人向投标人进行书面澄清,要求投标人予以确认。在修正结果正确无误的前提下,投标人不接受修正价格的,其投标作为废标处理,并没收其投标保证金。

(4)对招标文件响应的偏差

通过初步评审,评标委员会应当根据招标文件,审查并逐项列出投标文件的全部投标偏差。投标偏差分为重大偏差和细微偏差。所有存在重大偏差的投标文件应按规定作为废标处理。

下列情况属于重大偏差：
①没有按照招标文件要求提供投标担保或者所提供的投标担保有瑕疵。
②投标文件没有投标人授权代表签字和加盖公章。
③投标文件载明的招标项目完成期限超过招标文件规定的期限。
④明显不符合技术规范的要求。
⑤投标文件载明的货物包装方式、检验标准和方法等不符合招标文件的要求。
⑥投标文件附有招标人不能接受的条件。
⑦不符合招标文件规定的其他实质性要求。

投标文件有上述情形之一的,为未能对招标文件作出实质性响应,并按规定作为废标处理。

细微偏差是指投标文件在实质上响应招标文件要求,但在个别地方存在漏项或者提供了不完整的技术信息和数据等情况,并且补正这些遗漏或者不完整不会对其他投标人造成不公平的结果。细微偏差不影响投标文件的有效性。评标委员会应当书面要求存在细微偏差的投标人在评标结束前予以补正。拒不补正的,在详细评审时可以对细微偏差作不利于该投标人的量化,量化标准应在招标文件中规定。

(5)应当作为废标处理的其他情况

①弄虚作假。在评标过程中,评标委员会发现投标人以他人的名义投标、串通投标、以行贿的手段谋取中标、以其他弄虚作假方式投标的,该投标人的投标应当作为废标处理。

②报价低于其个别成本。在评标过程中,评标委员会发现投标人的报价明显低于其他投标报价或者在设有标底时明显低于标底,使得其投标报价可能低于其个别成本的,应当要求该投标人作出书面说明并提供相关证明材料。投标人不能合理说明或者不能提供相关证明材料的,由评标委员会认定该投标人以低于成本报价竞标,其投标应当作为废标处理。

③投标人不具备资格条件或者投标文件不符合形式要求,其投标也应当作为废标处理。例如,投标人资格条件不符合国家有关规定和招标文件要求的,或者拒不按照要求对投标文件进行澄清、说明或者补正的,评标委员会可以否决其投标。

④按照住房城乡建设部的规定,建设项目的投标有下列情况的也应当作为废标处理:

a. 未密封。

b. 无单位和法定代表人或其他代理人的印鉴,或未按规定加盖印鉴。

c. 未按规定的格式填写,内容不全或字迹模糊、辨认不清。

d. 逾期送达。

若通过初步评审的有效投标文件不足3个,投标明显缺乏竞争的,评标委员会可以否决所有投标,招标人应当依法重新招标。

3. 详细评审

详细评审是指经初步审核合格的投标文件,评标委员会按照招标文件确定的评标标准和方法,对其技术部分和商务部分做进一步的评审和比较,并对这两部分的量化结果进行加权,计算出每一个投标的综合评估得分,从而评定出得分次序,实现推荐合格中标候选人的目标。

详细评审的主要方法有经评审的最低投标价法、综合评分法、技术评分最低标价法。

4. 投标文件的澄清和说明

评标委员会可以要求投标人对投标文件中含义不明确、对同类问题表述不一致、有明显文字或计算错误的内容做必要的澄清和说明,但是澄清和说明不能超出投标文件的范围,也不能改变投标文件的实质性内容(投标报价修正错误除外)。对投标文件的相关内容作出澄清和说明的目的是有利于评标委员会对投标文件的审查、评审和比较。

投标人的澄清和说明或补正应当以书面形式进行,属于投标文件的组成部分。

5. 编写提交评标报告

完成评标后,评标委员会应当向招标人提交书面评标报告和中标候选人名单,并抄送有关行政监督部门。中标候选人应当不超过3个,并标明排序。向招标人提交书面评标报告后,评标委员会应将评标过程中使用的文件、表格以及其他资料即时归还招标人。

(1)评标报告的内容

评标报告应按行政监督部门规定的内容和格式编写,一般情况下,评标报告应当如实记载以下内容:

①招标项目基本情况和数据。

②招标过程。

③开标记录。
④评标委员会成员名单。
⑤评标工作情况,包括评标办法与标准、初步评审、详细评审以及废标说明。
⑥评标结果,包括对投标人的评价、符合要求的投标人情况及排序、推荐的中标候选人名单。
⑦评标附表及有关澄清记录见附件2、附件3。

(2)评标报告的签字

评标委员会所有成员应在评标报告上签字。评标委员会成员对评标结论有异议的,应以书面方式在评标报告中阐述其不同意见和理由。评标委员会成员拒绝在评标报告上签字且不陈述其不同意见和理由的,视为同意评标结论。评标委员会应当对此作出书面说明并记录在案。

(3)中标候选人公示及确定中标人

按照《招标投标法实施条例》的规定,依法必须进行招标的项目,招标人应当自收到评标报告之日起3日内在有关网站或其他媒体上公示中标候选人,接受社会监督,公示期不得少于3日。投标人或者其他利害关系人对依法必须进行招标的项目的评标结果有异议的,应当在中标候选人公示期间提出。招标人应当自收到异议之日起3日内作出答复,作出答复前,应当暂停招标投标活动。

被授权直接定标的评标委员会可直接确定中标人。对使用国有资金投资或者国家融资的项目,招标人应当确定排名第一的中标候选人为中标人。排名第一的中标候选人放弃中标,因不可抗力提出不能履行合同,或者招标文件规定应当提交履约保证金而在规定的期限内未能提交的,招标人可以确定排名第二的中标候选人为中标人。

附件2　问题澄清通知(图5-1)。

问题澄清通知
(编号:_____)

_____(投标人名称):

　　_____(项目名称)_____标段施工招标的评标委员会,对你方的投标文件进行了仔细的审查,现需你方对下列问题以书面形式予以澄清或说明:

1.
2.
3.
……

请将上述问题的澄清或说明于___年___月___日___时___分前递交至_____(详细地址),或传真至_____(传真号码),或通过下载招标文件的电子招标交易平台上传。采用传真方式的,应在___年___月___日___时___分前将原件递交至_____(详细地址)。

评标委员会授权的招标人或招标代理机构:_____(签字或盖单位章)

　　　　　　　　　　　　　　　　　　　　　　_____年_____月_____日

图5-1　问题澄清通知

附件3　问题的澄清(图5-2)。

```
                        问题的澄清
                    (编号：_____)

_____(项目名称)_____标段施工招标评标委员会：
问题澄清通知(编号：_____)已收悉，现澄清和说明如下：
1.
2.
3.
……
上述问题澄清或说明，不改变我方投标文件的实质性内容，构成我方投标文件的组成部分。
                        投标人：_____(盖单位章)①
                        法定代表人或其委托代理人：_____(签字)
                                    _____年_____月_____日
```

图 5-2　问题的澄清

注：①投标人仅须在投标文件的澄清或说明上加盖单位章，或由法定代表人或其委托代理人签字。

五、公路工程施工评标办法

公路工程施工招标评标，一般采用合理低价法或技术评分最低标价法。对技术特别复杂的特大桥梁和特长隧道项目主体工程评标，可以采用综合评分法。对工程规模较小、技术含量较低的工程评标，可以采用经评审的最低投标价法。

1. 合理低价法

(1) 评标办法前附表

合理低价法评标办法前附表见表5-3。某工程案例见表5-4。

合理低价法①评标办法前附表②　　　　　　　　　表5-3

条款号		评审因素与评审标准
1	评标方法	综合评分相等时，评标委员会依次按照以下优先顺序推荐中标候选人或确定中标人： (1) 评标价低的投标人优先。 (2) 被招标项目所在地省级交通运输主管部门评为较高信用等级的投标人优先。 (3)……
2.1.1 2.1.3	形式评审与响应性评审标准	第一个信封(商务及技术文件)评审标准： (1) 投标文件按照招标文件规定的格式、内容填写，字迹清晰可辨； ①投标函按招标文件规定填报了项目名称、标段号、补遗书编号(如有)、工期、工程质量要求及安全目标； ②投标函附录的所有数据均符合招标文件规定； ③投标文件组成齐全完整，内容均按规定填写。 (2) 投标文件上法定代表人或其委托代理人的签字、投标人的单位章盖章齐全，符合招标文件规定。

续上表

条款号		评审因素与评审标准
2.1.1 2.1.3	形式评审与响应性评审标准	(3)与申请资格预审时比较,投标人发生合并、分立、破产等重大变化的,仍具备资格预审文件规定的相应资格条件且其投标未影响招标公正性: ①投标人应提供相关部门的合法批件及企业法人营业执照和资质证书等证件的副本变更记录复印件; ②投标人仍然满足资格预审文件中规定的资格预审条件最低要求(如资质、业绩、人员、信誉、财务等); ③与所投标段的其他投标人不存在控股、管理关系或单位负责人为同一人的情况;与招标人也不存在利害关系并可能影响招标公正性。 (4)投标人按照招标文件的规定提供了投标保证金: ①投标保证金金额符合招标文件规定的金额,且投标保证金有效期不少于投标有效期; ②若投标保证金采用现金或支票形式提交,投标人应在递交投标文件截止时间之前,将投标保证金由投标人的基本账户转入招标人指定账户; ③若投标保证金采用银行保函形式提交,银行保函的格式、开具保函的银行均满足招标文件要求,且在递交投标文件截止时间之前向招标人提交了银行保函原件。 (5)投标人法定代表人授权委托代理人签署投标文件的,需提交授权委托书,且授权人和被授权人均在授权委托书上签名,未使用印章、签名章或其他电子制版签名代替。 (6)投标人法定代表人亲自签署投标文件的,提供了法定代表人身份证明,且法定代表人在法定代表人身份证明上签名,未使用印章、签名章或其他电子制版签名代替。 (7)投标人以联合体形式投标时,联合体满足招标文件的要求: ①未进行资格预审的,投标人按照招标文件提供的格式签订了联合体协议书,明确参与各方承担连带责任,并明确了联合体牵头人; ②已进行资格预审的,投标人提供了资格预审申请文件中所附的联合体协议书复印件,且通过资格预审后的联合体无成员增减或更换的情况。 (8)投标人如有分包计划,符合招标文件第二章"投标人须知"第1.11款规定,且按招标文件第九章"投标文件格式"的要求填写了"拟分包项目情况表"。 (9)同一投标人未提交两个以上不同的投标文件,但招标文件要求提交备选投标的除外。 (10)投标文件中未出现有关投标报价的内容。 (11)投标文件载明的招标项目完成期限未超过招标文件规定的时限。 (12)投标文件对招标文件的实质性要求和条件作出响应。 (13)权利义务符合招标文件规定: ①投标人应接受招标文件规定的风险划分原则,未提出新的风险划分办法; ②投标人未增加发包人的责任范围,或减少投标人义务; ③投标人未提出不同的工程验收、计量、支付办法; ④投标人对合同纠纷、事故处理办法未提出异议; ⑤投标人在投标活动中无欺诈行为; ⑥投标人未对合同条款有重要保留。 (14)投标文件正、副本份数符合招标文件第二章"投标人须知"第3.7.4项规定。 …… 第二个信封(报价文件)评审标准: (1)投标文件按照招标文件规定的格式、内容填写,字迹清晰可辨: ①投标函按招标文件规定填报了项目名称、标段号、补遗书编号(如有)、投标价(包括大写金额和小写金额);

续上表

条款号		评审因素与评审标准
2.1.1 2.1.3	形式评审 与响应性 评审标准	②已标价工程量清单说明文字与招标文件规定一致,未进行实质性修改和删减; ③投标文件组成齐全完整,内容均按规定填写。 (2)投标文件上法定代表人或其委托代理人的签字、投标人的单位章盖章齐全,符合招标文件规定。 (3)投标报价或调价函中的报价未超过招标文件设定的最高投标限价(如有)。 (4)投标报价或调价函中报价的大写金额能够确定具体数值。 (5)同一投标人未提交两个以上不同的投标报价,但招标文件要求提交备选投标的除外。 (6)投标人若提交调价函,调价函符合招标文件第二章"投标人须知"第3.2.6项要求。 (7)投标人若填写工程量固化清单,填写完毕的工程量固化清单未对工程量固化清单电子文件中的数据、格式和运算定义进行修改;工程量固化清单中的投标报价和投标函大写金额报价一致。 (8)投标文件正本、副本份数符合招标文件第二章"投标人须知"第3.7.4项规定。 ……
2.1.2	资格评审 标准③	(1)投标人具备有效的营业执照、组织机构代码证、资质证书、安全生产许可证和基本账户开户许可证。 (2)投标人的资质等级符合招标文件规定。 (3)投标人的财务状况符合招标文件规定。 (4)投标人的类似项目业绩符合招标文件规定。 (5)投标人的信誉符合招标文件规定。 (6)投标人的项目经理和项目总工资格、在岗情况符合招标文件规定。 (7)投标人的其他要求符合招标文件规定。④ (8)投标人不存在第二章"投标人须知"第1.4.3项或第1.4.4项规定的任何一种情形。 (9)投标人符合第二章"投标人须知"第1.4.5项规定。⑤ (10)以联合体形式参与投标的,联合体各方均未再以自己名义单独或参加其他联合体在同一标段中投标;独立参与投标的,投标人未同时参加联合体在同一标段中投标。 ……

条款号	条款内容	编列内容
2.2.1	分值构成 (总分100分)	评标价:100分
2.2.2	评标基准价 计算方法	评标基准价的计算: 在开标现场,招标人将当场计算并宣布评标基准价。 (1)评标价的确定。 方法一:评标价 = 投标函文字报价 方法二:评标价 = 投标函文字报价 − 暂估价 − 暂列金额(不含计日工总额) 方法三:…… (2)评标价平均值的计算。 除按第二章"投标人须知"第5.2.4项规定开标现场被宣布为不进入评标基准价计算的投标报价之外,所有投标人的评标价去掉一个最高值和一个最低值后的算术平均值即评标价平均值(如果参与评标价平均值计算的有效投标人少于5家时,则计算评标价平均值时不去掉最高值和最低值);

续上表

条款号	条款内容	编列内容
2.2.2	评标基准价计算方法	(3)评标基准价的确定⑥。 方法一:将评标价平均值直接作为评标基准价。 方法二:将评标价平均值下浮____%,作为评标基准价。 方法三:招标人设置评标基准价系数,由投标人代表现场抽取,评标价平均值乘以现场抽取的评标基准价系数作为评标基准价。 方法四:…… 在评标过程中,评标委员会应对招标人计算的评标基准价进行复核,存在计算错误的应予以修正并在评标报告中作出说明。除此之外,评标基准价在整个评标期间保持不变,不随任何因素发生变化
2.2.3	评标价的偏差率计算公式	偏差率 = 100% ×(投标人评标价 – 评标基准价)/评标基准价 偏差率保留____位小数

条款号	评分因素	评分标准
2.2.4	评标价	100 分 评标价得分计算公式示例: (1)如果投标人的评标价 > 评标基准价,则评标价得分 = 100 – 偏差率 × 100 × E_1; (2)如果投标人的评标价 ≤ 评标基准价,则评标价得分 = 100 + 偏差率 × 100 × E_2。 其中,E_1 为评标价每高于评标基准价一个百分点的扣分值;E_2 为评标价每低于评标基准价一个百分点的扣分值;招标人可依据招标项目具体特点和实际需要设置 E_1、E_2,但 E_1 应大于 E_2

需要补充的其他内容:
……

注:①"合理低价法"是综合评估法的评分因素中评标价得分为 100 分、其他评分因素分值为 0 分的特例。"合理低价法"中,第一个信封(商务及技术文件)的评审应采用合格制。
②"评标办法前附表"用于明确评标的方法、因素、标准和程序。招标人应根据招标项目具体特点和实际需要,详细列明全部评审因素、标准,没有列明的因素和标准不得作为评标的依据。
③本项适用于未进行资格预审的情况。
④对于特别复杂的特大桥梁和特长隧道项目主体工程以及其他有特殊要求的工程,还可对其他管理和技术人员(如项目副经理、专业工程师等)以及主要机械设备和试验检测设备进行资格评审。
⑤本款规定仅适用于根据《关于发布公路工程从业企业资质名录的通知》(厅公路字〔2011〕114 号)要求,招标人应通过名录对投标人资质条件进行审核的公路施工企业。
⑥招标人可依据招标项目特点和实际需要,选择或制定适合项目的评标基准价计算方法。与评标基准价计算或评标价得分计算相关的所有系数(如有),其具体数值或随机抽取的数值区间均应在评标办法中予以明确。

> **拓展视野**

××至××高速公路新建工程项目××至××段主体工程招标文件评标办法前附表
（合理低价法）　　　　　　　　　　　表5-4

条款号	内容		
1	评标办法	综合评分相等时，评标委员会依次按照以下优先顺序推荐中标候选人或确定中标人： （1）××省交通运输厅发布的2020年度全省高速公路建设市场信用评价结果中主体一类信用等级高者优先。 （2）近6年修建新建四车道及以上或改扩建六车道及以上高速公路合同金额不少于40000万元的业绩中的单个标段合同金额高者优先。 （3）公路工程施工总承包资质等级高者优先。 （4）投标报价低者优先。	

条款号		评审因素	评审标准
2.1.1	第一个信封（商务及技术文件）	形式评审、资格评审及响应性评审	
		投标函填写	按招标文件规定填报了正确的项目名称、类别名称和补遗书编号（如有）、工期、工程质量要求及安全目标
		投标函附录数据	符合招标文件规定
		文件填写及组成	组成齐全，没有缺项或缺页，内容均按招标文件规定填写
		文件签字盖章	符合第二章"投标人须知"第3.7.3(5)目规定
		投标保证金	符合第二章"投标人须知"第3.4.1项规定
		优先选择次序	投多个类别的投标人各类别投标文件填写的优先选择次序内容一致，类别和标段名称符合招标文件规定
		营业执照、资质证书、安全生产许可证①和基本账户开户许可证	具备有效的营业执照、资质证书、安全生产许可证和基本账户开户许可证
		资质等级②	符合第二章"投标人须知"第1.4.1项"资质要求"的规定
		财务状况③	符合第二章"投标人须知"第1.4.1项"财务要求"的规定
		类似项目业绩④	符合第二章"投标人须知"第1.4.1项"业绩要求"的规定
		信誉⑤	符合第二章"投标人须知"第1.4.1项"信誉要求"的规定
		项目经理和项目总工⑥	符合第二章"投标人须知"第1.4.1项"项目经理和项目总工资格"的规定
		其他管理和技术人员资格要求、主要机械设备和试验检测设备要求（如有）⑦	符合第二章"投标人须知"第1.4.1项"其他管理和技术人员资格要求""主要机械设备和试验检测设备要求"的规定

续上表

条款号		评审因素	评审标准
2.1.1	第一个信封（商务及技术文件）	其他要求（如有）⑧	符合第二章"投标人须知"第1.4.1项"其他要求"的规定
		投标人不得存在的情形	投标人不得存在第二章"投标人须知"第1.4.3项或第1.4.4项规定的任何一种情形
		工期目标	符合第二章"投标人须知"第1.3.2项规定
		质量目标	符合第二章"投标人须知"第1.3.3项规定
		安全目标	符合第二章"投标人须知"第1.3.4项规定
	形式评审、资格评审及响应性评审	材料设备选型（适用于机电工程）	满足技术规范相关参数要求
		项目经理和项目总工人员选择	符合第二章"投标人须知"第3.5.10项规定
		分包	如有分包计划，符合第二章"投标人须知"第1.11款规定，且按第九章"投标文件格式"的要求填写了"拟分包项目情况表"
		投标报价	未出现有关投标报价的内容
		投标函中其他补充说明内容	无招标人不能接受的条件
		权利义务符合招标文件规定	（1）投标人应接受招标文件规定的风险划分原则，未提出新的风险划分办法。 （2）投标人未增加发包人的责任范围，或减少投标人义务。 （3）投标人未提出不同的工程验收、计量、支付办法。 （4）投标人对合同纠纷、事故处理办法未提出异议。 （5）投标人在投标活动中无欺诈行为。 （6）投标人未对合同条款有重要保留
		其他	投标文件未附有招标人不能接受的条件
2.1.2	第二个信封（报价文件）	报价函填写	按招标文件规定填报了正确的招标人名称、项目名称、标段名称、补遗书编号（如有）、投标报价
		已标价工程量清单文字说明	已标价工程量清单文字说明与招标文件规定一致，未进行修改或删除
		文件填写及组成	组成齐全，没有缺项或缺页，内容均按招标文件规定填写
	初步评审	文件签字盖章	符合第二章"投标人须知"第3.7.3(5)目规定
		已标价工程量清单	未对工程量固化清单电子文件中的数据、格式和运算定义进行修改
		价格指数和权重表（如有）	填写符合招标文件规定
		投标报价	未超过招标人公布的最高投标限价
		第二个信封（报价文件）递交	第二个信封（报价文件）的递交符合第一章"招标公告"第5.2款的要求

续上表

条款号	条款内容	编列内容
2.2.1	分值构成（总分100分）	评标价：100 分
2.2.2	评标基准价计算方法	本次招标设定的评标基准价计算方法，在第二个信封（报价文件）开标现场，每个标段随机抽取其中的一种作为该标段评标基准价的计算方法。 评标价 E = 投标报价函文字报价。 当采用方法一、二、三时，评标基准价计算时去掉 n_1 个最高评标价和 n_2 个最低评标价。 (1) 当 $N<6$ 时，n_1、n_2 均取 0； (2) 当 $N \geq 6$ 时，去掉 n_1 个最高评标价，去掉 n_2 个最低评标价。 n_1 在取值区间 $1 \sim M-1$ 中随机抽取（最小为1），n_2 在取值区间 $1 \sim M+1$ 中随机抽取；$M=N/4$，M 向下取整。 N 为某标段第二个信封（报价文件）现场开标有效的投标人数量，超过最高投标限价的投标人不参与计算。 根据上述规则去除 n_1 个最高值和 n_2 个最低值后，其余评标价参与评标基准价的计算，评标基准价保留两位小数，小数点后第三位"四舍五入"。 方法一：二次平均法 对参与评标基准价计算的所有评标价进行第一次平均，对所有小于或等于第一次平均值的评标价（不包括去掉的 n_2 个最低评标价）进行第二次平均，第二次平均值即评标基准价 P。 方法二：随机系数法 评标基准价 $$P = (E_{max} - E_{min}) \times K + E_{min}$$ 式中：E_{max}——去掉 n_1 个最高评标价后的最大值； E_{min}——去掉 n_2 个最低评标价后的最小值； K——基准价系数，由在第二个信封（报价文件）开标现场随机抽取的 X、Y 两个系数构成，$K = (X + Y/10)/10$，其中 X、Y 各设 10 个系数，分别为 0、1、2、3、4、5、6、7、8、9。 方法三：随机权重法 评标基准价 $$P = A \times K + B \times (1 - K)$$ 式中：A——去掉 n_1 个最高评标价后的最大值； B——参与评标基准价计算的所有评标价的平均值； K——权重系数，由在第二个信封（报价文件）开标现场随机抽取的 X、Y 两个系数构成，$K = (X + Y/10)/10$，其中 X 有 4 个系数，分别为 3、4、5、6；Y 有 10 个系数，分别为 0、1、2、3、4、5、6、7、8、9。 方法四：随机低价法（适用于 $N \geq 5$） 评标基准价 P = 去掉 m 个最低评标价的最低价 式中：m——在第二个信封（报价文件）开标现场随机抽取，取值范围为 $n_3 \sim n_4$，步距为 1。 $n_3 = N \times 0.2$，$n_4 = N \times 0.7$，n_3、n_4 向下取整。 在评标过程中，评标委员会应对评标基准价进行复核，存在计算错误的应予以修正并在评标报告中作出说明。除此之外，评标基准价在整个评标期间保持不变，不随任何因素发生变化

续上表

条款号	条款内容	编列内容
2.2.3	评标价的偏差率计算公式	偏差率 = 100% × (投标人评标价 − 评标基准价)/评标基准价偏差率保留小数点后 9 位⑨(四舍五入法)
2.2.4	评标价	100 分 评标价得分计算： (1) 如果投标人的评标价 > 评标基准价，则 评标价得分 = 100 − 偏差率 × 100 × E_1； (2) 如果投标人的评标价 ≤ 评标基准价，则 评标价得分 = 100 + 偏差率 × 100 × E_2。本项目 $E_1 = 1.5$；$E_2 = 1$。 其中，E_1 为评标价每高于评标基准价一个百分点的扣分值；E_2 为评标价每低于评标基准价一个百分点的扣分值。招标人可依据招标项目具体特点和实际需要设置 E_1、E_2，但 E_1 应大于 E_2。 所有评标价得分分值计算保留小数点后 1 位(四舍五入法)

注：①绿化工程对安全生产许可证不作要求。
②适用于未进行资格预审的情况。
③适用于未进行资格预审的情况。
④适用于未进行资格预审的情况。
⑤适用于未进行资格预审的情况。
⑥适用于未进行资格预审的情况。
⑦适用于未进行资格预审的情况，对于特别复杂的特大桥梁和特长隧道项目主体工程以及其他有特殊要求的工程，还可对其他管理和技术人员以及主要机械设备和试验检测设备进行资格评审。
⑧适用于未进行资格预审的情况，适用于其他有特殊要求的工程。
⑨偏差率的小数保留位数至少应比评标价得分的小数保留位数多 2 位。

(2) 评价办法正文部分
评价办法正文部分如图 5-3 所示。

1. 评标方法
本次评标采用合理低价法。评标委员会对满足招标文件实质性要求的投标文件，按照本章第 2.2 款规定的评分标准进行打分，并按得分由高到低的顺序推荐中标候选人，或根据招标人授权直接确定中标人，但投标报价低于其成本的除外。综合评分相等时，评标委员会应按照评标办法前附表规定的优先次序推荐中标候选人或确定中标人。
2. 评审标准
2.1 初步评审标准
2.1.1 形式评审标准：见评标办法前附表。
2.1.2 资格评审标准：见资格预审文件第三章"资格审查办法"详细审查标准(适用于已进行资格预审的)。
2.1.3 响应性评审标准：见评标办法前附表。
2.2 分值构成与评分标准
2.2.1 分值构成
评标价：见评标办法前附表。
2.2.2 评标基准价计算
评标基准价计算方法：见评标办法前附表。

图 5-3

2.2.3 评标价的偏差率计算
评标价的偏差率计算公式:见评标办法前附表。

2.2.4 评分标准
评标价评分标准:见评标办法前附表。

3. 评标程序

3.1 第一个信封初步评审

3.1.1 评标委员会可以要求投标人提交第二章"投标人须知"第 3.5.1 项至第 3.5.6 项规定的有关证明和证件的原件,以便核验。评标委员会依据本章第 2.1 款规定的标准对投标文件第一个信封(商务及技术文件)进行初步评审。有一项不符合评审标准的,评标委员会应否决其投标。(适用于未进行资格预审的)

3.1.2 评标委员会依据本章第 2.1.1 项、第 2.1.3 项规定的评审标准对投标文件第一个信封(商务及技术文件)进行初步评审。有一项不符合评审标准的,评标委员会应否决其投标。当投标人资格预审申请文件的内容发生重大变化时,评标委员会依据本章第 2.1.2 项规定的标准对其更新资料进行评审。(适用于已进行资格预审的)

3.2 第二个信封开标
第一个信封(商务及技术文件)评审结束后,招标人将按照第二章"投标人须知"第 5.1 款规定的时间和地点对通过投标文件第一个信封(商务及技术文件)评审的投标文件第二个信封(报价文件)进行开标。

3.3 第二个信封初步评审

3.3.1 评标委员会依据本章第 2.1.1 项、第 2.1.3 项规定的评审标准对投标文件第二个信封(报价文件)进行初步评审。有一项不符合评审标准的,评标委员会应否决其投标。

3.3.2[①] 投标报价有算术错误的,评标委员会按以下原则对投标报价进行修正,修正的价格经投标人书面确认后具有约束力。投标人不接受修正价格的,评标委员会应否决其投标。

(1)投标文件中的大写金额与小写金额不一致的,以大写金额为准;

(2)总价金额与依据单价计算出的结果不一致的,以单价金额为准修正总价,但单价金额小数点有明显错误的除外;

(3)当单价与数量相乘不等于合价时,以单价计算为准,如果单价有明显的小数点位置差错,应以标出的合价为准,同时对单价予以修正;

(4)当各子目的合价累计不等于总价时,应以各子目合价累计数为准,修正总价。

3.3.3 工程量清单中的投标报价有其他错误的,评标委员会按以下原则对投标报价进行修正,修正的价格经投标人书面确认后具有约束力。投标人不接受修正价格的,评标委员会应否决其投标。

(1)在招标人给定的工程量清单中漏报了某个工程子目的单价、合价、总额价,或所报单价、合价、总额价减少了报价范围,则漏报的工程子目单价、合价、总额价或单价、合价、总额价中减少的报价内容视为已含入其他工程子目的单价、合价、总额价之中;

(2)在招标人给定的工程量清单中多报了某个工程子目的单价、合价、总额价,或所报单价、合价、总额价增加了报价范围,则从投标报价中扣除多报的工程子目报价或工程子目报价中增加的报价范围的部分报价。

(3)当单价与数量的乘积与合价(金额)虽然一致,但投标人修改了该子目的工程数量,则其合价按招标人给定的工程数量乘以投标人所报单价予以修正。

3.3.4 修正后的最终投标报价若超过最高投标限价(如有),评标委员会应否决其投标。

3.3.5 修正后的最终投标报价仅作为签订合同的一个依据,不参与评标价得分的计算。

3.4 第二个信封详细评审

3.4.1 评标委员会按本章第 2.2 款规定的量化因素和分值进行打分,并计算出综合评估得分(即评标价得分)。

3.4.2 投标人得分分值计算保留小数点后两位,小数点后第三位"四舍五入"。

3.4.3 评标委员会发现投标人的报价明显低于其他投标报价,使得其投标报价可能低于其个别成本的,应要求该投标人作出书面说明并提供相应的证明材料。投标人不能合理说明或不能提供相应证明材料的,评标委员会应认定该投标人以低于成本报价竞标,并否决其投标。

图 5-3

3.5 投标文件相关信息的核查

3.5.1 在评标过程中,评标委员会应查询交通运输主管部门"公路建设市场信用信息管理系统",对投标人的资质、业绩、主要人员资历和目前在岗情况、信用等级等信息进行核实。若投标文件载明的信息与交通运输主管部门"公路建设市场信用信息管理系统"发布的信息不符,使得投标人的资格条件不符合招标文件规定的,评标委员会应否决其投标。

3.5.2 评标委员会应对在评标过程中发现的投标人与投标人之间、投标人与招标人之间存在的串通投标的情形进行评审和认定。投标人存在串通投标、弄虚作假、行贿等违法行为的,评标委员会应否决其投标。

(1) 有下列情形之一的,属于投标人相互串通投标:
a. 投标人之间协商投标报价等投标文件的实质性内容;
b. 投标人之间约定中标人;
c. 投标人之间约定部分投标人放弃投标或中标;
d. 属于同一集团、协会、商会等组织成员的投标人按照该组织要求协同投标;
e. 投标人之间为谋取中标或排斥特定投标人而采取的其他联合行动。

(2) 有下列情形之一的,视为投标人相互串通投标:
a. 不同投标人的投标文件由同一单位或个人编制;
b. 不同投标人委托同一单位或个人办理投标事宜;
c. 不同投标人的投标文件载明的项目管理成员为同一人;
d. 不同投标人的投标文件异常一致或投标报价呈规律性差异;
e. 不同投标人的投标文件相互混装;
f. 不同投标人的投标保证金从同一单位或个人的账户转出。

(3) 有下列情形之一的,属于招标人与投标人串通投标:
a. 招标人在开标前开启投标文件并将有关信息泄露给其他投标人;
b. 招标人直接或间接向投标人泄露标底、评标委员会成员等信息;
c. 招标人明示或暗示投标人压低或抬高投标报价;
d. 招标人授意投标人撤换、修改投标文件;
e. 招标人明示或暗示投标人为特定投标人中标提供方便;
f. 招标人与投标人为谋求特定投标人中标而采取的其他串通行为。

(4) 投标人有下列情形之一的,属于弄虚作假的行为:
a. 使用通过受让或租借等方式获取的资格、资质证书投标;
b. 使用伪造、变造的许可证件;
c. 提供虚假的财务状况或业绩;
d. 提供虚假的项目负责人或主要技术人员简历、劳动关系证明;
e. 提供虚假的信用状况;
f. 其他弄虚作假的行为。

3.6 投标文件的澄清和说明

3.6.1 在评标过程中,评标委员会可以书面形式要求投标人对投标文件中含义不明确的内容、明显文字或计算错误进行书面澄清、说明。评标委员会不接受投标人主动提出的澄清、说明。投标人不按评标委员会要求澄清或说明的,评标委员会应否决其投标。

3.6.2 澄清和说明不得超出投标文件的范围或改变投标文件的实质性内容(算术性错误的修正除外)。投标人的书面澄清、说明属于投标文件的组成部分。

3.6.3 评标委员会不得暗示或诱导投标人作出澄清、说明,对投标人提交的澄清、说明有疑问的,可以要求投标人进一步澄清或说明,直至满足评标委员会的要求。

3.6.4 凡超出招标文件规定的或给发包人带来未曾要求的利益的变化、偏差或其他因素在评标时不予考虑。

图 5-3

3.7 不得否决投标的情形

投标文件存在第二章"投标人须知"第 1.12.3 项所列情形的,均视为细微偏差,评标委员会不得否决投标人的投标,应按照第二章"投标人须知"第 1.12.4 项规定的原则处理。

3.8 评标结果

3.8.1 除第二章"投标人须知"前附表授权直接确定中标人外,评标委员会按照得分由高到低的顺序推荐中标候选人,并标明排序。

3.8.2 评标委员会完成评标后,应向招标人提交书面评标报告。

图 5-3 评价办法正文部分

注:如本项目招标由投标人按照招标人提供的书面工程量清单填写本合同各工程子目的单价、合价和总额价,则评标委员会按照本章第 3.3.2 项和第 3.3.3 项的规定对投标人的投标报价进行修正。如本项目招标由投标人按照招标人提供的工程量固化清单电子文件填写工程量清单,无须按照本章第 3.3.2 项和第 3.3.3 项的规定对投标报价进行修正,第 3.3.2 项至第 3.3.5 项内容不适用。

(3)详细评审及引例

评标委员会按招标文件规定的评分标准对评标价进行打分,并按得分由高到低的顺序推荐中标候选人,或根据招标人授权直接确定中标人。

按照《公路工程标准施工招标文件》(2018 年版)规定,对评标价进行评分的过程如下。

①计算评标基准价

a.确定评标价。评标委员会对投标报价的评审,应在投标报价修正和扣除非竞争性因素后,以计算出的评标价进行。评标价的确定方法有以下两种。

方法一:评标价 = 投标函文字报价

方法二:评标价 = 投标函文字报价 − 暂估价 − 暂列金额(不含计日工总额)

b.计算评标价平均值。除开标现场被宣布为废标的投标报价之外,去掉一个最高值和一个最低值后的算术平均值即评标价平均值。如果参与评标价平均值计算的有效投标人少于 5 个时,则计算评标价平均值时不去掉最高值和最低值。

c.确定评标基准价。评标基准价是衡量合理报价的评价基准。如果投标报价等于评标基准价时认为是最合理报价,其报价评分将得满分;偏离该评标基准价的投标报价将按设定的规则扣分。

评标基准价可由招标人在开标现场当场计算并宣布。确定的主要方法有以下三种。

方法一:将评标价平均值直接作为评标基准价。

方法二:将评标价平均值下浮若干百分点作为评标基准价。

方法三:招标人设置评标基准价系数,由投标人代表现场抽取,将评标价平均值乘以现场抽取的评标基准价系数作为评标基准价。

确认后的评标基准价在整个评标期间保持不变,不随任何因素发生变化。

②计算评标价得分

计算评标价得分采用百分制。评标价得分计算公式示例:

a.如果投标人的评标价 > 评标基准价,则评标价得分 = $100 - 偏差率 \times 100 \times E_1$。

b.如果投标人的评标价 ≤ 评标基准价,则评标价得分 = $100 + 偏差率 \times 100 \times E_2$。

其中,偏差率 = $100\% \times (投标人评标价 - 评标基准价)/评标基准价$;$E_1$ 为评标价每高于评标基准价一个百分点的扣分值;E_2 为评标价每低于评标基准价一个百分点的扣分值。招标人可依据招标项目具体特点和实际需要设置 E_1、E_2，但 E_1 应大于 E_2。

引例 5-1

【背景资料】

某企业投资公路工程项目（BOT 项目），其中一个标段有 7 个投标人参与投标，有效评标价分别为 200 万元、220 万元、230 万元、240 万元、250 万元、250 万元、280 万元，在开标时采用抽签确定评标平均价下浮 5% 作为评标基准价。投标报价为 100 分，评标价高于评标基准价一个百分点扣 2 分，评标价低于评标基准价一个百分点扣 1 分。该公路项目投资方作为项目招标人以企业投资不属于"使用国有资金投资或者国家融资的项目"为由，在招标文件评标办法中要求评标委员会只需列出最高分的前三个投标人，由招标人在这三个投标人中进行综合考虑后，确定第一中标人。

【问题】

1. 请计算该标段的评标平均价和评标基准价，计算各有效报价的得分。
2. 该公路项目投资方作为项目招标人确定第一中标人的方法是否可行？为什么？

【专家评析】

1. 计算该标段的评标平均价和评标基准价，计算各有效报价的得分：

（1）评标平均价。

先去掉最高价 280 万元和最低价 200 万元。

评标平均价 = (220 + 230 + 240 + 250 + 250)/5 = 238 万元。

（2）评标基准价 = 评标平均价下浮 5% = 238 × (1 − 5%) = 226.1 万元。

（3）计算各有效报价的得分：

200 万元的得分 F1 = 100 + (200 − 226.1) × 100 × 1/226.1 = 100 − 11.54 = 88.46

220 万元的得分 F1 = 100 + (220 − 226.1) × 100 × 1/226.1 = 100 − 2.70 = 97.30

230 万元的得分 F1 = 100 − (230 − 226.1) × 100 × 2/226.1 = 100 − 3.45 = 96.55

240 万元的得分 F1 = 100 − (240 − 226.1) × 100 × 2/226.1 = 100 − 12.30 = 87.70

250 万元的得分 F1 = 100 − (250 − 226.1) × 100 × 2/226.1 = 100 − 21.14 = 78.86

280 万元的得分 F1 = 100 − (280 − 226.1) × 100 × 2/226.1 = 100 − 47.68 = 52.32

推荐 3 个中标候选人分别为：第一名 220 万元、第二名 230 万元、第三名 200 万元。

2. 该公路项目投资方作为项目招标人确定第一中标人的方法不行。

因为企业投资虽然不属于国有资金投资，可以不按照《评标委员会和评标方法暂行规定》的规定定标，但是企业投资公路项目依然需要依法进行招标。根据《工程建设项目施工招标投标办法》规定，只要是"依法招标的项目"评标委员会都必须按照得分由高到低排序，招标人应当确定排名第一的中标候选人为中标人。"应当"是强制性规定，招标人违反强制性规定所作出的约定是无效的。

2. 综合评分法

（1）评标办法前附表

综合评分法评标办法前附表见表 5-5。

综合评分法

综合评分法[①]评标办法前附表[②] 表5-5

条款号		评审因素与评审标准
1	评标方法	综合评分相等时,评标委员会依次按照以下优先顺序推荐中标候选人或确定中标人: (1)评标价低的投标人优先。 (2)被招标项目所在地省级交通运输主管部门评为较高信用等级的投标人优先。 (3)商务和技术得分较高的投标人优先。 (4)……
2.1.1 2.1.3	形式评审与响应性 评审标准	第一个信封(商务及技术文件)评审标准: (1)投标文件按照招标文件规定的格式、内容填写,字迹清晰可辨: ①投标函按招标文件规定填报了项目名称、标段号、补遗书编号(如有)、工期、工程质量要求及安全目标; ②投标函附录的所有数据均符合招标文件规定; ③投标文件组成齐全完整,内容均按规定填写。 (2)投标文件上法定代表人或其委托代理人的签字、投标人的单位章盖章齐全,符合招标文件规定。 (3)与申请资格预审时比较,投标人发生合并、分立、破产等重大变化的,仍具备资格预审文件规定的相应资格条件且其投标未影响招标公正性: ①投标人应提供相关部门的合法批件及企业法人营业执照和资质证书等证件的副本变更记录复印件; ②投标人仍然满足资格预审文件中规定的资格预审条件最低要求(如资质、业绩、人员、信誉、财务等); ③与所投标段的其他投标人不存在控股、管理关系或单位负责人为同一人的情况;与招标人也不存在利害关系并可能影响招标公正性。 (4)投标人按照招标文件的规定提供了投标保证金: ①投标保证金金额符合招标文件规定的金额,且投标保证金有效期不少于投标有效期; ②若投标保证金采用现金或支票形式提交,投标人应在递交投标文件截止时间之前,将投标保证金由投标人的基本账户转入招标人指定账户; ③若投标保证金采用银行保函形式提交,银行保函的格式、开具保函的银行均满足招标文件要求,且在递交投标文件截止时间之前向招标人提交了银行保函原件。 (5)投标人法定代表人授权委托代理人签署投标文件的,须提交授权委托书,且授权人和被授权人均在授权委托书上签名,未使用印章、签名章或其他电子制版签名代替。 (6)投标人法定代表人亲自签署投标文件的,提供了法定代表人身份证明,且法定代表人在法定代表人身份证明上签名,未使用印章、签名章或其他电子制版签名代替。 (7)投标人以联合体形式投标时,联合体满足招标文件的要求: ①未进行资格预审的,投标人按照招标文件提供的格式签订了联合体协议书,明确参与各方承担连带责任,并明确了联合体牵头人; ②已进行资格预审的,投标人提供了资格预审申请文件中所附的联合体协议书复印件,且通过资格预审后的联合体无成员增减或更换的情况。 (8)投标人如有分包计划,符合招标文件第二章"投标人须知"第1.11款规定,且按招标文件第九章"投标文件格式"的要求填写了"拟分包项目情况表"。 (9)同一投标人未提交两个以上不同的投标文件,但招标文件要求提交备选投标的除外。 (10)投标文件中未出现有关投标报价的内容。 (11)投标文件载明的招标项目完成期限未超过招标文件规定的时限。

续上表

条款号		评审因素与评审标准
2.1.1 2.1.3	形式评审与响应性评审标准	(12)投标文件对招标文件的实质性要求和条件作出响应。 (13)权利义务符合招标文件规定： ①投标人应接受招标文件规定的风险划分原则,未提出新的风险划分办法； ②投标人未增加发包人的责任范围,或减少投标人义务； ③投标人未提出不同的工程验收、计量、支付办法； ④投标人对合同纠纷、事故处理办法未提出异议； ⑤投标人在投标活动中无欺诈行为； ⑥投标人未对合同条款有重要保留。 (14)投标文件正、副本份数符合招标文件第二章"投标人须知"第3.7.4项规定。 …… 第二个信封(报价文件)评审标准： (1)投标文件按照招标文件规定的格式、内容填写,字迹清晰可辨： ①投标函按招标文件规定填报了项目名称、标段号、补遗书编号(如有)、投标价(包括大写金额和小写金额)； ②已标价工程量清单说明文字与招标文件规定一致,未进行实质性修改和删减； ③投标文件组成齐全完整,内容均按规定填写。 (2)投标文件上法定代表人或其委托代理人的签字、投标人的单位章盖章齐全,符合招标文件规定。 (3)投标报价或调价函中的报价未超过招标文件设定的最高投标限价(如有)。 (4)投标报价或调价函中报价的大写金额能够确定具体数值。 (5)同一投标人未提交两个以上不同的投标报价,但招标文件要求提交备选投标的除外。 (6)投标人若提交调价函,调价函符合招标文件第二章"投标人须知"第3.2.6项要求。 (7)投标人若填写工程量固化清单,填写完毕的工程量固化清单未对工程量固化清单电子文件中的数据、格式和运算定义进行修改；工程量固化清单中的投标报价和投标函大写金额报价一致。 (8)投标文件正本、副本份数符合招标文件第二章"投标人须知"第3.7.4项规定。 ……
2.1.2	资格评审标准[③]	(1)投标人具备有效的营业执照、组织机构代码证、资质证书、安全生产许可证和基本账户开户许可证。 (2)投标人的资质等级符合招标文件规定。 (3)投标人的财务状况符合招标文件规定。 (4)投标人的类似项目业绩符合招标文件规定。 (5)投标人的信誉符合招标文件规定。 (6)投标人的项目经理和项目总工资格、在岗情况符合招标文件规定。 (7)投标人的其他要求符合招标文件规定。[④] (8)投标人不存在第二章"投标人须知"第1.4.3项或第1.4.4项规定的任何一种情形。 (9)投标人符合第二章"投标人须知"第1.4.5项规定。[⑤]

续上表

条款号		评审因素与评审标准
2.1.2	资格评审标准③	(10)以联合体形式参与投标的,联合体各方均未再以自己名义单独或参加其他联合体在同一标段中投标;独立参与投标的,投标人未同时参加联合体在同一标段中投标。 ……
2.2.1	分值构成⑥ (总分100分)	第一个信封(商务及技术文件)评分分值构成: 施工组织设计:_____分 主要人员:_____分 技术能力⑦:_____分 财务能力:_____分 业绩:_____分 履约信誉:_____分 …… 第二个信封(报价文件)评分分值构成: 评标价⑧:_____分
2.2.2	评标基准价计算方法	评标基准价的计算: 在开标现场,招标人将当场计算并宣布评标基准价。 (1)评标价的确定: 方法一:评标价 = 投标函文字报价 方法二:评标价 = 投标函文字报价 – 暂估价 – 暂列金额(不含计日工总额) 方法三:…… (2)评标价平均值的计算: 除按第二章"投标人须知"第5.2.4项规定开标现场被宣布为不进入评标基准价计算的投标报价之外,所有投标人的评标价去掉一个最高值和一个最低值后的算术平均值即为评标价平均值(如果参与评标价平均值计算的有效投标人少于5家时,则计算评标价平均值时不去掉最高值和最低值); (3)评标基准价的确定⑨: 方法一:将评标价平均值直接作为评标基准价。 方法二:将评标价平均值下浮____%,作为评标基准价。 方法三:招标人设置评标基准价系数,由投标人代表现场抽取,评标价平均值乘以现场抽取的评标基准价系数作为评标基准价。 方法四:…… 在评标过程中,评标委员会应对招标人计算的评标基准价进行复核,存在计算错误的应予以修正并在评标报告中作出说明。除此之外,评标基准价在整个评标期间保持不变,不随任何因素发生变化
2.2.3	评标价的偏差率 计算公式	偏差率 = 100% × (投标人评标价 – 评标基准价)/评标基准价(偏差率保留_____位小数)

续上表

条款号	评分因素与权重分值⑩				评分标准⑪
	评分因素	评分因素权重分值	各评分因素细分项	分值	
2.2.4(1)	施工组织设计	___分	总体施工组织布置及规划	___分	……
			主要工程项目的施工方案、方法与技术措施	___分	……
			工期保证体系及保证措施	___分	……
			工程质量管理体系及保证措施	___分	……
			安全生产管理体系及保证措施	___分	……
			环境保护、水土保持保证体系及保证措施	___分	……
			文明施工、文物保护保证体系及保证措施	___分	……
			项目风险预测与防范,事故应急预案	___分	……
			……	___分	
2.2.4(2)	主要人员	___分	项目经理任职资格与业绩	___分	……
			项目总工任职资格与业绩	___分	……
			……	___分	……
2.2.4(3)	评标价	___分	评标价得分计算公式示例: (1)如果投标人的评标价 > 评标基准价,则评标价得分 $= F -$ 偏差率 $\times 100 \times E_1$; (2)如果投标人的评标价 $\leqslant$ 评标基准价,则评标价得分 $= F +$ 偏差率 $\times 100 \times E_2$。 其中,F 为评标价所占的权重分值;E_1 为评标价每高于评标基准价一个百分点的扣分值;E_2 为评标价每低于评标基准价一个百分点的扣分值;招标人可依据招标项目具体特点和实际需要设置 E_1、E_2,但 E_1 应大于 E_2		
2.2.4(4)	其他因素		技术能力 ___分	…… ___分	……
				…… ___分	……
			财务能力 ___分	…… ___分	……
				…… ___分	……
			业绩 ___分	…… ___分	……
				…… ___分	……
			履约信誉⑫ ___分	…… ___分	……
				…… ___分	……
			…… ___分	…… ___分	……
				…… ___分	……

续上表

需要补充的其他内容： ……

注：①本办法仅适用于技术特别复杂的特大桥梁和特长隧道项目主体工程。

②"评标办法前附表"用于明确评标的方法、因素、标准和程序。招标人应根据招标项目具体特点和实际需要，详细列明全部评审因素、标准，没有列明的因素和标准不得作为评标的依据。

③本项适用于未进行资格预审的情况。

④对于特别复杂的特大桥梁和特长隧道项目主体工程以及其他有特殊要求的工程，还可对其他管理和技术人员（如项目副经理、专业工程师等）以及主要机械设备和试验检测设备进行资格评审。

⑤本款规定仅适用于根据《关于发布公路工程从业企业资质名录的通知》（厅公路字〔2011〕114号）要求，招标人应通过名录对投标人资质条件进行审核的公路施工企业。

⑥各评分因素权重分值范围如下：施工组织设计5~20分，主要人员10~20分，技术能力0~5分，财务能力5~10分，业绩5~12分，履约信誉3~5分。

⑦"技术能力"指投标人的科研开发和技术创新能力，招标人可结合招标项目的具体情况提出相关要求，包括投标人获得的与项目施工有关的国家级工法、专利（发明专利或实用新型专利）、国家或省级科学技术进步奖，主编或参编过的国家、行业或地方标准等。

⑧评标价权重分值不应低于50分。

⑨招标人可依据招标项目特点和实际需要，选择或制定适合项目的评标基准价计算方法。与评标基准价计算或评标价得分计算相关的所有系数（如有），其具体数值或随机抽取的数值区间均应在评标办法中予以明确。

⑩招标人应根据项目具体情况确定各评分因素及评分因素权重分值，并对各评分因素进行细分（如有）、确定各评分因素细分项的分值，各评分因素权重分值合计应为100分。各评分因素（评标价和履约信誉评分项除外）得分一般不得低于其权重分值的60%，且各评分因素得分应以评标委员会各成员的打分平均值确定，评标委员会成员总数为7人以上时，该平均值应以去掉一个最高分和一个最低分后计算。评标委员会成员对某一项评分因素的评分低于权重分值60%的，应在评标报告中作出说明。

⑪招标人应列明各评分因素或各评分因素细分项（如有）的评分标准并作为评标委员会进行评分的依据。

⑫招标人可结合招标项目所在地省级交通运输主管部门对投标人的信用评级对其履约信用进行评分，但不得任意设置歧视性条款并不得任意设立行政许可。

（2）评标办法正文部分

评标办法正文部分同"合理低价法"。

拓展视野

（1）评标办法。

评标办法由评标办法前附表和评标办法正文组成。

评标办法（包括选择评标因素、标准和评标方法、步骤）是评标委员会评标的直接依据，是招标文件中投标人最为关注的核心内容。评标委员会将依据评标办法和标准评审投标文件，作出评审结论并推荐中标候选人，或者根据招标人的授权直接确定中标人。

（2）评标办法前附表用于明确评标的方法、因素、标准和程序。招标人应根据招标项目具体特点和实际需要，详细列明全部评审因素、标准，没有列明的因素和标准不得作为评标的依据。

（3）本办法仅适用技术特别复杂的特大桥梁和长大隧道工程。

（4）评标委员会对所有通过初步评审和详细评审的投标文件的评标价、施工组织设计、项目管理机构、业绩、履约信誉、其他等进行综合评分。

（5）评标办法前附表中相关条款的基本要求：

第2.2.1款，分值的构成：招标人应根据项目具体情况确定各评分因素及评分因素权重分值,并对各评分进行细分(如有)、确定各评分因素细分项的分值,各评分因素权重分值合计应为 100 分。评标价所占权重不应低于 50%。

第 2.2.2 款,评标基准价计算方法:招标人应该依据招标项目特点和实际需要,选择或制定适合项目的评标基准价的计算方法。

第 2.2.4 款,各评分因素权重分值范围:施工组织设计 5~20 分,主要人员 10~20 分,技术能力 0~5 分,财务能力 5~10 分,业绩 5~12 分,履约信誉 3~5 分。

评分因素:各评分因素(评标价除外)得分均不应低于其权重分值的 60%(如施工组织设计中的总体施工组织布置及规划的分值是 3 分,那么评分因素得分按不低于其权重分值的 60% 计,3×60% = 1.8 分,所以评分范围是 1.8~3 分),且各评分因素得分应以评标委员会各成员的打分平均值确定,该平均值以去掉一个最高分和一个最低分后计算。

第 2.2.4(2)目,项目管理机构:对于采用综合评估法进行评标的技术特别复杂的特大桥梁和长大隧道工程,应将其他主要管理人员和技术人员列为项目管理机构的评分因素进行评分。

第 2.2.4(3)目,评标价计算:招标人可依据招标项目具体特点和实际需要设置 E_1、E_2,但 E_x 应大于 E_2。

第 2.2.4(4)目,履约信誉:招标人可结合招标项目所在地省级交通主管部门对投标人的信用评级对其履约信用进行评分,但不得任意设置歧视性条款,并不得任意设立行政许可。

(3)详细评审及引例

评标委员会根据招标文件中规定的评分标准,对评标价、施工组织设计、项目管理机构以及财务能力、设备配置、业绩、履约信誉等因素进行综合评分,并拟订"综合评分排序表",按得分由高到低的顺序确定中标候选人,或根据招标人授权直接确定中标人。

招标人应事先在招标文件中规定各评分因素及其所占权重分值,并制定各评分因素的评分标准。各评分因素权重分值合计应为 100 分。

评标价的评分方法同合理低价法,其他各项因素按相应的评分标准进行评分。各评分因素得分应以评标委员会各成员打分去掉一个最高分和一个最低分后的平均值确定。评标委员会成员对某一项评分因素的评分低于权重分值 60% 的,应在评标报告中作出说明。

引例 5-2

【背景资料】

某大型涉密国防公路工程经过项目审批部门核准,采用邀请招标的方式确定施工承包人。该工程施工技术复杂、难度大且工期紧张,对承包人以往类似工程业绩和施工设备要求较高。招标人经过考察施工企业的业绩及在建项目,确定了 A、B、C 3 家施工企业为邀请对象,这 3 家企业均为国有大型施工企业,均具备公路工程施工总承包资质,招标文件中确定的评标标准为:施工组织设计 30 分;项目管理机构 10 分;投标报价 60 分。

施工组织设计及项目管理机构评标因素及评标标准见表 5-6。

施工组织设计及项目管理机构评标因素及评标标准表　　　　　表5-6

序号	评标因素		评标标准	最高分
1	施工组织设计	施工方案与技术措施	分为A、B、C、D、E 5个等级进行横向比较。获得A级的得8分,B级的得6分,C级的得4分,D级的得2分,E级的得0分	8
2		质量管理体系与措施	获得质量管理体系认证且成功运行一年以上的得2分,否则得0分	5
			质量措施分为A、B、C 3个等级进行横向比较。获得A级的得3分,B级的得2分,C级的得1分	
3		职业健康安全管理体系与措施	获得职业健康安全管理体系认证且成功运行一年以上的得1分,否则得0分	4
			安全管理措施分为A、B、C 3个等级进行横向比较。获得A级的得3分,B级的得2分,C级的得1分	
4		环境管理体系与措施	获得环境管理体系认证且成功运行一年以上的得1分,否则得0分	4
			环境保护措施分为A、B、C 3个等级进行横向比较。获得A级的得3分,B级的得2分,C级的得1分	
5		工程进度计划与措施	工期满足招标文件要求的得1分,比招标文件中的计划工期36个月每提前1个月加0.5分,不足1个月的不加分,最多得3分	6
			工程进度计划保证措施分为A、B、C 3个等级进行横向比较。获得A级的得3分,B级的得2分,C级的得1分	
6		资源配备计划	主要施工设备配备齐全且设备完好率在90%以上的3分,其余1分	3
7	项目管理机构		项目经理、技术负责人具有类似项目业绩的得3分,否则0分;其他项目部人员均具有上岗证书的得7分,每缺1个证书扣1分,扣完为止	10

招标文件中公布了最高投标限价为3580万元。评标基准价为有效投标报价的算术平均数。投标报价等于评标基准价得60分,每高于评标基准价1%扣3分,每低于评标基准价1%扣2分,不足1%的按1%计取。

投标人得分保留小数点后两位,第三位四舍五入。

各投标单位的开标情况见表5-7。

开标情况表　　　　　表5-7

投标人	报价(万元)	工期(月)	质量目标	投标保证金
A	3564.2	34	合格	递交
B	3436.4	33	合格	递交
C	3386.7	32	合格	递交

经过评标委员对其施工组织设计和项目管理机构评审与比较,结果见表5-8。

施工组织设计和项目管理机构评审结果表 表5-8

投标人	施工组织设计						项目管理机构
	施工方案与技术措施	质量管理体系与措施	职业健康安全管理体系与措施	环境管理体系与措施	工程进度计划与措施	资源配备计划	
A	A	2+B	1+A	1+B	A	1	10
B	B	2+B	1+A	1+B	B	1	10
C	C	2+C	1+B	1+A	B	1	8

【问题】
1. 仅邀请3家施工单位投标是否违反有关规定?为什么?
2. 3家投标人均通过了初步审查,计算3家投标人的最终得分。

【专家评析】
1. 《招标投标法》规定,采用邀请招标方式的,招标人应当向3个以上具备承担招标项目能力、资信良好的特定法人或其他组织发出投标邀请书。本案招标方式经过项目审批部门核准为邀请招标,所以招标人邀请3家施工企业参加投标符合法律规定。

2. 投标人得分计算如下:

(1) 计算各投标人报价得分见表5-9。

各投标人报价得分 表5-9

投标人	报价(万元)	评标基准价(万元)	报价偏差率(%)	扣分(分)	得分(分)
A	3564.2	3462.43	2.94	8.82	51.18
B	3436.4		−0.80	2.00	58.00
C	3386.7		−2.20	4.40	55.60

(2) 计算各投标人技术标得分见表5-10。

各投标人技术标得分 表5-10

投标人	施工组织设计						项目管理机构	合计
	施工方案与技术措施	质量管理体系与措施	职业健康安全管理体系与措施	环境管理体系与措施	工程进度计划与措施	资源配备计划		
A	8	4	4	3	2+3=5	1	10	35
B	6	4	4	3	2.5+2=4.5	1	10	32.5
C	4	3	3	4	3+2=5	1	8	28

(3) 各投标人得分汇总见表 5-11。

各投标人得分汇总　　　　表 5-11

投标人	投标技术得分	报价得分	综合得分	综合排名
A	35	51.18	86.18	2
B	32.5	58.00	90.50	1
C	28	55.60	83.60	3

根据综合评分排序,评标委员会推荐投标人 B 为中标候选人。

3. 经评审的最低投标价法

(1) 评标办法前附表

经评审的最低投标价法评标办法前附表见表 5-12。

经评审的最低投标价法

经评审的最低投标价法[①]评标办法前附表[②]　　　　表 5-12

条款号		评审因素与评审标准
1	评标方法	经评审的投标价相等时,评标委员会依次按照以下优先顺序推荐中标候选人或确定中标人: (1) 投标报价低的投标人优先。 (2) 被招标项目所在地省级交通运输主管部门评为较高信用等级的投标人优先。 (3)……
2.1.1 2.1.3	形式评审与响应性评审标准	第一个信封(商务及技术文件)评审标准: (1) 投标文件按照招标文件规定的格式、内容填写,字迹清晰可辨: ①投标函按招标文件规定填报了项目名称、标段号、补遗书编号(如有)、工期、工程质量要求及安全目标; ②投标函附录的所有数据均符合招标文件规定; ③投标文件组成齐全完整,内容均按规定填写。 (2) 投标文件上法定代表人或其委托代理人的签字、投标人的单位章盖章齐全,符合招标文件规定。 (3) 与申请资格预审时比较,投标人发生合并、分立、破产等重大变化的,仍具备资格预审文件规定的相应资格条件且其投标未影响招标公正性: ①投标人应提供相关部门的合法批件及企业法人营业执照和资质证书等证件的副本变更记录复印件; ②投标人仍然满足资格预审文件中规定的资格预审条件最低要求(如资质、业绩、人员、信誉、财务等); ③与所投标段的其他投标人不存在控股、管理关系或单位负责人为同一人的情况;与招标人也不存在利害关系并可能影响招标公正性。 (4) 投标人按照招标文件的规定提供了投标保证金: ①投标保证金金额符合招标文件规定的金额,且投标保证金有效期不少于投标有效期; ②若投标保证金采用现金或支票形式提交,投标人应在递交投标文件截止时间之前,将投标保证金由投标人的基本账户转入招标人指定账户; ③若投标保证金采用银行保函形式提交,银行保函的格式、开具保函的银行均满足招标文件要求,且在递交投标文件截止时间之前向招标人提交了银行保函原件。

续上表

条款号		评审因素与评审标准
2.1.1 2.1.3	形式评审与响应性 评审标准	(5)投标人法定代表人授权委托代理人签署投标文件的,须提交授权委托书,且授权人和被授权人均在授权委托书上签名,未使用印章、签名章或其他电子制版签名代替。 (6)投标人法定代表人亲自签署投标文件的,提供了法定代表人身份证明,且法定代表人在法定代表人身份证明上签名,未使用印章、签名章或其他电子制版签名代替。 (7)投标人以联合体形式投标时,联合体满足招标文件的要求: ①未进行资格预审的,投标人按照招标文件提供的格式签订了联合体协议书,明确各方承担连带责任,并明确了联合体牵头人; ②已进行资格预审的,投标人提供了资格预审申请文件中所附的联合体协议书复印件,且通过资格预审后的联合体无成员增减或更换的情况。 (8)投标人如有分包计划,符合招标文件第二章"投标人须知"第1.11款规定,且按招标文件第九章"投标文件格式"的要求填写了"拟分包项目情况表"。 (9)同一投标人未提交两个以上不同的投标文件,但招标文件要求提交备选投标的除外。 (10)投标文件中未出现有关投标报价的内容。 (11)投标文件载明的招标项目完成期限未超过招标文件规定的时限。 (12)投标文件对招标文件的实质性要求和条件作出响应。 (13)权利义务符合招标文件规定: ①投标人应接受招标文件规定的风险划分原则,未提出新的风险划分办法; ②投标人未增加发包人的责任范围,或减少投标人义务; ③投标人未提出不同的工程验收、计量、支付办法; ④投标人对合同纠纷、事故处理办法未提出异议; ⑤投标人在投标活动中无欺诈行为; ⑥投标人未对合同条款有重要保留。 (14)投标文件正、副本份数符合招标文件第二章"投标人须知"第3.7.4项规定。 …… 第二个信封(报价文件)评审标准: (1)投标文件按照招标文件规定的格式、内容填写,字迹清晰可辨: ①投标函按招标文件规定填报了项目名称、标段号、补遗书编号(如有)、投标价(包括大写金额和小写金额); ②已标价工程量清单说明文字与招标文件规定一致,未进行实质性修改和删减; ③投标文件组成齐全完整,内容均按规定填写。 (2)投标文件上法定代表人或其委托代理人的签字、投标人的单位章盖章齐全,符合招标文件规定。 (3)投标报价或调价函中的报价未超过招标文件设定的最高投标限价(如有)。 (4)投标报价或调价函中报价的大写金额能够确定具体数值。 (5)同一投标人未提交两个以上不同的投标报价,但招标文件要求提交备选投标的除外。 (6)投标人若提交调价函,调价函符合招标文件第二章"投标人须知"第3.2.6项要求。 (7)投标人若填写工程量固化清单,填写完毕的工程量固化清单未对工程量固化清单电子文件中的数据、格式和运算定义进行修改;工程量固化清单中的投标报价和投标函大写金额报价一致。 (8)投标文件正本、副本份数符合招标文件第二章"投标人须知"第3.7.4项规定。 ……

续上表

条款号		评审因素与评审标准
2.1.2	资格评审标准③	(1)投标人具备有效的营业执照、组织机构代码证、资质证书、安全生产许可证和基本账户开户许可证。 (2)投标人的资质等级符合招标文件规定。 (3)投标人的财务状况符合招标文件规定。 (4)投标人的类似项目业绩符合招标文件规定。 (5)投标人的信誉符合招标文件规定。 (6)投标人的项目经理和项目总工资格、在岗情况符合招标文件规定。 (7)投标人的其他要求符合招标文件规定。 (8)投标人不存在第二章"投标人须知"第1.4.3项或第1.4.4项规定的任何一种情形。 (9)投标人符合第二章"投标人须知"第1.4.5项规定。④ (10)以联合体形式参与投标的,联合体各方均未再以自己名义单独或参加其他联合体在同一标段中投标;独立参与投标的,投标人未同时参加联合体在同一标段中投标。 ……
2.1.4	施工组织设计和主要人员评审标准	无

条款号		量化因素	量化标准
2.2	详细评审标准	评标价计算	经评审的投标价(评标价)=修正后的投标报价-暂估价-暂列金额(不含计日工总额)⑤

需要补充的其他内容:
……

注:①本办法仅适用于工程规模较小、技术含量较低的工程。
②"评标办法前附表"用于明确评标的方法、因素、标准和程序。招标人应根据招标项目具体特点和实际需要,详细列明全部评审因素、标准,没有列明的因素和标准不得作为评标的依据。
③本项适用于未进行资格预审的情况。
④本款规定仅适用于根据《关于发布公路工程从业企业资质名录的通知》(厅公路字〔2011〕114号)要求,招标人应通过名录对投标人资质条件进行审核的公路施工企业。
⑤如本项目招标由投标人按照招标人提供的工程量固化清单电子文件填写工程量清单,无须按照本章第3.3.2项和第3.3.3项的规定对投标报价进行修正,经评审的投标价(评标价)=投标函文字报价-暂估价-暂列金额(不含计日工总额)。

(2)评标办法正文部分
评标办法正文部分同"合理低价法"。
(3)详细评审及引例
经评审的最低投标价法只适用于工程规模较小、技术含量较低的工程。评标委员会根据招标文件中规定的量化因素及量化标准进行价格折算,计算出评标价,并编制价格比较一览表,按照评标价由低到高的顺序确定中标候选人,或根据招标人授权直接确定中标人。
价格折算的因素通常包括招标文件引起的报价内容范围差异、投标人遗漏的费用、投标方案租用临时用地的费用(如果由发包人提供临时用地)、提前竣工的效益等直接反映价格的因素。使用外币项目,应根据招标文件约定,将不同外币报价金额转换为约定的货币金额进行比较。

引例 5-3

【背景资料】

某标段公路投资1200万元,经咨询公司测算的标底为1200元,工期300天,工期每提前一天给招标人带来的预期效益为2.5万元;招标人提供临时用地150亩,临时用地每亩用地费为5000元。评标价的折算考虑提前竣工的效益和投标人租用临时用地的数量两个因素。甲、乙、丙、丁4家企业的工期、临时用地和报价如下。

投标人甲:算术性修正后的投标报价为1000万元,承诺工期280天,提出需要临时用地120亩。

投标人乙:算术性修正后的投标报价为1100万元,承诺工期220天,提出需要临时用地150亩。

投标人丙:算术性修正后的投标报价为800万元,承诺工期320天,提出需要临时用地130亩。

投标人丁:算术性修正后的投标报价为900万元,承诺工期200天,提出需要临时用地160亩。

【问题】

请推荐第一中标候选人。

【专家评析】

(1)临时用地因素导致的报价调整

投标人甲:$(120-150) \times 0.5 = -15$(万元)

投标人乙:$(150-150) \times 0.5 = 0$(万元)

投标人丙:$(130-150) \times 0.5 = -10$(万元)

投标人丁:$(160-150) \times 0.5 = 5$(万元)

(2)提前竣工因素导致的报价调整

投标人甲:$(280-300) \times 2.5 = -50$(万元)

投标人乙:$(220-300) \times 2.5 = -200$(万元)

投标人丙:$(320-300) \times 2.5 = 50$(万元)

投标人丁:$(200-300) \times 2.5 = -250$(万元)

(3)经评审后的报价见表5-13

评审报价表(单位:万元)   表5-13

投标人	报价	临时用地因素导致的报价调整	提前竣工因素导致的报价调整	经评审的投标价	排序
甲	1000	-15	-50	935	4
乙	1100	0	-200	900	3
丙	800	-10	50	840	2
丁	900	5	-250	655	1

综合考虑报价、工期和临时用地因素后,以经评审的投标价作为选定中标候选人的依据。因此,最后选定丁企业为第一中标候选人。

子任务3　合同授予

一、公路工程施工定标

定标也称决标,是指招标人最终确定中标的单位。招标人根据评标委员会的评标报告,在推荐的中标候选人(一般为1~3个)中,最后确定中标人。在某些情况下,招标人也可以授权评标委员会直接确定中标人。

定标(动画)

1. 投标有效期

投标有效期,又称评标定标期限,是指从投标截止之日起到公布定标之日为止的一段时间。有效期的长短根据工程的大小、繁简而定。按照国际惯例,一般为90~120天。

定标(视频)

投标有效期应当在招标文件中载明。投标有效期是要保证评标委员会和招标人有足够的时间对全部投标进行比较和评价。例如,世界银行贷款项目需考虑报世界银行审查和报送上级部门批准的时间。

投标有效期一般不应该延长,但在某些特殊情况下,招标人要求延长投标有效期是可以的,但必须经招投标管理机构批准和征得全体投标人的同意。投标人有权拒绝延长投标有效期,建设单位不能因此而没收其投标保证金。同意延长投标有效期的投标人不得要求在此期间修改其投标文件,而且招标人必须同时相应延长投标保证金的有效期,对于投标保证金的各有关规定在延长期内同样有效。

2. 定标

(1)确定中标人

除投标人须知中规定评标委员会直接确定中标人外,招标人还可在评标委员会推荐的中标候选人中确定中标人。评标委员会按评标办法进行评审后,提出评标报告,推荐中标候选人通常为3个,并标明排列顺序。招标人应当接受评标委员会推荐的候选人,从中选择中标人。评标委员会提出书面评标报告,招标人一般应当在15日内确定中标人。但最迟应在投标均有效的结束日后的30个工作日前确定。中标人确定后,由招标人向中标人发出中标通知书,并公布所有未中标人。要求中标人在规定期限内,中标通知书发出30天内签订合同。中标人应在中标通知书发出5日内向中标候选人以外的投标人退还投标保证金,中标通知书发出30日内签订合同,签订合同后5日内向中标人和其他中标候选人退还投标保证金。另外,招标人在自确定中标人起15日内向招投标机构提交书面报告备案,至此招标结束。

(2)中标候选人公示

招标人在收到评标报告之日起3日内,按照投标人须知前附表规定的公示媒介和期限公

示中标候选人,公示期不得少于 3 日,公示内容包括:
①中标候选人排序、名称、投标报价,对工程质量要求、安全目标和工期的响应情况。
②中标候选人在投标文件中承诺的项目经理和项目总工姓名、个人业绩、相关证书名称和编号。
③中标候选人在投标文件中填报的项目业绩。
④被否决投标的投标人名称、否决依据和原因。
⑤提出异议的渠道和方式。
⑥投标人须知前附表规定公示的其他内容。

(3)评标结果异议

招标人全部或部分使用非中标单位投标文件中的技术成果和技术方案时,须征得其书面同意,并给予一定的经济补偿。如果投标人在中标结果确定后对中标结果有异议,甚至认为自己的权益受到了招标人的侵害,有权向招标人提出异议;如果异议不被接受,还可以向有关行政监督部门提出申诉,或者直接向法院提起诉讼。

投标人或其他利害关系人对依法必须进行招标的项目的评标结果有异议的,应在中标候选人公示期间提出。招标人将在收到异议之日起 3 日内作出答复;作出答复前,将暂停招标投标活动。

(4)中标候选人履约能力审查

中标候选人的经营、财务状况发生较大变化或存在违法行为,招标人认为可能影响其履约能力的,将在发出中标通知书前提请原评标委员会按照招标文件规定的标准和方法进行审查确认。

(5)招投标结果的备案制度

招投标结果的备案制度是指依法必须进行招标的项目,招标人应当自确定中标人之日起 15 日内,向有关行政监督部门提交招标投标情况的书面报告,报告至少包含以下内容:
①招标范围。
②招标方式和发布的招标公告。
③招标文件中的投标人须知、技术条款、评标标准和方法、合同主要条款等内容。
④评标委员会的组成和评标报告。
⑤中标结果。
⑥在规定的投标有效期内,招标人以书面形式向中标人发出中标通知书,同时将中标结果通知未中标的投标人。

3. 发出中标通知书

中标人确定后,招标人应迅速将中标结果通知中标人及所有未中标的投标人,《招标投标法》规定 7 日内发出中标通知书。对于未中标的投标人,应该发放中标结果通知书,告知中标结果。中标通知书及中标结果通知书均应为书面通知文件。(见附件 4、附件 5)

附件 4　中标通知书(图 5-4)。
附件 5　中标结果通知书(图 5-5)。

中标通知书是作为《招标投标法》规定的承诺行为,即中标通知书发出时生效,对于中标人和招标人都产生约束力,即使中标通知书及时发出,也可能在传递过程中并非因招标人的过错而出现延误、丢失或错投,致使中标人未能在有效期内收到该通知,招标人则丧失了对中标人的约束权。按照"发信主义"的要求,招标人的上述权利可以得到保护。《招标投标法》规定,中标通知书发出后,招标人改变中标结果的或者中标人放弃中标项目的,都应当依法承担法律责任。根据我国合同法律规定,承诺生效时合同成立。因此,中标通知书发出时即发生承诺生效,投标人改变中标结果、变更中标人,实质上是一种单方撕毁合同的行为;投标人放弃中标项目则是一种违约行为,所以应当承担违约责任。

中标通知书

_____(中标人名称):

你方于_____(投标日期)所递交的_____(项目名称)_____标段施工投标文件已被我方接受,被确定为中标人。

中标价:_____元。

工期:_____日历天。

工程质量:符合_____标准。

工程安全目标:_____。

项目经理:_____(姓名)。

项目总工:_____(姓名)。

请你方在接到本通知书后的_____日内到_____(指定地点)与我方签订施工承包合同,并按招标文件第二章"投标人须知"第7.7款规定向我方提交履约保证金。

特此通知。

招标人:_____(盖单位章)

招标代理机构:_____(盖单位章)

_____年_____月_____日

图 5-4　中标通知书

中标结果通知书

_____(未中标人名称):

我方已接受_____(中标人名称)于_____(投标日期)所递交的_____(项目名称)____标段施工投标文件,确定_____(中标人名称)为中标人。

感谢你单位对招标项目的参与!

招标人:_____(盖单位章)

招标代理机构:_____(盖单位章)

_____年_____月_____日

图 5-5　中标结果通知书

招标人在确定中标人之日起 3 日内,按照投标人须知前附表规定的公告媒介和期限公告中标结果,公告期不得少于 3 日。公告内容包括中标人名称、中标价。

> **拓展视野**
>
> **中标通知书**
>
> ××省××交通有限公司:
>
> 你方于20××年××月××日所递交的××至××高速公路新建工程××至××段主体工程××标段施工投标文件已被我方接受,被确定为中标人。

中标价：×_____元。
工期：合同工期42个月，缺陷责任期24个月，保修期60个月。
工程质量：符合标段工程交工验收的质量评定合格，竣工验收的质量评定优良标准。
工程安全目标：不发生一般及以上生产安全事故。
项目经理：××_____（姓名）。
项目总工：××_____（姓名）。
请你方在接到本通知书后的 30 日内到××省××市××县××镇××路与我方签订施工承包合同，并按招标文件第二章"投标人须知"第7.7款规定向我方提交履约保证金。
特此通知。

招标人：××省××投资××有限责任公司（盖单位章）
招标代理机构：××咨询有限公司（盖单位章）
20××年××月××日

中标结果通知书

××公司：
我方已接受××省××交通有限公司于2021年11月20日所递交的××至××高速公路新建工程××至××段主体工程××标段施工投标文件，确定××省××交通有限公司为中标人。
感谢你单位对招标项目的参与！

招标人：××省××投资××有限责任公司（盖单位章）
招标代理机构：××咨询有限公司（盖单位章）
20××年××月××日

二、签订合同

1. 合同谈判

在合同签订前，合同双方通常需进行合同谈判，谈判的主要内容有承包人应承担的工作范围和内容、合同价格、工期、验收方法，以及违约责任等。在保证招标要求和中标结果的基础上，合同双方应对有关合同细节内容进行认真、仔细的商讨，对非实质性差异内容通过协商取得一致意见，对招投标过程中达成的协议进行具体化或做某些增补与删改，最终订立一份对双方都具有法律约束力的合同文件。

2. 投标保证金的退还

招标人最迟将在中标通知书发出后5日内向中标候选人以外的其他投标人退还投标保证金，与中标人签订合同后5日内向中标人和其他中标候选人退还投标保证金。投标保证金以现金或支票形式递交的，招标人应同时退还投标保证金的银行同期活期存款利息，且退还至投标人的基本账户。

3. 履约保证金

(1) 基本要求

在签订合同前,中标人应按投标人须知前附表规定的形式、金额和《公路工程标准施工招标文件》(2018年版)第四章"合同条款及格式"规定的或事先经过招标人书面认可的履约保证金格式向招标人提交履约保证金。除投标人须知前附表另有规定外,履约保证金为签约合同价的10%。联合体中标的,其履约保证金以联合体各方或联合体中牵头人的名义提交。

中标人不能按要求提交履约保证金的,视为放弃中标,其投标保证金不予退还,给招标人造成的损失超过投标保证金数额的,中标人还应对超过部分予以赔偿。在此情况下,可将合同授予下一个中标候选人。

(2) 履约保证金的形式

如发包人接受履约保函采用固定有效期,在项目专用合同条款中应增加保证承包人在履约保函失效日前向发包人出具后续阶段履约保函的约束性条款,直至发包人签发交工验收证书且承包人按照合同约定缴纳质量保证金之日为止。

履约保证金可以采用银行保函、担保公司的担保书和现金(支票、电汇或银行汇票)的形式,也可以采用承包人的同业担保,即由实力强、信誉好的承包人为其他承包人提供履约保证金。也可以采用银行保函加现金的形式。如果工程规模较小,中标人可以以现金作为履约保证金。最常用的形式是银行保函。

银行保函是由担保银行应中标人的要求向业主出具的担保书,是一种在特定条件下可支付的银行承诺文件。如果中标人在施工中违约给业主造成经济损失,按业主的要求,银行须在担保金额内向业主赔偿。开具银行保函所需的费用由中标人承担,中标人应保证银行保函有效。

银行保函的内容必须完整、严谨、公正和明确,一般应包括以下内容:受益人(指业主)、担保人(指银行)、被担保人(指承包人)、担保金额、有效期限以及担保责任等。

如采用银行保函,格式见附件7。

附件7 履约保证金格式(图5-6)

履约保证金

_____(发包人名称):

鉴于_____(发包人名称,以下简称"发包人")接受_____(承包人名称,以下简称"承包人")于_____年____月____日参加_____(项目名称)_____标段施工的投标。我方愿意无条件地、不可撤销地就承包人履行与你方订立的合同,向你方提供担保。

1. 担保金额人民币(大写)_____元(¥_____)。
2. 担保有效期自发包人与承包人签订的合同生效之日起至发包人签发交工验收证书且承包人按照合同约定缴纳质量保证金之日止。①
3. 在本担保有效期内,因承包人违反合同约定的义务给你方造成经济损失时,我方在收到你方以书面形式提出的在担保金额内的赔偿要求后,在7日内无条件支付,无须你方出具证明或陈述理由。

图 5-6

```
4. 发包人和承包人按合同条款第 15 条变更合同时,无论我方是否收到该变更,我方承担本担保规定的义务不变。
                          担保人名称:_____(盖单位章)
                          法定代表人或其委托代理人:_____(签字)
                          地    址:_____
                          邮政编码:_____
                          电    话:_____
                          传    真:_____
                                    _____年_____月_____日
```

图 5-6　履约保证金格式

注:①本条内容可修改为:"本担保自(生效日期)之日起生效,至(失效日期)之日失效。"

4. 签订合同

工程施工承包合同是指招标人与中标人为完成工程项目的建设任务而达成的明确双方的权利和义务关系的具有法律效力的文件。它是工程建设项目施工的依据。在整个招投标过程中,招标是要约邀请,投标是要约,中标通知书是承诺,通过招标、投标及合同授予,最后招标人和中标人签订合同。通过书面合同的签订最终确定合同价格,当事人双方就合同的权利、义务及合同主要条款达成一致。

合同协议书经双方法定代表人或其授权的代理人签署并加盖单位章后生效。协议书通常正本一式两份,双方各执一份。副本若干份,双方分别留存。当正本与副本的内容不一致时,以正本为准。

对于合同未尽事宜,双方需另行签订补充协议,补充协议是合同的组成部分。按照有关法规规定,招标人和中标人不得再行订立背离合同实质性内容的其他协议。

(1)招标人和中标人应在中标通知书发出之日起 30 日内,根据招标文件和中标人的投标文件订立书面合同。中标人无正当理由拒签合同,在签订合同时向招标人提出附加条件,或不按照招标文件要求提交履约保证金的,招标人取消其中标资格,其投标保证金不予退还;给招标人造成的损失超过投标保证金数额的,中标人还应对超过部分予以赔偿。

(2)发出中标通知书后,招标人无正当理由拒签合同,或在签订合同时向中标人提出附加条件的,招标人向中标人退还投标保证金;给中标人造成损失的,还应予以赔偿。

(3)签约合同价的确定原则如下:

①按照评标办法规定对投标报价进行修正后,若修正后的最终投标报价小于开标时的投标函大写金额报价,则签订合同时以修正后的最终投标报价为准。

②按照评标办法规定对投标报价进行修正后,若修正后的最终投标报价大于开标时的投标函大写金额报价,则签订合同时以开标时的投标函大写金额报价为准,同时按比例修正相应子目的单价或合价。

(4)联合体中标的,联合体各方应共同与招标人签订合同,就中标项目向招标人承担连带责任。

(5)招标人和中标人在签订合同协议书的同时,须按照《公路工程标准施工招标文件》(2018 年版)规定的格式和要求签订廉政合同及安全生产合同,明确双方在廉政建设与安全生产方面的权利和义务以及应承担的违约责任。

按有关法规规定,中标人均未与招标人签订合同的,招标人应当依法重新招标。

引例 5-4

【背景资料】

某大型工程,由于技术特别复杂,对施工单位的施工设备和同类工程的施工经验要求较高,经省有关部门批准后决定采取邀请招标方式。招标人于 2007 年 3 月 8 日向通过资格预审的 A、B、C、D、E5 家施工承包企业发出了投标邀请书,5 家企业接受了邀请并于规定时间内购买了招标文件。招标文件规定:2007 年 4 月 20 日下午 4 时为投标截止时间,5 月 10 日发出中标通知书。

在 4 月 20 日上午 A、B、D、E4 家企业提交了投标文件,但 C 企业于 4 月 20 日下午 5 时才送达。4 月 23 日由当地投标监督办公室主持进行了公开开标。

评标委员会共有 7 人组成,其中当地招标办公室 1 人,公证处 1 人,招标人 1 人,技术经济专家 4 人。评标时发现 B 企业投标文件有项目经理签字并盖了公章,但无法定代表人签字和授权委托书;D 企业投标报价的大写金额与小写金额不一致;E 企业对某分项工程报价有漏项。招标人于 5 月 10 日向 A 企业发出了中标通知书,双方于 6 月 12 日签订了书面合同。

【问题】

1. 该项目采取的招标方式是否妥当?说明理由。
2. 请分别指出对 B 企业、C 企业、D 企业和 E 企业投标文件应如何处理,并说明理由。
3. 请指出开标工作的不妥之处,并说明理由。
4. 请指出评标委员会人员组成的不妥之处。
5. 请指出招标人与中标企业 6 月 12 日签订合同是否妥当,并说明理由。

【专家评析】

1. 妥当。工程方案、技术特别复杂的工程经批准后方可进行邀请招标。
2. B 企业投标文件无效,因无法人代表签字,又无授权书;C 企业投标文件应作为废标处理,因超出投标截止时间;D 企业投标文件有效,属细微偏差;E 企业投标文件有效,属细微偏差。
3. ①开标时间不妥。开标时间应为投标截止时间。②开标主持单位不妥。开标应由招标单位代表主持。
4. ①公证处人员只公证投标过程,不参与评标;②招标办公室人员只负责监督招标工作,不参与评标;③技术经济专家不得少于评标委员会成员总数的 2/3,即不少于 5 人。
5. 不妥。招标人与中标人应于中标通知书发出之日起 30 日内签订书面合同。

引例 5-5

【背景资料】

某大型工程项目由政府投资,招标人委托招标代理机构代理招标。招标代理机构编制的招标文件中规定的投标有效期为 90 天,评标方法采用经评审的最低投标价法。

在开标及初步评审时出现了如下情况:

(1)A 企业的投标报价为 8000 万元,经评审的投标价最低,评标委员会对其进行了质疑,A 作出了合理的说明并提交了相关证明资料。

(2) B 企业在开标时又提交了一份补充说明,提出可降价 5%。

(3) C 企业提交的银行投标保函有效期为 80 天。

(4) D 企业的投标涵盖有企业公章及法定代表人签字,但无项目负责人印章。

(5) E 企业参加了两个联合体的投标,两个联合体均提交了有效的联合体共同投标协议。

(6) F 企业的自报工期长于招标文件要求工期的上限。

(7) G 企业的自报工期短于招标文件要求工期的下限。

(8) H 企业的报价个别项目存在漏项。

(9) I 企业的报价中个别处提供了不完整的技术信息。

(10) J 企业提交了内容不一致的两份投标文件,但未声明哪一份有效。

(11) M 企业报价构成中,基础工程的合计明显高于其他投标人,而装饰工程的合计明显低于其他投标人,尽管招标文件对此没有明确规定废标,但评标委员会认定 M 企业使用了不平衡报价法。

(12) N 企业的报价大写大、小写小,经评标委员会校核,N 已签字确认。

(13) O 企业的报价中单价与合计不一致,经校核单价小数点错位。

(14) P 企业除提供的检验标准不符合要求外,其他均响应招标文件的实质性要求。

(15) Q 企业的资质升级导致与资格预审时不一致。

经评标委员会初步评审和详细评审,最终确定 A 企业中标,中标通知书发出后,招标人与 A 企业进行了合同谈判,希望 A 企业适当压缩工期并适当让利。协商结果是不压缩工期,但让利 3%。

【问题】

1. 分析上述投标文件是否有效,并对无效投标文件说明原因。
2. 《招标投标法》对中标的投标文件应满足的条件作了哪些规定?
3. 招标人与中标人签订合同时,《招标投标法》作了哪些规定?
4. 依据《招标投标法》的规定,该工程的签约合同价为多少?

【专家评析】

1. (1) 有效。

(2) 原投标文件有效,开标时提交的补充说明无效。

理由:根据相关规定,在投标截止时间后不能修改投标文件。

(3) 无效。

理由:根据相关规定,投标保函有效期应与投标有效期一致。(投标有效期是指为保证招标人有足够的时间在开标后完成评标、定标、合同签订等工作而要求投标人提交的投标文件在一定时间内保持有效的期限,通常从开标起,截止时间在招标文件中载明,一般不超过 90 天)

(4) 有效。

(5) 无效。

理由:根据相关规定,E 投标人只能参加一个联合体投标或单独投标。

(6) 无效。

理由:根据相关规定,自报工期长于招标文件要求工期的上限属于重大偏差。

(7) 无效。

理由:根据相关规定,自报工期短于招标文件要求工期的下限属于重大偏差。

(8)有效。

(9)有效。

(10)无效。

理由:根据相关规定,一个投标人只能提交一份有效的投标文件。

(11)有效。

(12)有效。

(13)有效(如果投标文件中大小写金额不一致的,以大写为准;总价与单价不一致的,以单价为准,但单价小数点有明显错误的除外;对不同文字文本投标文件的解释发生异议的,以中文文本为准。如投标人拒绝改正诸如书写或算术性的细微偏差错误,招标人可以按照招标文件的规定采取拒绝其投标文件,没收投标保证金,或按招标文件中规定的量化标准,在详细评审时对细微偏差作不利于该投标人的量化)。

(14)无效。

理由:根据相关规定,检验标准不符合招标文件要求属于重大偏差。

(15)有效。

2.中标人的投标文件应当满足下列条件之一:

(1)最大限度满足招标文件中规定的各项综合评价标准。

(2)满足招标文件实质性要求,经评审的投标报价最低,但低于成本的除外。

3.招标人与中标人签订合同时,《招标投标法》作了以下规定:

(1)招标人与中标人在中标通知书发出后的30日内签订合同。

(2)按照招标文件和中标人的投标文件签订合同。

(3)不得另行订立背离合同实质内容的其他协议。

4.签约合同价为A的报价8000万元。

开标、评标与定标典型案例

 任务实施

1.通过任务情境、任务布置、任务分析,学生应探讨完成任务工单。

2.学生在教师指导下,分组完成学习任务工单表5-1。

3.结合讨论的结果,学生跟随教师一起学习和巩固项目相关知识,完成项目任务评析,做好知识点总结及点评,并接受思政熏陶,达成学习目标。

 实战演练

通过公路工程施工开标、评标及合同授予模拟实训进行实战演练,学以致用、理论联系实际,进一步落实学习目标,管理工程开标、评标及合同授予模拟实训任务单见学习任务工单表5-2。

 任务评价

通过学生自评、企业导师及专业教师评教评价,综合评定学生对工作任务五相关知识的掌握及课程学习目标落实的情况。

1.学生进行自我评价,并将结果填入学生自评表(学习任务工单表5-3)。

2.以小组为单位,企业导师就模拟实训任务实施过程和成果进行评价,将评价结果填入企

业导师评价表(学习任务工单表 5-4)。

3.专业教师对学生工作过程与工作成果进行评价,并将评价结果填入专业教师评价表(学习任务工单表 5-5)。

4.综合学生自评、企业导师评价、专业教师评价所占比重,最终得到学生的综合评分,并把各项评分结果填入综合评价表(学习任务工单表 5-6)。

> 为便于师生使用,本书"任务实施""实战演练""任务评价"中的相关表格独立成册,见本书配套学习任务工单。

任务小结

公路工程施工招标投标目的是选择中标单位,决定这个目标能否实现的关键都是评标、定标。公路工程施工招标投标的评标、定标工作由评标委员会完成。工作任务五通过任务情境、任务布置、任务分析等引导学生学习了公路工程开标、评标及合同授予等工作任务的相关知识。

1.开标

招标人应按招标文件中规定的投标截止时间和地点,对所有已接收的投标文件进行公开开标。开标应邀请所有投标人的法定代表人或其委托代理人准时参加,并通知有关监督机构代表到场监督。开标一般由招标人或招标代理机构主持。

2.评标

评标委员会由招标人代表和评标专家组成,成员为 5 人及以上单数,其中技术、经济专家不得少于成员总数的 2/3。评标分为初步评审和详细评审两个阶段。在评审过程中,还可能要求投标人对其投标文件进行澄清和修正。

评标时,可以采用合理低价法、技术评分最低标价法、综合评分法和经评审的最低投标价法。

3.合同授予

招标人应当接受评标委员会推荐的中标候选人,不得在评标委员会推荐的中标候选人之外确定中标人。招标人也可以授权评标委员会直接确定中标人。

中标人确定后,招标人应当在投标有效期内向中标人发出中标通知书,同时将中标结果通知所有未中标的投标人。

招标人和中标人应当自中标通知书发出之日起 30 天内,根据招标文件和中标人的投标文件订立书面合同。

思考题

一、单项选择题

1.开标是指(   )。
　　A.给所有投标者打分　　　　　B.当众宣布中标者名单
　　C.把投标文件当众启封揭晓　　D.对投标文件进行评审

2.资格后审是指在(   )后对投标人进行的资格审查。
　　A.投标　　　B.开标　　　C.中标　　　D.评标

3. 招标人应当采取必要的措施,保证评标在( )的情况下进行。
   A. 公正　　　　B. 公开　　　　C. 公平　　　　D. 严格保密

4. 没有按照招标文件要求提供投标担保或者所提供的投标担保有瑕疵,属( )。
   A. 重大偏差　　　　　　　　B. 严重偏差
   C. 细微偏差　　　　　　　　D. 细小偏差

5. 下述人员中可以作为评标委员会成员的是( )。
   A. 由投标人从省人民政府有关部门提供的专家名册的专家名单中确定的人员
   B. 某投标人的近亲属
   C. 该市行政主管部门的工作人员
   D. 从事招标工作满9年并具有高级职称的招标人代表

6. 根据《招标投标法》有关规定,评标委员会中技术、经济等方面的专家不得少于成员总数的( )。
   A. 1/2　　　　B. 2/3　　　　C. 1/4　　　　D. 2/4

7. 评标工作一般按下列程序进行( )。
   A. 详细评审—评标报告　　　　B. 初步评审—详细评审
   C. 工作准备—评审　　　　　　D. 工作准备—评审报告

8. 评标委员会在对实质上响应招标文件要求的招标进行评估时,除招标文件另有约定外,应当按下述原则进行修正,用数字表示的金额与用文字表示的金额不一致时,以( )为准。
   A. 数字金额
   B. 文字金额
   C. 数字金额与文字金额中小的
   D. 数字金额与文字金额中大的

9. 投标单位在投标报价中,对工程量清单中的每一单项均须计算填写单价和合价,在开标后,发现投标单位没有填写单价和合价的项目,则( )。
   A. 允许投标单位补充填写
   B. 作为废标处理
   C. 退回投标书
   D. 认为此项费用已包括在工程量清单的其他单价和合价中

10. 根据《招标投标法》,一个完整的招标投标程序中必须包括的基本环节是( )。
    A. 发布招标公告、编制招标文件、开标、评标、定标和签订合同
    B. 招标、投标、开标、评标、中标和签订合同
    C. 发布招标文件、编制招标文件、澄清和答疑、投标、开标、评标、中标
    D. 招标、投标、开标、评标、澄清和说明、签订合同

11. 某通用设备采购招标项目,采用经评审的最低投标价法进行评标时,中标人应为( )。

    A. 报价最低者　　　　　　　B. 评标得分最低者
    C. 评标得分最高者　　　　　D. 评标价最低者

12. 采用经评审的最低投标价法对建设工程项目施工投标文件进行评审时,主要比较的是( )。

    A. 项目总报价
    B. 分部分项工程报价
    C. 对某些量化因素进行价格折算后的总价
    D. 投标人优惠后的总价

13. 某采用经评审的最低投标价法标的项目,其评标价比较见表 5-14,则第一中标候选人的评标价格和投标报价分别为( )。

评标价比较　　　　　　　　　　　　　　　　表 5-14

投标人	甲	乙	丙
投标报价(万元)	3200	3500	3400
提前竣工调整(万元)	0	−100	−50
采用新技术调整(万元)	160	−50	20

    A. 3200 万元和 3200 万元　　　B. 3360 万元和 3200 万元
    C. 3350 万元和 3500 万元　　　D. 3370 万元和 3400 万元

14. 根据《公路工程标准施工招标文件》(2018 年版),对于大型复杂工程,有特殊施工技术和经验要求的施工招标,宜采用的评标方法是( )。

    A. 最低投标价法　　　　　　B. 经评审的最低投标价法
    C. 最合理报价评审法　　　　D. 综合评分法

15. 采用综合评分法对施工项目投标文件进行详细评审时,属于施工组织设计评审内容的是( )。

    A. 项目经理的任职资格　　　B. 主要技术负责人的施工管理业绩
    C. 各专业人员数量的合理性　D. 资源配置计划的合理性

16. 根据《公路工程标准施工招标文件》(2018 年版),对于公路工程施工一般通用项目招标评标,一般应当采用的评标方法是( )。

    A. 合理低价法　　　　　　　B. 最低报价法
    C. 综合评分法　　　　　　　D. 经评审的最低投标价法

17. 中标通知书由( )发出。

    A. 招标代理机构　　　　　　B. 招标人
    C. 招标投标管理处　　　　　D. 评标委员会

18. 工程建设施工招标,招标单位应在定标内( )天发出招标通知书。

    A. 10　　　　B. 15　　　　C. 30　　　　D. 40

19. 招标人可以( )评标委员会直接确定中标人。
   A. 批准 B. 委托
   C. 授权 D. 指定

20. 中标人应当就分包项目向招标人负责,接受分包的人就分包项目承担( )。
   A. 法律责任 B. 民事责任
   C. 单位责任 D. 连带责任

二、多项选择题

1. 采用公开招标方式,( )等都应当公开。
   A. 评标的程序
   B. 评标人的名单
   C. 开标的程序
   D. 评标的标准
   E. 中标的结果

2. 我国《招标投标法》规定,开标时由( )检查投标文件密封情况,确定无误后当众开封。
   A. 招标人
   B. 投标人或投标人推选的代表
   C. 评标委员会
   D. 地方政府相关行政主管部门
   E. 公证机构

3. 某港口建设项目向社会公开招标,招标文件中明确规定提交投标文件的截止时间为2020年8月12日上午9点,下列说法正确的是( )。
   A. 开标时间为2020年8月12日上午至2020年8月13日上午9点之间
   B. 开标由该市建设行政主管部门主持
   C. 邀请所有投标人参加开标会
   D. 开标时,由投标人当众检查投标文件的密封情况
   E. 招标人对2020年8月12日上午9点10分送达的投标文件不予受理

4. 在开标时,如果发现投标文件出现( )等情况,应按无效投标文件处理。
   A. 未按招标文件的要求予以密封
   B. 投标函未加盖投标人的企业公章并无法定代表人签字盖章的
   C. 联合体投标未附联合体协议书
   D. 明显不符合技术标准要求
   E. 在开标后送达的

5. 《评标委员会和评标方法暂行规定》中规定的投标文件重大偏差包括(　　)。

　　A. 没有按照招标文件要求提供投标担保

　　B. 投标文件没有投标人授权代表签字和加盖公章

　　C. 投标文件载明的招标项目完成期限超过招标文件规定的期限

　　D. 提供了不完整的技术信息和数据

　　E. 投标文件附有招标人不能接受的条件

6. 关于细微偏差的说法,正确的选项包括(　　)。

　　A. 在实质上响应了招标文件要求,但在个别地方存在漏项

　　B. 在实质上响应了投标文件要求,但提供了不完整的技术信息和数据

　　C. 补正遗漏会对其他投标人造成不公平的结果

　　D. 细微偏差不影响投标文件的有效性

　　E. 细微偏差将导致投标文件成为废标

7. 评标过程中应当作为废标处理的情况包括(　　)。

　　A. 投标文件未按对投标文件的要求予以密封

　　B. 拒不按要求对投标文件进行澄清、说明或补正

　　C. 投标文件未能对招标文件提出的所有实质性要求和条件作出响应

　　D. 经评标委员会确认投标人报价低于其成本价

　　E. 组成联合体投标,投标文件未附联合体各方投标协议

8. 《招标投标法实施条例》规定发生下列情形之一的,评标委员会应当否决其投标(　　)。

　　A. 投标文件未经投标单位盖章和单位负责人签字

　　B. 投标联合体没有提交共同投标协议

　　C. 投标报价低于成本或者高于招标文件设定的最高投标报价

　　D. 投标人不符合国家或者投标文件规定的资格条件

　　E. 投标文件没有对招标文件的实质性要求和条件作出响应

9. 下列关于评标专家的说法正确的是(　　)。

　　A. 应具有8年专业经验　　B. 应具有高级职称

　　C. 由招标单位自行聘请　　D. 技术经济专家应占2/3以上

　　E. 应为5人以上双数

10. 某市一基础设施项目进行招标,现拟组建评标委员会,按评标委员会和评标方法暂行规定,下列人员中不得担任评标委员会成员的是(　　)。

　　A. 投标人的亲属

　　B. 行政监督管理部门人员

　　C. 与投标人有经济利益关系的人员

　　D. 从事相关专业领域工作满3年以上的人员

　　E. 熟悉有关招标投标法规,并具有与招标项目相关实践经验的人员

11. 某建设项目招标,评标委员会由2名招标人代表和3名技术、经济等方面的专家组成,这一组成不符合《招标投标法》的规定,则下列关于评标委员会重新组成的做法中,正确的有(　　)。

　　A. 减少1名招标人代表,专家不再增加
　　B. 减少1名招标人代表,再从专家库中抽取1名专家
　　C. 不减少招标人代表,再从专家库中抽取1名专家
　　D. 不减少招标人代表,再从专家库中抽取2名专家
　　E. 不减少招标人代表,再从专家库中抽取3名专家

12. 某省高速公路新建工程项目招标,根据《招标投标法》关于联合体投标的规定,下列说法正确的有(　　)。

　　A. 单位资质不够,可以与别的单位组成联合体参与竞标
　　B. B、C两家单位组成联合体投标,它们应当签订共同投标协议
　　C. D、E两家单位构成联合体,它们签订的共同投标协议应当提交招标人
　　D. F、G两家单位构成联合体,它们各自对招标人承担责任
　　E. H、I两家单位构成联合体,两家单位对投标人承担连带责任

13. 下列情况中,不得担任评标委员会成员的是(　　)。

　　A. 投标人或者投标主要负责人的近亲属
　　B. 项目主管部门或者监督部门的人员
　　C. 与投标人有经济关系,可能影响对投标公平评审的
　　D. 没有拥有注册造价师证的
　　E. 曾因在招标、评标及其他与招标投标有关活动中从事违法行为而受过行政或刑事处罚的

14. 评标委员会负责人可以由(　　)。

　　A. 政府指定　　　　　　B. 评标委员会成员推举产生
　　C. 投标人推举产生　　　D. 招标人确定
　　E. 中介机构推荐

15. 公路工程施工项目评标的程序是(　　)。

　　A. 评标准备工作　　　　B. 初步评审
　　C. 详细评审　　　　　　D. 评审后续工作
　　E. 编写评标报告

16. 投标文件有下列(　　)情形之一的,由评标委员会初审后按废标处理。

　　A. 大写金额与小写金额不一致
　　B. 投标工期长于招标文件中要求工期的标书
　　C. 关键内容字迹模糊、无法辨认的标书
　　D. 未按招标文件要求提交投标保证金的
　　E. 总价金额与单价金额不一致

17. 评标委员会在某工程项目评标过程中,发现个别投标文件中存在某些错误,评标委员会的下列做法正确的有(   )。
    A. 甲的投标文件中的大写金额和小写金额不一致,以大写金额为准
    B. 乙的投标文件中总价金额与单价金额不一致,以单价金额为准,但单价金额小数点有明显错误
    C. 丙未按招标文件要求提交投标保证金,评标委员会将丙的投标文件作为废标处理
    D. 丁的投标文件中有含义不明确的内容,评标委员会要求其对此做必要的澄清或者说明
    E. 戊是以他人的名义投标,评标委员会将戊的投标文件作为废标处理

18. 某市一港口项目进行招标,下列(   )情形下,招标人有权没收投标人的投标保证金。
    A. 投标人在投标有效期内撤回其投标文件
    B. 投标人在投标文件截止时间前要求修改投标文件的内容
    C. 中标后未能在规定期限内提交履约保证金或签署合同协议
    D. 投标人的投标报价不符合招标文件要求
    E. 投标文件中施工组织设计过于简单

19. 下列关于确定中标人的说法中,正确的有(   )。
    A. 确定中标人的权利属于招标人
    B. 确定中标人的依据是评标委员会提出的书面评标报告和推荐的中标候选人
    C. 依法必须在进行招标的项目,招标人员应当确定排名第一的中标候选人为中标人
    D. 定标应在投标有效期结束前30天内完成
    E. 中标人确定后,招标人应当向中标人发出中标通知书,并与中标人在中标通知书发出之日起30日内订立书面合同

20. 下列有关招标投标签订合同的说明,正确的是(   )。
    A. 应当在中标通知书发出之日起30天内签订合同
    B. 招标人和中标人不得再订立背离合同实质性内容的其他协议
    C. 招标人和中标人可以通过合同谈判对原招标文件、投标文件的实质性内容作出修改
    D. 如果招标文件要求中标人提交履约担保,招标人员应向中标人提供同等数额的工程款支付担保
    E. 中标人不与招标人订立合同的,应取消其中标资格,但投标保证金应予退还

三、简答题

1. 简述开标的程序。

2. 开标时应注意哪些问题？
3. 评标专家应具备哪些条件？
4. 评标委员会的组建有哪些要求？
5. 常用的评标方法有哪几种？分别适用于什么情况？
6. 简述评标的程序。
7. 评标报告的主要内容有哪些？
8. 确定中标人有哪些程序和要求？

四、案例分析

1.【案例】

某公路工程招标项目采用合理低价法评标，已知如下条件：

(1) 等于评标基准价为满分，满分为 100 分。

(2) 高于评标基准价每 1%，扣 2 分，低于评标基准价每 1% 扣 1 分。

(3) 投标人报价高于 10000 万元直接废标。

(4) 该项目 × 标段共有 10 个投标人，其 (A1 – A10) 报价分别为：9600 万元，9300 万元，8700 万元，8500 万元，10100 万元，9200 万元，8900 万元，8400 万元，10020 万元，9000 万元。

(5) 采用随机下浮法确定评标基准价时，随机下浮值抽中下浮 6%。

【问题】

试计算评标基准价，并对投标人报价得分进行排序，推荐第一中标候选人。

2.【案例】

一项大坝工程的招标文件要求投标保证金的金额为报价的 2%。评标价最低的投标文件报价为 3 亿美元，所交由银行担保的投标保证金为 600 万美元，但报价中发现有错误，经改正后报价为 3.02 亿美元，按改正后的报价投标保证金应为 604 万美元。

【问题】

此份文件是否因投标保证金不足而拒绝？

3.【案例】

某省国道主干线高速公路土建施工项目实行公开招标，根据项目的特点和要求，招标人提出了招标方案和工作计划。采用资格预审方式组织项目土建施工招标，招标过程中出现了下列事件：

事件 1：2013 年 7 月 1 日（星期一）发布资格预审公告。公告载明资格预审文件自 7 月 2 日起发售，资格预审申请文件于 7 月 22 日下午 16:00 之前递交至招标人处。某投标人已从外地赶来。7 月 6 日（星期六）上午上班时间前来购买资格预审文件，被告知已经停售。

事件 2：资格审查过程中，资格审查委员会发现某省路桥总公司提供的业绩证明材料部分是其下属第一工程有限公司业绩证明材料，且其下属的第一工程有限公司具有独立法人资格和相关资质。考虑到属于一个大单位，资格审查委员会认可了其下属公司业绩为其业绩。

【问题】

事件1和事件2中有哪些不妥之处，请逐一说明。

工作任务五
思考题答案

工作任务六 WORK ASSIGNMENT SIX
认知合同法律

 学习目标

☞ **知识目标**

1. 了解《民法典》的内容。
2. 掌握合同签订的原则与程序。
3. 掌握合同的履行及违约责任。
4. 熟悉合同担保制度、合同的变更与转让。
5. 熟悉合同纠纷的处理。
6. 掌握公路工程建设领域涉及的合同种类及其主要内容。

☞ **技能目标**

1. 能参与订立合同。
2. 能判定合同的效力。
3. 能操作合同的变更与转让。
4. 能根据《民法典》处理合同纠纷。
5. 能操作合同担保。

☞ **素质目标**

1. 提升尊重规则、遵守规范、信守道德的职业素养。
2. 树立自由、平等、公正、法治的社会主义核心价值观,并与工作生活相结合,恪守职业守则和道德标准。

 任务描述

工程合同在经济活动和社会活动中具有重要作用,也是工程招标文件的组成部分,熟悉合同法律基础内容对工程招投标及中标后履约具有重要意义。本工作任务按照现行《民法典》中的相关规定,对合同有关法律知识进行介绍,包括合同的概念、类型及合同的生效、履行、变更、转让和终止等。

 任务情境

某建筑公司需要方解石500t,便电告某建材公司,询问是否可以供货、价格多少等。建材公司回函说,我公司可以如数提供,并提供了价格、送货与提货的不同价格标准等。建筑公司在比较了几家建材公司的价格后,用传真方式向某建材公司正式提出购买500t方解石的请求,同时还就价格、交货方式、交货日期、交货地点、违约责任等方面提出了自己的意见,并要求建材公司能在10天之内给予答复。在发出传真后的第8天,建筑公司为了保险起见,给建材公司第二次发传真,提出如果建材公司同意供货,两公司最好能够签订一份购销合同确认书。当天,建筑公司收到建材公司发来的信函,内容为:同意贵公司意见,准时发货。建筑公司接信后,便按原来传真的内容起草了一份合同确认书,并自己先在合同确认书上签了字,然后将该合同确认书寄给建材公司,请其签字后将建筑公司的那份寄回。这时,因方解石涨价,建材公司提出提高价格。建筑公司不同意,理由是建材公司已经用信函作出承诺,合同已经成立,合同确认书只是对已经成立的合同的确认,建材公司应当按自己的承诺履行合同。建材公司拒绝在合同确认书上签字,两家纠纷顿起。

 任务布置

1. 建筑公司第一次向建材公司发出传真提出购买500t方解石的请求属于什么行为?
2. 合同确认书是否有效?请说明理由。
3. 建材公司的提价要求合理吗?请说明理由。
4. 以这样的方式订立的合同从什么时候开始生效?
5. 通过本案例,你学到了什么?在今后的工作岗位中,面临法律或者道德的约束时,我们能否恪守诚实守信的职业道德呢?

 任务分析

根据岗位职业能力的要求,利用上述任务情境,引导学生对合同的订立的3个知识点进行学习,即要约、承诺和合同的成立。熟悉合同订立的整个过程及各个环节的有关规定,融入合同当事人的职业操守。项目实施过程中将课堂知识讲授与实际案例密切结合,辅以相关文件编制练习,以提高学生分析问题、解决问题的能力,教育引导学生严格遵守法律和行业规范,养成爱岗敬业、不偏不倚、工作严谨的职业素养。

 任务相关知识

要约与承诺都是在建立合同前期比较重要的步骤,要约发生在承诺之前,承诺完成后,双方协商,经协商一致,合同方可订立。但是在这一过程中,我们需要清楚要约与承诺的区别。要约与承诺的区别主要体现在以下几个方面:

(1)概念不同。要约是希望和他人订立合同的意思表示,承诺是要约人同意要约的意思表示。

(2)意思表示要件不同。
①要约内容具体明确,承诺内容应当与要约内容一致。
a. 表明经受要约人承诺,要约人即受该意思表示约束。
b. 承诺对要约内容作出实质性变更的,为新要约。
②承诺对要约内容作出非实质性变更的,承诺有效;要约人及时表示反对或要约表明承诺

不得对要约内容作出任何变更的除外。

(3) 生效不同。要约采取到达主义,要约到达受要约人时生效。承诺应当以通知方式作出,承诺通知到达要约人时生效;根据交易习惯或要约表明可以通过行为作出承诺除外。

子任务1　初识合同

一、合同的概念

合同是平等主体的自然人、法人、其他组织之间设立、变更、终止民事权利义务关系的协议。

合同法概述

我国于1999年10月1日起施行《中华人民共和国合同法》(简称《合同法》),《民法典》于2021年1月1日开始施行,《合同法》同时废止。《民法典》中合同编包括通则、典型合同、准合同三个分编。

二、合同法律关系及合同分类

1. 合同法律关系的构成

法律关系是指法律规范在调整人们行为的过程中形成的权利义务关系。法律关系是以法律为前提而产生的社会关系,没有法律的规定,就不可能形成相应的法律关系。

合同法律关系是指由合同法律规范调整的当事人在民事流转过程中所产生的权利义务关系。合同法律关系包括合同法律关系主体、合同法律关系客体、合同法律关系内容三个要素。这三个要素缺一不可,任何一项内容发生变更,都可能引起合同法律关系的变更。

(1) 合同法律关系主体

合同法律关系主体是参加合同法律关系,享有相应权利、承担相应义务的当事人。合同法律关系的主体可以是自然人、法人和其他组织。

①自然人是指基于出生而成为民事法律关系主体的有生命的人。自然人既包括公民,也包括外国人和无国籍人,他们都可以作为合同法律关系的主体。

②法人是具有民事权利能力和民事行为能力,依法独立享有民事权利和承担民事义务的组织。法人是与自然人相对应的概念,是法律赋予社会组织具有人格的一项制度。这一制度为确立社会组织的权利、义务,便于社会组织独立承担责任提供了基础。法人应当具备以下条件:

a. 依法成立。法人不能自然产生,其产生必须经过法定的程序,必须经过政府主管机关的批准或者核准登记。

b. 有必要的财产或者经费。

c. 有自己的名称、组织机构和场所。

d. 能够独立承担民事责任。

法人可以分为企业法人和非企业法人两大类。非企业法人包括行政法人、事业法人和社团法人。企业法人依法经工商行政管理机关核准登记后取得法人资格。具有法人条件的事业单位、社会团体,依法不需要办理法人登记的,从成立之日起即具有法人资格;依法需要办理法人登记的,经核准登记,取得法人资格。

③其他社会组织。法人以外的其他社会组织也可以成为合同法律关系主体,主要包括:法人的分支机构,不具备法人资格的联营体、合伙企业、个人独资企业等。这些组织应当是合法成立、有一定的组织机构和财产,但又不具备法人资格的组织。其他组织与法人相比,其复杂性在于民事责任的承担较为复杂。

(2)合同法律关系客体

合同法律关系客体,又叫合同的标的,是指合同法律关系的主体享有的权利和承担的义务所共同指向的对象。在通常情况下,合同主体都是为了某一客体,彼此才设立一定的权利义务,从而产生合同法律关系。这里的权利、义务所指向的事物,就是合同法律关系的客体。合同法律关系的客体主要包括物、行为和智力成果,见表6-1。

合同法律关系的客体 表6-1

客体	解释
物	可为人们控制,并具有经济价值的生产资料和消费资料。物可以分为动产和不动产、流通物与限制流通物、特定物与种类物等。例如,建筑材料、建筑设备、建筑物等
行为	人的有意识的活动。在合同法律关系中,行为多表现为完成一定的工作,如勘察设计、施工安装等
智力成果	通过人的脑力活动所创造出的精神成果,包括知识产权、技术秘密以及在特定情况下的公知技术,如工程设计、专利权等

(3)合同法律关系的内容

合同法律关系的内容是指合同约定和法律规定的权利和义务。

合同法律关系的内容是合同主体的具体要求,决定了合同法律关系的性质,是连接主体的纽带。

①权利是指合同法律关系主体在法定范围内,按照合同的约定有权按照自己的意志做出某种行为,同时要求义务主体做出某种行为或不得做出某种行为,以实现自己的合法权益。当其权利受到侵害时,法律将予以保护。

②义务是指义务主体依据法律规定和权利主体的合法要求,必须做出某种行为或不得做出某种行为,以保证权利主体实现其合法权益,否则要承担法律责任。义务和权利是相互对应的,相应主体应自觉履行相对应的义务;否则,义务人应承担相应的法律责任。

2.合同的分类

(1)合同的基本分类

《民法典》合同编规定了19种典型合同,即买卖合同,供用电、水、气、热力合同,赠与合同,借款合同,保证合同,租赁合同,融资租赁合同,保理合同,承揽合同,建设工程合同,运输合同,技术合同,保管合同,仓储合同,委托合同,物业服务合同,行纪合同,中介合同,合伙合同。

(2) 其他分类

①计划合同与非计划合同。计划合同是指依据国家有关计划签订的合同。非计划合同是指当事人根据市场需求和自己的意愿订立的合同。

②双务合同与单务合同。双务合同是指当事人双方相互享有权利和相互承担义务的合同。大多数合同都是双务合同,如建设工程合同。单务合同是指合同当事人双方并不相互享有权利、承担义务的合同,如赠与合同。

③诺成合同与实践合同。诺成合同是指当事人意思表示一致即可成立的合同。实践合同则要求在当事人意思表示一致的基础上,还必须交付标的物或者其他给付义务的合同。在现代经济生活中,大部分合同都是诺成合同。这种合同分类的目的在于确立合同的生效时间。

④主合同与从合同。主合同是指不依赖其他合同而独立存在的合同。从合同是指以主合同的存在为存在前提的合同。主合同的无效、终止将导致从合同的无效、终止,但从合同的无效、终止不能影响主合同。担保合同属于典型的从合同。

⑤有偿合同与无偿合同。有偿合同是指合同当事人双方任何一方均须给予另一方相应权益方能取得自己利益的合同。无偿合同是指合同当事人一方无须给予相应权益即可从另一方取得利益。

⑥要式合同与不要式合同。如果法律要求必须具备一定形式和手续的合同,称为要式合同。反之,法律不要求具备一定形式和手续的合同,称为不要式合同。

三、《民法典》的基本原则

《民法典》确立了平等原则、自愿原则、公平原则、诚信原则、守法与公序良俗原则和绿色原则六大基本原则。

(1) 平等原则

平等原则规定当事人无论是什么身份,其在合同关系中相互之间的法律地位是平等的,都是独立的、享有平等主体资格的合法当事人。

(2) 自愿原则

自愿原则是《民法典》重要的基本原则,体现了签订合同作为民事活动的基本特征。自愿原则贯穿于合同全过程,既表现在合同当事人之间,因一方欺诈、胁迫订立的合同无效或者可以撤销,也表现在合同当事人与其他人之间,任何单位和个人不得非法干预。

(3) 公平原则

民事主体从事民事活动,当事人应当遵循公平原则确定各方的权利和义务。

(4) 诚信原则

当事人行使权利、履行义务应当遵循诚信原则,该原则要求当事人在订立和履行合同以及合同终止后的全过程中,都要讲诚实,重信用,相互协作,不得滥用权力。

(5) 守法与公序良俗原则

民事主体从事民事活动,不得违反法律,不得违背公序良俗。

(6) 绿色原则

民事主体从事民事活动,应当有利于节约资源、保护生态环境。

子任务2　合同的订立

一、概述

合同的订立是指两方以上当事人通过协商而于互相之间建立合同关系的行为。合同的订立是合同双方动态行为和静态协议的统一,它既包括缔约各方在达成协议之前接触和洽谈的整个动态的过程,也包括双方达成合意、确定合同的主要条款或者合同的条款之后所形成的协议。前者如要约邀请、要约、反要约等,包括先合同义务和缔约过失责任;后者如承诺、合同成立和合同条款等。

合同的订立1

当事人依法可以委托代理人订立合同。委托代理人订立合同是指当事人委托他人以自己的名义与第三人签订合同,并承担由此产生的法律后果的行为。

合同形式指协议内容借以表现的形式。合同的形式由合同的内容决定并为内容服务。合同的形式有书面形式、口头形式和其他形式。

工程合同应当采用书面形式。

二、合同订立的程序

合同订立的程序指订立合同的当事人经过平等协商,就合同的内容取得一致意见的过程。《民法典》第四百七十一条规定:"当事人订立合同,可以采取要约、承诺方式或者其他方式。"

1.要约

要约是希望和他人订立合同的意思表示。提出要约的一方为要约人,接收要约的一方为受要约人。

(1)要约的有效条件

要约应当符合如下规定:①内容具体确定;②一经受要约人承诺,要约人即受该意思表示的约束。也就是说,要约必须是特定人的意思表示,必须是以缔结合同为目的,必须具备合同的主要条款。

在实际生活中,要注意要约与要约邀请的区别。有些合同在要约之前还会有要约邀请。《民法典》第四百七十三条规定:"要约邀请是希望他人向自己发出要约的表示。"要约邀请并不是合同成立过程中的必经过程,它是当事人订立合同的预备行为,这种意思表示的内容往往不确定,不含有合同得以成立的主要内容和相对人同意后受其约束的表示,在法律上无须承担责任。寄送的价目表、拍卖公告、招标公告、商业广告等为要约邀请。商业广告的内容符合要约规定的,视为要约。

(2)要约的生效

根据《民法典》第一百三十七条规定,以对话方式作出的意思表示,相对人知道其内容时生效。以非对话方式作出的意思表示,到达相对人时生效。以非对话方式作出的采用数据电文形式的意思表示,相对人指定特定系统接收数据电文的,该数据电文进入该特定系统时生效;未指定特定系统的,相对人知道或者应当知道该数据电文进入其系统时生效。当事人对采用数据电文形式的意思表示的生效时间另有约定的,按照其约定。

(3)要约的撤回和撤销

要约可以撤回,撤回要约的通知应当在要约到达受要约人之前或者与要约同时到达受要约人。要约可以撤销,撤销要约的通知应当在受要约人发出承诺通知之前到达受要约人。但有下列情形之一的,要约不得撤销:

①要约人确定了承诺期限或者以其他形式明示要约不可撤销。

②受要约人有理由认为要约是不可撤销的,并已经为履行合同做了准备工作。

(4)要约的失效

有下列情形之一的,要约失效:

①拒绝要约的通知到达受要约人。

②要约人依法撤销要约。

③承诺期限届满,受要约人未作出承诺。

④受要约人对要约的内容作出实质性变更。

在工程合同的订立过程中,投标人的投标文件是要约。因此,作为投标文件的内容应具体确定。

2. 承诺

承诺是受要约人同意要约的意思表示。承诺应当以通知的方式作出,但根据交易习惯或者要约表明可以通过行为作出承诺的除外。

(1)承诺具有法律约束力的条件

①承诺必须由受要约人作出。

②承诺只能向要约人作出。

③承诺的内容应当与要约的内容一致。

④承诺必须在承诺期限内发出。

在工程合同的订立过程中,招标人发出中标通知书的行为是承诺。因此,中标通知书必须由招标人向投标人发出,并且其内容应当与招标文件、投标文件的内容一致。

(2)承诺的期限

承诺应当在要约规定的期限内到达要约人。要约没有规定承诺期限的,承诺应当按照下列规定到达:

①除非当事人另有约定,以对话方式作出的要约,应当即时作出承诺。

②以非对话方式作出的要约,承诺应当在合理期限内到达。

以信件或者电报作出的要约,承诺期限自信件载明的日期或者电报交发之日开始计算。信件未载明日期的,自投寄该信件的邮戳日期开始计算。以电话、传真等快速通信方式作出的要约,承诺期限自要约到达受要约人时开始计算。

(3)承诺的生效

根据《民法典》第四百八十四条规定,以通知方式作出的承诺,生效的时间适用本法第一百三十七条的规定。

(4)延迟承诺

受要约人超过承诺期限发出承诺,或者在承诺期限内发出承诺,按照通常情形不能及时到达要约人的为新要约;但是要约人及时通知受要约人该承诺有效的除外。

(5)未迟发而迟到的承诺

受要约人超过承诺期限发出承诺,按照通常情形能够及时到达要约人,但是因为其他原因致使承诺到达要约人时超过承诺期限的,除要约人及时通知受要约人因承诺超过期限不接受该承诺外,该承诺有效。

(6)要约内容的变更

承诺的内容应当与要约的内容一致。有关合同标的、数量、质量、价款或报酬、履行期限、履行地点和方式、违约责任和解决争议方法等的变更,是对要约内容的实质性变更。受要约人对要约的内容作出实质性变更的,为新要约。承诺对要约的内容作出非实质性变更的,除要约人及时表示反对或者要约表明承诺不得对要约的内容作出任何变更的以外,该承诺有效,合同的内容以承诺的内容为准。

引例6-1

【背景资料】

广州A公司2008年3月1日以信件的方式向上海B公司发出要约:"愿意购买贵公司儿童玩具1万件,每件价格100元,你方负责运输,货到付款,30天内答复有效。"3月10信件到达B公司,B公司收发员李某签收,但由于正逢下班时间,于第二天将信交给公司办公室。恰逢B公司董事长外出,2008年4月6日董事长才回来,看到A公司的要约,立即以电话的方式告知A公司:"如果价格为120元/件,可以卖给贵公司1万件儿童玩具。"A公司不予理睬。4月20日上海C公司经理吴某在B公司董事长办公室看到了A公司的要约,当天回去就向A公司发了传真:"我们愿意以每件100元的价格出售1万件儿童玩具。"A公司于第二天回电C公司:"我们只需要5000件。"C公司当天回电:"明日发货。"

【问题】

1. 2008年4月6日B公司电话告知A公司的内容是要约还是承诺?
2. A公司对2008年4月6日B公司电话不予理睬是否构成违约?为什么?
3. 2008年4月20日C公司的传真是要约还是承诺?为什么?
4. 2008年4月21日A公司对C公司的回电是要约还是承诺?为什么?
5. 2008年4月21日C公司对A公司的回电是要约还是承诺?

【专家评析】

1. 2008年4月6日B公司电话告知A公司的内容是要约。在本案例中,B公司电话告知A公司的内容是价格变更,属于作出实质性变更,则原要约失效,成立新要约。

2. A公司对2008年4月6日B公司电话不予理睬不构成违约。首先,B公司错过了A公司的要约期限;其次,B公司是新的要约,对于要约可以不予承诺,没有承诺则合同不成立,合同不成立也就没有违约的存在。

3. 2008年4月20日C公司的传真是要约。因为要约的对象具有确定性,在本案例中,A

公司的要约是针对B公司的,并没有向C公司作出要约,所以C公司发出的传真属于C公司对A公司发出的要约。

4. 2008年4月21日A公司对C公司的回电是要约。在本案例中,A公司对C公司的回复是数量上的变更,属于作出实质性变更,则原要约失效,成立新要约。

5. 2008年4月21日C公司对A公司的回电是承诺。C公司对于A公司的回电是对于要约的答复,构成承诺。

三、合同的成立

合同成立是指订约当事人就合同的主要条款达成合意。合同的本质是一种合意,合同成立就是各方当事人的意思表示一致,达成合意。承诺生效时合同成立。

合同的订立2
(合同的成立、内容、缔约过失责任)

1. 合同成立的时间

合同成立的时间是由承诺实际生效的时间所决定的。这就是说,承诺在何时生效,当事人就应当在何时受合同关系的拘束,享受合同上的权利和承担合同上的义务,因此,承诺生效时间在《民法典》中具有极为重要的意义。当事人采用合同书形式订立合同的,自双方当事人签名、盖章或按指印时合同成立。当事人采用信件、数据电文等形式订立合同的,可以在合同成立之前要求签订确认书。签订确认书时合同成立。

2. 合同成立的地点

承诺生效的地点为合同成立的地点。采用数据电文形式订立合同的,收件人的主营业地为合同成立的地点;没有主营业地的,其住所地为合同成立的地点。当事人另有约定的即按照其约定。当事人采用合同书形式订立合同的,双方当事人签字或者盖章的地点为合同成立的地点。

四、合同主要内容和格式条款

1. 合同的内容

合同内容包括当事人享有的权利和承担的义务,主要以各项条款确定。合同内容由当事人约定,一般包括以下条款:

(1)当事人的名称、姓名和住所

这是每个合同必须具备的条款,当事人是合同的主体,要把名称或姓名、住所规定准确、清楚。

(2)标的

标的是当事人权利义务共同所指向的对象。没有标的或标的不明确,权利义务就没有客体,合同关系就不能成立,合同就无法履行。不同的合同,其标的也有所不同。标的可以是物、行为、智力成果、项目或某种权利。

(3)数量

数量是衡量合同标的多少的尺度,以数字和计量单位表示。没有数量或数量的规定不明确,当事人双方权利义务的多少、合同是否完全履行就都无法确定。合同的数量必须严格按照国家规定的法定计量单位填写,以免当事人产生不同的理解。施工合同中主要体现的数量是工程量的大小。

(4)质量

质量,指标准、技术要求,表明标的的内在素质和外观形态的综合,包括产品的性能、效用、工艺等,一般以品种、型号、规格、等级等体现。当事人约定质量条款时,必须符合国家有关规定和要求。

(5)价款或报酬

价款或报酬,是一方当事人向对方当事人所付代价的货币支付。凡是有偿合同,都有价款或报酬条款。当事人在约定价款或报酬时,应遵守国家有关价格方面的法律和规定,并接受工商行政管理机关和物价管理部门的监督。

(6)履行期限、地点和方式

履行期限是合同中规定当事人履行自己义务的时间界限,是确定当事人是否按时履行或延期履行的客观标准,也是当事人主张合同权利的时间依据。履行地点是指当事人履行合同义务和对方当事人接受履行的地点。履行方式是当事人履行合同义务的具体做法。合同标的不同,履行方式也有所不同。即使合同标的相同,也有不同的履行方式。当事人只有在合同中明确约定合同的履行方式,才便于合同的履行。

(7)违约责任

当事人一方或双方不履行合同义务或履行合同义务不符合约定的,依照法律的规定或按照当事人的约定应当承担法律责任。合同中约定违约责任条款不仅可以维护合同的严肃性,督促当事人切实履行合同,而且一旦出现当事人违反合同的情况,便于当事人及时按照合同承担责任,减少纠纷。

(8)解决争议的方法

在合同履行过程中不可避免地会产生争议,为使争议发生后能够有一个双方都能接受的解决办法,应当在合同条款中对此作出规定。如果当事人希望通过仲裁作为解决争议的最终方式,则必须在合同中约定仲裁条款,因为仲裁是以自愿为原则的。

2. 格式条款

依据《民法典》第四百九十六条,格式条款是当事人为了重复使用而预先拟定,并在订立合同时未与对方协商的条款。

(1)格式条款提供者的义务

采用格式条款订立合同,有利于提高当事人双方合同订立过程的效率、减少交易成本、避免合同订立过程中因双方当事人一事一议而可能造成的合同内容的不确定性。但由于格式条款的提供者往往在经济地位方面具有明显的优势,在行业中居于垄断地位,因而导致其在拟定格式条款时会更多地考虑自己的利益,而较少考虑另一方当事人的权利或者附加种种限制条件。为此,提供格式条款的一方当事人应当遵循公平的原则确定当事人之间的权利义务关系,并采取合理的方式提请对方注意免除或限制其责任的条款,按照对方的要求,对该条款予以说明。

(2)格式条款无效

提供格式条款一方免除自己责任、加重对方责任、排除对方主要权利的,该条款无效。此外,《民法典》规定的合同无效的情形同样适用于格式合同条款,具体内容见6.3节。

(3)格式条款的解释

对格式条款的理解发生争议的,应当按照通常理解予以解释。对格式条款有两种以上解释的,应当作出不利于提供格式条款一方的解释。格式条款和非格式条款不一致的,应当采用非格式条款。

五、缔约过失责任

缔约过失责任发生于合同不成立或者合同无效的缔约过程。其构成条件如下:

(1)当事人有过错。若无过错,则不承担责任。

(2)有损害后果的发生。若无损失,也不承担责任。

(3)当事人的过错行为与造成的损失有因果关系。

《民法典》第五百条规定,当事人在订立合同过程中有下列情形之一,给对方造成损失的,应当承担损害赔偿责任:

(1)假借订立合同,恶意进行磋商。

(2)故意隐瞒与订立合同有关的重要事实或者提供虚假情况。

(3)有其他违背诚实信用原则的行为。

《民法典》第五百零一条规定,当事人在订立合同过程中知悉的商业秘密,无论合同是否成立,不得泄露或者不正当地使用;泄露、不正当使用该商业秘密或信息,造成对方损失的,应当承担赔偿责任。

子任务3　认知合同的效力

合同的效力是指合同所具有的法律约束力。合同的效力不仅规定了合同生效、无效合同,而且对可撤销或可变更合同进行了规定。

合同的效力

一、合同生效

1.合同生效的条件

合同生效是指合同对双方当事人的法律约束力的开始。合同成立后,必须具备相应的法律条件才能生效,否则合同是无效的。合同生效应当具备下列条件:

(1)合同当事人具有相应的民事权利能力和民事行为能力。合同当事人必须具有相应的民事权利能力和民事行为能力以及缔约能力,才能成为合格的合同主体。若主体不合格,合同不能产生法律效力。

(2)合同当事人意思表示真实。当事人意思表示真实,是指行为人的意思表示应当真实地反映其内心的意思。合同成立后,当事人的意思表示是否真实往往难以从其外部判断,法律对此一般不主动干预。缺乏意思表示真实这一要件即意思表示不真实,并不绝对导致合同一律无效。

(3)合同不违反法律或者社会公共利益。合同不违反法律和社会公共利益,主要包括两层含义:一是合同的内容合法,即合同条款中约定的权利、义务及其指向的对象即标的等,应符合法律的规定和社会公共利益的要求。二是合同的目的合法,即当事人缔约的原因合法,并且是直接的内心原因合法,不存在以合法的方式达到非法目的等规避法律的事实。

(4)具备法律、行政法规规定的合同生效必须具备的形式要件。所谓形式要件,是指法律、行政法规对合同形式上的要求。形式要件通常不是合同生效的要件,但如果法律、行政法规规定将其作为合同生效的条件时,便成为合同生效的要件之一,不具备这些形式要件,合同不能生效。法律另有规定的除外。

2. 合同的生效时间

(1)合同生效

对于一般合同,只要当事人在合同主体、合同内容、合同形式等方面符合法律的要求,经协商达成一致意见,合同成立即可生效。

(2)批准登记生效

《民法典》规定,法律、行政法规规定应当办理批准、登记等手续生效的,依照其规定。按照我国现有的法律和行政法规的规定,有的将批准登记作为合同成立的条件,有的将批准登记作为合同生效的条件。比如,中外合资经营企业合同必须经过批准后才能生效。

(3)约定生效

约定生效指合同当事人在订立合同时,约定附生效条件的,自条件成就时生效。附解除条件的合同,自条件成就时失效。但是当事人为自己的利益不正当地阻止条件成就的,视为条件已成就;不正当地促成条件成就的,视为条件不成就。

3. 合同效力与仲裁条款

合同成立后,合同中的仲裁条款是独立存在的,合同的无效、变更、解除、终止,不影响仲裁协议的效力。例如,如果当事人在施工合同中约定通过仲裁解决争议,不能认为合同无效将导致仲裁条款无效。若因一方的违约行为,另一方按约定的程序终止合同而发生争议,仍然应当由双方选定的仲裁委员会裁定合同是否有效及对争议的处理。

4. 效力待定合同

合同或合同某些方面不符合合同的有效要件,但又不属于无效合同或可撤销合同,应当采取补救措施,有条件的尽量促使其生效。合同效力待定主要有以下几种情况:

(1)限制民事行为能力人订立的合同。经法定代理人追认后,该合同有效。

(2)无权代理合同。这种合同具体又分为三种情况:

①行为人没有代理权,即行为人事先没有取得代理权却以代理人自居而代理他人订立的合同。

②代理人超越代理权,即代理人虽然获得了被代理人的代理权,但他在代订合同时超越了代理权限的范围。

③代理权终止后以被代理人的名义订立合同,即行为人曾经是被代理人的代理人,但在以被代理人的名义订立合同时,代理权已终止。

(3)表见代理。《民法典》第一百七十二条规定:"行为人没有代理权、超越代理权或者代理权终止后,仍然实施代理行为,相对人有理由相信行为人有代理权的,代理行为有效。"

(4)无处分权的人处分他人财产的合同。根据《民法典》第三百一十一条规定,无处分权人将不动产或者动产转让给受让人的,所有权人有权追回;除法律另有规定外,符合下列情形的,受让人取得该不动产或者动产的所有权:

①受让人受让该不动产或者动产时是善意。

②以合理的价格转让。

③转让的不动产或者动产依照法律规定应当登记的已经登记,不需要登记的已经交付给受让人。

受让人依据前款规定取得不动产或者动产的所有权的,原所有权人有权向无处分权人请求损害赔偿。

二、无效合同

无效合同是指当事人违反了法律规定的条件而订立的,国家不承认其效力,不给予法律保护的合同。无效合同从订立之时起就没有法律效力,不论合同履行到什么阶段,合同被确认无效后,这种无效的确认要溯及合同订立时。

1. 无效合同的确认

《民法典》规定,有下列情形之一的,合同无效:

(1)无民事行为能力人实施的民事法律行为无效。

(2)行为人与相对人以虚假的意思表示实施的民事法律行为无效。

(3)违反法律、行政法规的强制性规定的民事法律行为无效。但是,该强制性规定不导致该民事法律行为无效的除外。

(4)违背公序良俗的民事法律行为无效。

(5)行为人与相对人恶意串通,损害他人合法权益的民事法律行为无效。

2. 无效合同的处理

民事法律行为无效、被撤销或者确定不发生效力后,行为人因该行为取得的财产,应当予以返还;不能返还或者没有必要返还的,应当折价补偿。有过错的一方应当赔偿对方由此所受到的损失;各方都有过错的,应当各自承担相应的责任。

根据《民法典》第七百九十三条规定,建设工程施工合同无效,但是建设工程经验收合格的,可以参照合同关于工程价款的约定折价补偿承包人。

建设工程施工合同无效,且建设工程经验收不合格的,按照以下情形处理:

(1)修复后的建设工程经验收合格的,发包人可以请求承包人承担修复费用。

(2)修复后的建设工程经验收不合格的,承包人无权请求参照合同关于工程价款的约定折价补偿。

发包人对因建设工程不合格造成的损失有过错的,应当承担相应的责任。

三、可变更合同或可撤销合同

1. 可变更合同或可撤销合同的概念

可变更合同是指合同部分内容违背当事人的真实意思表示,当事人可以要求对该部分内容的效力予以撤销的合同。可撤销合同是指虽经当事人协商一致,但因非对方的过错而导致一方当事人意思表示不真实,允许当事人依照自己的意思使合同效力归于消灭的合同。《民法典》规定,下列合同当事人一方有权请求人民法院或者仲裁机构变更或撤销:

(1)因重大误解订立的。
(2)在订立合同时显失公平的。
(3)一方以欺诈、胁迫的手段或者乘人之危,使对方在违背真实意思的情况下订立的。

2. 合同撤销权的消灭

《民法典》第一百五十二条规定,有下列情形之一的,撤销权消灭:

(1)当事人自知道或者应当知道撤销事由之日起一年内、重大误解的当事人自知道或者应当知道撤销事由之日起 90 日内没有行使撤销权。
(2)当事人受胁迫,自胁迫行为终止之日起一年内没有行使撤销权。
(3)当事人知道撤销事由后明确表示或者以自己的行为表明放弃撤销权。
(4)当事人自民事法律行为发生之日起 5 年内没有行使撤销权的,撤销权消灭。

引例 6-2

【背景资料】

2016 年 8 月,刘某与张某合伙经营了一家店铺。同年 12 月,刘某与张某达成协议解除了合伙关系,刘某给付了张某 6 万元,店铺由刘某独自经营。解除合伙后,刘某把店铺经营得非常红火,张某眼红,遂经常到刘某店铺闹事。2017 年 2 月,张某与刘某再次签订一合同,约定刘某给付张某 5000 元,张某不得到刘某店铺干扰其正常经营。合同签订后,刘某反悔,不同意给付张某 5000 元。两人就该合同的法律效力发生纠纷。

【问题】

1. 刘某与张某第二次签订的合同是可撤销合同还是无效合同?为什么?
2. 刘某能够追回给付张某的 5000 元吗?

【专家评析】

1. 刘某与张某签订的第二份合同属于无效合同。刘某与张某签订合同显然是受到了张某的胁迫,但是并非所有受胁迫的合同都是可撤销合同。可撤销合同有一个前提,合同本身是相对有效的,也就是说合同内容不得违反法律、行政法规强制性规定或者侵害社会公共利益。合同相对有效的前提是合同方当事人行使了可撤销权后,合同才失去法律效力。本案第二个合同属于内容违法,合同自始无效,其以不受法律保护的权利与合同另一方要求对等关系,侵害了他人的合法权利,属于无效合同,而不是可撤销合同。

2. 刘某与张某签订的第二份合同属于无效合同,无效合同自始无效,因此刘某没有义务给付张某 5000 元,刘某可以追回给付张某的 5000 元。

子任务4　合同的履行

合同的履行是指合同生效后，当事人双方按照合同约定的标的、数量、质量、价款、履行期限、履行地点和履行方式等，完成各自应承担的全部义务的行为。

合同的履行

一、合同履行的基本原则

1. 全面履行的原则

《民法典》第五百零九条规定："当事人应当按照约定全面履行自己的义务。"这一规定，确立了全面履行原则。全面履行原则，又称适当履行原则或正确履行原则，它要求当事人按合同约定的标的及其质量、数量，合同约定的履行期限、履行地点、适当的履行方式、全面完成合同义务的履行原则。

2. 诚信原则

《民法典》第五百零九条规定："当事人应当遵循诚信原则，根据合同的性质、目的和交易习惯履行通知、协助、保密等义务。"

二、合同约定不明时的履行

合同生效后，当事人就质量、价款或者报酬、履行地点等内容没有约定或者约定不明确的，可以协议补充；不能达成补充协议的，按照合同相关条款或者交易习惯确定。

当事人就有关合同内容约定不明确，依据上述规定仍不能确定的，按照下列规定。

1. 质量要求不明确

质量要求不明确的，按照强制性国家标准履行；没有强制性国家标准的，按照推荐性国家标准履行；没有推荐性国家标准的，按照行业标准履行；没有国家标准、行业标准的，按照通常标准或者符合合同目的的特定标准履行。

2. 价款或报酬不明确

价款或报酬不明确的，按照订立合同时履行地的市场价格履行；依法应当执行政府定价或者政府指导价的，依照规定履行（执行政府定价或者政府指导价的，在合同约定的交付期限内政府价格调整时，按照交付时的价格计价）。逾期交付标的物的，遇价格上涨时，按照原价格执行；遇价格下降时，按照新价格执行。逾期提取标的物或者逾期付款的，遇价格上涨时，按照新价格执行；遇价格下降时，按照原价格执行。

3. 履行地点不明确

履行地点不明确，给付货币的，在接受货币一方所在地履行；交付不动产的，在不动产所在地履行；其他标的，在履行义务一方所在地履行。

4. 履行期限不明确

履行期限不明确的，债务人可以随时履行，债权人也可以随时请求履行，但是应当给对方必要的准备时间。

5. 履行方式不明确

履行方式不明确的，按照有利于实现合同目的的方式履行。

6. 履行费用负担不明确

履行费用负担不明确的，由履行义务一方负担；因债权人原因增加的履行费用，由债权人负担。

三、合同履行中的抗辩权

在双务合同中，合同当事人都享有权利和承担义务，往往一方的权利与另一方的义务之间具有相互依存、互为因果的关系。为了保证双务合同中当事人利益关系的公平，法律作出了规定：当事人一方在对方未履行或者不能保证履行时，一方可以行使不履行的保留性权利，这就是对抗对方当事人要求履行的抗辩权。合同履行中的抗辩权有下列几种。

三种抗辩权介绍

1. 同时履行抗辩权

当事人互负债务，没有先后履行顺序的，应当同时履行。同时履行抗辩权包括：一方在对方履行之前有权拒绝其履行要求；一方在对方履行债务不符合约定时，有权拒绝其相应的履行要求。如果施工合同中期付款时，对承包人施工质量不合格部分，发包人有权拒付该部分的工程款；如果发包人拖欠工程款，则承包人可以放慢施工进度，甚至停止施工。产生的后果，由违约方承担。

同时履行抗辩权的适用条件：

(1) 由同一双务合同产生的互负债务，而且双方债务有对价关系。

(2) 债务同时到期，可以同时履行；双方的对等给付是可能履行的义务。

(3) 当事人一方的履行不符合约定，即瑕疵履行的另一方可对有瑕疵的履行部分行使抗辩权。

2. 后履行抗辩权

后履行抗辩权包括：①当事人互负债务，有先后履行顺序的，应当先履行的一方未履行时，后履行的一方有权拒绝其对本方的履行要求；②应当先履行的一方履行债务不符合规定的，后履行的一方也有权拒绝其相应的履行要求。例如，材料供应合同按照约定应由供货方先行交付订购的材料后，采购方再行付款结算，若合同履行过程中供货方交付的材料质量不符合约定的标准，采购方有权拒付货款。

后履行抗辩权应满足下列条件：

(1) 由同一双务合同产生互负的对价给付债务。

(2) 合同中约定了履行的顺序。

(3) 应当先履行的合同当事人没有履行债务或者没有正确履行债务。

(4) 应当先履行的对价给付是可能履行的义务。

引例 6-3

【背景资料】

甲公司与乙公司签订一份买卖木材合同,合同约定买方甲公司应在合同生效后 15 日内向卖方乙公司支付 40% 的预付款,乙公司收到预付款后 3 日内发货至甲公司,甲公司收到货物验收后即结清余款。乙公司收到甲公司 40% 预付款后的 2 日即发货至甲公司。甲公司收到货物后经验收发现木材质量不符合合同约定,遂及时通知乙公司并拒绝支付余款。

【问题】

1. 甲公司拒绝支付余款是否合法?
2. 甲公司的行为若合法,法律依据是什么?
3. 甲公司行使的是什么权利?若行使该权利,必须具备什么条件?

【专家评析】

1. 甲公司拒绝支付余款是合法的。

2.《民法典》第五百二十六条规定:"当事人互负债务,有先后履行顺序,应当先履行债务一方未履行的,后履行一方有权拒绝其履行要求。先履行一方履行债务不符合约定的,后履行一方有权拒绝其相应的履行要求。"乙公司虽然将木材如期运至甲公司,但其木材质量不符合合同约定的质量,及其履行债务不符合合同约定,根据规定,甲公司有权拒绝支付余款。

3. 甲公司行使的是后履行抗辩权。后履行抗辩权的行使应当具备以下三个条件:①双方当事人有双务合同互负债务;②双方所负的债务有先后履行顺序;③应当先履行的当事人未履行债务或履行债务不符合约定。

3. 不安抗辩权

不安抗辩权是指合同中约定了履行的顺序,合同成立后发生了应当后履行合同一方财务状况恶化的情况,应当先履行合同一方在对方未履行或者提供担保前有权拒绝先履行。设立不安抗辩权的目的在于预防合同成立后情况发生变化而损害合同另一方的利益。

应当先履行合同的一方,有确切证据证明对方有下列情形之一的,可以中止履行:

(1) 经营状况严重恶化。
(2) 转移财产、抽逃资金,以逃避债务。
(3) 丧失商业信誉。
(4) 有丧失或者可能丧失履行债务能力的其他情形。

四、合同不当履行的处理

1. 因债权人致使债务人履行困难的处理

合同生效后,当事人不得因姓名、名称的变更或法定代表人、负责人、承办人的变动而不履行合同义务。债权人分立、合并或者变更住所应当通知债务人。如果没有通知债务人,会使债务人不知向谁履行债务或者不知在何地履行债务,致使履行债务发生困难。出现这些情况,债务人可中止履行或者将标的物提存。

中止履行是指债务人暂时停止合同的履行或者延期履行合同。提存是指由于债权人的原因致使债务人无法向其交付标的物,债务人可以将标的物交给有关机关保存以此消灭债务的制度。

2. 提前或者部分履行的处理

提前履行是指债务人在合同规定的履行期限到来之前就开始履行自己的义务。部分履行是指债务人没有按照合同约定履行全部义务而只履行了自己的一部分义务。提前履行或者部分履行会给债权人行使权利带来困难或者增加费用。

债权人可以拒绝债务人提前履行或部分履行债务,由此增加的费用由债务人承担。但不损害债权人利益且债权人同意的情况除外。

3. 合同不当履行中的保全措施

为了防止债务人的财产不适当减少而给债权人带来危害,《民法典》规定,允许债权人为保全其债权的实现采取保全措施。保全措施包括代位权和撤销权。

(1) 代位权

因债务人怠于行使其到期债权,对债权人造成损害,债权人可以向人民法院请求以自己的名义代位行使债务人的债权。债权人依照《民法典》规定提起代位权诉讼,应当符合下列条件:

①债权人对债务人的债权合法。
②债务人怠于行使其到期债权,对债权人造成损害。
③债务人的债权已到期。
④债务人的债权不是专属于债务人自身的债权。

债务人怠于行使其到期债权,对债权人造成损害是指债务人不履行其对债权人的到期债务,又不以诉讼方式或者仲裁方式向其债务人主张其享有的具有金钱给付内容的到期债权,致使债权人的到期债权未能实现。专属于债务人自身的债权是指基于扶养关系、抚养关系、赡养关系、继承关系产生的给付请求权和劳动报酬、退休金、养老金、抚恤金、安置费、人寿保险、人身伤害赔偿请求权等权利。当然,代位权的行使范围以债权人的到期债权为限,债权人行使代位权的必要费用由债务人负担。

(2) 撤销权

因债务人放弃其到期债权或者无偿转让财产,对债权人造成损害的,债权人可以请求人民法院撤销债务人的行为。

债务人以明显不合理的低价转让财产,对债权人造成损害,并且受让人知道该情形的,债权人可以请求人民法院撤销债务人的行为。

撤销权自债权人知道或者应当知道撤销事由之日起 1 年内行使。自债务人的行为发生之日起 5 年内没有行使撤销权的,该撤销权消灭。

引例 6-4

【背景资料】

甲公司为开发新项目,急需资金。2018 年 3 月 12 日,甲公司向乙公司借钱 15 万元。双方谈妥,乙公司借给甲公司 15 万元,借期 6 个月,月息为银行贷款利息的 1.5 倍,至同年 9 月 12 日本息一起付清,甲公司为乙公司出具了借据。甲公司因新项目开发不顺利,未盈利,到了 9 月 12 日无法偿还欠乙公司的借款。某日,乙公司向甲公司催促还款无果,但得到一信息,某单位曾向甲公司借款20万元，现已到还款期，某单位正准备还款，但甲公司让某单位不用还款。于是，乙公司向法院起诉，请求甲公司以某单位的还款来偿还债务，甲公司辩称该债权已放弃，无法清偿债务。

【问题】

1. 甲公司的行为是否构成违约？为什么？
2. 乙公司是否可针对甲公司的行为行使撤销权？为什么？
3. 乙公司是否可以行使代位权？说明理由。

【专家评析】

1. 甲公司的行为已构成违约。甲公司与乙公司之间的借贷合同关系，系自愿订立，无违法内容，又有书面借据，是合法有效的。甲公司系债务人，负有按期清偿本息的义务；乙公司系债权人，享有按期收回本金、收取利息的权利。甲公司因新项目开发不顺利，不能如约履行清偿义务，构成了违约。

2. 乙公司可行使撤销权。请求法院撤销甲公司的放弃债权行为。债权人对于自己享有的债权，完全可以根据自己的意愿，决定行使或者放弃。但是，当该债权人另外又系其他债权人的债务人时，如果他放弃债权的行为使他的债权人的权利无法实现时，他的债权人享有依法救济的权利。本案例中，甲公司放弃对某单位享有的债权，表面上是处分自己的权益，但实际上却损害了乙公司的债权，按照《民法典》的规定，乙公司可以行使撤销权，撤销甲公司放弃债权的行为。

3. 乙公司可以行使代位权。根据《民法典》规定，债权人可享有代位权，在债务人怠于行使自己的到期债权，危及债权人的权利时，债权人可以向人民法院请求以自己的名义代位行使债务人的权利，实现自己的债权。乙公司可以直接向某单位行使代位权。

子任务5　合同的变更、转让及终止

一、合同的变更

合同的变更是指合同依法成立后，在尚未履行或尚未完全履行时，当事人双方依法对合同的内容进行修订或调整所达成的协议。例如，对合同约定的数量、质量标准、履行期限、履行地点和履行方式等进行变更。合同变更一般不涉及已履行部分，而只对未履行的部分进行变更。因此，合同变更不能在合同履行后进行，只能在完全履行合同之前进行。

合同的变更、转让及终止

根据《民法典》规定，当事人协商一致，可以变更合同。因此，当事人变更合同的方式类似订立合同的方式，经过提议和接受两个步骤。要求变更合同的一方首先提出建议，明确变更的内容以及变更合同引起的后果处理；另一当事人对变更表示接受。这样，双方当事人对合同的变更达成协议。一般来说，书面形式的合同，变更协议也应采用书面形式。

二、合同的转让

合同的转让是指当事人一方将合同的权利和义务转让给第三人，由第三人接受权利和承担义务的法律行为。合同转让可以部分转让,也可全部转让。随着合同的全部转让,原合同当事人之间的权利和义务关系消灭,与此同时,在未转让一方当事人和第三人之间形成新的权利义务关系。《民法典》中规定了合同权利转让、合同义务转让和合同的权利和义务一并转让的三种情况。

1. 合同权利的转让

合同权利的转让,也称债权转让,它是指合同当事人将合同中的权利全部或部分转让给第三人的行为。转让合同权利的当事人称为让与人,接受转让的第三人称为受让人。

(1)不得转让的情形

①根据债权性质不得转让。

②按照当事人约定不得转让。

③依照法律规定不得转让。

(2)债权人转让债权的条件

债权人转让债权的,应当通知债务人。未经通知,该转让对债务人不发生效力。除非受让人同意,债权人转让债权的通知不得撤销。

2. 合同义务的转让

合同义务的转让,也称债务转移,它是指债务人将合同的义务全部或部分地转移给第三人的行为。《民法典》中规定了债务人转让合同义务的条件:债务人将合同的义务全部或部分转让给第三人,应当经债权人同意。

3. 合同的权利和义务一并转让

合同的权利和义务一并转让是指当事人一方将债权债务一并转让给第三人,由第三人接受这些债权债务的行为。

根据《民法典》第七百九十一条规定,总承包人或者勘察、设计、施工承包人经发包人同意,可以将自己承包的部分工作交由第三人完成。第三人就其完成的工作成果与总承包人或者勘察、设计、施工承包人向发包人承担连带责任。承包人不得将其承包的全部建设工程转包给第三人或者将其承包的全部建设工程肢解以后以分包的名义分别转包给第三人。禁止承包人将工程分包给不具备相应资质条件的单位。

引例 6-5

【背景资料】

2020年10月15日,甲公司与乙公司签订合同,合同约定由乙公司于2021年1月15日向甲公司提供一批价款为50万元的水泥。2020年12月1日甲公司因销售原因,需要乙公司提前提供水泥,甲公司要求提前履行的请求被乙公司拒绝,甲公司为了不影响施工,只好从外地进货,随后将对乙公司的债权转让给了丙公司,但未通知乙公司。丙公司于2021年1月15日去乙公司提货时遭拒绝。

【问题】

1. 乙公司拒绝丙公司提货有无法律依据?为什么?
2. 甲公司与丙公司的转让合同是否有效?如何处理?

【专家评析】

1. 乙公司拒绝丙公司的提货有法律依据。《民法典》第五百四十六条规定:"债权人转让债权,未通知债务人的,该转让对债务人不发生效力。"本案例中,甲公司将债权转让给丙公司,但未通知乙公司,因而对乙公司不发生效力。

2. 根据《民法典》规定,甲公司与丙公司的债权转让合同有效。丙公司的履行要求被拒绝,应当由甲公司对丙公司承担责任。

三、合同的终止

合同的终止是指合同当事人之间的合同关系由于某种原因不复存在,合同确立的权利义务消灭。《民法典》规定在下列情形下合同终止。

1. 合同已按照约定履行

合同生效后,当事人双方按照约定履行自己的义务,实现了自己的全部权利,订立合同的目的已经实现,合同确立的权利义务关系消灭,合同因此而终止。

2. 合同解除

合同生效后,当事人一方不得擅自解除合同。但在履行过程中,有时会产生某些特定情况,应当允许解除合同。《民法典》规定合同解除有以下两种情况。

(1) 协议解除

当事人双方通过协议可以解除原合同规定的权利和义务关系。

(2) 法定解除

合同成立后,没有履行或者没有完全履行以前,当事人一方可以行使法定解除权使合同终止。为了防止解除权的滥用,《民法典》第五百六十三条规定,有下列情形之一的,当事人可以解除合同:

① 因不可抗力致使不能实现合同目的。
② 在履行期限届满之前,当事人一方明确表示或者以自己的行为表示不履行主要债务。
③ 当事人一方迟延履行主要债务,经催告后在合理期限内仍未履行。
④ 当事人一方迟延履行债务或者有其他违约行为致使不能实现合同目的。
⑤ 法律规定的其他情形。

3. 合同解除的法律后果

根据《民法典》规定,合同解除后,尚未履行的,终止履行;已经履行的,根据履行情况和合同性质,当事人可以要求恢复原状,采取其他补救措施,并有权要求赔偿损失。

合同终止后,虽然合同当事人的合同权利义务关系不复存在,但合同责任并不一定消灭。因此,合同中结算和清理条款不因合同的终止而终止,仍然有效。

引例 6-6

【背景资料】

2020年3月15日,某钢材厂与某施工单位签订钢材买卖合同,双方约定:钢材厂于2020

年4月15日前提供钢材1000t,施工单位先支付价款70万元,并于5月20日将货款一次性全部支付。2020年4月15日,施工单位通知钢材厂按合同约定的时间交货,钢材厂回函言:因生产设备老化,按时交付有一定困难,请求暂缓履行,施工单位因为要保证施工进度,没有同意钢材厂迟延履行的要求。2020年4月25日,因钢材厂没有履行合同,施工单位致函钢材厂,要求钢材厂最迟在5月10日前履行合同,否则解除合同。2020年5月20日,钢材厂仍未履行合同,施工单位只好从别的渠道用3600元/t的价格购买了1000t钢材,总价款360万元,同时通知钢材厂解除合同,返还70万元货款及利息,并要求钢材厂赔偿误工损失及购买钢材多支付的20万元价款。2020年6月10日,钢材厂要求履行合同,称施工单位解除合同没有征得钢材厂的同意,因而合同没有解除,施工单位应当接收货物。在遭到拒绝后遂起诉至法院。

【问题】

1. 施工单位是否有权解除合同?
2. 法院能否支持钢材厂的主张?
3. 施工单位能否要求损害赔偿?

【专家评析】

1. 施工单位有权解除合同。根据《民法典》规定,当事人迟延履行主要债务,经催告后仍不履行的,当事人可以解除合同。在本案例中,钢材厂迟延履行主要债务,在施工单位的催告后,在合理的期限内仍未履行,因此施工单位有权解除合同。

2. 法院不能支持钢材厂的主张。这涉及法定解除权应当如何行使的问题。依照《民法典》规定,当事人依照法律规定解除合同的,应当通知对方,合同自通知到达对方时解除。在本案例中,施工单位在解除合同时通知了钢材厂,钢材厂对此没有提出异议,依照法律的规定,合同自解除的通知到达钢材厂时就已经生效,不需要钢材厂的同意。因此,对钢材厂的主张,法院不能支持。

3. 施工单位可以要求损害赔偿。依据法律有关规定,解除合同与损害赔偿可以并存,当事人解除合同后如果有其他损失的仍可以要求赔偿损失。

子任务6　违约责任与合同争议的解决

一、违约责任

违约责任是指合同当事人违反合同约定(不履行义务或者履行义务不符合约定)所承担的责任。违约责任制度是保证当事人履行合同义务的重要措施,有利于促进合同的全部履行。

《民法典》第五百七十七条规定:"当事人一方不履行合同义务或者履行合同义务不符合约定的,应当承担继续履行、采取补救措施或者赔偿损失等违约责任。"

违约责任与合同争议的解决

1. 违约责任的特点

(1) 违约责任是一种民事责任。

① 违约责任是由违约方向守约方承担的民事责任,无论是违约金还是赔偿金,均是平等主体之间的支付关系。

② 违约责任的确定通常应以补偿守约方的损失为标准。

(2) 违约责任是以有效合同为前提。与侵权责任和缔约过失责任不同,违约责任必须以当事人双方事先存在的有效合同关系为前提。合同关系的相对性决定了违约责任的相对性,即违约责任是合同当事人之间的民事责任,合同当事人以外的第三人对当事人之间的合同不承担违约责任。

(3) 违约责任是履行合同不完全或不履行合同义务而承担的责任。能够产生违约责任的违约行为有两种情形:① 一方不履行合同义务,即未按合同约定提供给付;② 履行合同义务不符合约定条件,即其履行存在瑕疵。

(4) 违约责任具有补偿性和一定的任意性。违约责任主要是一种赔偿责任。违约责任以补偿守约方因违约行为所受损失为主要目的,以损害赔偿为主要责任形式,因此违约责任具有补偿性质。违约责任可以由当事人在法律规定的范围内约定,具有一定的任意性。

2. 违约责任的承担方式

(1) 支付违约金

违约金是指按照当事人的约定或者法律直接规定,一方当事人违约时应向另一方支付的金钱。违约金的标的物是金钱,也可约定为其他财产。

当事人可以约定一方违约时应当根据违约情况向对方支付一定数额的违约金,也可以约定因违约产生的损失赔偿额的计算方法。在合同实施中,只要一方有不履行合同的行为,就得按合同约定向另一方支付违约金,而不管违约行为是否造成对方损失。采取这种手段可以对违约方进行经济制裁,对企图违约者起警诫作用。违约金的数额应在合同中用专用条款详细约定。违约金具有补偿性和惩罚性。《民法典》规定,约定的违约金低于违反合同所造成的损失的,当事人可以请求人民法院或者仲裁机构予以增加;若约定的违约金过分高于所造成的损失,当事人可以请求人民法院或者仲裁机构予以减少。

(2) 继续履行

继续履行合同要求违约人按照合同的约定,切实履行所承担的合同义务。

(3) 采取补救措施

采取补救措施是指当事人违反合同后,为防止损失发生或者扩大,由其依照法律或者合同约定而采取的修理、更换、退货、减少价款或者报酬等措施。这一违约责任的方式主要是在发生质量不符合约定的情况下采用。《民法典》规定,质量不符合约定的,应当按照当事人的约定承担违约责任。对违约责任没有约定或者约定不明确的,应依照《民法典》第五百一十条的规定。仍不能确定的,受损害方根据标的的性质以及损失的大小,可以合理选择要求对方承担修理、更换、退货、减少价款或报酬等违约责任。

(4) 赔偿损失

赔偿损失是指合同当事人就其违约而给对方造成的损失给予补偿的一种方法。《民法典》规定,当事人一方不履行合同义务或者履行合同义务不符合约定的,在履行义务或者采取措施后,对方还有其他损失的应当赔偿损失。

赔偿损失的范围可由法律直接规定,或由双方约定。在法律没有特别规定和当事人没有另行约定的情况下,应按完全赔偿原则,赔偿全部损失,包括直接损失和间接损失。赔偿损失不得超过违反合同一方订立合同时预见到或者应当预见到的因违反合同可能造成的损失。

3. 违约责任的免除

合同生效后,当事人不履行合同或者履行合同不符合合同约定的,都应承担违约责任。但如果是由于发生了某种非常情况或者意外事件,使合同不能按约定履行时,应当作为例外来处理。《民法典》规定,只有发生不可抗力时才能部分或者全部免除当事人的违约责任。

不可抗力是指不能预见、不能避免和不能克服的客观情况。不可抗力发生后可能引起三种法律后果见表6-2。

不可抗力发生后可能引起三种法律后果 表6-2

法律后果	说明
合同全部不能履行	当事人可以解除合同,并免除全部责任
合同部分不能履行	当事人可以部分履行合同,并免除其不履行部分的责任
合同不能按期履行	当事人可延期履行合同,并免除其迟延履行的责任

需要特别指出的是,当事人迟延履行后发生不可抗力的,不能免除责任。《民法典》规定,一方当事人因不可抗力不能履行合同义务时,应承担如下义务:及时采取一切可能采取的有效措施避免或者减少损失,及时通知对方,在合理期限内提供证明。

引例6-7

【背景资料】

某市玻璃制品厂(以下简称甲方)与某市天然气供应公司(以下简称乙方)签订了常年供气合同。合同规定,乙方每天向甲方供应生产用气$4000m^3$,如减少或停供须提前5天通知甲方做好准备。甲方按月结清天然气款。双方约定,甲方向乙方交付定金5万元。合同签订后不久,随着用气单位的增多,天然气供应日趋紧张,有些用气单位向乙方许诺可以购买高价气。乙方为追求本单位的经济效益,要求甲方减少用气$2000m^3$,甲方不同意。乙方在未提前通知甲方的情况下,突然停止向甲方供气,致使甲方生产设备受损,造成经济损失约4万元。甲方派人前去乙方交涉,要求其保证供气,并双倍返还其已交付的定金。乙方不同意。甲方遂向市人民法院起诉,要求乙方继续履行合同,双倍返还其已交付的定金,赔偿其他损失。

【问题】

1. 该合同是否为有效合同?
2. 甲方的诉讼请求有无法律依据?请说明理由。
3. 本案如何处理?

【专家评析】

1. 甲方与乙方签订的天然气供应合同,双方意思表示真实,符合国家法律规定,是有效合同。

2. 甲方的诉讼请求有法律依据。根据《民法典》规定,在甲方支付定金,合同有效成立的前提下,乙方单方擅自减少供气,当甲方不同意时,又在不通知对方的情况下停止供气,造成甲方的设备损害,这是乙方违约,甲方有权要求乙方双倍返还定金,并继续履行合同。

3. 法院判决乙方双倍返还已收受的定金共10万元,继续履行向甲方供应天然气的义务,并赔偿甲方因乙方的违约所造成的经济损失4万元。

二、合同争议的解决

合同争议是指当事人双方对合同订立和履行情况以及不履行合同的后果所产生的纠纷。

对合同订立产生的争议,一般是对合同是否成立及合同的效力产生分歧;对合同履行情况产生的争议,往往是对合同是否履行或者是否已按合同约定履行产生的异议;而对不履行合同的后果产生的争议,则是对没有履行合同或者没有完全履行合同的责任,应由哪方承担责任和如何承担责任而产生的纠纷。选择适当的解决方式及时解决合同争议,不仅关系到维护当事人的合同利益和避免损失的扩大,而且对维护社会经济秩序也有重要作用。合同争议的解决通常有如下几种处理方式。

1. 和解

和解是指争议的合同当事人,依据有关的法律规定和合同约定,在互谅互让的基础上,经过谈判和磋商,自愿对争议事项达成协议,从而解决合同争议的一种方法。和解的特点在于无须第三者介入,简便易行,能及时解决争议,并有利于双方的协作和合同的继续履行。但由于和解必须以双方自愿为前提,因此,当双方分歧严重,以及一方或双方不愿协商解决争议时,和解方式往往受到局限。

2. 调解

调解是争议当事人在第三方的主持下,通过其劝说引导,在互谅互让的基础上自愿达成协议,以解决合同争议的一种方式。调解是以公平合理、自愿等为原则。在实践中,依调解人的不同,合同的调解分为民间调解、仲裁机构调解和法庭调解三种。

调解解决合同争议可以不伤和气,使双方当事人互相谅解,有利于促进合作。但这种方式受当事人自愿的局限,如果当事人不愿调解,或调解不成时,则应及时采取仲裁或诉讼的方式以最终解决合同争议。

3. 仲裁

仲裁是指发生争议的双方当事人,根据其在争议发生前或争议发生后所达成的协议,自愿将该争议提交中立的第三者进行裁判的争议解决制度和方式。仲裁具有自愿性、专业性、灵活性、保密性、快捷性、经济性和独立性等特点。

(1) 仲裁委员会

仲裁委员会可以在直辖市和省。自治区人民政府所在地的市设立,也可以根据需要在其他设区的市设立,不按行政区划层层设立。

(2) 仲裁规则

仲裁规则可以由仲裁机构制定,某些内容甚至也可以允许当事人自行约定,但是仲裁规则不得违反《中华人民共和国仲裁法》中对程序方面的强制性规定。一般来说,仲裁规则由仲裁委员会自己制定。涉外仲裁机构的仲裁规则由中国国际商会制定。

(3) 仲裁协议

仲裁协议是指双方当事人自愿把他们之间已经发生或者将来可能发生的合同纠纷及其他财产性权益争议提交仲裁解决的协议。请求仲裁必须是双方当事人共同的意思表示,必须是在双方协商一致的基础上真实意思的表示,必须是有利害关系的双方当事人的意思表示。仲裁协议应以书面形式作出。仲裁协议的内容包括:

①请求仲裁的意思表示。

②仲裁事项,即提交仲裁的争议范围。

③选定的仲裁委员会。

(4) 仲裁庭的组成

仲裁庭可以由3名仲裁员或1名仲裁员组成。由3名仲裁员组成的,设首席仲裁员。仲裁庭分为合议仲裁庭和独任仲裁庭。

4. 诉讼

诉讼作为一种解决合同争议的方法,是指人民法院在当事人和其他诉讼参与人参加下,审理和解决民事案件的活动以及在这种活动中产生的各种民事关系的总和。在诉讼过程中,法院始终居于主导地位,代表国家行使审判权,是解决争议案件的主持者和审判者,而当事人则各自基于诉讼法所赋予的权利,在法院的主持下为维护自己的合法权益而活动。

(1) 诉讼主管

民事诉讼主管是指人民法院依法受理民事案件的权限,即确定人民法院与其他国家机关、社会团体之间解决民事纠纷的分工和权限。

(2) 诉讼管辖

民事诉讼管辖是指各级人民法院之间和同级人民法院之间受理第一审民事案件的分工和权限。我国民事诉讼法将管辖分为级别管辖、地域管辖、移送管辖和指定管辖。

(3) 诉讼程序

我国民事诉讼法将审判程序分为第一审普通程序、简易程序、第二审程序、特别程序,见表6-3。

民事诉讼程序分类 表6-3

分类	说明
第一审普通程序	人民法院审理民事案件通常所适用的程序。它包括起诉与受理、审理前的准备、开庭审理几个阶段。其中,开庭审理又分为准备开庭、法庭调查、法庭辩论、评议和宣判。需要指出的是,仲裁和诉讼这两种争议解决的方式只能选择其中一种,当事人可以根据实际情况选择仲裁或诉讼
简易程序	适用于基层人民法院和其派出的法庭审理事实清楚、权利义务关系明确、争议不大的简单的民事案件
第二审程序	适用于当事人不服当地人民法院第一审判决的,有权在判决书送达之日起15日内向上一级人民法院提出上诉
特别程序	适用于人民法院审理选民资格案件、宣告失踪或者宣告死亡案件、认定公民无民事行为能力或者限制民事行为能力案件和认定财产无主案件

子任务 7　合同担保

合同的担保是指法律规定或者由当事人双方协商约定的确保合同按约履行所采取的具有法律效力的一种保证措施。

担保方式有保证、抵押、质押、留置和定金。

一、保证

《民法典》规定，保证是指保证人和债权人约定，当债务人不履行债务时，保证人按照约定履行债务或者承担责任的行为。

合同担保 1

《民法典》对保证人的资格作了规定。保证人必须是具有代为清偿债务能力的人，既可以是法人，也可以是其他组织或者公民。但下列人不可以作为保证人：

(1) 国家机关不得为保证人，但经国务院批准为使用外国政府或者国际经济组织贷款进行转贷的除外。

(2) 学校、幼儿园、医院等以公益为目的的事业单位、社会团体不得为保证人。

保证合同是保证人和债权人以书面形式订立的合同。保证合同的内容包括：

(1) 被保证的主债权种类、数量。

(2) 债务人履行债务的期限。

(3) 保证的方式。

(4) 保证担保的范围。

(5) 保证的期限。

(6) 双方认为需要约定的其他事项。

保证的方式有一般保证和连带责任保证两种。一般保证是指当事人在保证合同中约定债务人不能履行债务时，由保证人承担保证责任的保证方式。连带责任保证是指当事人在保证合同中约定保证人与债务人对债务承担连带责任的保证方式。

保证范围包括主债权及利息、违约金、损害赔偿金和实现债权的费用。当事人另有约定的，按照约定。当事人对保证范围无约定或约定不明确的，保证人应对全部债务承担责任。

一般保证的担保人与债权人未约定保证期间的，保证期间为主债务履行期间届满之日起 6 个月，债权人未在合同约定的和法律规定的保证期间内主张权利的，保证人免除保证责任；如债权人已主张权利的，保证期间适用于诉讼时效中断的相关规定。连带责任保证人与债权人未约定保证期间的，债权人有权自主债务履行期满之日起 6 个月内要求保证人承担保证责任。在合同约定或法律规定的保证期间内，债权人未要求保证人承担保证责任的，保证人免除保证责任。

二、抵押

抵押是债务人或第三人不转移对抵押财产的占有，将该财产作为债权的担保。当债务人不履行债务时,债权人有权依法以该财产折价或以拍卖、变卖该财产的价款优先受偿。

(1)根据《民法典》的规定,可以抵押的财产包括:

①建筑物和其他土地附着物。
②建设用地使用权。
③海域使用权。
④生产设备、原材料、半成品、产品。
⑤正在建造的建筑物、船舶、航空器。
⑥交通运输工具。
⑦法律、行政法规未禁止抵押的其他财产。

抵押人可以将上述所列财产一并抵押,但抵押人所担保的债权不得超出其抵押物的价值。

(2)当事人应当采用书面形式订立抵押合同。抵押合同一般包括下列内容:

①被担保债权的种类和数额。
②债务人履行债务的期限。
③抵押财产的名称、数量等情况。
④担保的范围。

例如,甲要找银行贷款,甲将房子抵押给银行,但是房子还是甲在住,那么房子是标的物,标的物没有转移给银行,这种情况是抵押。甲到期无法偿还贷款,银行就有权以该房产优先受偿。

三、质押

质押分为动产质押和权利质押两种。动产质押是指债务人或者第三人将其动产移交债权人占有,将该动产作为债权的担保。债务人不履行债务时,债权人有权依照法律规定以该动产折价或者以拍卖、变卖该动产的价款优先受偿。债务人或者第三人为出质人,债权人为质权人,移交的动产为质物。

(1)质押合同的内容包括:

①被担保的主债权种类、数额。
②债务人履行债务的期限。
③质物的名称、数量、质量、状况。
④质押担保的范围。
⑤质物移交的时间。
⑥当事人认为需要约定的其他事项。

(2)质押担保的范围包括主债权及利息、违约金、损害赔偿金、质物保管费用和实现质权的费用。在权利质押中,以下权利可以质押:

①汇票、支票、本票、债券、存款单、仓单、提单。
②依法可以转让的股票、股份。
③依法可以转让的商标专用权、专利权、著作权中的财产权。
④依法可以质押的其他权利。

权利出质后,出质人不得转让或者许可他人使用,但经出质人与质权人协商同意的,可以转让或者许可他人使用。出质人所得的转让费、许可费应当向质权人提前清偿所担保的债权或向与质权人约定的第三人提存。

四、留置

留置是指债权人按照合同约定占有债务人的动产,债务人不按照合同约定的期限履行债务的,债权人有权依照法律规定留置该财产,以该财产折价或以拍卖、变卖该财产的价款优先受偿的担保形式。

合同担保2

留置担保范围包括主债权及利息、违约金、损害赔偿金、留置物保管费用和实现留置权的费用。

留置具有如下法律特征:
(1)留置权是一种从权利。
(2)留置权属于他物权。
(3)留置权是一种法定担保方式,它依据法律规定而发生,而非以当事人之间的协议而成立。根据《民法典》规定,因保管合同、运输合同、加工承揽合同发生的债权,债务人不履行债务的,债权人有留置权。

五、定金

定金是合同双方当事人约定一方向对方给付一定款项作为债权的担保形式。债务人履行合同后,定金应当抵作价款或者收回。给付定金的一方不履行约定的债务的,无权请求返还定金。收受定金的一方不履行约定的债务的,应当双倍返还定金。当事人约定以交付定金作为订立主合同担保的,给付定金的一方拒绝订立主合同的,无权要求返还定金;收受定金的一方拒绝订立合同的,应当双倍返还定金。

定金应当以书面形式约定。当事人在定金合同中应当约定交付定金的期限。定金合同从实际交付定金之日起生效。

定金的具体数额由当事人约定,但不得超过主合同标的额的20%。

工程合同的担保一般采用定金的形式。一般在投标时需交纳投标保证金,施工单位中标,在签订合同前,需交纳履约保证金。施工合同也可约定在建设单位不能履行付款义务时,承包人有权留置建筑物。但这种担保方式采用得不多。

 任务实施

1.通过任务情境、任务布置、任务分析,学生应探讨完成任务工单。
2.学生在教师指导下,分组完成学习任务工单表6-1。
3.结合讨论的结果,学生跟随教师学习和巩固项目相关知识,完成工作任务评析,找准切入点融入思政内容,达成德育目标,并做好知识点总结及点评。

 实战演练

通过公路工程施工索赔模拟实训进行实战演练,学以致用、理论联系实际,进一步落实学习目标,具体内容见学习任务工单表6-2。

 任务评价

通过学生自评、企业导师及专业教师评价,综合评定通过工作任务实施各个环节学生对工作任务六相关知识的掌握及课程学习目标落实的情况。

1.学生进行自我评价,并将结果填入学生自评表(学习任务工单表6-3)。

2.企业导师对学生工作过程与工作结果进行评价,并将评价结果填入企业导师评价表(学习任务工单表6-4)。

3.专业教师对学生工作过程与工作结果进行评价,并将评价结果填入专业教师评价表(学习任务工单表6-5)。

4.综合学生自评、企业导师评价、专业教师评价所占比重,最终得到学生的综合评分,并各项评分结果填入综合评价表(学习任务工单表6-6)。

> 为便于师生使用,本书"任务实施""实战演练""任务评价"中的相关表格独立成册,见本书配套学习任务工单。

 任务小结

《民法典》规定了合同生效、无效合同、可撤销或变更合同的条件。合同履行必须坚持全面履行、诚信的基本原则。合同订立的基本原则是平等、自愿、公平、守法、诚信。合同订立采取要约、承诺方式。合同纠纷的处理方式有和解、调解、仲裁、诉讼等。

一、单项选择题

1.建设工程中的招标,在合同订立程序上称为(　　)。
　A.要约邀请　B.要约　　C.承诺　　D.合同成立

2.合同的(　　)是指合同双方或多方当事人已就合同的主要条款达成合意而被法律认为合同已经客观存在。
　A.成立　　B.订立　　C.质押　　D.定金

3.(　　)是当事人一方向另一方作出的以一定条件订立合同的意思表示。
　A.承诺　　B.要约　　C.留置　　D.定金

4.(　　)是债务人或第三方将其动产或者权利作为担保物的合同担保方式。
　A.质押　　　　　　B.定金
　C.债务的免除　　　D.债务的混同

5.(　　)是依据法律的规定或合同的约定,合同当事人一方(债权人)有权留存所占有的对方财产,以保护自己的合法权益。
　A.债权人免除债务　　B.定金
　C.抵押　　　　　　　D.留置

6. ( )是指当事人一方依法将其合同权利和义务的部分或者全部转让给第三人的法律行为。

  A. 合同的变更   B. 合同的订立

  C. 合同的终止   D. 合同的转让

7. ( )是指合同当事人之间的债权债务关系归于消灭而不复存在。

  A. 合同的变更   B. 合同的订立

  C. 合同的终止   D. 合同的转让

8. 下列选项中关于保证人资格的说法正确的是( )。

  A. 公民个人不得作为保证人

  B. 企业法人的职能部门一律不得作为保证人

  C. 企业法人的分支机构一律不得作为保证人

  D. 学校在一定条件下可以作为担保人

9. ( )是指受要约人同意要约的意思表达。

  A. 要约   B. 承诺   C. 留置   D. 定金

10. ( )是合同当事人一方为了证明合同的成立和保证履行合同,按合同规定在合同履行前预先向对方给付的一定数额的货币。

  A. 留置   B. 承诺   C. 定金   D. 要约

11. 下列组织或个人中,不能成为合同法律关系主体的是( )。

  A. 自然人   B. 项目经理部

  C. 设计事务所   D. 监理事务所

12. 下列选项中关于抵押的说法,正确的是( )。

  A. 抵押的财产不转移占有

  B. 抵押的财产应当为抵押人所有

  C. 土地所有权可以作为抵押物

  D. 抵押合同应自登记之日起生效

13. 合同订立过程中,承诺自( )时生效。

  A. 发出   B. 要约人了解其内容

  C. 合同生效   D. 达到要约人

14. 在合同订立过程中有( )行为的,给对方造成损失的,行为人应当承担损害赔偿责任。

  A. 故意抬高价格的

  B. 合同订立过程中因情况变化而退出谈判的

  C. 合同谈判缺乏诚意

  D. 故意隐瞒与合同有关的主要事实

15. 在下列选项中,有( )行为,合同是可撤销的合同

  A. 当事人的意思表示不真实

  B. 恶意串通,损害国家、集体或者第三人利益的

  C. 一方以欺诈、胁迫手段订立合同,损害国家利益的

D. 违反法律强制规定的

16. (　　)是合同当事人双方权利义务共同指向的对象,即合同法律关系的客体。
   A. 标的　　　　　　B. 货物
   C. 质量　　　　　　D. 数量

17. 乙未经甲授权,却以甲的名义与丙签订了买卖合同,后来甲对其行为进行了追认,则下列说法正确的是(　　)。
   A. 由甲承担责任　　B. 由乙承担责任
   C. 由丙承担责任　　D. 由甲和乙共同承担责任

18. 合同法律关系客体的智力成果指的是(　　)。
   A. 建筑物　　　　　B. 设计工作
   C. 技术秘密　　　　D. 工艺技术设备

19. 公司甲以其自有办公楼作为抵押物为公司乙向银行申请贷款提供抵押担保,并在登记机关办理了抵押登记,该担保法律关系中,抵押人为(　　)。
   A. 登记机关　　　　B. 银行
   C. 公司乙　　　　　D. 公司甲

20. 下列合同法律关系的客体中,属于行为的是(　　)。
   A. 建筑材料　　　　B. 建筑设备
   C. 勘察设计　　　　D. 知识产权

二、多项选择题

1. 保证人要对债务人不履行合同的行为承担责任,因此,《民法典》规定,具有清偿能力的法人、其他公司或公民才可以充当保证人。以下不得作担保人的单位有(　　)。
   A. 国家机关经国务院批准的为使用外国政府或国际经济组织的贷款进行转贷的政府行政法人可以作担保人
   B. 学校、幼儿园、医院等公益事业单位
   C. 社会团体
   D. 企业法人的分支机构、职能部门(没有法人的书面授权)
   E. 银行

2. 合同终止即合同权利义务的终止,是指合同当事人之间的债权债务关系归于消灭而不复存在。合同终止可能是当事人双方均履行完约定义务后正常终止,也可以是双方约定的义务未履行完时,由于某一事件的发生而被迫终止。《民法典》规定合同终止的情况有(　　)。
   A. 债务已经按照约定履行　　B. 合同解除
   C. 债务相互抵消　　　　　　D. 债务人依法将标的物提存
   E. 债务人免除债务

3.《民法典》规定合同无效的情形有( )。
   A.一方以欺诈、胁迫手段订立合同,损害国家利益
   B.恶意串通,损害国家、集体或者第三人利益的
   C.以合法形式掩盖非法目的
   D.损害社会公共利益
   E.违反法律、行政法规的强制性规定

4.保证的方式包括( )两种。
   A.社会救济基金   B.养老保险基金
   C.国家福利基金   D.一般保证
   E.连带保证

5.合同的履行应遵循诚信原则全面履行约定的义务。如果当事人只履行合同约定的部分义务,则属于部分履行或不完全履行。如果当事人完全没有履行合约约定的义务,则属于合同未履行或不履行合同。当事人在遵循诚信原则履行合同的过程中应尽的基本义务有( )。
   A.通知   B.协助
   C.保密   D.债务的免除
   E.债务的丢失

6.对于无效合同的法律后果,无效合同中所涉及的财产可采取如下方式处理( )。
   A.返还原物   B.赔偿损失
   C.收归国有或返还集体   D.统一政策,分级管理
   E.征收税金

7.合同的内容一般包括的条款有( )。
   A.当事人的名称或者姓名和住所
   B.标的
   C.数量
   D.质量
   E.价款或者报酬

8.合同法律关系的构成要素有( )。
   A.主体   B.内容   C.客体   D.权利   E.义务

9.下列选项中,承诺行为不发生承诺的效力有( )。
   A.附条件的接受要约
   B.撤回承诺的通知与承诺同时到达要约人
   C.撤回承诺的通知因送达的原因后于承诺到达,要约人未及时将该情况通知承诺人
   D.承诺因送达的原因于要约有效期限届满后达到要约人,要约人将该情况通知承诺人

10. 保证合同应包括的内容有（　　）。
    A. 被保证的主债权种类、数额
    B. 债务人履行债务的期限
    C. 保证的方式
    D. 保证担保的范围
    E. 一方强烈认为需要增加的其他事项

三、简答题

1. 什么是合同标的？
2. 什么是不可抗力？
3. 《民法典》的基本原则是什么？
4. 合同生效应当具备的条件是什么？
5. 签订合同必须经过哪些程序？
6. 合同变更中应注意哪些问题？

四、案例分析

1. 【案例】

甲某为某施工企业法定代表人，在企业合法经营范围内就一项施工任务与某公路项目的发包人签订了承包合同。事后，该施工企业通知该项目发包人：根据公司章程规定，甲某无权独立对外签订施工合同，因此甲某与贵方所签合同没有效力，对我公司没有约束力。但事实上，在此之前，该项目发包人不知道而且不可能知道施工企业的这项规定。

【问题】

(1) 你认为该施工企业的说法是否正确？
(2) 试根据《民法典》的有关规定，说明理由。
(3) 如果上述合同是甲某通过授权书委托乙某与发包人签订的，该合同是否有效？
(4) 如果上述合同是施工企业职工乙某与发包人签订的，但未提供甲某签署的授权书，该合同是否对该施工企业发生效力？

2. 【案例】

某城市拟新建大型火车站，各有关部门组织成立建设项目法人，在项目建议书、可行性研究报告、设计任务书等经市计划主管部门审核后，报国家发展改革委、国务院审批并向国务院城乡规划主管部门申请国家重大建设工程立项。在审批过程中，项目法人以公开招标方式与3家中标的一级建筑单位签订《建设工程总承包合同》，约定由该3家建筑单位共同为车站主体工程承包人，承包形式为一次包干，估算工程总造价18亿元。但合同签订后，国务院城乡规划主管部门公布该工程为国家重大建设工程项目，批准的投资计划中主体工程部分仅为15亿元。因此，该计划下达后，委托方

(项目法人)要求建筑单位修改合同,降低包干造价,建筑单位不同意,委托方诉至法院,要求解除合同。

【问题】

(1)项目法人与3家中标建筑单位签订的《建设工程总承包合同》是否有效?

(2)试分析法院应如何判决?

工作任务六
思考题答案

工作任务七
WORK ASSIGNMENT SEVEN
公路工程施工合同管理

☞ **知识目标**

1. 熟悉公路工程施工合同的发展历程。
2. 掌握公路工程合同的类型和施工合同的分类以及公路工程施工合同文件的组成。
3. 掌握公路工程施工合同的当事人、相关人及其责任与义务。
4. 熟悉公路工程施工合同的质量管理责任与保障措施及相关质量管理条款。
5. 熟悉公路工程施工合同进度控制的相关概念及进度管理条款(包括计划的编制、工期延误、暂停施工等)。
6. 熟悉公路工程施工合同的造价控制条款(包括计量流程、支付款项及支付流程、工程变更、价格调整等)。

☞ **技能目标**

1. 能够拟定公路工程施工合同文本。
2. 能够依据合同进行公路工程施工质量管理。
3. 能够依据合同进行公路工程施工进度管理。
4. 能够依据合同进行公路工程施工费用管理。

☞ **素质目标**

1. 树立遵纪守法、依法依规拟定合同条款的法律意识。
2. 培养自身公平公正、诚实信用、细致入微、科学严谨、保守国家秘密等职业素养。
3. 培养自身敢于谈判、据理力争的职业精神和发现问题、解决问题的能力。

按照现行《民法典》《标准施工招标文件》《公路工程标准施工招标文件》(2018 年版)等中关于合同条款及格式的相关规定,对公路工程施工合同文件的组成及合同通用条款和专用条款进行解读。通过对本工作任务的学习,学生应掌握公路工程施工合同范本文件的组成以及各组成文件的格式,熟悉业主、承包人、监理人等的权力与职责,熟悉公路工程施工合同的质

量、进度、费用、安全、风险等核心控制条款等，能够依据合同文件范本进行合同文件的拟定以及合同履行过程中的管理。

 任务情境

2021年，某路桥工程有限公司参与某高速公路的一般路基桥涵工程(300km)一个合同段的建设，并与建设单位签订了公路工程施工合同。发包人与承包人于2021年11月签订了建设施工合同，承包人承包范围包括路基桥涵工程，合同签约价为4000万元，其中，土石方总工程量66000m³，单价180元/m³，结算按实际工程量计算，合同对计价原则进行了约定，合同工期200天。同时，合同约定，当实际工程量超过或减少估计工程量的15%时，超过或减少部分的工程量方可进行增减调整，按当时当地市场价格调整系数平均值取0.9或1.2进行计算。物价变化时，合同价款调整采用价格指数法，其中固定要素比例为0.3，调整要素为人工费、钢材、水泥三类，分别占合同价的比例为0.2、0.15、0.35。考虑到工期紧迫性和天气状况影响，承包人向监理单位申请对部分涵洞工程和部分防护工程分包给其他施工单位，并提交了相应的分包单位资质。签订合同后，施工单位按合同要求提交了施工组织设计，提请开工获批，于2022年1月正式开工，在施工过程中遇到以下事件：

事件1：承包人在K35+650段的涵洞施工前期发现，此处基底承载力与设计勘察资料不符，要求监理单位向设计单位提出变更。设计单位于5天后给出设计变更方案，监理单位下达变更指示，承包人在变更指示下达后15天提请变更估价。

事件2：因连降暴雨而发生严重的洪水灾害，致使一条正在施工的公路发生如下损失：

(1)部分路基被洪水冲毁，估计损失为600万元。

(2)一座临时水泥仓库被暴雨淋湿，估计损失为30万元。

(3)部分临时设施被毁，损失为20万元。

(4)工程被迫停工20天，停工、窝工和机械闲置损失50万元。

(5)现场的部分施工机械受损，损失为30万元。

(6)因施工原因致使原排水系统被破坏，导致洪水无法正常宣泄，致使公路沿线的农田被淹，估计损失60万元。

(7)临时房屋倒塌造成承包方人员伤亡，损失10万元。

 任务布置

通过上述任务情境，学生应探讨并解决以下几个问题。

1. 公路工程施工合同的内容组成有哪些？工程分包如何分类？
2. 工程开工的审批程序有哪些？需要准备哪些材料？
3. 变更的工程内容包括哪些？变更的程序是什么？
4. 本案例中，承包人的提请变更估价的要求对吗？为什么？变更估价的原则是什么？
5. 施工过程中水泥、钢材等主要材料价格指数分别上涨15%和20%，根据合同约定，是否可以调整合同价格？如何调整？工程实际价款应该怎么调整？
6. 山洪暴发导致的系列损失，应该由谁来承担损失和工期延误？理由是什么？
7. 若该工程办理了"建筑工程一切险"和"第三者责任险"，投保金额分别为4000万元和

60万元,保险费率分别为4.2‰和3‰,应交纳的保险费和当事人可获得的赔偿额是多少?

8.请分析参与各方当事人的法律责任,谈谈如何严以律己、精益求精,做遵纪守法的大国工匠。

 任务分析

根据岗位职业能力的要求,本工作任务共安排了三个学习活动:公路工程施工合同概述、公路工程施工合同的主要内容、公路工程合同管理条款。利用工程实际任务情境,引导学生学习三个学习活动的相关知识,熟悉公路工程施工合同文件的组成和格式要求以及合同条款的内容,融入合约专员的职业操守。任务实施过程中邀请企业导师组织学生进行公路工程施工合同的草拟、签订以及合同履行过程中的管理实训,还原任务实际工作情境,使学生掌握合同文件主要组成内容和格式,掌握合同管理过程中质量、进度和费用控制的常见情形,熟悉合约专员主要岗位职责及行业规范、职业素养以及监理人、承包人和业主的合同履行管理职责。教育引导学生养成严格遵守法律和行业规范,严谨细致,公平公正的职业素养。

 任务相关知识

公路工程建设项目的实施常常是建设单位(业主或发包方)以公路工程合同的形式委托给承包方来完成,公路工程合同关系是公路工程建设工程项目中最基本的关系,而其中最关键的就是公路工程施工合同关系。公路工程施工合同管理,分为三个阶段:一是公路工程施工合同订立前阶段,合同双方需要进行市场预测、资信调查和决策;二是公路工程施工合同订立阶段,需要合同双方建设单位与承包单位通过要约与承诺使合同得以成立和生效;三是公路工程施工合同的履行阶段,通过承发包双方和监理人按照施工合同条款控制质量、进度、费用的控制,使施工合同得以完全履行。

公路工程施工合同的签订与履行,需要熟悉施工合同的内容组成,明确合同双方当事人及监理人的权利与义务,熟悉公路工程施工合同条款,从而进行质量、进度、费用控制管理。

子任务1 初识公路工程施工合同

一、公路工程合同

依据不同的分类标准,公路工程合同可按以下分类。

1.按合同签约的对象内容划分

(1)公路工程勘察、设计合同

公路工程勘察、设计合同是指业主(发包人)与勘察人、设计人为完成一定的勘察、设计任务,明确双方权利和义务的协议。

(2)公路工程施工合同

公路工程施工合同,通常也称为建筑安装工程承包合同,是指建设单位(发包人)和施工

公路工程施工
合同概述

单位(承包人),为了完成商定的或通过招投标确定的建筑工程安装任务,明确相互权利和义务关系的书面协议。

(3)公路工程工程委托监理合同

公路工程工程委托监理合同,简称监理合同,是指公路工程建设单位聘请监理单位代其对工程项目进行管理,明确双方权利和义务的协议。建设单位称委托人(甲方),监理单位称受委托人(乙方)。

(4)公路工程项目物资购销合同

公路工程项目物资购销合同是指由建设单位或承建单位根据工程建设的需要,分别与有关物资、供销单位,为执行建设工程物资(包括设备、建材等)供应协作任务,明确双方权利和义务而签订的具有法律效力的书面协议。

(5)建设项目借款合同

建设项目借款合同是指由建设单位与中国建设银行或其他金融机构,根据国家批准的投资计划、信贷计划,为保证项目贷款资金供应和项目投产后能及时收回贷款而签订的明确双方权利和义务关系的书面协议。

(6)其他

除以上合同外,还有运输合同、劳务合同、供电合同等。

2. 按合同签约各方的承包关系划分

(1)总包合同

总包合同是指建设单位(发包人)将工程项目建设全过程或其中某个阶段的全部工作,发包给一个承包单位总包,发包人与总包方签订的合同。总包合同签订后,总承包单位可以将若干专业性工作交给不同的专业承包单位去完成,并统一协调和监督他们的工作。在一般情况下,建设单位仅同总承包单位发生法律关系,而不同各专业承包单位发生法律关系。

(2)分包合同

分包合同是指总承包人与发包人签订了总包合同之后,将若干专业性工作分包给不同的专业承包单位去完成,总包方分别与几个分包方签订的合同。对于大型工程项目,有时也可由发包人直接与每个承包人签订合同,而不采取总包形式。这时每个承包人都是处于同样的地位,各自独立地完成本单位所承包的任务,并直接向发包人负责。

3. 按公路工程合同的计价方式划分

按照计价方式不同,公路工程合同可以分为总价合同、单价合同和成本加酬金合同。发包人和承包人应在合同协议书中选择下列某种合同计价方式。

(1)单价合同

单价合同是指合同当事人约定以工程量清单及其综合单价进行合同价格计算、调整和确认的建设工程施工合同,在约定的范围内合同单价不做调整。但是,合同当事人应在专用合同条款中约定综合单价包含的风险范围和风险费用的计算方法,并约定风险范围以外的合同价格的调整方法,其中因市场价格波动引起的调整按《公路工程施工标准招标文件》(2018年版)第四章合同条款第16.1条款"物价波动引起的价格调整"约定执行。单价合同又分为固定单价合同和变动单价合同两种。

①固定单价合同

固定单价合同条件下,承包人根据业主提出的要求与工程范围等内容进行报价,而不对工程量进行规定,合同单价也是一次性包死,无论发生哪些影响价格的情况,都不对单价进行调整,因而对承包人而言就存在一定的风险。固定单价合同适用于设计或其他建设条件还不太落实的、工期较短、工程量变化幅度不会太大的项目。

②变动单价合同

当采用变动单价合同时,合同双方可以约定一个估计的工程量;当实际工程量发生较大变化时可以对单价进行调整,同时应当约定如何对单价进行调整;也可以约定,当通货膨胀达到一定水平或者国家政策发生变化时,可以对哪些工程内容的单价进行调控以及如何调整等。因此,承包人的风险就相对较小。变动单价合同适用于设计图不全且工期较长、不确定因素较多的工程项目。

单价合同的特点是单价优先。例如,在国际咨询工程师联合会土木工程施工合同中,业主给出的工程量清单中的数字是参考数字,而实际工程款则按实际完成的工程量和承包人投标时所报的单价计算。虽然在投标报价、评标以及签订合同中,人们常常注重总价格,但在工程款结算中单价优先。对由于单价合同允许随工程量变化而调整工程总价,业主和承包人都不存在工程量方面的风险,因此对合同双方都比较公平。采用单价合同对业主的不足之处是,业主需要专门核实已经完成的工程量,需要在施工过程中花费不少精力,协调工作量大。另外,用于计算应付工程款的实际工程量可能超过预测的工程量,即实际投资容易超过计划投资,对投资控制不利。

在工程实践过程中,采用单价合同有时也会根据估算的工程量计算一个初步的合同总价,作为投标报价和签订合同之用。但是,当上述初步的合同总价与各项单价乘以实际完成的工程量之和发生矛盾时,则肯定以后者为准,即单价优先。实际工程款的支付也将以实际完成工程量乘以合同单价进行计算。

单价合同,多用于工期长、技术复杂、实施过程中发生各种不可预见因素较多的大型土建工程,以及业主为了缩短工程建设周期,初步设计完成后就进行施工招标的工程。一般,实行工程量清单计价的工程,鼓励承发包双方采用单价方式确定合同价款。

(2) 总价合同

总价合同,也称作总价包干合同,是指合同当事人约定以施工图、已标价工程量清单或预算书及有关条件进行合同价格计算、调整和确认的建设工程施工合同,在约定的范围内合同总价不做调整。也就是说,根据施工招标时的要求和条件,当施工内容和有关条件不发生变化时,业主付给承包人的价款总额就不会发生变化。总价合同又分固定总价合同和变动总价合同两种。

①固定总价合同

固定总价合同的价格计算是以设计图及规定、规范为基础,工程任务和内容明确,业主的要求和条件清楚,合同总价包死,固定不变,即不再因为环境的变化和工程量的增减而变化。在这类合同中,项目总投资额确定,有利于业主进行投资控制,风险较小;而承包人承担了全部的工作量风险(如工程量计算错误、工程范围不确定、工程变更或者由于设计深度不够所造成的误差等)和价格风险(如报价计算错误、漏报项目、物价和人工费上涨等),因此,承包人在报价时对一切费用的价格变动因素以及不可预见因素都做了充分估计,并将其包含在合同价格之中。

采用固定总价合同,双方结算比较简单,但是由于承包人承担了较大风险,因此报价中不可避免地增加一笔较高的不可预见风险费。同时,工程变更和不可预见的困难也常常引起合同双方的纠纷或者诉讼,最终导致其他费用的增加。所以,固定总价合同中可以约定,在发生重大工程变更、累计工程变更超过一定幅度或者其他特殊条件下对合同价格进行调整。此时,合同中需要定义重大工程变更的含义、累计工程变更的幅度以及合同价格调整的情况以及如何调整方法等。

②变动总价合同

变动总价合同,又称为可调总价合同。合同价格是以设计图及规定、规范为基础,按照时价进行计算,得到包括全部工程任务和内容的暂定合同价格。它是一种相对固定的价格,在合同执行过程中,由于通货膨胀等原因而使所使用的工、料成本增加时,可以参照《公路工程施工标准招标文件》(2018 年版)第四章合同条款第 16.1 条款"物价波动引起的价格调整"约定对合同总价进行相应的调整。由于设计变更、工程量变化或其他工程条件变化所引起的费用变化也可以据此进行调整。因此,通货膨胀等不可预见因素的风险由业主承担,承包人的风险相对较小;但不利于业主进行投资控制,业主投资风险较大。

显然,采用总价合同时,对工程项目的内容及其各种条件都应基本清楚明确,否则,承发包双方都有蒙受损失的风险。因此,总价合同适用于工程量不大且能够精确计算、工期较短、技术不太复杂、风险不大的项目。一般是在施工图设计完成,施工任务和范围比较明确,业主的目标、要求和条件都清楚的情况下才采用总价合同。采用总价合同类型招标,评标委员会评标时易于确定报价最低的投标人,评标过程较为简单,评标结果客观;发包人易于进行工程造价的管理和控制,易于支付工程款和办理竣工结算。

(3)成本加酬金合同

成本加酬金合同是指由发包方向承包方支付工程项目的实际成本,并按事先约定的某一种方式支付酬金的合同类型,如成本加固定酬金,成本加固定百分比酬金,成本加浮动酬金,目标成本加奖罚。采用这种合同,承包人不承担任何价格变化或工程量变化的风险,这些风险由业主承担,不利于业主投资控制。而承包人也往往缺乏控制成本的积极性,甚至期望提高成本而提高自身经济利益,因此,成本加酬金合同的使用应当受到严格限制。成本加酬金合同通常用于如下情况:

①工程特别复杂,工程技术、结构方案不能预先确定;或者尽管可以确定工程技术和结构方案,但是不可能进行竞争性的招标活动并以总价合同或单价合同的形式确定承包人,如研究开发性质的工程项目。

②时间特别紧迫,如抢险、救灾工程,来不及进行详细计划和商谈的工程项目。

二、公路工程施工合同

1. 公路工程施工合同的概念

公路工程施工合同,即工程承包合同,是指建设单位与承包人为完成约定的公路工程项目施工,确定双方权利和义务的协议。依照施工合同,施工单位应完成建设单位交给的施工任务,建设单位应按照规定提供必要条件并支付工程价款。

2. 公路工程施工合同的作用

公路工程施工合同是公路工程合同体系中的"核心合同",有着极其重要的作用,主要有以下四点:

(1)明确了合同双方的权利义务。
(2)它是合同双方的行为准则。
(3)它是进行公路工程施工监理的依据。
(4)它是合同双方解决争议的依据。

3. 公路工程施工合同的分类

公路工程施工合同可分为施工总承包合同和施工分包合同两类。

(1)施工总承包合同

施工总承包合同是指由一家总承包单位作为承包人对发包人负责,完成基本建设工程施工的合同。施工总承包合同的发包人是建设工程的建设单位或取得建设项目总承包资格的项目总承单位;在合同中,一般称为业主或发包人。施工总承包合同的承包人是指承包单位,在合同中一般称为承包人。

(2)施工分包合同

施工分包合同是指由两个以上的承包人对发包人负责,完成基本建设工程施工的合同。施工分包又分为专业分包和劳务合作。专业分包是指承包人与具有相应资格的施工企业签订专业分包合同,由分包人承担承包人委托的分部工程、分项工程或适合专业化队伍施工的其他工程,整体结算,并能独立控制工程质量、施工进度、材料采购、生产安全的施工行为。劳务合作是指承包人与具有施工劳务资质的劳务企业签订劳务分包合同,由劳务企业提供劳务人员及机具,由承包人统一组织施工、统一控制工程质量、施工进度、材料采购、生产安全的施工行为。在公路工程施工过程中,也经常存在承包人或分包人雇佣民工的现象。雇用民工,是指承包人或分包人与具有相应劳动能力的自然人签订劳动合同,由承包人统一组织管理,从事分项工程施工或配套工程施工的行为。

4. 公路工程施工合同的当事人

在公路工程施工合同中,当事人是指发包人和承包人。发包人是指专用合同条款中指明并与承包人在合同协议书中签字的当事人。承包人是指与发包人签订合同协议书的当事人。

在施工总承包合同中,发包人指建设工程的建设单位或取得建设项目总承包资格的项目总承包单位,在合同中一般称为业主或发包人。承包人指承包单位,在合同中一般称为承包人。

在施工分包合同中,发包人指取得施工总承包合同的承包单位,在分包合同中一般仍沿用施工总承包合同中的名称,即仍称为承包人。承包人指专业化的专业工程施工单位或劳务作业单位,在分包合同中一般称为分包人或劳务分包人。

5. 公路工程施工合同的其他相关人

一般,公路工程施工往往还会涉及工程分包合同和监理合同,也就有分包人和监理人。分包人是指从承包人处分包合同中某一部分工程,并与其签订分包合同的施工单位。监理人是指在专用合同条款中指明的、受发包人委托对合同履行实施管理的法人或其他组织。

三、公路工程施工合同管理

公路工程合同是一个较为复杂和庞大的体系,业主和承包人签订的公路工程施工合同是核心合同。公路工程施工合同管理是指公路工程施工合同相关方以现行法律法规和合同文件为依据,本着公正、公开、公平和诚信原则,运用科学理论和现代科学技术依法进行合同订立、履行变更、索赔解除终止以及审查监督、控制等系列行为的总称。

1. 合同管理的含义

(1) 广义的合同管理

广义的合同管理是指为了保障狭义的合同得以顺利实施,保护合同当事人的一切合法权益,维护市场经济秩序的与合同有关的一切部门所进行的系列管理活动。它包括:工商行政主管部门、建设行政主管机关对合同的管理,公证部门、司法部门、仲裁机构对合同的审理,行业主管对合同的审核监督,融资机构对合同的监督管理,银行、保险等部门参与的管理,当事人自身对合同行为的管理。

(2) 狭义的合同管理

狭义的合同管理是指发包人、承包人、监理人依据法律和行政法规、规章制度,采取一系列宏观或微观的手段对公路工程施工合同的订立、履行过程进行的管理。发包人(业主)主要对合同进行总体策划和控制,对授标及合同的签订进行决策,为承包人的合同实施提供必要的条件;监理人则是受业主委托起草合同文件和各种相关文件,解释合同,监督合同的执行,进行合同控制,协调业主、承包人、供应商之间的合同关系;承包人主要从合同实施者的角度进行投标报价、合同谈判、执行合同,圆满地完成合同所规定的义务。本工作任务主要从微观角度,以业主、承包人和监理人的角度来谈合同管理。

2. 公路工程施工合同管理的阶段划分

公路工程施工合同管理从合同订立之前就已经开始,直至合同履行完毕,主要包括合同订立前的管理、合同订立阶段的管理和合同履行阶段的管理三个方面。

(1) 合同订立前的管理

合同签订,意味着合同生效和全面履行,所以必须采取谨慎、严肃、认真的态度,做好签订前的准备工作。合同订立前的管理内容包括:市场预测、资信调查和决策,以及订立合同前行为的管理。

(2) 合同订立阶段的管理

合同订立阶段,意味着当事人双方经过工程招标投标活动,充分酝酿、协商一致,从而建立起建设工程合同法律关系。订立合同是一种法律行为,双方应当认真、严肃拟定合同条款,做到合同合法、公平、有效。

(3) 合同履行阶段的管理

合同依法订立后,当事人应认真做好履行过程中的组织和管理工作,严格按照合同条款享有权利和承担义务。在合同履行阶段,当事人之间有可能发生纠纷。当纠纷出现时,有关双方首先应从整体、全局利益出发,做好有关的合同管理工作。合同档案资料是重要的、有效的法定证据,有助于纠纷的解决。本工作任务主要讲解公路工程施工合同履行阶段的管理。

3. 公路工程施工合同履行管理的内容

(1) 发包方和监理单位的管理

发包方和监理单位在合同履行中,应当严格按照公路工程施工承包合同的规定,履行应尽的义务。公路工程施工承包合同内规定应由发包方负责的工作,都是合同履行的基础,是为承包方开工、施工创造的先决条件,发包方必须严格履行。

发包方和监理单位的管理具体包括以下几个方面的内容：

①工期管理。按合同规定，要求承包方在开工前提出施工总体进度计划，监理人应进行审核并进行实际检查。对影响进度的因素进行分析，若属于发包方的原因，应及时主动解决；若属于承包方的原因，应督促其迅速解决。

②质量管理。检验工程使用的材料、设备质量，检验工程使用的半成品及构件质量；按合同规定的规范规程，监督检验施工质量；按合同规定的程序，验收隐蔽工程和中间工程的质量；组织交工验收等。

③费用管理。严格进行合同约定价款的管理；对预付工程款进行确定，包括批准和扣回；对工程量进行核实确认，进行工程款的结算和支付；对变更价款进行确定，出现合同约定的情况时，对合同价款进行调整；办理竣工结算；等等。

④档案管理。发包方和监理单位应做好施工合同的档案管理工作。工程项目全部竣工之后，应将全部合同文件加以系统整理，建档保管。在合同的履行过程中，对合同文件，包括有关的签证、记录、协议、补充合同、备忘录、函件、电报、电传等都应做好系统分类，认真管理。

（2）承包方对施工合同的管理

在合同履行过程中，为确保合同各项指标的顺利实现，承包方须建立一套完整的施工合同管理制度。

承包方对施工合同的管理主要有以下内容：

①工作岗位责任制度。这是承包方的基本管理制度，规定了承包方内部具有施工合同管理任务的部门和有关管理人员的工作范围，履行合同中应负的责任，以及拥有的职权。只有建立起这一制度，才能使分工明确、责任落实，促进承包方施工合同管理工作正常开展，保证合同指标顺利实现。

②施工自检制度。承包方应建立施工合同履行的监督检查制度，通过检查发现问题，督促有关部门和人员改进工作。

③奖惩制度。奖优罚劣是奖惩制度的基本内容。建立奖惩制度有利于增强有关部门和人员在履行施工合同中的责任心。

④统计考核制度。这是运用科学的方法，利用统计数字，反馈施工合同的履行情况。通过对统计数字的分析，总结经验，找出教训，可以为企业的经验决策提供重要的依据。

⑤施工合同的档案管理制度。施工企业同样应做好施工合同的档案管理，不但应做好施工合同的归档工作，还应以此指导生产、安排计划，使其发挥重要作用。

引例 7-1

【背景资料】

某路桥工程施工有限公司通过竞标取得某标段高速公路建设项目后，立即组织施工队伍进场施工。为保证工期和控制成本，同时考虑到自身特点及业主和监理工程师要求，承包人决定将一部分防护工程和部分通道与涵洞工程分包给另外承包人施工，报业主或监理工程师审查后，该承包人与分包人签订了分包合同，在分包合同中明确了分包合同的主要内容。

【问题】

1.请指出公路工程施工分包合同的主要分类及它们之间的区别，并指明该承包人的分包合同属于哪类工程分包。

2.请说明该工程施工分包合同的主要内容。

【专家评析】

1.工程分包合同分为一般分包合同和指定分包合同两类。该承包人的分包合同属于一般分包合同。一般分包合同是指在执行工程承包合同过程中,承包人由于某些原因,将自己承担的一部分工程,在经业主或监理工程师批准后,交给另外的承包人施工,承包人和分包人双方签订工程分包合同。指定分包合同是指业主或监理工程师指定或选择的分包工程施工、供货或劳务人员,在承包人同意后,与承包人签订的分包合同。

施工分包有专业分包和劳务分包合同之分。该承包人的分包合同属于专业分包合同。专业分包合同是指承包人与具有相应资格的施工企业签订专业分包合同,在经业主或监理工程师批准后,交给另外的承包人施工承包人委托的分部工程、分项工程或适合专业化队伍施工的其他工程。

2.该工程施工分包合同的主要内容包括:

(1)工程范围和内容。分包合同应十分明确地划分工程范围,工作内容要详细说明,另外应附工程量清单。

(2)工程变更。合同中应注明工程变更的确认程序和变更价款的分配办法。

(3)支付条件。合同包括预付款的支付比例和扣还的方式、进度款的支付方法和时间、支付货币的种类和汇率等。

(4)保留金和缺陷责任期。合同包括保留金的扣除比例和返还时间、缺陷责任期的时间等。

(5)拖延工期违约损失赔偿金。

(6)双方的责任、权利和义务。总承包人在分包合同中可以转移责任义务和风险给分包人,但应注意业主和监理单位并不因此而解除承包人的任何责任和义务。

(7)其他方面。诸如合同的变更、中止、解除、纠纷解决等条款,可以参照总承包合同一般分包合同。

子任务2 认知公路工程施工合同的主要内容

由于合同条款在合同管理中十分重要,合同双方都对此很重视,因此在订立合同的过程中,双方在编制、研究和协商合同条款上要投入很多的人力、物力和时间。为了减少每个工程都必须花在编制讨论合同条款上的人力、物力消耗,以及由于合同条款的缺陷而引起的纠纷,有必要制定和使用工程承包合同条款范本。

一、工程合同范本概述

1.工程合同范本的基础知识

(1)工程合同范本的概念

合同范本即合同示范文本。《民法典》第三编合同第四百七十条规定:"当事人可以参照各类合同的示范文本订立合同。"合同示范文本是将各类合同的主要条款、式样等制定出规范的、指导性的文本,在全国范围内积极宣传和推广,引导当事人采用合同示范文本签订合同,以实现合同签订的规范化。

(2)工程合同范本的特点

合同范本应当具有规范性、可靠性、完备性、适用性的特点。

① 规范性

工程合同范本是根据有关法律、国际惯例制定的,它具有相应的规范性。当事人使用这种文本格式,实际上把自己的签约行为纳入依法办事的轨道,接受这种规范性制度的制约。广泛推行合同示范文本,其规范性作用就会更加明显,因为它是建立在当事人自愿的基础之上,而当事人使用范本格式会在实践中受益,从而增加使用合同示范文本的自觉性。因此,工程合同示范文本的规范性具有鲜明的引导、督促的作用。

② 可靠性

由于工程合同示范文本是经过审慎推敲、反复优选制定的,因此符合法律规范要求,可以使经济合同具有法律约束力,使合同当事人双方的合法权益得到法律的保护。同时,便于合同管理机关和业务主管部门加强监督检查,在当事人双方发生合同纠纷时,有助于仲裁机构和人民法院的调解、仲裁、审理工作。因此,当事人应自觉使用合同示范文本签订合同。

③ 完备性

工程合同示范文本的制定主要是明确当事人的权利和义务。按照法律要求把涉及合同当事人双方权利和义务的条款全部列出,确保合同达到条款完备、符合要求的目的,以避免签约时缺款少项和出现不符合程序的情况。当然,条款完备也是相对的,由于各类经济合同都会出现一些特殊情况,因而在示范文本内要分别采取不同形式,规定当事人双方根据特殊要求,经协商达成一致的条款签订的方法。

④ 适用性

各类工程合同示范文本,是依据各行业特点,归纳了涉及该行业工程合同的法律、行政法规制定的。签订合同当事人可以此作为协商、谈判经济合同的依据,避免当事人为起草合同条款而费尽心机。合同示范文本基本上可以满足当事人的需要,因此它具有广泛的适用性。

(3)工程合同范本的作用

由于工程合同文本在合同管理中十分重要,因此合同双方都很重视。业主作为合同文本条款的编写者,必须慎重推敲每一个词句,防止出现任何不妥或疏漏之处。承包人则必须仔细研读合同条款,发现有明显错误要及时向业主指出并予以更正,有模糊之处必须及时要求业主澄清,以便充分理解合同条款表示的真实思想与意图;另外,还必须考虑条款可能带来的机遇和风险,这样才能得出一个合适的报价。因此,在订立合同的过程中,双方在编制、研究、协商合同条款上要投入很多的人力、物力和时间。

合同条款是合同文件的重要组成部分。它在合同订立和履行过程中,主要起着三方面的作用:

① 合同条款是合同双方在订立合同,即邀请要约(招标)、要约(投标)和承诺(决标)的过程中讨论协商的主要内容。在施工承包合同中,业主方的标的(工程)和承包人的报酬(合同价格)一般是一方提出、一方认可,讨论余地不大。因此,规定权利义务、分配风险责任的合同条款就成为双方协商、谈判的主要议题。

②合同条款是双方签署合同的主要依据。

③合同条款是双方为履行合同所进行一切活动的准则。

2. 我国工程合同范本的发展

我国推行合同示范文本制度已经多年。1990年,国务院办公厅转发了国家工商行政管理局《关于在全国逐步推行经济合同示范文本制度请示》的通知,随后各类合同示范文本纷纷出台,逐步推行。推行合同示范文本的实践证明,合同示范文本使当事人订立合同更加认真、更加规范,对于当事人在订立合同时明确各自的权利义务、减少合同约定缺款少项、防止合同纠纷等方面起到了积极的作用。

在建设工程领域,自1991年起就陆续颁布了一些示范文本。1999年10月1日实施《合同法》后,国务院相关部门联合颁布了《建设工程监理合同(示范文本)》(GF-2012-0202)、《建设工程设计合同示范文本(房屋建筑工程)》(GF-2015-0209)、《建设工程设计合同示范文本(专业建设工程)》(GF-2015-0210)、《建设工程勘察合同(示范文本)》(GF-2016-0203)、《建设工程施工合同(示范文本)》(GF-2017-0201)等示范文本。

为进一步规范招标投标活动、统一招标文件编制依据,有机衔接政府投资项目管理的项目法人责任制、招标投标制、工程监理制、合同管理制一系列制度,促进形成统一开放、竞争有序、制度完备、治理完善的高标准市场体系,国家发改委等九部委联合颁布了《标准施工招标资格预审文件》《标准施工招标文件》,不再分行业,而是按施工合同的性质和特点编制招标文件,结合我国实际情况对通用合同条款做了较为系统的规定。之后又为了进一步提高招投标文件质量,促进形成公开、公平、公正的招投标市场竞争环境,构建覆盖主要采购对象、多种合同类型、不同项目规模的标准体系,国家发改委等九部委又陆续颁布了《中华人民共和国简明标准施工招标文件》(2012年版)、《中华人民共和国标准设计施工总承包招标文件》(2012年版)、《标准设备采购招标文件》(2017年版)、《标准材料采购招标文件》(2017年版)、《标准勘察招标文件》(2017年版)、《标准设计招标文件》(2017年版)、《标准监理招标文件》(2017年版)。这些标准合同文本更符合市场经济的要求,对完善建设工程合同管理制度起到了极大的推动作用。

二、公路工程施工合同文件

为加强公路工程施工招标管理,规范资格预审文件和招标文件编制工作,交通运输部在国家改革发展委等九部委联合编制的《标准施工招标资格预审文件》和《标准施工招标文件》基础上,结合公路工程施工招标特点和管理需要,组织制定了《公路工程标准施工招标资格预审文件》(2009年版)和《公路工程标准施工招标文件》(2009年版)。后来又依照《招标投标法》《招标投标法实施条例》等法律法规,按照《公路工程建设项目招标投标管理办法》和国家发展改革委等九部委联合发布的系列标准文件体系,于2018年对其进行修订,即《公路工程标准施工招标文件》(2018年版)及《公路工程标准施工招标资格预审文件》(2018年版)。

国家发改委等九部委联合发布的《标准施工招标文件》规定通用部分,《公路工程标准施工招标文件》(2018年版)规定公路工程内容,两者结合使用,其中《公路工程标准施工招标文件》(2018年版)不加修改地引用《标准施工招标文件》的部分只标注相关条款号,其内容详见《标准施工招标文件》。《公路工程标准施工招标文件》(2018年版)适用于依法必须进行招标的各等级公路和桥梁、隧道建设项目,其他公路项目可参照执行。

1. 合同文件

(1)合同文件的组成

合同文件(合同)由合同协议书、中标通知书、投标函及投标函附录、专用合同条款、通用合同条款、技术标准和要求、图纸、已标价工程量清单,以及其他合同文件等组成。合同的相关定义见表7-1。

合同的相关定义　　　　　　　　　　　　　　　　　表7-1

名称	定义
合同协议书	"通用合同条款"所指的合同协议书。承包人按中标通知书规定的时间与发包人签订合同协议书。除法律另有规定或合同另有约定外,发包人和承包人的法定代表人或其委托代理人在合同协议书上签字并盖单位章后,合同生效
中标通知书	发包人通知承包人中标的函件
投标函	构成合同文件组成部分的由承包人填写并签署的投标函
投标函附录	附在投标函后构成合同文件的投标函附录
技术标准和要求	构成合同文件组成部分的名为技术标准和要求的文件,包括合同双方当事人约定对其所做的修改或补充
图纸	包含在合同中的工程图纸,以及由发包人按合同约定提供的任何补充和修改的图纸,包括配套的说明
已标价工程量清单	构成合同文件组成部分的由承包人按照规定的格式和要求填写并标明价格的工程量清单
其他合同文件	经合同双方当事人确认构成合同文件的其他文件

(2)合同文件的解释优先顺序

组成合同的各项文件应互相解释,互为说明。除专用合同条款另有约定外,合同文件的解释优先顺序,见表7-2。

合同文件的解释优先顺序　　　　　　　　　　　　　表7-2

序号	合同文件名称	序号	合同文件名称
1	合同协议书	6	技术标准和要求
2	中标通知书	7	图纸
3	投标函及投标函附录	8	已标价工程量清单
4	专用合同条款	9	其他合同文件
5	通用合同条款		

2. 合同条款

公路工程标准施工合同主要包括通用条款、专用条款和合同附件格式。

(1) 通用条款

通用条款是指根据法律、行政法规规定及公路工程施工的需要订立，通用于公路工程施的条款。通用条款主要包括：一般约定，发包人义务，监理人，承包人，材料和工程设备，施工设备和临时设施，交通运输，测量放线，施工安全、治安保卫和环境保护，进度计划，开工和竣工，暂停施工，工程质量，试验和检验，变更，价格调整，计量与支付，竣工验收，缺陷责任与保修责任，保险，不可抗力，违约，索赔，争议的解决24条原则性约定。

(2) 专用条款

专用条款是原则性约定（通用条款）的细化、完善、补充、修改或另行约定的条款。不同工程略有区别，不再详细展开。由于通用条款的内容涵盖公路工程项目施工共性的合同责任和履行管理程序，企业可以结合具体招标工程，在编制合同时应针对项目的特点、招标人的要求，在专用条款内针对通用条款涉及的内容进行补充、细化。

工程实践应用时，通用条款中适用于招标项目的条或款不必在专用条款内重复，需要补充细化的内容应与通用条款的条或款的序号一致，使得通用条款与专用条款中相同序号的条款内容共同构成对履行合同某一方面的完备约定。专业条款补充和细化的内容不得与"通用合同条款"及"公路工程专用合同条款"强制性规定相抵触。同时，补充、细化或约定的内容，不得违反法律、行政法规强制性规定和平等、自愿、公平和诚实信用原则。

3. 合同附件格式

公路工程施工合同文件的合同附件如下：

附件一　合同协议书。

附件二　廉政合同。

附件三　安全生产合同。

附件四　其他管理和技术人员最低要求。

附件五　主要机械设备和试验检测设备最低要求。

附件六　项目经理委任书。

附件七　履约保证金格式。

附件八　工程资金监管协议格式。

合作协议书是指在招标完成后，业主同接受中标的一方，按照专用条件所附的格式双方签字的文件。该文件一经签署，施工合同就成立。因此，合同协议书是确定双方合同关系的书面文件，它具有很高的法律效力。其具体格式，可参考图7-1。其他附件不再一一展示，详细内容可参考《公路工程标准施工招标文件》(2018年版)第四章合同条款及格式第三节合同附件格式。

各方当事人的基本权利和义务

三、合同当事人及其权利义务

《标准施工招标文件》第四章合同条款及格式"通用条款"以及《公路工程施工标准招标文件》(2018年版)第四章合同条款及格式"通用条款"和"专用合

同条款",明确了公路工程施工合同各方当事人及其基本权利与义务。合同当事人和人员相关解释见表7-3。

合同协议书

_____（发包人名称，以下简称"发包人"）为实施_____（项目名称），已接受_____（承包人名称，以下简称"承包人"）对该项目_____标段施工的投标。发包人和承包人共同达成如下协议。

1. 第_____标段由 K_____+_____至 K_____+_____，长约_____km，公路等级为_____，设计速度为_____，路面，有_____立交_____处；特大桥_____座，计长_____m；大中桥_____座，计长_____m；隧道_____座，计长_____m 以及_____其他构造物工程等。

2. 下列文件应视为构成合同文件的组成部分：
（1）本协议书及各种合同附件（含评标期间和合同谈判过程中的澄清文件和补充资料）；
（2）中标通知书；
（3）投标函及投标函附录；
（4）项目专用合同条款；
（5）公路工程专用合同条款；
（6）通用合同条款；
（7）工程量清单计量规则；
（8）技术规范；
（9）图纸；
（10）已标价工程量清单；
（11）承包人有关人员、设备投入的承诺及投标文件中的施工组织设计；
（12）其他合同文件。
上述合同文件互相补充和解释。如果合同文件之间存在矛盾或不一致之处，以上述文件的排列顺序在先者为准。

3. 根据工程量清单所列的预计数量和单价或总额价计算的签约合同价：人民币（大写）_____元（￥_____）。

4. 承包人项目经理：_____。承包人项目总工：_____。

5. 工程质量符合_____标准。工程安全目标：_____。

6. 承包人承诺按合同约定承担工程的实施、完成及缺陷修复。

7. 发包人承诺按合同约定的条件、时间和方式向承包人支付合同价款。

8. 承包人应按照监理人指示开工，工期为_____日历天。

9. 本协议书在承包人提供履约保证金后，由双方法定代表人或其委托代理人签署并加盖单位章后生效。全部工程完工后经交工验收合格、缺陷责任期满签发缺陷责任终止证书后失效。

10. 本协议书正本二份，副本_____份，合同双方各执正本一份，副本_____份，当正本与副本的内容不一致时，以正本为准。

11. 合同未尽事宜，双方另行签订补充协议。补充协议是合同的组成部分。

发包人：_____（盖单位章）　　　承包人：_____（盖单位章）
法定代表人或其委托代理人：_____（签字）　　法定代表人或其委托代理人：_____（签字）
　　_____年___月___日　　　　　　　　　　　　　　_____年___月___日

图7-1　合作协议书

合同当事人和人员相关解释　　　　　　　　　　　　　　　　　　　　　　　表7-3

名称	解释
合同当事人	发包人和(或)承包人
发包人	专用合同条款中指明并与承包人在合同协议书中签字的当事人

续上表

名称	解释
承包人	与发包人签订合同协议书的当事人
承包人项目经理	承包人派驻施工场地的全权负责人
承包人项目总工	由承包人书面委派常驻现场负责管理本合同工程的总工程师或技术总负责人
分包人	从承包人处分包合同中某一部分工程,并与其签订分包合同的分包人
监理人	在专用合同条款中指明的,受发包人委托对合同履行实施管理的法人或其他组织
总监理工程师(总监)	由监理人委派常驻施工场地对合同履行实施管理的全权负责人

1. 发包人的义务

(1)遵守法律。

(2)发出开工通知:发包人应委托监理人向承包人发出开工通知。

(3)提供施工场地:发包人应按专用合同条款约定向承包人提供施工场地,以及施工场地内地下管线和地下设施等有关资料,并保证资料的真实、准确、完整。

《公路工程施工标准招标文件》(2018年版)第四章合同条款及格式专用合同条款1.2.3补充指出:发包人负责办理永久占地的征用及与之有关的拆迁赔偿手续并承担相关费用。承包人在按规定提交施工进度计划的同时,应向监理人提交一份按施工先后次序所需的永久占地计划。监理人应在收到此计划后的14天内审核并转报发包人核备。发包人应在监理人发出本工程或分部工程开工通知之前,对承包人开工所需的永久占地办妥征用手续和相关拆迁赔偿手续,通知承包人使用,以使承包人能够及时开工;此后,按承包人提交并经监理人同意的合同进度计划的安排,分期(也可以一次性)将施工所需的其余永久占地办妥征用以及拆迁赔偿手续,通知承包人使用,以使承包人能够连续不间断地施工。

由于承包人施工考虑不周或措施不当等原因而造成的超计划占地或拆迁等所发生的征用和赔偿费用,应由承包人承担。由于发包人未能按照本项规定办妥永久占地征用手续,影响承包人及时使用永久占地造成的费用增加和(或)工期延误应由发包人承担。由于承包人未能按照本项规定提交占地计划,影响发包人办理永久占地征用手续造成的费用增加和(或)工期延误由承包人承担。

(4)协助承包人办理证件和批件:发包人应协助承包人办理法律规定的有关施工证件和批件。

(5)组织设计交底:发包人应根据合同进度计划,组织设计单位向承包人进行设计交底。

(6)支付合同价款:发包人应按合同约定向承包人及时支付合同价款。

(7)组织竣工验收:发包人应按合同约定及时组织竣工验收。

(8)其他义务:发包人应履行合同约定的其他义务。

2. 承包人的基本权利与义务

(1) 遵守法律。
(2) 依法纳税。
(3) 完成各项承包工作。
(4) 对施工作业和施工方法的完备性负责。
(5) 保证工程施工和人员的安全。
(6) 负责施工场地及其周边环境与生态的保护工作(配施工场地周边环境相关图)。
(7) 避免施工对公众与他人的利益造成损害。
(8) 为他人提供方便。
(9) 工程的维护和照管。
(10) 其他义务。

3. 监理人的基本权利和义务

(1) 监理人受发包人委托,享有合同约定的权力。监理人在行使某项权力前需要经发包人事先批准而通用合同条款没有指明的,应在专用合同条款中指明,具体包括:
①同意分包本工程的某些非主体和非关键性工作。
②确定产生的费用增加额。
③发布开工通知、暂停施工指示或复工通知。
④决定工期延长。
⑤审查批准技术规范或设计的变更。
⑥根据发出的变更指令,其单项工程变更或累计变更涉及的金额超过了项目专用合同条款数据表规定的金额。
⑦确定变更工作的单价。
⑧决定有关暂列金额的使用。
⑨确定暂估价金额。
⑩确定索赔额。

(2) 监理人发出的任何指示应视为已得到发包人的批准,但监理人无权免除或变更合同约定的发包人与承包人的权利、义务和责任。

(3) 合同约定应由承包人承担的义务和责任,不因监理人对承包人提交文件的审查或批准,对工程、材料、设备的检查和检验以及为实施监理作出的指示等职务行为而减轻或解除。

4. 分包人的基本权利和义务

(1) 承包人不得将其承包的全部工程转包给第三人,或将其承包的全部工程肢解后以分包的名义转包给第三人。
(2) 承包人不得将工程主体、关键性工作分包给第三人。除专用合同条款另有约定外,未经发包人同意,承包人不得将工程的其他部分或工作分包给第三人。
(3) 分包人的资格能力应与其分包工程的标准和规模相适应。
(4) 按投标函附录约定分包工程的,承包人应向发包人和监理人提交分包合同副本。
(5) 承包人应与分包人就分包工程向发包人承担连带责任。

子任务 3　认知公路工程施工合同管理条款

一、一般约定

1. 工程与设备

工程与设备相关词汇解释见表 7-4。

工程与设备相关词汇解释　　　　　　　表 7-4

名称	解释
工程	永久工程和(或)临时工程
永久工程	按合同约定建造并移交给发包人的工程,包括工程设备
临时工程	为完成合同约定的永久工程所修建的各类临时性工程,不包括施工设备
单位工程	专用合同条款中指明建设项目中根据签订的合同具有独立施工条件的工程
分部工程	专用合同条款中指明在单位工程中按结构部位、路段长度及施工特点或施工任务划分的若干个工程
分项工程	专用合同条款中指明在分部工程中按不同的施工方法、材料、工序及路段长度等划分的若干个工程
工程设备	构成或计划构成永久工程一部分的机电设备、金属结构设备、仪器装置及其他类似的设备和装置
施工设备	为完成合同约定的各项工作所需的设备、器具和其他物品,不包括临时工程和材料
临时设施	为完成合同约定的各项工作所服务的临时性生产和生活设施
承包人设备	承包人自带的施工设备
施工场地（称工地、现场）	用于合同工程施工的场所,以及在合同中指定作为施工场地组成部分的其他场所,包括永久占地和临时占地
永久占地	专用合同条款中指明为实施合同工程需要的一切永久占用的土地,包括公路两侧路权范围内的用地
临时占地	专用合同条款中指明为实施合同工程需要的一切临时占用土地,包括施工所用的临时支线、便道、便桥和现场的临时出入通道,以及生产(办公)、生活等临时设施用地

2. 日期

日期的相关词汇解释见表 7-5。

日期的相关词汇解释　　　　　　　表 7-5

名称	解释
开工通知	监理人按"开工"通知承包人开工的函件
开工日期	监理人按"开工"发出的开工通知中写明的开工日期

续上表

名称	解释
工期	承包人在投标函中承诺的完成合同工程所需的期限,包括按"发包人的工期延误""异常恶劣的气候条件""工期提前"约定所做的变更
竣工日期	实际竣工日期以工程接收证书中写明的日期为准
缺陷责任期	"缺陷责任"约定的缺陷责任的期限,具体期限由专用合同条款约定,包括根据"缺陷责任期的延长"约定所做的延长
基准日期	投标截止时间前28天的日期
天	除特别指明外,指日历天。合同中按天计算时间的,开始当天不计入,从次日开始计算。期限最后一天的截止时间为当天24:00

3. 合同价格与费用

合同价格与费用的相关词汇解释见表7-6。

合同价格与费用的相关词汇解释　　　　表7-6

名称	解释
签约合同价	签订合同时合同协议书中写明的,包括暂列金额、暂估价的合同总金额
合同价格	承包人按合同约定完成了包括缺陷责任期内的全部承包工作后,发包人应付给承包人的金额,包括在履行合同过程中按合同约定进行的变更和调整
费用	为履行合同所发生的或将要发生的所有合理开支,包括管理费和应分摊的其他费用,但不包括利润
暂列金额	已标价工程量清单中所列的暂列金额,用于在签订协议书时尚未确定或不可预见变更的施工及其所需材料、工程设备、服务等的金额,包括以计日工方式支付的金额
暂估价	发包人在工程量清单中给定的用于支付必然发生但暂时不能确定价格的材料、设备以及专业工程的金额
计日工	对零星工作采取的一种计价方式,按合同中的计日工子目及其单价计价付款
质量保证金（或称保留金）	按约定用于保证在缺陷责任期内履行缺陷修复义务的金额

4. 竣(交)工验收

竣(交)工验收的相关词汇解释见表7-7。

竣(交)工验收的相关词汇解释　　　　表7-7

名称	解释
竣工验收	专用合同条款中指明《公路工程竣(交)工验收办法》中的竣工验收。通用合同条款中"国家验收"一词具有相同含义
交工	专用合同条款中指明《公路工程竣(交)工验收办法》中的交工。通用合同条款中"竣工"一词具有相同含义

续上表

名称	解释
交工验收	专用合同条款中指明《公路工程竣(交)工验收办法》中的交工验收。通用合同条款中"竣工验收"一词具有相同含义
交工验收证书	专用合同条款中指明《公路工程竣(交)工验收办法》中的交工验收证书。通用合同条款中"工程接收证书"一词具有相同含义

二、公路工程施工质量管理

工程质量是建设项目的核心,没有质量,就没有投资效益、没有工程进度、没有信誉,因此,工程质量是决定工程成败的关键。工程质量的标准必须符合现行国家有关工程施工质量验收规范[《公路工程质量检验评定标准》(JTG F80/1)]和相关标准的要求,有关工程质量的特殊标准或要求由合同当事人在专用合同条款中约定。

工程质量管理以及试验与检验

1. 质量责任划分

(1)因发包人原因造成工程质量未达到合同约定标准的,由发包人承担由此增加的费用和(或)延误的工期,并支付承包人合理的利润。

(2)因承包人原因造成工程质量未达到合同约定标准的,发包人有权要求承包人返工直至工程质量达到合同约定的标准为止,并由承包人承担由此增加的费用和(或)延误的工期。

2. 质量保证措施

(1)发包人

发包人应按照法律规定及合同约定完成与工程质量有关的各项工作。

(2)承包人

承包人按照合同约定期限(签订合同协议书后28天之内)向发包人和监理人提交工程质量保证体系及措施文件,施行质量责任终身制,书面明确相应的项目负责人和质量负责人,建立完善的质量检查制度,并提交相应的工程质量文件。

承包人应当严格遵守国家有关法律、法规和规章,严格执行公路工程强制性技术标准、各类技术规范及规程,全面履行工程合同义务;依法规范分包,并对承担的工程质量负总责。

承包人应对施工人员进行质量教育和技术培训,定期考核施工人员的劳动技能,严格执行施工规范和操作规程;在现场驻地和重要的分部、分项工程施工现场设置明显的工程质量责任登记表公示牌。

承包人应按照法律规定、工程设计图纸、施工技术标准和合同约定施工,对材料、工程设备以及工程的所有部位及其施工工艺进行全过程的质量检查和检验,并作详细记录,编制工程质量报表,报送监理人审查;加强施工过程质量控制,并形成完整的、可追溯的施工质量管理资料,主体工程的隐蔽部位施工还应当保留影像资料。

承包人应当按照合同约定设立工地临时试验室,配齐检测和试验仪器、仪表;并依照法律规定和发包人的要求,进行施工现场取样试验、工程复核测量和设备性能检测,提供试验样品、提交试验报告和测量成果以及其他工作。

(3) 监理人

监理人按照法律规定和发包人授权对工程的所有部位及其施工工艺、材料和工程设备进行检查和检验。监理人为此进行的检查和检验,不免除或减轻承包人按照合同约定应当承担的责任。

监理人的检查和检验不应影响施工正常进行。若监理人的检查和检验影响施工正常进行的,且经检查检验不合格的,影响正常施工的费用由承包人承担,工期不予顺延;经检查检验合格的,由此增加的费用和(或)延误的工期由发包人承担。

3. 质量管理合同条款

《标准施工招标文件》第四章的通用条款和《公路工程标准施工招标文件》(2018 年版)第四章的专用条款与公路工程施工阶段质量相关的条款有材料和工程设备、施工设备和临时设施、测量放线、试验和检验、工程隐蔽部位的质量检查、清除不合格工程、竣工验收以及缺陷责任和保修责任。

公路工程合同的质量控制条款

1) 材料和工程设备

材料和工程设备,一般有承包人提供和发包人提供两种情况。一般原则是谁采购谁负责。承包人采购的材料、工程设备:承包人应会同监理人进行检验和交货验收,查验材料合格证明和产品合格证书,并按合同约定和监理人指示,进行材料的抽样检验和工程设备的检验测试,检验和测试结果应提交监理人,所需费用由承包人承担。发包人提供的材料和工程设备:应在专用合同条款附件"发包人供应材料设备一览表"中写明材料和工程设备的名称、规格、数量、价格、交货方式、交货地点和计划交货日期等。承包人应根据合同进度计划的安排,向监理人报送要求发包人交货的日期计划。发包人按照监理人与合同双方当事人商定的交货日期,向承包人提交材料和工程设备。

(1) 材料和工程设备的接受与拒收

①发包人供应的,发包人应在材料和工程设备到货 7 天前通知承包人,承包人应会同监理人在约定的时间内,赴交货地点共同进行验收。若发现存在缺陷,承包人应及时通知监理人,发包人应及时改正通知中指出的缺陷。

②承包人供应的,承包人应会同监理人进行检验和交货验收,查验材料合格证明和产品合格证书。不合格,费用和(或)工期自行承担。

(2) 材料和工程设备的保管与使用

①发包人供应的,清点后由承包人保管,保管费由发包人承担;承包人负责检验,检验费由发包人承担。

②承包人供应的,承包人保管,保管费由承包人承担;承包人负责检验,检验费由承包人承担。

(3) 不合格材料和工程设备的处理

工程中,禁止使用不合格材料和工程设备。监理人有权拒绝承包人提供的不合格材料或工程设备,并要求承包人立即进行更换;监理人发现承包人使用了不合格的材料和工程设备,承包人应立即改正,并禁止继续使用;发包人提供的材料或工程设备不符合要求的,承包人有权拒绝,并要求更换。

2)施工设备和临时设施

施工设备分为发包人提供和承包人提供两种情况。除合同另有约定外,运入施工场地的所有施工设备以及在施工场地建设的临时设施应专用于合同工程。未经监理人同意,不得将上述施工设备和临时设施中的任何部分运出施工场地或挪作他用;经监理人同意,承包人可根据合同进度计划撤走闲置的施工设备。

(1)承包人提供的施工设备和临时设施

承包人应按合同进度计划的要求,及时配置施工设备和修建临时设施。进入施工场地的承包人设备需经监理人核查后才能投入使用。承包人更换合同约定的承包人设备的,应报监理人批准。承包人承诺的施工设备必须按时到达现场,不得拖延、短缺或任意更换。尽管承包人已按承诺提供了上述设备,但若承包人使用的施工设备不能满足合同进度计划和(或)质量要求时,监理人有权要求承包人增加或更换施工设备,承包人应及时增加或更换,由此增加的费用和(或)工期延误由承包人承担。

(2)发包人提供的施工设备和临时设施

发包人提供的施工设备或临时设施在专用合同条款中约定。

3)测量放线

(1)施工控制网

发包人应在专用合同条款约定的期限内,通过监理人向承包人提供测量基准点、基准线和水准点及其书面资料。除专用合同条款另有约定外,承包人应根据国家测绘基准、测绘系统和工程测量技术规范,按上述基准点(线)以及合同工程精度要求,测设施工控制网,并在专用合同条款约定的期限内,将施工控制网资料报送监理人审批。

承包人应负责管理施工控制网点。施工控制网点丢失或损坏的,承包人应及时修复。承包人应承担施工控制网点的管理与修复费用,并在工程竣工后将施工控制网点移交发包人。

(2)施工测量

承包人应负责施工过程中的全部施工测量放线工作,并配置合格的人员、仪器、设备和其他物品。监理人可以指示承包人进行抽样复测,当复测中发现错误或出现超过合同约定的误差时,承包人应按照监理人指示进行修正或补测,并承担相应的复测费用。

(3)基准资料错误的责任

发包人应对其提供的测量基准点、基准线和水准点及其书面资料的真实性、准确性和完整性负责。发包人提供上述基准资料错误导致承包人测量放线工作的返工或造成工程损失的,发包人应当承担由此增加的费用和(或)工期延误,并向承包人支付合理利润。承包人发现发包人提供的上述基准资料存在明显错误或疏忽的,应及时通知监理人。

(4)监理人使用施工控制网

监理人需要使用施工控制网的,承包人应提供必要的协助,发包人不再为此支付费用。

4)试验和检验

(1)材料、工程设备以及工程的试验和检验

承包人应按合同约定进行材料、工程设备以及工程的试验和检验,并为监理人对上述材料、工程设备和工程的质量检查提供必要的试验资料和原始记录。按合同约定,应由监理人与

承包人共同进行试验和检验的,由承包人负责提供必要的试验资料和原始记录。

监理人未按合同约定派员参加试验和检验的,除监理人另有指示外,承包人可自行试验和检验,并应立即将试验和检验结果报送监理人,监理人应签字确认。

监理人对承包人的试验和检验结果有疑问的,或为查清承包人试验和检验成果的可靠性要求承包人重新试验和检验的,可按合同约定由监理人与承包人共同进行。重新试验和检验的结果证明该项材料、工程设备或工程的质量不符合合同要求的,由此增加的费用和(或)工期延误由承包人承担;重新试验和检验结果证明该项材料、工程设备和工程符合合同要求,由发包人承担由此增加的费用和(或)工期延误,并支付承包人合理利润。

(2)现场材料试验

承包人根据合同约定或监理人指示进行的现场材料试验,应由承包人提供试验场所、试验人员、试验设备器材,以及其他必要的试验条件。监理人在必要时,可以使用承包人的试验场所、试验设备器材及其他试验条件,进行以工程质量检查为目的的复核性材料试验,承包人应予以协助。

(3)现场工艺试验

承包人应按合同约定或监理人指示进行现场工艺试验。对大型的现场工艺试验,必要时应由承包人根据监理人提出的工艺试验要求,编制工艺试验措施计划,报送监理人审批。

5)工程隐蔽部位的质量检查

(1)承包人自检

承包人应当对工程隐蔽部位进行自检,并经自检确认是否具备覆盖条件。

(2)通知监理人检查

除专用合同条款另有约定外,工程隐蔽部位经承包人自检确认具备覆盖条件的,承包人应在共同检查前48小时书面通知监理人检查,通知中应载明工程隐蔽部位质量检查的内容、时间和地点,并应附有自检记录和必要的检查资料。

(3)监理人检查

经监理人检查确认质量符合隐蔽质量要求,并在验收记录上签字后,承包人才能进行覆盖。经监理人检查质量不合格的,承包人应在监理人指示的时间内完成修复,并由监理人重新检查,由此增加的费用和(或)延误的工期由承包人承担。

(4)监理人未到场检查

监理人未按约定的时间进行检查的,除监理人另有指示外,承包人可自行完成覆盖工作,并做相应记录报送监理人,监理人应签字确认。监理人事后对检查记录有疑问的,可按约定重新检查。

(5)监理人重新检查

承包人按上述第(3)和(4)项覆盖工程隐蔽部位后,监理人对质量有疑问的,可要求承包人对已覆盖的部位进行钻孔探测或揭开重新检查,承包人应遵照执行,并在检验后重新覆盖恢复原状。经检验证明工程质量符合合同要求的,由发包人承担由此增加的费用和(或)工期延误,并支付承包人合理利润;经检验证明工程质量不符合合同要求的,由此增加的费用和(或)工期延误由承包人承担。

(6)承包人私自覆盖

承包人未通知监理人到场检查,私自将工程隐蔽部位覆盖的,监理人有权指示承包人钻孔探测或揭开重新检查,无论工程隐蔽部位质量是否合格,由此增加的费用和(或)工期延误均由承包人承担。

工程隐蔽部位的质量检查程序如图7-2所示。

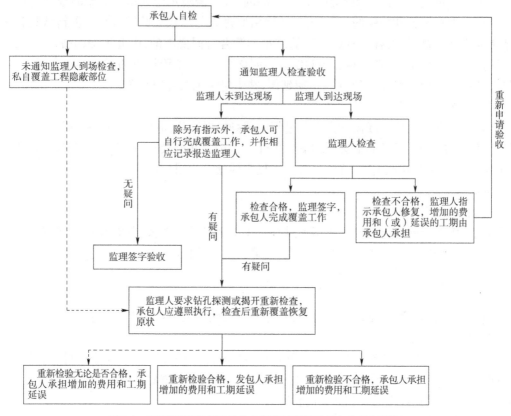

图7-2 工程隐蔽部位的质量检查程序(虚箭线为承包人私自覆盖)

6)清除不合格工程

承包人使用不合格材料、工程设备,或采用不适当的施工工艺,或施工不当,造成工程不合格的,监理人可以随时发出指示,要求承包人立即采取措施进行补救,直至达到合同要求的质量标准,由此增加的费用和(或)工期延误由承包人承担。由于发包人提供的材料或工程设备不合格造成的工程不合格,需要承包人采取措施补救的,发包人应承担由此增加的费用和(或)工期延误,并支付承包人合理利润。

7)竣工验收

(1)竣工验收的条件

当工程具备以下条件时,承包人即可向监理人报送竣工验收申请报告:

①除监理人同意列入缺陷责任期内完成的尾工(甩项)工程和缺陷修补工作外,合同范围内的全部单位工程以及有关工作,包括合同要求的试验、试运行以及检验和验收均已完成,并符合合同要求。

②已按合同约定的内容和份数备齐了符合要求的竣工资料。

③已按监理人的要求编制了在缺陷责任期内完成的尾工(甩项)工程和缺陷修补工作清

单以及相应施工计划。

④监理人要求在竣工验收前应完成的其他工作。

⑤监理人要求提交的竣工验收资料清单。

(2) 竣工验收的程序

监理人收到承包人提交的竣工验收申请报告后,应审查申请报告的各项内容,并按以下不同情况进行处理。竣工验收程序如图7-3所示。

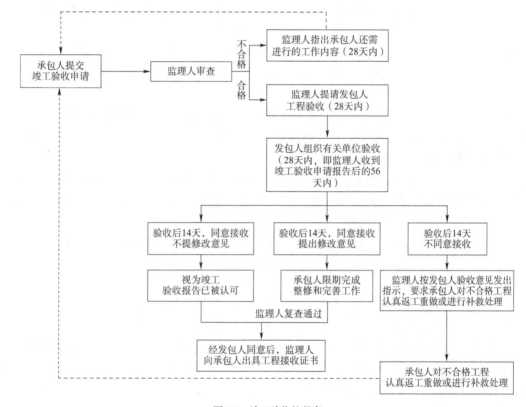

图7-3 竣工验收的程序

①监理人审查后认为尚不具备竣工验收条件的,应在收到竣工验收申请报告后的28天内通知承包人,指出在颁发接收证书前承包人还需进行的工作内容。承包人完成监理人通知的全部工作内容后,应再次提交竣工验收申请报告,直至监理人同意为止。

②监理人审查后认为已具备竣工验收条件的,应在收到竣工验收申请报告后的28天内提请发包人进行工程验收。

③发包人经过验收后同意接受工程的,应在监理人收到竣工验收申请报告后的56天内,由监理人向承包人出具经发包人签认的工程接收证书。发包人验收后同意接收工程但提出整修和完善要求的,限期修好,并缓发工程接收证书。整修和完善工作完成后,监理人复查达到要求的,经发包人同意后,再向承包人出具工程接收证书。

④发包人验收后不同意接收工程的,监理人应按照发包人的验收意见发出指示,要求承包人对不合格工程认真返工重做或进行补救处理,并承担由此产生的费用。承包人在完成不合格工程的返工重做或补救工作后,应重新提交竣工验收申请报告,按本款第①②③项的约定进行。

⑤除专用合同条款另有约定外,经验收合格工程的实际竣工日期,以提交竣工验收申请报告的日期为准,并在工程接收证书中写明。

⑥发包人在收到承包人竣工验收申请报告56天后未进行验收的,视为验收合格;实际竣工日期以提交竣工验收申请报告的日期为准,但发包人由于不可抗力不能进行验收的除外。

(3)单位工程验收

发包人根据合同进度计划安排,在全部工程竣工前需要使用已经竣工的单位工程时,或承包人提出经发包人同意时,可进行单位工程验收。验收程序根据合同约定进行。验收合格后,由监理人向承包人出具经发包人签认的单位工程验收证书。已签发单位工程接收证书的单位工程由发包人负责照管。单位工程的验收成果和结论作为全部工程竣工验收申请报告的附件。

发包人在全部工程竣工前,使用已接收的单位工程导致承包人费用增加的,发包人应承担由此增加的费用和(或)工期延误,并支付承包人合理利润。

(4)施工期运行

施工期运行是指合同工程尚未全部竣工,其中某(几)项单位工程或工程设备安装已竣工,根据专用合同条款约定,需要投入施工期运行的,经发包人按合同约定验收合格,证明能确保安全后,才能在施工期投入运行。

在施工期运行中,发现工程或工程设备损坏或存在缺陷的,由承包人按缺陷责任约定进行修复。

(5)试运行

除专用合同条款另有约定外,承包人应按专用合同条款约定进行工程及工程设备试运行,负责提供试运行所需的人员、器材和必要的条件,并承担全部试运行费用。

由承包人的原因导致试运行失败的,承包人应采取措施保证试运行合格,并承担相应费用。由发包人的原因导致试运行失败的,承包人应当采取措施保证试运行合格,发包人应承担由此产生的费用,并支付承包人合理利润。

(6)竣工清场

除合同另有约定外,工程接收证书颁发后,承包人应按以下要求对施工场地进行清理,直至监理人检验合格为止。竣工清场费用由承包人承担。

①施工场地内残留的垃圾已全部清除出场。

②临时工程已拆除,场地已按合同要求进行清理、平整或复原。

③按合同约定应撤离的承包人设备和剩余的材料,包括废弃的施工设备和材料,已按计划撤离施工场地。

④工程建筑物周边及其附近道路、河道的施工堆积物,已按监理人指示全部清理。

⑤监理人指示的其他场地清理工作已全部完成。

承包人未按监理人的要求恢复临时占地,或者场地清理未达到合同约定的,发包人有权委托其他人恢复或清理,所发生的金额从拟支付给承包人的款项中扣除。

(7)施工队伍的撤离

工程接收证书颁发后的56天内,除了经监理人同意需在缺陷责任期内继续工作和使用的人员、施工设备和临时工程外,其余的人员、施工设备和临时工程均应撤离施工场地或拆除。除合同另有约定外,缺陷责任期满时,承包人的人员和施工设备应全部撤离施工场地。

8) 缺陷责任与保修责任

(1) 缺陷责任期与缺陷责任

①缺陷责任期

缺陷责任期自实际竣工日期起计算,合同当事人应在专用合同条款约定缺陷责任期的具体期限,但该期限最长不超过 24 个月。单位工程先于全部工程进行验收,经验收合格并交付使用的,该单位工程缺陷责任期自单位工程验收合格之日起算。

②缺陷责任期的延长

由承包人原因造成某项缺陷或损坏使某项工程或工程设备不能按原定目标使用而需要再次检查、检验和修复的,发包人有权要求承包人相应延长缺陷责任期,但缺陷责任期最长不超过 24 个月。

③缺陷责任期终止证书

约定的缺陷责任期,包括根据第②项延长的期限终止后 14 天内,由监理人向承包人出具经发包人签认的缺陷责任期终止证书,并退还剩余的质量保证金。

④缺陷责任期的责任与权力

在缺陷责任期内,承包人、发包人、监理人的责任如下:

a. 承包人应在缺陷责任期内对已交付使用的工程承担缺陷责任。

b. 缺陷责任期内,发包人对已接收使用的工程负责日常维护工作。发包人在使用过程中,发现已接收的工程存在新的缺陷或已修复的缺陷部位或部件又遭损坏的,承包人应负责修复,直至检验合格为止。

c. 监理人和承包人应共同查清缺陷和(或)损坏的原因。经查明属承包人原因造成的,应由承包人承担修复和查验的费用。经查验属发包人原因造成的,发包人应承担修复和查验的费用,并支付承包人合理利润。

d. 承包人不能在合理时间内修复缺陷的,发包人可自行修复或委托其他人修复,所需费用和利润的承担,按本款第②项约定办理。

缺陷责任期内承包人为缺陷修复工作需要,有权进入工程现场,但应遵守发包人的保安和保密规定。

⑤进一步试验和试运行

任何一项缺陷或损坏修复后,经检查证明其影响了工程或工程设备的使用性能,承包人应重新进行合同约定的试验和试运行,试验和试运行的全部费用应由责任方承担。

(2) 保修责任期与保修责任

①保修责任期

合同当事人根据有关法律规定,在专用合同条款中约定工程质量保修范围、期限和责任。保修期自实际竣工日期起计算,在全部工程竣工验收前,已经发包人提前验收的单位工程,其保修期的起算日期相应提前。工程保修期终止后 28 天内,监理人签发保修期终止证书。

竣工验收以及缺陷责任与保修责任

②保修期责任与权力

在保修期内，为了修复缺陷或损坏，承包人有权出入工程现场。在缺陷责任期满后的保修期内，承包人可不在工地留有办事人员和机械设备，但必须随时与发包人保持联系，在保修期内承包人应对由于施工质量原因造成的损坏进行修复，并承担费用。若承包人不履行保修义务和责任，则承包人应承担由于违约造成的法律后果，并由发包人将其违约行为上报省级交通运输主管部门，作为不良记录纳入建设市场信用信息管理系统。

引例 7-2

【背景资料】

某预应力 T 形梁桥，大桥主体工程施工完成后，施工单位即进行台背回填。该桥台高 9m，桥台地基为微风化砂岩。为了施工管理和质量检验评定的需要，施工单位将台背回填作为分部工程，将下设挖台阶与填土作为两个分项工程进行质量评定。台背回填前，进行了挖台阶施工，自检后请监理工程师检查验收，但驻地监理工程师临时外出开会，考虑到地基为砂岩，强度满足要求，施工单位及时进行了台背填筑，等监理工程师回来后补办手续。

【问题】

1. 请指出施工单位质量评定中的错误做法并改正。
2. 地基处理的验收是否符合隐蔽工程验收制度规定？请说明理由。
3. 简述隐蔽工程质量验收的程序。

【专家评析】

1. 施工单位质量评定中的错误做法：施工单位将台背回填作为分部工程，将下设挖台阶与填土作为两个分项工程进行质量评定。正确做法：台背回填应作为分项工程，挖台阶与填土不应作为分项工程。

2. 地基处理的验收不符合隐蔽工程验收制度规定。理由：隐蔽工程是指为下道工序施工所隐蔽的工程项目，隐蔽前必须进行质量检查和验收，由施工项目负责人组织施工人员、质检人员，并请监理单位、建设单位代表参加，必要时请设计人员参加，检查意见应具体明确，检查手续应及时办理，不得后补。需复验的要办理复验手续，填写复验日期并由复验人得出结论。

3. 隐蔽工程质量验收的程序如下：

(1) 承包人自检。承包人应当对工程隐蔽部位进行自检，并经自检确认是否具备覆盖条件。

(2) 通知监理人检查。除专用合同条款另有约定外，工程隐蔽部位经承包人自检确认具备覆盖条件的，承包人应在共同检查前 48 小时书面通知监理人检查，通知中应载明隐蔽工程检查的内容、时间和地点，并应附有自检记录和必要的检查资料。

(3) 监理人检查。经监理人检查确认质量符合隐蔽工程要求，并在验收记录上签字后，承包人才能进行覆盖。经监理人检查质量不合格的，承包人应在监理人指示的时间内完成修复，并由监理人重新检查，由此增加的费用和(或)延误的工期由承包人承担。

(4) 监理人未到场检查。监理人未按约定的时间进行检查的，除监理人另有指示外，承包人可自行完成覆盖工作，并做相应记录报送监理人，监理人应签字确认。监理人事后对检查记录有疑问的，可按约定重新检查。

(5) 监理人重新检查。承包人按上述(3)(4) 覆盖工程隐蔽部位后，监理人对质量有疑问的,可要求承包人对已覆盖的部位进行钻孔探测或揭开重新检查,承包人应遵照执行,并在检验后重新覆盖,恢复原状。经检验证明工程质量符合合同要求的,由发包人承担由此增加的费用和(或)工期延误,并支付承包人合理利润;经检验证明工程质量不符合合同要求的,由此增加的费用和(或)工期延误由承包人承担。

三、公路工程施工进度管理

《标准施工招标文件》第四章的通用条款和《公路工程标准施工招标文件》(2018版)第四章的专用条款与公路工程施工阶段进度相关的条款有进度计划、开工和竣工、工期延误、暂停施工。

进度与工期管理

1. 进度计划

(1)进度计划的编制和审批

承包人应在签订合同协议书后28天之内编制详细的施工进度计划和施工方案说明报送监理人。监理人应在14天内对承包人施工进度计划和施工方案说明予以批复或提出修订,否则该进度计划视为已得到批准。经监理人批准的施工进度计划称为合同进度计划,是控制合同工程进度的依据。

(2)进度计划的修订

不论何种原因造成工程的实际进度与合同进度计划不符时,承包人可以在实际进度发生滞后的当月25日前向监理人提交修订合同进度计划的申请报告,并附有关措施和相关资料,报监理人审批。监理人应在收到修订合同进度计划后14天内批复。监理人在批复前应获得发包人同意。注意:修改后不能减轻或免除承包人责任或义务。

(3)年进度计划和合同用款计划的编制

除了合同进度计划外,承包人应该提供年进度计划和合同用款计划。

①年进度计划:承包人应在每年11月底前,根据已同意的合同进度计划或其修订的计划,向监理人提交2份格式和内容符合监理人合理规定的下一年度的施工计划,以供审查。

②合同用款计划:承包人应在签订本合同协议书后28天之内,按招标文件中规定的格式,向监理人提交2份按合同规定承包人有权得到支付的详细的季度合同用款计划,以备监理人查阅。

2. 开工和竣工

(1)开工

开工主要有工程开工和分部(分项)工程开工两种。

①工程开工

工程开工的程序主要有承包人开工申报、监理人审批、发包人同意、监理人发布开工通知。承包人应按约定的合同进度计划,向监理人提交工程开工报审表,经监理人审批后执行。经发包人同意,监理人应在开工日期7天前向承包人发出开工通知。工期自监理人发出的开工通知中载明的开工日期起计算。承包人应在开工日期后尽快施工。

②分部(分项)工程开工

承包人应在分部(分项)工程开工前14天向监理人提交分部(分项)工程开工报审表,若承包人的开工准备、工作计划和质量控制方法是可接受的且已获得批准,则经监理人书面同意,分部(分项)工程才能开工。

(2)竣工

承包人应在约定的期限内完成合同工程。实际竣工日期在接收证书中写明。

3. 工期延误

工期延误主要有三种情况,即发包人原因导致的工期延误、承包人原因导致的工期延误及异常恶劣的气候条件导致的工期延误。

(1)发包人原因导致的工期延误

发包人原因导致的工期延误的情况主要包括:

①增加合同工作内容。

②改变合同中任何一项工作的质量要求或其他特性。

③发包人迟延提供材料、工程设备或变更交货地点的。

④因发包人原因导致的暂停施工。

⑤提供图纸延误。

⑥未按合同约定及时支付预付款、进度款。

⑦发包人造成工期延误的其他原因。

在履行合同过程中,由于发包人的上述原因造成工期延误的,承包人有权要求发包人延长工期和(或)增加费用,并支付合理利润。但是,由于上述原因造成工期延误,如果受影响的工程并非处在工程施工进度网络计划的关键线路上,则承包人无权要求延长总工期。需要修订合同进度计划的,按照"合同进度计划的修订"的约定办理。

(2)承包人原因导致的工期延误

由于承包人原因,未能按合同进度计划完成工作,或监理人认为承包人施工进度不能满足合同工期要求的,承包人应采取措施加快进度,并承担加快进度所增加的费用。由于承包人原因造成工期延误,承包人应支付逾期竣工违约金。项目专用合同条款数据表中约定逾期竣工违约金的计算方法和逾期竣工违约金的限额。时间自预定的交工日期起到交工验收证书中写明的实际交工日期止(扣除已批准的延长工期),按天计算。同时,承包人支付逾期竣工违约金,不免除承包人完成工程及修补缺陷的义务。

(3)异常恶劣的气候条件引起的工期延误

出现专用合同条款规定的异常恶劣气候的条件导致工期延误的,承包人有权要求发包人延长工期。异常气候是指项目所在地30年以上一遇的罕见气候现象(包括温度、降水、降雪、大风等)。

4. 暂停施工

(1)暂停施工的情形

暂停施工有承包人原因、发包人原因和监理人指示暂停施工、紧急情况暂停施工四种情形。

①因承包人原因暂停施工增加的费用和(或)工期延误由承包人承担。

②由发包人原因引起的暂停施工造成工期延误的,承包人有权要求发包人延长工期和(或)增加费用,并支付合理利润。

③监理人认为有必要时,可向承包人作出暂停施工的指示,承包人应按监理人指示暂停施工。

④由发包人的原因引发暂停施工的紧急情况,且监理人未及时下达暂停施工指示的,承包人可先暂停施工,并及时向监理人提出暂停施工的书面请求。监理人应在接到书面请求后的24小时内予以答复,逾期未答复的,视为同意承包人的暂停施工请求。

(2)暂停施工后的复工

暂停施工后,发包人和承包人均应采取有效措施积极消除暂停施工的影响,防止因暂停施工扩大损失。

当工程具备复工条件时,监理人应立即向承包人发出复工通知。承包人收到复工通知后,应在监理人指定的期限内复工。承包人无故拖延和拒绝复工的,由此增加的费用和工期延误由承包人承担。因发包人原因无法按时复工的,承包人有权要求发包人延长工期和(或)增加费用,并支付合理利润。

(3)暂停施工持续56天以上

承包人责任引起的暂停施工,如承包人在收到监理人暂停施工指示后56天内不认真采取有效的复工措施,造成工期延误,可视为承包人违约。

当非承包人责任暂停施工时,监理人发出暂停施工指示后56天内未向承包人发出复工通知,承包人可向监理人提交书面通知,要求监理人在收到书面通知后28天内准许已暂停施工的工程或其中一部分工程继续施工。如监理人逾期不予批准,则承包人可以通知监理人,将工程受影响的部分视为变更中的可取消工作,提出价格调整。如暂停施工影响到整个工程,可视为发包人违约。

引例7-3

【背景资料】

2020年,某高速公路项目,承包人为避免今后可能支付延误赔偿金的风险,申请将路基的完工时间延长2个月,具体理由如下:

(1)百年一遇的大暴雨。
(2)疫情防控原因,现场劳务不足。
(3)发包人在原工地现场之外的另一地方追加了一项额外工作。
(4)施工机具损坏,工作效率低。

【问题】

以上哪些原因引起的延误是非承包人承担风险的延误,承包人可申请延长工期?

【专家评析】

根据"通用合同条款"的要求,上述(1)(2)(3)种原因引起的延误是非承包人承担风险的延误,承包人可申请延长工期。

四、公路工程施工造价管理

《标准施工招标文件》第四章的通用条款和《公路工程标准施工招标文件》(2018年版)第四章的专用条款与公路工程施工阶段造价相关的条款有计量与支付、变更、暂列金额与暂估价以及价格调整。

合同价款调整之变更和价格调整

1. 计量与支付

1) 计量

工程计量是根据设计文件及承包合同中关于工程量计算的规定,监理工程师对承包人申报的已完成工程的工程量进行的核验。计量是控制项目投资支出的关键环节。

(1) 计量方法

计量应采用国家法定单位的计量单位。工程的计量应以净值为准,除非项目专用合同条款另有约定。工程量清单中各个子目的具体计量方法按合同文件工程量清单计量规则中的规定执行。一般计量主要参考图纸、计量规则、变更等。

(2) 计量类型

计量主要分为单价子目的计量和总价子目的计量两种情况。

①单价子目的计量。已标价工程量清单中的单价子目工程量为估算工程量;结算工程量是承包人实际完成的,并按合同约定的计量方法进行计量的工程量。

②总价子目的计量。除专用合同条款另有约定外,总价子目的计量和支付应以总价为基础,不因物价波动引起的价格调整而进行调整。承包人实际完成的工程量,是进行工程目标管理和控制进度支付的依据。

(3) 计量周期

《标准施工招标文件》通用条款 17.1.3 指出,除专用合同条款另有约定外,单价子目已完成工程量按月计量,总价子目的计量周期按批准的支付分解报告确定。

(4) 计量程序

①承包人对已完成的工程进行计量,向监理人提交进度付款申请单、已完成工程量报表和有关计量资料。

②监理人对承包人提交的工程量报表进行复核,以确定实际完成的工程量。对数量有异议的,可要求承包人按"施工测量"约定进行共同复核和抽样复测。承包人应协助监理人进行复核并按监理人要求提供补充计量资料。承包人未按监理人要求参加复核,监理人复核或修正的工程量视为承包人实际完成的工程量。

③监理人认为有必要时,可通知承包人共同进行联合测量、计量,承包人应遵照执行。

④承包人完成工程量清单中每个子目的工程量后,监理人应要求承包人派员共同对每个子目的历次计量报表进行汇总,以核实最终结算工程量。监理人可要求承包人提供补充计量资料,以确定最后一次进度付款的准确工程量。承包人未按监理人要求派员参加的,监理人最终核实的工程量视为承包人完成该子目的准确工程量。

⑤监理人应在收到承包人提交的工程量报表后的 7 天内进行复核,监理人未在约定时间内复核的,承包人提交的工程量报表中的工程量视为承包人实际完成的工程量,据此计算工程价款。

2) 支付

发包人应按合同约定向承包人及时支付合同价款。发包人支付的款项主要有预付款、工程进度付款、质量保证金、交竣工结算。

(1) 预付款

预付款只能用于承包人为合同工程施工购置材料、工程设备、施工设备、修建临时设施以及组织施工队伍进场等。预付款必须专用于合同工程。预付款包括开工预付款和材料、设备预付款。预付款的额度和预付办法在专用合同条款中约定。

①预付款的支付比例

a. 开工预付款的支付比例:按项目专用合同条款数据表 17.2.1(1)中约定的签约合同价百分比支付,一般为 10%。

b. 材料预付款的支付比例:按项目专用合同条款数据表 17.2.1(2)中主要材料、设备单据费用的百分比支付,一般为 70% ~75%,最低不少于 60%。

②预付款的支付时间

a. 开工预付款:在承包人签订了合同协议书且承包人承诺的主要设备进场后,监理人应在当期进度付款证书中向承包人支付开工预付款。

b. 材料预付款:在承包人满足条件后,监理人应将此项金额作为材料、设备预付款计入下一次的进度付款证书中。在预计交工前 3 个月,将不再支付材料、设备预付款。

支付条件:材料、设备符合规范要求并经监理人认可;承包人已出具材料、设备费用凭证或支付单据;材料、设备已在现场交货,且存储良好,监理人认为材料、设备的存储方法符合要求。

③预付款的扣回

a. 开工预付款的起扣点:在进度付款证书的累计金额达到签约合同价的 30% 时开始。扣回方式:按工程进度以固定比例(每完成签约合同价的 1%,扣回开工预付款的 2%)分期从各月的进度付款证书中扣回,全部金额在进度付款证书的累计金额达到签约合同价的 80% 时扣完。

b. 材料预付款的扣回:当材料、设备已用于或安装在永久工程之中时,就应从进度付款证书中扣回,扣回期不超过 3 个月。已经支付材料、设备预付款的材料、设备的所有权应属于发包人。

④预付款滥用的处理

承包人无须向发包人提交预付款保函。发包人向承包人支付的预付款,应按照合同规定使用,承包人提交的履约保证金对预付款的正常使用承担保证责任。承包人不得将该预付款用于与本工程无关的支出,监理人有权监督承包人对该项费用的使用,如经查实承包人滥用开工预付款,发包人有权立即向银行索赔履约保证金,并解除合同。

(2)工程进度付款

工程进度款的付款周期应与计量周期保持一致。支付程序主要包括:进度付款申请、进度付款审核与支付、进度付款的修改。

①进度付款申请

承包人应在每个付款周期末,按监理人批准的格式和专用合同条款约定的份数,向监理人提交进度付款申请单,并附相应的支持性证明文件。进度付款申请单,应包括:

a. 截至本次付款周期末已实施工程的价款。

b. 增加和扣减的变更金额。

c. 应增加和扣减的索赔金额。

d. 应支付的预付款和扣减的返还预付款。

e. 应扣减的质量保证金。

f. 根据合同应增加和扣减的其他金额以及错误修正金额。

②进度付款审核和支付

a. 监理人在收到承包人进度付款申请单和证明文件后14天内完成核查,提出发包人应支付金额,经发包人审查同意后,由监理人向承包人出具经发包人签认的进度付款证书。

b. 发包人应在监理人收到进度付款申请单且承包人提交了合格的增值税专用发票后的28天内,将进度应付款支付给承包人。

c. 监理人出具进度付款证书,不应视为监理人已同意、批准或接受了承包人完成的该部分工作。

d. 如果该付款周期应结算的价款经扣留和扣回后的款额少于项目专用合同条款数据表中列明的进度付款证书的最低金额,则该付款周期监理人可不核证支付,上述款额将按付款周期结转,直至累计应支付的款额达到项目专用合同条款数据表中列明的进度付款证书的最低金额为止。

③进度付款的修改

在对已签发的进度款支付证书进行阶段汇总和复核中发现错误、遗漏或重复的,发包人和承包人均有权提出修正申请。经发包人和承包人同意的修正,应在下期进度付款中支付或扣除。

(3) 质量保证金

①质量保证金的扣留

监理人应从第一个付款周期开始,在发包人的进度付款中,按专用合同条款的约定扣留质量保证金,直至扣留的质量保证金总额达到专用合同条款约定的金额或比例为止。质量保证金的计算额度不包括预付款的支付、扣回及价格调整的金额。

②质量保证金的返还

在约定的缺陷责任期满时,承包人向发包人申请到期应返还承包人剩余的质量保证金金额,发包人应在14天内会同承包人按照合同约定的内容核实承包人是否完成缺陷责任。如无异议,发包人应当在核实后将剩余的质量保证金返还承包人。

在约定的缺陷责任期满时,承包人没有完成缺陷责任的,发包人有权扣留与未履行责任剩余工作所需金额相应的质量保证金余额,并有权根据"缺陷责任期的延长"约定要求延长缺陷责任期,直至完成剩余工作为止。

(4) 交竣工结算

①交竣工付款申请

承包人在交工验收证书签发后42天内,提交交工付款申请单(包括相关证明材料),承包人应按专用合同条款约定的份数和期限向监理人提交竣工付款申请单,并提供相关证明材料。除专用合同条款另有约定外,交竣工付款申请单应包括竣工结算合同总价、发包人已支付承包人的工程价款、应扣留的质量保证金、应支付的竣工付款金额等内容。

②交竣工付款审核

监理人在收到承包人提交的交竣工付款申请单后的14天内完成核查,提出发包人到期应支付给承包人的价款送发包人审核并抄送承包人。监理人对交工付款申请单有异议的,有权要求承包人进行修正和提供补充资料。经监理人和承包人协商后,由承包人向监理人提交修正后的交工付款申请单。发包人应在收到后14天内审核完毕,由监理人向承包人出具经发包人签认的交工付款证书。监理人未在约定时间内核查,又未提出具体意见的,视为承包人提交的交竣工付款申请单已经监理人核查同意;发包人未在约定时间内审核又未提出具体意见的,监理人提出发包人到期应支付给承包人的价款视为已经发包人同意。

③交竣工付款支付

发包人应在监理人出具交工付款证书后的14天内,将应付款支付给承包人。发包人不按期支付的,将逾期付款违约金支付给承包人。

承包人对发包人签认的交工付款证书有异议的,发包人可出具交竣工付款申请单中承包人已同意部分的临时付款证书。竣工付款涉及政府投资资金的,按约定办理。

(5) 最终结清

①最终结清申请

缺陷责任期终止证书签发后,承包人可按专用合同条款约定的份数和期限向监理人提交最终结清申请单,并提供相关证明材料。若发包人对最终结清申请单内容有异议,有权要求承包人进行修正和提供补充资料,由承包人向监理人提交修正后的最终结清申请单。

②最终结清审核

监理人收到承包人提交的最终结清申请单后的14天内,提出发包人应支付给承包人的价款送发包人审核并抄送承包人。发包人应在收到后14天内审核完毕,由监理人向承包人出具经发包人签认的最终结清证书。监理人未在约定时间内核查,又未提出具体意见的,视为承包人提交的最终结清申请已经监理人核查同意;发包人未在约定时间内审核又未提出具体意见的,监理人提出应支付给承包人的价款视为已经发包人同意。

③最终结清支付

发包人应在监理人出具最终结清证书后的14天内,将应付款支付给承包人。发包人不按期支付的,按约定将逾期付款违约金支付给承包人。

承包人对发包人签认的最终结清证书有异议的,按约定办理。最终结清付款涉及政府投资资金的,按"工程进度付款的修正"约定办理。

引例 7-4

【背景资料】

某承包人于某年承包某工程项目施工,与业主签订的承包合同的部分内容:

(1) 工程合同价2000万元,工程价款采用调值公式动态结算。该工程的人工费占工程价款的35%,材料费占50%,不调值费用占15%。具体的调值公式为

$$P = P_0 \times \left(0.15 + \frac{0.35A}{A_0} + \frac{0.2B}{B_0} + \frac{0.3C}{C_0}\right)$$

式中:A_0、B_0、C_0——基期价格指数;

A、B、C——工程结算日期的价格指数。

(2) 开工前业主向承包人支付合同价20%的预付款,当工程进度款达到合同价的30%时,开始从超过部分的工程结算款中按60%抵扣工程预付款,竣工前全部扣清。

(3) 工程进度款按月结算,业主从第一个月起,从承包人的工程价款中按5%的比例扣除保修金,工程保修期1年。该合同的原始报价日期为当年3月1日,结算各月份的工资、材料

价格指数见表 7-8。未调值前各月完成的工程情况:5 月份完成工程 300 万元,其中业主供料部分材料费为 20 万元;6 月份完成工程 600 万元;7 月份完成工程 700 万元,由于业主方设计变更,导致工程局部返工,造成损失 5 万元,重新施工增加费用 10 万元;8 月份完成工程 400 万元,另有批准的索赔款 5 万元。

各月份的工资、材料价格指数表　　　　　　　　　　　　表 7-8

结算月份	现行价格指数			基本价格指数		
	A	B	C	0	0	0
5	110	125	130	100	120	130
6	108	128	140	100	120	130
7	105	120	135	100	120	130
8	102	130	128	100	120	130

【问题】

1. 工程预付款是多少?
2. 确定每月月终业主应支付的工程款。

【专家评析】

1. 工程预付款:2000 万元 × 20% = 400 万元。
2. 工程预付款的起扣点:2000 万元 × 30% = 600 万元。
3. 每月月终业主应支付的工程款:

(1) 5 月份月终支付:

$300 \times (0.15 + 0.35 \times 110/100 + 0.2 \times 125/120 + 0.3 \times 130/130) \times (1 - 5\%) - 20 = 277.35($万元$)$

(2) 6 月份月终支付:

$600 \times (0.15 + 0.35 \times 108/100 + 0.2 \times 128/120 + 0.3 \times 140/130) \times (1 - 5\%) - (900 - 600) \times 60\% = 426.71($万元$)$

(3) 7 月份月终支付:

$[700 \times (0.15 + 0.35 \times 105/100 + 0.2 \times 120/120 + 0.3 \times 135/130) + 5 + 10] \times (1 - 5\%) - (400 - 300 \times 60\%) = 478.56($万元$)$

(4) 8 月份月终支付:

$[400 \times (0.15 + 0.35 \times 102/100 + 0.2 \times 130/120 + 0.3 \times 128/130) + 5] \times (1 - 5\%) = 391.99($万元$)$

2. 变更

变更是指承包人根据监理签发设计文件及监理变更指令进行的、在合同工作范围内各种类型的变更。

(1) 变更的范围和内容

《标准施工招标文件》规定,除专用合同条款另有约定外,在履行合同中发生以下情形之一,应按照规定进行变更:

①取消合同中任何一项工作,但被取消的工作不能转由发包人或其他人实施,由于承包人违约造成的情况除外。

②改变合同中任何一项工作的质量或其他特性。

③改变合同工程的基线、标高、位置或尺寸。

④改变合同中任何一项工作的施工时间或改变已批准的施工工艺或顺序。

⑤为完成工程需要追加的额外工作。

(2)变更权

在履行合同过程中,经发包人同意,监理人可按"变更程序"的约定向承包人作出变更指示,承包人应遵照执行。没有监理人的变更指示,承包人不得擅自变更。

(3)变更程序

①提出变更

在合同履行过程中,可能发生"变更的范围和内容"约定情形的,监理人可向承包人发出变更意向书。变更意向书应说明变更的具体内容和发包人对变更的时间要求,并附必要的图纸和相关资料。变更意向书应要求承包人提交包括拟实施变更工作的计划、措施和竣工时间等内容的实施方案。发包人同意承包人根据变更意向书要求提交的变更实施方案的,由监理人按"变更指示"约定发出变更指示。

在合同履行过程中,发生"变更的范围和内容"约定情形的,监理人应按照"变更指示"约定向承包人发出变更指示。

承包人收到监理人按合同约定发出的图纸和文件,经检查认为其中存在"变更的范围和内容"约定情形的,可向监理人提出书面变更建议。变更建议应阐明要求变更的依据,并附必要的图纸和说明。监理人收到承包人书面建议后,应与发包人共同研究,确认存在变更的,应在收到承包人书面建议后的14天内作出变更指示。经研究后不同意作为变更的,应由监理人书面答复承包人。

若承包人收到监理人的变更意向书后认为难以实施此项变更,应立即通知监理人,说明原因并附详细依据。监理人与承包人和发包人协商后确定撤销、改变或不改变原变更意向书。

②变更估价

除专用合同条款对期限另有约定外,承包人应在收到变更指示或变更意向书后的14天内,向监理人提交变更报价书,报价内容应根据"变更的估价原则"约定估价原则,详细列出变更工作的价格组成及其依据,并附必要的施工方法说明和有关图纸。变更工作影响工期的,承包人应提出调整工期的具体细节。监理人认为有必要时,可要求承包人提交要求提前或延长工期的施工进度计划及相应施工措施等详细资料。

除专用合同条款对期限另有约定外,监理人收到承包人变更报价书后的14天内,根据"变更的估价原则"约定估价原则,按照通用合同条款商定或确定变更价格。

③变更指示

变更指示只能由监理人发出。变更指示应说明变更的目的、范围、变更内容以及变更的工程量及其进度和技术要求,并附有关图纸和文件。承包人收到变更指示后,应按变更指示进行变更工作。

(4)变更估价的原则

《公路工程标准施工招标文件》(2018年版)将《标准施工招标文件》本款细化为:除项目专用合同条款另有约定外,因变更引起的价格调整按本款约定处理。

①如果取消某项工作,则该项工作的总额价不予支付。

②已标价工程量清单中有适用于变更工作的子目的,采用该子目的单价。

③已标价工程量清单中无适用于变更工作的子目,但有类似子目的,可在合理范围内参照类似子目的单价,由监理人按第3.5款商定或确定变更工作的单价。

④已标价工程量清单中无适用或类似子目的单价,可在综合考虑承包人在投标时所提供的单价分析表的基础上,由监理人按第3.5款商定或确定变更工作的单价。

⑤如果本工程的变更指示是因承包人过错、承包人违反合同或承包人责任造成的,则这种违约引起的任何额外费用应由承包人承担。

(5)变更估价的程序

承包人应在收到变更指示后14天内,向监理人提交变更估价申请。监理人应在收到后7天内审查完毕并报送发包人,对变更估价申请有异议,通知承包人修改后重新提交。发包人应在承包人提交变更估价申请后14天内审批完毕。发包人逾期未完成审批或未提出异议的,视为认可承包人提交的变更估价申请。

3. 暂列金额、计日工与暂估价

(1)暂列金额

暂列金额是指应按照发包人的要求使用,而发包人的要求应通过监理人发出。暂列金额应由监理人报发包人批准后指令全部或部分地使用,或者根本不予动用。

对于经发包人批准的每一笔暂列金额,监理人有权向承包人发出实施工程或提供材料、工程设备或服务的指令。这些指令应由承包人完成,监理人应根据变更估价原则和计日工的规定,对合同价格进行相应调整。

(2)计日工

发包人认为有必要时,由监理人通知承包人以计日工方式实施变更的零星工作。其价款按列入已标价工程量清单中的计日工计价子目及其单价进行计算。

采用计日工计价的任何一项变更工作,应从暂列金额中支付,承包人应在该项变更的实施过程中,每天提交以下报表和有关凭证报送监理人审批。

①工作名称、内容和数量。

②投入该工作所有人员的姓名、工种、级别和耗用工时。

③投入该工作的材料类别和数量。

④投入该工作的施工设备型号、台数和耗用台时。

⑤监理人要求提交的其他资料和凭证。

(3)暂估价

暂估价是指发包人在工程量清单或预算书中提供的用于支付必然发生但暂时不能确定价格的材料、工程设备的单价、专业工程以及服务工作的金额。

给定暂估价的材料、工程设备、专业工程属于依法必须招标的,以中标金额取代暂估价,调整合同价款;不属于依法必须招标的,由承包人按照合同约定提供,经发包人确认后以此为依据取代暂估价,调整合同价款。

4. 价格调整

价格调整主要有以下两种。

（1）物价波动引起的价格调整

物价波动引起的价格调整可以按照第16.1.1项价格指数调整价格差额或第16.1.2项采用造价信息调整价格差额约定的原则处理。

当工程规模不大或者工期较短的工程,也可以合同期内不调价。也就是说,在合同执行期间(包括工期拖延期间),由于人工、材料和设备价格的上涨而引起工程施工成本增加的风险由承包人自行承担,合同价格不会因此而调整。

（2）法律法规变化引起的价格调整

在基准日后,因法律变化导致承包人在合同履行中所需要的工程费用发生除第16.1款约定以外的增减时,监理人应根据法律、国家或省(自治区、直辖市)有关部门的规定,按第3.5款商定或确定需调整的合同价款。招标工程以投标截止日前28天为基准日,非招标工程以合同签订前28天为基准日。

引例 7-5

【背景资料】

某路桥工程有限公司(承包人)参与某高速公路工程施工的桥梁施工标段竞标,与建设单位(业主)签订了工程施工承包合同,合同价款1500万元。合同条款明确规定,乙方的分项工程向监理人申请质量验收,取得质量验收合格文件后,再向监理人提出计量申请和支付工程款;变更工程超过合同总价的15%时,监理工程师应与业主和承包人协商确定一笔管理费调整额。工程开工前,乙方提交了施工组织设计并得到批准。

在工程施工过程中,遇到了以下事件:

事件1:在桥台台背回填施工过程中,承包人进行到施工图所规定的处理范围边缘时,在取得在场的监理工程师认可的情况下,为了使夯击质量得到保证,将夯击范围适当扩大。施工完成后,承包人将扩大范围内的施工工程量向监理工程师提出计量付款的要求,但遭到拒绝。

事件2:在桥梁基础工程施工过程中,发现地基与设计不符,不能满足承载力的要求。承包人及时通知监理工程师,要求对工程地质重新勘察并对设计进行变更,按变更后的设计图纸进行施工。承包人根据监理工程师指示就部分工程进行了变更施工。

【问题】

1. 监理工程师拒绝承包人夯实扩大工程量计量支付的要求是否合理?为什么?

2. 试问工程变更部分合同价款应根据什么原则确定?承包人应该如何申请变更价款?

3. 签发交工证书时,监理工程师发现变更工程的价款累计金额为280万元,假设投标报价的管理费费率为直接费的8%,业主、监理工程师和承包人协商后确定管理费调整两个百分点,在其他工程内容不变的情况下,请问工程价款应如何调整?

【专家评析】

1. 监理工程师的拒绝合理。原因:该部分的工程量超出了施工图的要求,一般来讲,也就超出了工程合同约定的工程范围。该部分工程量,监理工程师可以认为是承包人的保证施工质量的技术措施,一般在业主没有批准追加相应费用的情况下,技术措施费用应由承包人自己承担。

2. 变更估价的原则如下:
(1)如果取消某项工作,则该项工作的总额价不予支付。
(2)已标价工程量清单中有适用于变更工作的子目的,采用该子目的单价。
(3)已标价工程量清单中无适用于变更工作的子目,但有类似子目的,可在合理范围内参照类似子目的单价,由监理人按第3.5款商定或确定变更工作的单价。
(4)已标价工程量清单中无适用或类似子目的单价,可在综合考虑承包人在投标时所提供的单价分析表的基础上,由监理人按第3.5款商定或确定变更工作的单价。
(5)如果本工程的变更指示是因承包人过错、承包人违反合同或承包人责任造成的,则这种违约引起的任何额外费用应由承包人承担。

变更估价的程序如下:承包人应在收到变更指示后14天内,向监理人提交变更估价申请。监理人应在收到后7天内审查完毕并报送发包人,对变更估价申请有异议,通知承包人修改后重新提交。发包人应在承包人提交变更估价申请后14天内审批完毕。发包人逾期未完成审批或未提出异议的,视为认可承包人提交的变更估价申请。

3. 根据计算签约合同价的15%为225万元(1500万元×15% = 225万元),变更价款280万元大于签约合同价的15%。

根据合同约定,当变更工程超过合同总价的15%时,超过部分的管理费下调2%。

管理费调整的起点为:$1500 \times (1 + 15\%) = 1725$(万元)。

管理费调整部分的金额:$1500 + 280 - 1725 = 55$(万元)。

管理费调整部分的直接费:$55/(1 + 8\%) = 50.93$(万元)。

调整后的工程价款:$1725 + 50.93 \times (1 + 6\%) = 1779$(万元)。

五、公路工程施工安全管理

《标准施工招标文件》第四章的通用条款和《公路工程标准施工招标文件》(2018年版)第四章的专用条款与公路工程施工安全相关的条款为施工安全、治安保卫和环境保护,主要包括发包人的施工安全责任、承包人的施工安全责任、治安保卫、环境保护和事故处理。

1. 发包人的施工安全责任
(1)发包人应按合同约定履行安全职责,授权监理人按合同约定的安全工作内容监督、检查承包人安全工作的实施,组织承包人和有关单位进行安全检查。
(2)发包人应对其现场机构雇佣的全部人员的工伤事故承担责任,但由于承包人原因造成发包人人员工伤的,应由承包人承担责任。
(3)发包人应负责赔偿以下各种情况造成的第三者人身伤亡和财产损失:①工程或工程的任何部分对土地的占用所造成的第三者财产损失;②由于发包人原因在施工场地及其毗邻地带造成的第三者人身伤亡和财产损失。

2.承包人的施工安全责任

(1)承包人应按合同约定履行安全职责,严格执行国家、地方人民政府有关施工安全管理方面的法律、法规及规章制度,同时严格执行发包人制定的本工程项目安全生产管理方面的规章制度、安全检查程序及施工安全管理要求,以及监理人有关安全工作的指示。

承包人应根据本工程的实际安全施工要求,编制施工安全技术措施,并在签订合同协议书后28天内,报监理人和发包人批准。该施工安全技术措施包括(但不限于)施工安全保障体系,安全生产责任制,安全生产管理规章制度,安全防护施工方案,施工现场临时用电方案,施工安全评估,安全预控及保证措施方案,紧急应变措施,安全标识、警示和围护方案等。对影响安全的重要工序和下列危险性较大的工程应编制专项施工方案,并附安全验算结果,经承包人项目总工签字并报监理人和发包人批准后实施,由专职安全生产管理人员进行现场监督。

(2)承包人应加强施工作业安全管理,特别应加强易燃、易爆材料,火工器材,有毒与腐蚀性材料和其他危险品的管理,以及对爆破作业和地下工程施工等危险作业的管理。

(3)承包人应严格按照国家安全标准制定施工安全操作规程,配备必要的安全生产和劳动保护设施,加强对承包人人员的安全教育,并发放安全工作手册和劳动保护用具。

(4)承包人应按监理人的指示制定应对灾害的紧急预案,报送监理人审批。承包人还应按预案做好安全检查,配置必要的救助物资和器材,切实保护好有关人员的人身和财产安全。

(5)除项目专用合同条款另有约定外,安全生产费用应为投标价(不含安全生产费及建筑工程一切险及第三者责任险的保险费)的1.5%(若发包人公布了最高投标限价时,按最高投标限价的1.5%计)。安全生产费用应用于施工安全防护用具及设施的采购和更新、安全施工措施的落实、安全生产条件的改善,不得挪作他用。若承包人在此基础上增加安全生产费用以满足项目施工需要,则承包人应在本项目工程量清单其他相关子目的单价或总额价中予以考虑,发包人不再另行支付。因采取合同未约定的特殊防护措施增加的费用,由监理人按第3.5款商定或确定。

(6)承包人应对其履行合同所雇佣的全部人员(包括分包人人员)的工伤事故承担责任,但由发包人原因造成承包人人员工伤事故的,应由发包人承担责任。

(7)由承包人原因在施工场地内及其毗邻地带造成的第三者人员伤亡和财产损失,由承包人负责赔偿。

(8)承包人应充分关注和保障所有现场工作人员的安全,采取以下有效措施,使现场和本合同工程的实施保持有条不紊,以免使上述人员的安全受到威胁。

①按《公路水运工程安全生产监督管理办法》规定的最低数量和资质条件配备专职安全生产管理人员。

②承包人的垂直运输机械作业人员、施工船舶作业人员、爆破作业人员、安装拆卸工、起重信号工、电工、焊工等国家规定的特种作业人员,必须按照国家规定经过专门的安全作业培训,并取得特种作业操作资格证书后,方可上岗作业。

③所有施工机具设备和高空作业设备均应定期检查,并有安全员的签字记录。

④根据本合同各单位工程的施工特点,严格执行《公路水运工程安全生产监督管理办法》《公路工程施工安全技术规范》(JTG F90—2021)等有关规定。

(9)为了保护本合同工程免遭损坏,或为了现场附近和过往群众的安全与方便,在确有必要的时候和地方,或当监理人或有关主管部门要求时,承包人应自费提供照明、警卫、护栏、警告标志等安全防护设施。

(10)在通航水域施工时,承包人应与当地主管部门取得联系,设置必要的导航标志,及时发布航行通告,确保施工水域安全。

(11)在整个施工过程中对承包人采取的施工安全措施,发包人和监理人有权监督,并向承包人提出整改要求。如果由于承包人未能对其负责的上述事项采取各种必要的措施而导致或发生与此有关的人身伤亡、罚款、索赔、损失补偿、诉讼费用及其他一切责任应由承包人负责。

3. 治安保卫

(1)除合同另有约定外,发包人应与当地公安部门协商,在现场建立治安管理机构或联防组织,统一管理施工场地的治安保卫事项,履行合同工程的治安保卫职责。

(2)发包人和承包人除应协助现场治安管理机构或联防组织维护施工场地的社会治安外,还应做好包括生活区在内的各自管辖区的治安保卫工作。

(3)除合同另有约定外,发包人和承包人应在工程开工后,共同编制施工场地治安管理计划,并制定应对突发治安事件的紧急预案。在工程施工过程中,发生暴乱、爆炸等恐怖事件,以及群殴、械斗等群体性突发治安事件的,发包人和承包人应立即向当地政府报告。发包人和承包人应积极协助当地有关部门采取措施平息事态,防止事态扩大,尽量减少财产损失和避免人员伤亡。

4. 环境保护

(1)承包人在施工过程中,应遵守有关环境保护的法律,履行合同约定的环境保护义务,并对违反法律和合同约定义务所造成的环境破坏、人身伤害和财产损失负责。

(2)承包人应按合同约定的环保工作内容,编制施工环保措施计划,报送监理人审批。

(3)承包人应按照批准的施工环保措施计划有序地堆放和处理施工废弃物,避免对环境造成破坏。因承包人任意堆放或弃置施工废弃物造成妨碍公共交通、影响城镇居民生活、降低河流行洪能力、危及居民安全、破坏周边环境,或者影响其他承包人施工等后果的,承包人应承担责任。

(4)承包人应按合同约定采取有效措施,对施工开挖的边坡及时进行支护,维护排水设施,并进行水土保护,避免因施工造成的地质灾害。

(5)承包人应按国家饮用水管理标准定期对饮用水源进行监测,防止施工活动污染饮用水源。

(6)承包人应按合同约定,加强对噪声、粉尘、废气、废水和废油的控制,努力降低噪声,控制粉尘和废气浓度,做好废水和废油的治理和排放。

(7)承包人应切实执行技术规范中有关环境保护方面的条款和规定。

①对于来自施工机械和运输车辆的施工噪声,为保护施工人员的健康,应遵守《中华人民共和国噪声污染防治法》,并依据《工业企业厂界环境噪声排放标准》(GB 12348—2008)合理安排工作人员轮流操作筑路机械,减少接触高噪声的时间,或间歇安排高噪声的工作。对距噪声源较近的施工人员,除采取使用防护耳塞或头盔等有效措施外,还应当缩短其劳动时间。同时,要注意对机械的经常性保养,尽量使其噪声降低到最低水平。为保护施工现场附近居民的夜间休息,对居民区150m以内的施工现场,施工时间应加以控制。

②对于公路施工中粉尘污染的主要污染源——灰土拌和、施工车辆和筑路机械运行及运

输产生的扬尘,应采取有效措施减轻其对施工现场的大气污染,保护人民健康。例如,拌和设备应有较好的密封,或有防尘设备;施工通道、沥青混凝土拌和站及灰土拌和站应经常进行洒水降尘;路面施工应注意保持水分,以免扬尘;隧道出渣和桥梁钻孔灌注桩施工时排出的泥浆要进行妥善处理,严禁向河流或农田排放。

③采取可靠措施保证原有交通的正常通行,维持沿线村镇的居民饮水、农田灌溉、生产生活用电及通信等管线的正常使用。

(8)在整个施工过程中对承包人采取的环境保护措施,发包人和监理人有权监督,并向承包人提出整改要求。如果由于承包人未能对其负责的上述事项采取各种必要的措施而导致或发生与此有关的人身伤亡、罚款、索赔、损失补偿、诉讼费用及其他一切责任应由承包人负责。

(9)在施工期间,承包人应随时保持现场整洁,施工设备和材料、工程设备应整齐妥善存放和储存,废料与垃圾及不再需要的临时设施应及时从现场清除、拆除并运走。

(10)在施工期间,承包人应严格遵守《关于在公路建设中实行最严格的耕地保护制度的若干意见》的相关规定,规范用地、科学用地、合理用地和节约用地。承包人应合理利用所占耕地地表的耕作层,用于重新造地;合理设置取土坑和弃土场,取土坑和弃土场的施工防护要符合要求,防止水土流失。承包人应严格控制临时占地数量,施工便道、各种料场、预制场要根据工程进度统筹考虑,尽可能设置在公路用地范围内或利用荒坡、废弃地解决,不得占用农田。施工过程中要采取有效措施防止污染农田,项目完工后承包人应将临时占地自费恢复到临时占地使用前的状况。

(11)承包人应严格按照国家有关法规要求,做好施工过程中的生态保护和水土保持工作。施工中要尽可能减少对原地面的扰动,减少对地面草木的破坏,需要爆破作业的,应按规定进行控爆设计。雨季填筑路基应随挖、随运、随填、随压,要完善施工中的临时排水系统,加强施工便道的管理。取(弃)土场必先挡后弃,严禁在指定的取(弃)土场以外的地方乱挖乱弃。

5. 事故处理

工程施工过程中发生事故的,承包人应立即通知监理人,监理人应立即通知发包人。发包人和承包人应立即组织人员和设备进行紧急抢救和抢修,减少人员伤亡和财产损失,防止事故扩大,并保护事故现场。需要移动现场物品时,应作出标记和书面记录,妥善保管有关证据。发包人和承包人应按国家有关规定,及时如实地向有关部门报告事故发生的情况,以及正在采取的紧急措施等。

六、公路工程施工风险管理

《标准施工招标文件》第四章的通用条款和《公路工程标准施工招标文件》(2018年版)第四章的专用条款与公路工程施工风险责任相关的条款有不可抗力、保险。

1. 不可抗力

(1)不可抗力的确认

不可抗力是指承包人和发包人在订立合同时不可预见,在工程施工过程中不可避免发生并不能克服的自然灾害和社会性突发事件。包括但不限于:

①地震、海啸、火山爆发、泥石流、暴雨(雪)、台风、龙卷风、水灾等自然灾害。

②战争、骚乱、暴动,但纯属承包人或其分包人派遣与雇用的人员由于本合同工程施工原因引起者除外。

③核反应、辐射或放射性污染。

④空中飞行物体坠落或非发包人或承包人责任造成的爆炸、火灾。

⑤瘟疫。

⑥项目专用合同条款约定的其他情形。

不可抗力发生后,发包人和承包人应及时、认真地统计所造成的损失,收集不可抗力造成损失的证据。合同双方对是否属于不可抗力或其损失的意见不一致的,由监理人按"通用合同条款"商定或确定。在发生争议时,按"争议的解决"的约定办理。

(2)不可抗力的通知

①合同一方当事人遇到不可抗力事件,使其履行合同义务受到阻碍时,应立即通知合同另一方当事人和监理人,书面说明不可抗力和受阻碍的详细情况,并提供必要的证明。

②如不可抗力持续发生,合同一方当事人应及时向合同另一方当事人和监理人提交中间报告,说明不可抗力和履行合同受阻的情况,并于不可抗力事件结束后28天内提交最终报告及有关资料。

(3)不可抗力后果及其处理

①不可抗力造成损害的责任

除专用合同条款另有约定外,不可抗力导致的人员伤亡、财产损失、费用增加和(或)工期延误等后果,由合同双方按以下原则承担:

a.永久工程,包括已运至施工场地的材料和工程设备的损害,以及因工程损害造成的第三者人员伤亡和财产损失由发包人承担。

b.承包人设备的损坏由承包人承担。

c.发包人和承包人各自承担其人员伤亡和其他财产损失及其相关费用。

d.承包人的停工损失由承包人承担,但停工期间应监理人要求照管工程和清理、修复工程的金额由发包人承担。

e.不能按期竣工的,应合理延长工期,承包人不需要支付逾期竣工违约金。发包人要求赶工的,承包人应采取赶工措施,赶工费用由发包人承担。

②延迟履行期间发生的不可抗力

合同一方当事人延迟履行,在延迟履行期间发生不可抗力的,不免除其责任。

③避免和减少不可抗力损失

不可抗力发生后,发包人和承包人均应采取措施尽量避免和减少损失的扩大,任何一方没有采取有效措施导致损失扩大的,应对扩大的损失承担责任。

(4)因不可抗力解除合同

合同一方当事人因不可抗力不能履行合同的,应当及时通知对方解除合同。合同解除后,承包人应按"解除合同后的承包人撤离"约定撤离施工场地。已经订货的材料、设备由订货方负责退货或解除订货合同,不能退还的货款和因退货、解除订货合同发生的费用,由发包人承担,因未及时退货造成的损失由责任方承担。合同解除后的付款,参照"解除合同后的付款"约定,由监理人按"通用合同条款"商定或确定,但由于解除合同应赔偿的承包人损失不予考虑。

2. 保险

(1) 工程保险

除专用合同条款另有约定外,承包人应以发包人和承包人的共同名义向双方同意的保险人投保建筑工程一切险、安装工程一切险。其具体的投保内容、保险金额、保险费率、保险期限等有关内容在专用合同条款中约定。

(2) 人员工伤事故的保险

①承包人员工伤事故的保险。承包人应依照有关法律规定参加工伤保险,为其履行合同所雇佣的全部人员缴纳工伤保险费,并要求其分包人也进行此项保险。

②发包人员工伤事故的保险。发包人应依照有关法律规定参加工伤保险,为其现场机构雇佣的全部人员缴纳工伤保险费,并要求其监理人也进行此项保险。

(3) 人身意外伤害险

①发包人应在整个施工期间为其现场机构雇用的全部人员,投保人身意外伤害险,缴纳保险费,并要求其监理人也进行此项保险。

②承包人应在整个施工期间为其现场机构雇用的全部人员,投保人身意外伤害险,缴纳保险费,并要求其分包人也进行此项保险。

(4) 第三者责任险

①第三者责任系指在保险期内,对因工程意外事故造成的、依法应由被保险人负责的工地上及毗邻地区的第三者人身伤亡、疾病或财产损失(本工程除外),以及被保险人因此而支付的诉讼费用和事先经保险人书面同意支付的其他费用等赔偿责任。

②在缺陷责任期终止证书颁发前,承包人应以承包人和发包人的共同名义,投保第①项约定的第三者责任险,其保险费率、保险金额等有关内容在专用合同条款中约定。第三者责任险的保险费由承包人报价时列入工程量清单第 100 章内。发包人在接到保险单后,将按照保险单的费用直接向承包人支付。

(5) 其他保险

除专用合同条款另有约定外,承包人应为其施工设备、进场的材料和工程设备等办理保险。

(6) 对各项保险的一般要求

①保险凭证

承包人应在专用合同条款约定的期限内向发包人提交各项保险生效的证据和保险单副本,保险单必须与专用合同条款约定的条件保持一致。

②保险合同条款的变动

承包人需要变动保险合同条款时,应事先征得发包人同意,并通知监理人。保险人作出变动的,承包人应在收到保险人通知后立即通知发包人和监理人。

③持续保险

承包人应与保险人保持联系,使保险人能够随时了解工程实施中的变动,并确保按保险合同条款要求持续保险。

④保险金不足的补偿

保险金不足以补偿损失的,应由承包人和(或)发包人按合同约定负责补偿。

⑤未按约定投保的补救

a. 由于负有投保义务的一方当事人未按合同约定办理保险,或未能使保险持续有效的,另一方当事人可代为办理,所需费用由对方当事人承担。

b. 由于负有投保义务的一方当事人未按合同约定办理某项保险,导致受益人未能得到保险人的赔偿,原应从该项保险得到的保险金应由负有投保义务的一方当事人支付。

⑥报告义务

当保险事故发生时,投保人应按照保险单规定的条件和期限及时向保险人报告。

引例 7-6

【背景资料】

某路桥工程有限公司(承包人)参与某高速公路工程施工的路基工程施工标段竞标,与建设单位(业主)签订了工程施工承包合同。在开挖基础土方过程中,有两项重大事件使工期发生较大的拖延:

事件1:土方开挖时遇到了一些工程地质勘探没有探明的孤石,为排除孤石拖延了一定的时间。

事件2:施工过程中,遇到数天季节性大雨后又转为特大暴雨,引起山洪暴发,造成现场临时道路和承包人与业主施工现场办公用房等设施以及已施工的部分基础被冲坏,施工设备损坏,运进现场的部分材料被冲走,承包人数名施工人员受伤,雨后承包人用了很多工时进行工程清理和修复作业。

【问题】

1. 承包人就排除孤石和数天季节性大雨后又转为特大暴雨引起山洪暴发提出了延长工期和费用补偿要求是否合理?

2. 监理工程师应该如何处理?

【专家评析】

1. 承包人按照索赔程序提出了延长工期和费用补偿要求基本合理,但是连续多天的季节性大雨属于承包人预先能够合理估计的因素,应在合同工期内考虑,由此造成的工期延长和费用损失不能给予补偿。

2. 挖土方施工中,孤石是地质勘探报告未提供的,施工单位预先无法估计的地质条件变化,属于业主应承担的风险,监理工程师应给予承包人工期顺延和费用补偿。

对于天气条件变化引起的索赔应分两种情况处理:前期的季节性大雨是承包人预先能够合理估计的因素,应在合同工期内考虑,由此造成的工期延长和费用损失不能给予补偿;后期特大暴雨引起的山洪暴发则属于不可抗力,应按不可抗力处理由此引起的索赔问题。

任务实施

1. 通过任务情境、任务布置、工作分析,学生应探讨完成任务工单。

2. 学生在教师指导下,分组完成学习任务工单表7-1。

3. 结合讨论结果,学生跟随教师一起学习和巩固工作任务七相关知识,完成任务评析,找准切入点融入思政内容,以实现德育目标,达成学习目标。

实战演练

通过公路工程施工合同履行管理实训进行实战演练,学以致用、理论联系实际,进一步落实学习目标,公路工程施工(路面工程)合同履行管理模拟实训任务书具体内容见学习任务工单表7-2。

任务评价

通过学生自评、企业导师及专业教师评价,综合评定通过工作任务实施各个环节学生对本任务相关知识的掌握及课程学习目标落实的情况。

1. 学生进行自我评价,并将结果填入学生自评表(学习任务工单表7-3)。

2. 企业导师对学生工作过程与工作结果进行评价,并将评价结果填入企业导师评价表(学习任务工单表7-4)。

3. 专业教师对学生工作过程与工作结果进行评价,并将评价结果填入专业教师评价表(学习任务工单表7-5)。

4. 综合学生自评、企业导师评价、专业教师评价所占比重,最终得到学生的综合评分,并把各项评分结果填入综合评价表(学习任务工单表7-6)。

> 为便于师生使用,本书"任务实施""实战演练""任务评价"中的相关表格独立成册,见本书配套任务学习工单。

任务小结

公路工程合同是一个较为复杂和庞大的体系,业主和承包人签订的公路工程施工合同是核心合同。合同条款是合同文件的重要组成部分。它在合同订立和履行过程中起着极其重要的约束作用。工作任务七依据《标准施工招标文件》和《公路工程施工标准招标文件》(2018年版)就质量管理、进度管理、造价管理、安全管理、风险管理的相应条款进行了介绍。

合同管理工作贯穿于整个公路建设实施过程。要加强对公路建设的监督管理,维护公路建设市场的秩序,保证公路工程的质量和安全,促进公路事业的健康发展,必须加强公路工程建设合同管理,以保证公路工程施工合同订立的合法性、全面性、准确性和完整性。公路工程施工合同的有效管理,不仅是督促参与工程施工各方履行合同约定的相关事项、切实维护合同双方的根本利益的重要手段,更是保证工程目标顺利完成的一个关键环节。

思考题

一、单项选择题

1. 发包人通知承包人中标的函件称为( )。
   A. 合同协议书　　　　B. 中标通知书
   C. 投标函　　　　　　D. 合同文件

2. 由监理人委派常驻施工场地对合同履行实施管理的全权负责人为( )。
   A. 监理工程师　　　　　B. 总监理工程师
   C. 专业监理工程师　　　D. 监理人

3. 下列选项中,关于发包人供应材料和工程设备的验收说法不正确的是( )。
   A. 发包人应在材料和工程设备到货5天前通知承包人
   B. 承包人应会同监理人在约定的时间内,赴交货地点共同进行验收
   C. 由于发包人原因发生交货日期延误,发包人应承担由此增加的费用和(或)工期延误
   D. 除专用合同条款另有约定外,发包人提供的材料和工程设备验收后,由承包人负责接收、运输和保管

4. 下列选项中,关于材料和设备供应责任的说法正确的是( )。
   A. 发包人提供的,必须由发包人负责采购
   B. 发包人负责采购的,发包人要负责
   C. 发包人不得提供材料和设备
   D. 发包人提供的,由发包人对材料进行检验

5. 经承包人自检确认的工程隐蔽部位具备覆盖条件后,承包人应通知( )在约定的期限内检查。
   A. 承包人总工程师　　　B. 业主
   C. 监理人　　　　　　　D. 质量监督部门

6. 缺陷责任期的起算时间自( )起计算。
   A. 实际竣工日期　　　　B. 发包人接收日期
   C. 实际通车时间　　　　D. 监理人确定的时间

7. 若无其他特殊延长情况,监理人应在缺陷责任期终止后的( )天内,向承包人出具经发包人签认的缺陷责任期终止证书。
   A. 7天　　B. 14天　　C. 28天　　D. 30天

8. 监理人在开工日期( )天前向承包人发出开工通知。监理人发出开工通知前应获得发包人同意。
   A. 7天　　B. 14天　　C. 28天　　D. 30天

9. 发包人应在监理人出具交工付款证书后的( )天内,将应支付款支付给承包人;发包人不按期支付的,将逾期付款违约金支付给承包人。
   A. 7天　　B. 14天　　C. 28天　　D. 30天

10. 下列支付项目中,不属于进度付款证书支付的是( )。
    A. 开工预付款　　　　　B. 工程索赔费用
    C. 工程进度款　　　　　D. 交工应付款

11. 工程量清单中所列的工程量是( )。
    A. 合同图纸给定的数量

B. 结算工程量

C. 实际计量并经监理工程师确认的数量

D. 承包人实际完成的数量

12. 工程变更必须经( )批准后,承包人才能实施工程变更。

A. 发包人　　B. 保险人　　C. 监理人　　D. 设计单位

13. 承包人不得将工程主体、关键性工作分包给第三人。经( )同意,承包人可将工作的其他部分或工作分包给第三人。分包包括专业分包和劳务分包两种。

A. 发包人　　B. 承包人　　C. 监理人　　D. 设计单位

14. 监理工程师对分包工程实施现场监管,若发现分包工程在质量、进度等方面出现问题,应通过( )对分包工程施工采取措施处理。

A. 发包人　　　　　　　B. 监理人

C. 承包人　　　　　　　D. 设计单位

15. 监理工程师不可以指示承包人进行如下工程变更( )。

A. 改变工程线型

B. 增加某项附加工程

C. 改变承包人既定施工方法

D. 改变工程施工顺序和时间安排

16. 由于发包人的原因导致工期延误,对原约定竣工日期后继续施工的工程进行价格调整时,涉及原约定竣工日期价格指数与实际竣工日期价格指数,则调整价格差额计算应采用( )。

A. 原约定日期的价格指数

B. 实际竣工日期的价格指数

C. 原约定日期的价格指数与实际竣工日期的价格指数中较高的一个

D. 原约定日期的价格指数与实际竣工日期的价格指数中较低的一个

17. 监理工程师对承包人超出设计图纸要求而增加的工程量和自身原因造成返工的工程量( )。

A. 应当计量　　　　　　B. 不予以计量

C. 按比例计量　　　　　D. 不能确定

18. 施工组织设计审查,由( )审核签认。

A. 业主　　　　　　　　B. 总监理工程师

C. 质监站　　　　　　　D. 驻地监理工程师

19. 发包人在工程量清单中给定的用于支付必然发生但暂时不能确定价格的材料、设备以及专业工程的金额称为( )。

A. 暂列金额　　　　　　B. 合同金额

C. 质量保证金　　　　　D. 暂估价

20.在保险期内,对因工程意外事故造成的、依法应由被保险人负责的工地上及毗邻地区的第三者人身伤亡、疾病或财产损失(本工程除外),以及被保险人因此而支付的诉讼费用和事先经保险人书面同意支付的其他费用等赔偿责任称为(　　)。

  A.建设工程一切险　　B.疾病伤亡险
  C.第三者责任险　　　D.工程意外险

二、多项选择题

1. 施工合同有(　　)。
  A.监理合同　　　　　B.施工总承包合同
  C.施工分包合同　　　D.费用合同

2. 下列选项中属于发包人责任与义务的有(　　)。
  A.发出开工通知　　　B.提供施工场地
  C.组织竣工验收　　　D.协助承包人办理证件和批件

3. 下列关于监理人义务的表述中,正确的是(　　)。
  A.监理人应在专用条件约定的授权范围内,处理委托人与承包人所签订合同的变更事宜
  B.监理人发现承包人的人员不能胜任本职工作的,应报告建设单位,由建设单位要求承包人予以调换
  C.监理人应按专用条件约定的种类、时间和份数向委托人提交监理与相关服务的报告
  D.除专用条件另有约定外,委托人提供的房屋、设备属于委托人的财产,监理人应妥善使用和保管

4. 下列选项中,属于承包人责任和义务的有(　　)。
  A.负责对分包人的管理,办理有关环境保护、安全文明施工手续
  B.办理临时用地、中断道路交通的申请批准手续
  C.搭建邻近现场古树防护网架
  D.安全施工,保证施工人员的安全、健康

5. 下列选项中,属于分包人责任和义务的是(　　)。
  A.保证施工期间分包工程施工所要求的通道畅通
  B.组织分包工程的图纸会审和施工技术交底
  C.直接接受监理工程师的指令
  D.按约定时间向承包人提交详细的施工组织设计
  E.负责已完分包工程的成品保护工作

6. 下列选项中,属于合同文件内容的是(　　)。
  A.中标通知书　　　　B.图纸
  C.通用合同条款　　　D.合同协议书
  E.技术规范

7.根据《公路工程标准施工招标文件》(2018年版),关于材料和工程设备验收的说法中,正确的有(   )。

A.对承包人提供的材料,监理人应单独进行检验和交货验收

B.监理人应进行材料的抽样检验,所需费用由承包人承担

C.对发包人提供的材料和工程设备,监理人应在到货7天前通知承包人验收

D.发包人提供的材料和工程设备验收后,一般由承包人负责保管

E.进入施工场地的材料和工程设备未经监理人同意,承包人不得运出施工场地或挪作他用

8.监理人若未按合同约定派员参加材料的试验和检验的,除监理人另有指示外,承包人应该如何处理(   )。

A.可自行试验和检验

B.待监理到场后再进行试验

C.试验和检验后立即将结果报送监理人

D.试验结果无须监理人签字认可

9.在履行合同过程中,出现下列哪些情况,承包人有权要求发包人延长工期?(   )

A.发包人提供图纸延误

B.增加合同工作内容

C.季节性暴雨

D.改变合同中一项工作的质量要求

10.发包人责任的暂停施工包括(   )。

A.发包人未履行合同规定的义务

B.不可抗力

C.协调管理原因

D.行政管理部门的指令

E.意外事件

11.在履行工程施工合同中,发生下列情形(   )应进行工程变更。

A.取消合同中任何一项工作,但被取消的工作能转由发包人或其他人实施

B.改变合同中任何一项工作的质量或其他特性

C.改变合同工程的基线、高程、位置或尺寸

D.为完成工程需要追加的额外工作

12.工程费用支付包括清单支付和合同支付,以下属于合同支付项目的有(   )。

A.路基换填土   B.价格调整

C.逾期付款违约金   D.暂列金额

E.开工预付款

13. 下列选项中符合变更引起的价格调整的约定处理方法的有( )。
    A. 已标价工程量清单中有适用于变更工作子目的,采用该子目单价
    B. 已标价工程量清单中无适用于变更工作子目的,但有类似子目的,可在合理范围内参照类似子目的单价,由监理人商定或确定变更工作的单价
    C. 已标价工程量清单中无适用或类似子目的单价,可由监理人决定价格
    D. 已标价工程量清单中无适用或类似子目的单价,可由承包人决定价格,报监理人批准

14. 监理工程师应根据合同的规定,在工程进度付款证书中逐月扣回的款项包括( )。
    A. 质量保证金　　　　B. 计日工费
    C. 开工预付款　　　　D. 材料预付款
    E. 工程进度款

15. 下列选项中关于竣工验收的说法正确的有( )。
    A. 对符合竣工验收条件的工程,由发包人组织验收
    B. 竣工验收后承包人与发包人签订工程质量保修书
    C. 建设单位为提前获得投资效益,未经验收提前投入使用,由此发生的(除主体结构和地基基础之外的)质量等问题,建设单位承担责任
    D. 工程需要修改后通过竣工验收的实际竣工日,为承包人修改后提请验收之日
    E. 竣工验收合格的工程才能移交发包人使用

16. 下列关于质量保证金说法正确的是( )。
    A. 质量保证金由发包人从进度款中扣留
    B. 发包人有权从质量保证金中扣留用于缺陷修复的支出
    C. 承包人原因导致的工程缺陷,也可使用质量保证金维修
    D. 缺陷责任期满后,质量保证金归发包人所有

17. 下列关于施工安全责任的说法中,属于发包人的施工安全责任的有( )。
    A. 工程对土地的占用所造成的第三者财产损失
    B. 工程某一部分对土地的占用所造成的第三者财产损失
    C. 由于承包人原因在施工场地及其毗邻地带造成的第三者人身伤亡
    D. 由于承包人原因在施工场地及其毗邻地带造成的第三者财产损失
    E. 由于发包人原因在施工场地及其毗邻地带造成的第三者人身伤亡和财产损失

18. 下列关于建筑工程一切险的表述中,正确的是( )。
   A. 工地内现成的建筑物的保险金额由双方共同商定,但最高不得超过该建筑物的实际价值
   B. 第三者责任的保险是建筑工程一切险之内的保险项目
   C. 建筑工程一切险的保险范围包括被保险人的重大过失引起的任何损失
   D. 如工程不能在保险单规定的保险期内完工,经投保人申请并加缴规定的保费后,可签发批单延长保险期限
   E. 建筑工程一切险的保证期费率,是整个保证期一次性费率

19. 不可抗力导致的人员伤亡、财产损失、费用增加、工期延误,下列的合同双方承担的原则中正确的有( )。
   A. 承包人设备的损坏、人员伤亡及财产损失由发包人承担
   B. 承包人的停工损失由承包人承担,但停工期间应监理人要求照管工程和清理、修复工程的金额由发包人承担
   C. 不能按期竣工的,应合理延长工期,承包人不需要支付逾期竣工违约金
   D. 永久工程,包括已运至施工场地的材料和工程设备的损害由发包人承担

20. 保险人作出保险合同条款变动的,承包人应在收到保险人通知后立即通知( )。
   A. 保险公司   B. 发包人
   C. 承包人总公司   D. 监理人

三、简答题

1. 简述公路工程合同的分类。
2. 按优先顺序列举合同文件的组成。
3. 简述工程隐蔽部位的检查程序。
4. 简述变更的范围和内容以及变更的程序。
5. 简述应由承包人自行承担责任的暂停施工。
6. 简述合同双方承担由不可抗力造成损害的原则。

四、案例分析

1.【案例】

某高速公路第四合同段路基工程施工,工期18个月,其中K26+400～K38+600路段以填方为主,合同段附近地表土主要是高液限黏土在较远地带分布有膨胀土沼泽土、盐渍土、有机土、粉土、砂性土等。从控制造价的角度考虑,业主要求就地取材。为此,施工单位针对高液限黏土填筑路堤做了试验路段,以确定其最大干密度和松铺厚度等指标。场地清理完毕后,对路

基横断面进行测量放样,动力触探,并绘制出横断面图,提交监理工程师复测,确认后开始填筑路基。施工单位严格按照试验路段提供的数据指导施工,经过两个月的填筑,发现按试验路段数据控制施工,施工周期(每层的填筑周期超过5天,在雨期,填筑周期达到15天以上),无法满足工期要求。业主在了解情况后,书面要求监理工程师指示施工单位在半个月后变更路堤填料,经过现场考查并征得监理工程师书面同意和设计单位确认后,选择了粉土与砂性土两种路堤填料,施工单位随即组织施工。由于变更后取用的路堤填料需增加较长运距,而在合同中没有该变更的价格,整个工程完工后,施工单位向业主提出了变更工程价款报告。

【问题】

(1)简述公路工程变更后合同价款的确定方法,再结合背景资料,说明本工程填料变更的变更价款应如何确定。

(2)施工单位提出变更工程价款的时间是否符合相关规定?请说明理由。

2.【案例】

某公路项目1合同段,按我国施工合同示范文本签订的施工承包合同规定实际完成工程量计价。根据合同规定,承包人必须严格按照施工图及承包合同规定的内容及技术规范要求施工,工程价款根据承包人取得计量证书的工程量进行结算。

【问题】

(1)简述单价子目的计量程序和原则。

(2)在路基填筑施工时,承包人为确保路基边缘的压实度,在路基设计尺寸范围外加宽了30cm填筑,施工完成后,承包人将其实际完成量(含加宽填筑部分)向监理工程师提出计量付款要求,根据专用合同条款规定该如何处理?请说明理由。

3.【案例】

某二级公路建设工程,建设单位以公开招标的方式选择了某集团一公司承担了总长300km的施工任务,并签订了施工合同。施工单位将工程分为两个标段进行施工,第一标段工程量为23500m^3,第二标段为32500m^3经建设单位和施工单位协商达成共识:第一标段为185元/m^3,第二标段为165元/m^3。合同另行规定:开工前7天内支付给施工单位合同价款的20%作为工程预付款。从第一个月起在施工单位应支付的工程进度款中按10%的比例扣留质量保证金,质量保证金总额为总价合同的5%,扣满为止。在实际完成的工程量超过或减少估计工程量的15%时,超过或减少部分的工程量方可进行增减调整,调整系数为0.9。按当时当地市场价格调整系数平均值取1.2进行计算。监理工程师签发月进度款的最低限额为260万元,若不足260万元,则转入下月付款时支付,预付款在最后两个月平均扣回。

施工单位按月实际完成的并经监理工程师检查确认合格的工程量进行申报,每月工程量表见表7-9。

工程量表(单位:m³)　　　　　表7-9

月份	1	2	3	4
第一标段	6400	7800	7900	5900
第二标段	7300	9100	8100	5900

表中工程量已经监理工程师审核确认。参考预算定额和工程量清单计价规范,由施工单位做工程量报审表,经专业监理工程师现场计量确认,然后由审核造价的监理工程师计算工程量价款,经总监理工程师签认。

【问题】

(1)工程合同价为多少?

(2)预付备料款为多少?

(3)质量保证金为多少?

(4)4个月每月工程价款为多少?监理工程师签证工程款为多少?实际签发付款为多少?

工作任务七
思考题答案

工作任务八 WORK ASSIGNMENT EIGHT
公路工程施工索赔

 学习目标

☞ **知识目标**

1. 掌握公路工程施工索赔的原因、分类。
2. 掌握公路工程施工索赔的内容与时间要求。
3. 掌握公路工程施工索赔程序。
4. 掌握公路工程施工索赔金额的计算。
5. 熟悉公路工程施工索赔的相关规定,并能结合案例进行实际应用。

☞ **技能目标**

1. 能够描述公路工程施工索赔的程序与谈判技巧并能参与施工索赔。
2. 能够根据合同文件的要求进行索赔机会分析、干扰事件的影响分析、索赔证据列举等。
3. 能够进行公路工程施工索赔计算。
4. 能够根据合同文件的要求进行索赔报告的编制。

☞ **素质目标**

1. 培养较强的索赔意识和敏捷的索赔思维。
2. 养成善于与人沟通交流的习惯和协调能力。
3. 培养爱岗敬业、工作严谨、具有责任意识和担当精神的职业素养。

 任务描述

索赔是合同当事人在合同中的重要权利,也是极易引起合同履行纠纷的管理活动。本任务讲述了公路工程施工索赔,首先,讲述了公路工程索赔概述,包括施工索赔的概念与特征;其次,讲述了施工索赔产生的原因及分类;接着,讲述了施工索赔的程序与技巧,包括施工索赔工作程序及处理、索赔证据及报告、索赔的策略和技巧;然后,讲述了索赔计算,包括施工索赔费用的组成、费用索赔及工期索赔的计算方法;最后通过索赔案例加深对施工索赔的理解和运用。

 任务情境

建设单位将某一公路建设工程项目的土建工程和设备安装工程施工任务分别发包给某施工单位和某设备安装单位。经总监理工程师审核批准,施工单位又将桩基础施工分包给一专业基础工程公司。建设单位与施工单位和设备安装单位分别签订了施工合同和设备安装合同。在工程延期方面,合同中约定,业主违约一天应补偿承包人5000元人民币,承包人违约一天应罚款5000元人民币。该工程所用的桩是钢筋混凝土预制桩,共计1200根,由建设单位供应。

按照施工总进度计划的安排,规定桩基础施工应从2020年6月10日开工至2020年6月20日完工。但在施工过程中,由于建设单位供应预制桩不及时,使桩基础施工在6月12日才开工;6月13日至6月18日基础工程公司的打桩设备出现故障不能施工;6月19日至6月22日又出现了属于不可抗力的恶劣天气,无法施工。

 任务布置

1. 在上述工期拖延中,监理工程师应如何处理?
2. 土建施工单位应获得的工期补偿和费用补偿各是多少?
3. 设备安装单位的损失应由谁承担责任,应补偿的工期和费用是多少?
4. 施工单位向建设单位索赔的程序是什么?
5. 在生活中,面临违约行为,你能否勇敢地拿起法律武器维护自己的合法权益呢?

 任务分析

根据岗位职业能力的要求,工作任务八讲述的重点内容包括公路工程施工索赔的概述、原因及分类、程序与技巧、计算案例等。利用工程任务情境,引导学生学习相关知识,熟悉整个索赔的流程及有关规定,融入建设、施工、监理等工作人员的职业操守。项目实施过程中邀请企业导师组织学生进行索赔模拟实训,还原项目实际工作情境,通过让学生担任建设、施工和监理工作人员的不同角色明确有关人员的主要岗位职责,引导学生养成严格遵守法律和行业规范和培养学生爱岗敬业、工作严谨、具有责任意识和担当精神的职业素养。

 任务相关知识

索赔是维护工程施工合同签约者合法权益的一种根本性管理措施,按照索赔目标通常分为工期索赔和费用索赔两类。索赔是双向的,承包人可以向业主索赔,业主也可以向承包人索赔,但通常我们所讲的大部分是指承包人向业主的索赔。承包人应及时、合理地提出索赔。索赔要求的成立必须同时具备以下四个条件:

(1)与合同相比较已经造成了实际的额外费用增加或工期损失。
(2)造成费用增加或工期损失的原因不是由于承包人自身的过失所造成。
(3)这种经济损失或权利损害也不是应由承包人应承担的风险所造成。
(4)承包人在合同规定的期限内提交了书面的索赔意向通知和索赔文件。

以上四个条件没有先后主次之分,且必须同时具备,承包人的索赔才能成立。

子任务 1　初识公路工程施工索赔

一、施工索赔的概念

索赔是工程承包合同履行中,合同当事人一方因对方不履行或不完全履行既定的义务,或者由于对方的行为使权利人受到损失时,要求对方补偿损失的权利。施工索赔是在施工阶段发生的索赔,是工程承包中常发生并随处可见的正常现象。由于施工现场条件、气候条件的变化,施工进度的变化,以及合同条款、规范和施工图纸的变更、差异、延误等因素的影响,使得工程承包中不可避免地出现索赔,进而导致项目的工程造价发生变化。因此,索赔的控制将是公路工程施工阶段造价控制的重要手段。

公路工程施工索赔1

二、索赔的基本特征

(1)索赔是双向的,承包人可以向发包人索赔,发包人也可以向承包人索赔。
(2)只有实际发生了经济损失或权利损害,一方才能向对方索赔。
(3)索赔的依据是合同文件及适用法律的规定,并且必须有切实证据。
(4)索赔是一种未经对方确认的单方行为。索赔是单方面行为,对对方未形成约束力,索赔要求能否得到最终实现,必须通过双方确认(如双方协商、谈判、调解或仲裁、诉讼等)后才能实现。

索赔促使承发包双方实事求是地协商工程造价,有利于双方提高管理水平,减少合同管理中的漏洞。

子任务 2　认知施工索赔产生的原因及分类

一、施工索赔产生的原因

引起公路工程施工索赔的原因是多种多样的,有的是因发包人违约或监理人的不当行为引起的,有的是因现场条件、工程变更、有关政策和法令变更等引起的。

1. 发包人违约

发包人违约常常表现为发包人或监理人未能按合同规定为承包人提供得以顺利施工的条件。《公路工程标准施工招标文件》(2018年版)通用合同条款约定的包括如下:

(1)发包人未能按合同约定支付预付款或合同价款,或拖延、拒绝批准付款申请和支付凭证,导致付款延误的。

(2)发包人原因造成停工的。

(3)监理人无正当理由没有在约定期限内发出复工指示,导致承包人无法复工的。

(4)发包人无法继续履行合同或明确表示不履行合同或实质上已停止履行合同的。

(5)发包人无正当理由不按时返还履约保证金、质量保证金或农民工工资保证金的。

(6)发包人不履行合同约定其他义务的。

2. 合同缺陷

合同缺陷常常表现为合同文件规定不严谨甚至矛盾、合同中有遗漏或错误,这不仅包括商务条款中的缺陷,也包括技术规范和图纸中的缺陷。在这种情况下,监理人有权作出解释。但如果承包人执行监理人的解释后引起成本增加或工期延长,则承包人可以为此提出索赔,监理人应给予证明,发包人应给予补偿。一般情况下,发包人作为合同起草人,要对合同中的缺陷负责,除非其中有非常明显的含糊或其他缺陷,根据法律可以推定承包人有义务在投标前发现并及时向发包人指出。

3. 工程变更

工程变更是合同变更的一种特殊形式,通常是指合同文件中"设计图纸""技术规范"或工程量清单的改变,常常表现为设计变更、施工方法变更、追加或取消某些工作、合同规定的其他变更等。工程变更可以由发包人、监理人或承包人提出,变更是在原合同范围内的变更,即有经验的承包人意料之中的变更,否则承包人可以拒绝。工程变更与索赔有密切的关系。在实际工作中,可以把工程变更分为变更及相应的索赔两个部分,即把事先可以确定费用、双方签订了变更令的变更归入"工程变更"办理;把变更当时无法预知的费用或双方没有达成一致的变更价格,事后再由承包人以索赔形式提出补偿要求的变更归入"索赔"办理。

4. 其他承包人干扰

其他承包人干扰通常是指因其他承包人未能按时、按质、按量进行并完成某工作,各承包人之间配合协调不好等而给承包人工作带来的干扰。高等级公路建设,一般分为几个合同段,每个合同段由不同的承包人承担,由于各承包人之间没有合同关系,他们只各自与发包人存在合同关系,监理人作为发包人的代理人,有责任组织协调好各承包人之间的工作,否则,就会给整个工程和各承包人的工作带来严重影响并引起承包人索赔。

5. 工程环境发生变化

公路工程项目本身的特点决定了合同实施过程中将受到经济环境、社会环境、法律环境等的变化,同时会受到地质条件变化、材料价格上涨、货币贬值等的影响。

6. 不可抗力因素

《民法典》规定,不可抗力是指合同订立时不能预见、不能避免并不能克服的客观情况。不可抗力包括两种:一是由自然原因引起的自然现象,如火灾、旱灾、地震、风灾、大雪、山崩等;二是由社会原因引起的社会现象,如战争、动乱、政府干预、罢工等。

二、施工索赔的分类

由于索赔贯穿于工程项目全过程,可能发生的范围比较广泛,其分类随标准、方法不同而不同,主要有以下几种分类方法。

1. 按索赔的依据分类

(1) 合同内索赔

合同内索赔是指索赔所涉及的内容可以在合同条款中找到依据,并可根据合同规定明确划分责任。一般情况下,合同内索赔的处理和解决要顺利一些。

(2) 合同外索赔

合同外索赔是指索赔的内容和权利难以在合同条款中找到依据,但可从合同引申含义和合同适用法律或政府颁发的有关法规中找到索赔的依据。

2. 按索赔目标分类

(1) 工期索赔

由非承包人自身原因造成拖期的,承包人要求发包人延长工期,推迟竣工日期,避免违约误期罚款等。

(2) 费用索赔

要求发包人补偿费用损失,调整合同价格,弥补经济损失。

3. 按索赔事件的性质分类

(1) 工程延误索赔

因发包人未按合同要求提供施工条件,如未及时交付设计图纸、施工现场、道路等,或因发包人指令工程暂停,或不可抗力事件等原因造成工期拖延的,承包人对此提出索赔。这是工程中常见的一类索赔。

(2) 工程变更索赔

由发包人或监理人指令增加或减少工程量、增加附加工程、修改设计、变更工程顺序等,造成工期延长和费用增加,承包人对此提出索赔。

(3) 工程终止索赔

由发包人违约或发生了不可抗力事件等造成工程非正常终止,承包人额外开支而提出的索赔。

(4) 意外风险和不可预见因素索赔

在工程实施过程中,因人力不可抗拒的自然灾害、特殊风险以及一个有经验的承包人通常不能合理预见的不利施工条件或外界障碍,如地下水、地质断层、地下障碍物等引起的索赔。

(5) 其他索赔

其他索赔因货币贬值、汇率变化、物价上涨、政策法令变化等原因引起的索赔。

4. 按索赔处理方式分类

(1) 单项索赔

单项索赔是针对某一干扰事件提出的,在影响原合同正常运行的干扰事件发生时或发生后,由合同管理人员立即处理,并在合同规定的索赔有效期内向责任方提交索赔要求和报告。单项索赔通常原因单一、责任单一,分析起来相对容易,由于涉及金额一般较小,双方容易达成协议,处理起来也比较简单。因此,合同双方应尽可能采用此方式来处理索赔。

(2) 综合索赔

综合索赔,又称一揽子索赔,一般在工程竣工前和工程移交前,承包人将工程实施过程中因各种原因未能及时解决的单项索赔集中起来进行综合考虑,提出一份综合索赔报告,在工程交付前后由合同双方进行最终谈判,以一揽子方案解决索赔问题。在合同实施过程中,有些单项索赔问题比较复杂,不能立即解决,为不影响工程进度,经双方协商同意后留待以后解决;有的是发包人或监理人对索赔采用拖延办法,迟迟不作答复,使索赔谈判持久未达成共识;有的是承包人因自身原因,未能及时采用单项索赔方式等,这些都有可能出现一揽子索赔。由于在一揽子索赔中许多干扰事件交织在一起,影响因素比较复杂而且相互交叉,责任分析和索赔值计算都很困难,综合索赔涉及金额往往又较大,双方都不愿或不容易作出让步,使索赔的谈判和处理都很困难。因此,综合索赔的成功率比单项索赔要低得多。

子任务3　认知施工索赔的程序与技巧

一、施工索赔的程序

索赔程序是指从索赔事件产生到最终处理全过程所包括的工作内容和工作步骤。由于索赔工作实质上是承包人和发包人在分担工程风险方面的重新分配过程,涉及双方的众多经济利益,它是一个烦琐、细致、耗费精力和时间的过程。因此,合同双方必须严格按照合同规定办事,按合同规定的索赔程序工作,才能获得成功的索赔。

施工索赔的程序与技巧

具体工程的索赔程序应根据双方签订的施工合同产生。在工程实际中,承包人提出的索赔程序一般可分为如下主要步骤。

承包人索赔程序

1. 索赔意向的提出

当施工中出现索赔事件后,承包人应在合同规定的时间内,及时向发包人或监理人书面提出索赔意向通知,即向发包人或监理人就某一个或若干个索赔事件表示索赔愿望,要求或声明保留索赔的权利。

合同通用条款要求:承包人应在知道或应当知道索赔事件发生后28天内,向监理人递交索赔意向通知书,并说明发生索赔事件的事由。承包人未在上述28天内发出索赔意向通知书的,丧失要求追加付款和(或)延长工期的权利。

(1)施工合同要求承包人在规定期限内首先提出索赔意向,是基于以下几点考虑:
①提醒发包人或监理人及时关注索赔事件的发生、发展等全过程。
②为发包人或监理人的索赔管理做准备,如可进行合同分析、收集证据等。
③如属发包人责任引起索赔,发包人有机会采取必要的改进措施,防止损失的进一步扩大。
④对于承包人来讲,索赔意向通知也可以起到保护作用。
(2)索赔意向通知一般应包括以下内容:
①事件发生的时间、地点或工程部位。
②事件发生的双方当事人或其他有关人员。
③事件发生的原因及性质,应特别说明并非承包人的责任。

④承包人对发生事件的态度。应说明承包人为控制事件的发展、减少损失所采取的措施。

⑤说明事件的发生将会使承包人产生额外经济支出或其他不利影响。

⑥提出索赔意向,注明合同条款依据。

2. 索赔资料的准备

(1)索赔资料准备阶段的主要工作包括:

①跟踪和调查干扰事件,掌握事件产生的详细经过和前因后果。

②分析干扰事件产生原因,划清各方责任,确定由谁承担,并分析这些干扰事件是否违反了合同规定,是否在合同规定的赔偿或补偿范围内。

③损失(损害)调查或计算,通过对比实际和计划的施工进度和工程成本,分析经济损失或权利损害的范围和大小,并由此计算出工期索赔和费用索赔值。

④收集证据,从干扰事件产生、持续直至结束的全过程,都必须保留完整的当时记录,这是索赔能否成功的重要条件。

⑤起草索赔文件。按照索赔文件的格式和要求,将上述各项内容系统地反映在索赔文件中。

(2)工程实施中,合同双方应注意以下资料的积累和准备:

①发包人指令书、确认书。

②承包人要求、请求、通知书。

③发包人提供的水文地质、地下管网资料、施工所需的证件、批件、临时用地占地证明手续、坐标控制点资料、图纸等。

④承包人的年、季、月施工计划,施工方案,施工组织设计及监理人批准、认可的记录等。

⑤施工规范、质量验收单、隐蔽工程验收单、验收记录。

⑥承包人要求预付通知、工程量核实确认单。

⑦发包人对承包人的材料供应清单、合格证书。

⑧竣工验收资料、竣工图。

⑨工程结算书、保修单等。

3. 索赔报告的提交

合同通用条款规定,承包人应在发出索赔意向通知书后28天内,向监理人正式递交索赔报告。索赔报告应详细说明索赔理由以及要求追加的付款金额和(或)延长的工期,并附必要的记录和证明材料;当索赔事件持续进行时,承包人应按合理时间间隔继续递交延续索赔通知,说明连续影响的实际情况和记录,列出累计的追加付款金额和(或)工期延长天数;在索赔事件终了后的28天内,向监理人递交最终索赔通知书,说明最终要求索赔的追加付款金额和(或)延长的工期,并附必要的记录和证明材料。

索赔报告是承包人向监理人提交的,要求发包人给予一定经济补偿和(或)延长工期的正式报告。索赔报告通常是在干扰事件结束后,承包人在收集整理相关资料的基础上编写的。索赔报告一般包括以下三部分内容:

第一部分是致监理人的索赔说明信。信中应简明扼要地说明索赔的事项、理由和金额(工期)。

第二部分为索赔报告正文,包括标题、事实与理由、损失计算。其中,标题应该简要地概括出索赔的中心内容;事实与理由部分则是准确叙述客观事实,合理引用合同规定,通过正确的论证推理,建立事实与损失结果之间的因果关系,说明索赔的合法合理性;损失部分则是主要计算过程和计算结果的汇总。

第三部分为详细的计算结果和证明材料,作为对正文的补充。

编写索赔报告是一项比较复杂的工作,需要多方面的知识、经验和能力,如合同、法律、计划、组织、工程技术、成本核算、财务管理等。索赔报告的编写要求索赔事件真实,符合实际,简明扼要,说服力强,责任分析清楚、明确,以及索赔值计算准确。

4. 监理人对索赔文件的审核

监理人根据发包人的委托或授权,对承包人索赔的审核工作主要分为判定索赔事件是否成立和核查承包人的索赔计算是否正确、合理两个方面,并可在发包人授权的范围内作出自己独立的判断。

(1)索赔要求的成立必须同时具备以下四个条件:

①与合同相比较已经造成了实际的额外费用增加或工期损失。

②造成费用增加或工期损失的原因不是由于承包人自身的过失所造成的。

③这种经济损失或权利损害也不是应由承包人应承担的风险所造成的。

④承包人在合同规定的期限内提交了书面的索赔意向通知和索赔文件。

上述四个条件没有先后主次之分,并且必须同时具备,承包人的索赔才能成立。

(2)监理人对索赔文件的审查重点主要有两步:

第一步,重点审查承包人的申请是否有理有据,即承包人的索赔要求是否有合同依据,所受损失确属不应由承包人负责的原因造成,提供的证据是否足以证明索赔要求成立,是否需要提交其他补充材料,等等。

第二步,监理人以公正的立场、科学的态度,审查并核算承包人的索赔值计算,分清责任,剔除承包人索赔值计算中的不合理部分,确定索赔金额和(或)工期延长天数。

公路工程专用合同条款要求:监理人应按合同条款商定或确定追加的付款和(或)延长的工期,并在收到索赔通知书或有关索赔的进一步证明材料后的42天内,将索赔处理结果报发包人批准后答复承包人。如果承包人提出的索赔要求未能遵守合同的规定,则承包人只限于索赔由监理人按当时记录予以核实的那部分款额外负担和(或)工期延长天数。

5. 索赔的处理与解决

从递交索赔报告到索赔结束是索赔的处理与解决过程。监理人经过对索赔文件的评审,应提出对索赔处理决定的初步意见,并参加发包人和承包人之间的索赔谈判,根据谈判达成索赔最后处理的一致意见。如果发包人和承包人谈判达不成一致,就会导致合同争议。通过协商,双方达到互谅互让的解决方案,是处理争议的最理想方式。如达不成谅解,承包人可根据合同规定有权将索赔争议提交争议评审组或仲裁或诉讼,使索赔问题得到最终解决。

承包人索赔程序,如图 8-1 所示。

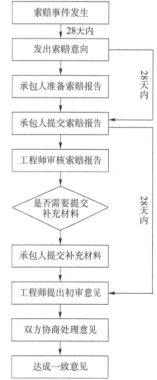

图 8-1 承包人索赔程序

二、施工索赔的技巧

施工索赔的技巧

在市场经济环境下,承包人要想提高工程经济效益,就必须重视索赔问题,而且有索赔意识,这样才能重视索赔、敢于索赔、善于索赔。

1. 及时发现索赔机会

一个有经验的承包人,在投标阶段就应考虑将来可能要发生索赔的问题,要仔细研究招标文件中的合同条款和规范,仔细查勘施工现场,探索可能索赔的机会,在报价时要考虑索赔的需要。在索赔谈判中,如果没有生产效率降低的资料,则很难完成索赔。要论证效率降低,承包人应做好施工记录,记录好每天使用的设备工时、材料和人工数量、完成的工程及施工中遇到的问题。

2. 索赔必须以合同为依据

监理人依据合同和事实对索赔进行处理是公平性的重要体现。在不同的合同条件下,这些依据很可能是不同的。如不可抗力导致的索赔,在国内《公路工程标准施工招标文件》(2018年版)的合同条款中,承包人机械设备损坏的损失,是由承包人承担的,不能向发包人索赔;但在国际咨询工程师联合会(FIDIC)合同条件下,不可抗力事件一般都列为发包人承担的风险。所以各个合同的协议条款不同,索赔差别就很大。《公路工程标准施工招标文件》(2018年版)中规定的可以合理补偿承包人索赔的条款,见表8-1。

可以合理补偿承包人索赔的条款　　　　表8-1

序号	条款号	主要内容	可补偿内容		
			工期	费用	利润
1	1.10.1	施工过程发现文物、古迹以及其他遗迹、化石、钱币或物品	√	√	
2	4.11.2	承包人遇到不利物质条件	√	√	
3	5.2.4	发包人要求向承包人提前交付材料和工程设备		√	
4	5.2.6	发包人提供的材料和工程设备不符合合同要求	√	√	√
5	8.3	发包人提供基准资料错误导致承包人的返工或造成工程损失	√	√	√
6	11.3	发包人的原因造成工期延误	√	√	√
7	11.4	异常恶劣的气候条件	√		
8	11.6	发包人要求承包人提前竣工		√	
9	12.2	发包人原因引起的暂停施工	√	√	√
10	12.4.2	发包人原因造成暂停施工后无法达到按时复工	√	√	
11	13.1.3	发包人原因造成工程质量达不到合同约定验收标准的	√	√	
12	13.5.3	监理人对隐蔽工程重新检查,经检验证明工程质量符合合同要求的	√	√	
13	16.2	法律变化引起的价格调整		√	
14	18.4.2	发包人在全部工程竣工前,使用已接收的单位工程导致承包人费用增加	√	√	√
15	18.6.2	发包人的原因导致试运行失败的		√	√
16	19.2	发包人的原因导致的工程缺陷或损失		√	√
17	21.3.1	不可抗力	√		

注:带有√符号的,代表此项可补偿。

3. 承包人及时、合理地提出索赔

公路工程项目经历的时间一般都比较长，如果承包人等到工程项目全部施工完成后才向发包人提出索赔，先前索赔项目发生时的一些证据资料可能就会丢失，承发包双方对事件发生的真实情况就可能会产生争议，承包人这时提出索赔，困难就会增加。因此，一旦索赔项目发生后，承包人应该及时向发包人提出索赔，即使发包人不给予认可，承包人也要与发包人进行协商，尽可能与发包人就如何处理该索赔事项达成协议，为日后处理该索赔事项准备相关证据资料。

4. 合同争议的处理

在工程项目实施中，会发生各种各样的索赔、争议等，需要强调的是，合同各方应该争取尽量在最早的时间、最低的层次，尽可能以友好协商的方式解决索赔问题，不要轻易提交仲裁。因为对工程争议的仲裁往往是非常复杂的，需要花费大量的人力、物力、财力和精力，也会给工程建设带来不利甚至是严重的影响。

5. 其他注意事项

(1) 对口头变更指令要得到确认。监理人常做口头指令变更，如果承包人不对监理人的口头指令予以书面确认，就进行变更工程的施工，有可能出现监理人矢口否认的情况，拒绝承包人的索赔要求。

(2) 及时发出"索赔意向通知书"。一般合同规定，索赔事件发生后的 28 天内，承包方必须发出"索赔意向通知书"，过期无效。

(3) 索赔事件论证要充足。索赔证据要充足，令人信服，经得起推敲。索赔计算时，计价不能过高，要价过高不仅容易让对方反感，使索赔不容易解决，还有可能让业主准备周密的反索赔计划，以高额的反索赔对付高额的索赔，使索赔工作更加复杂化。

(4) 力争单项索赔，避免综合索赔(一揽子索赔)。单项索赔事件简单，容易解决，而且能得到及时支付。综合索赔问题复杂、金额大、不易解决，往往工程结束后还得不到付款。

引例 8-1

【背景资料】

某公路工程在施工过程中，工程所在地连续下了 6 天特大暴雨(超过了当地近 10 年来季节的最大降雨量)，洪水泛滥，给建设单位和施工单位造成了较大的经济损失。施工单位认为这些损失由于特大暴雨(不可抗力事件)造成的，提出以下索赔要求(以下索赔数据与实际情况相符)：

(1) 工程清理、恢复费用 18 万元。
(2) 施工机械设备重新购置和修理费用 29 万元。
(3) 人员伤亡善后费用 62 万元。
(4) 工期顺延 6 天。

【问题】

以上索赔是否成立？请说明理由。

【专家评析】

1. 索赔成立，因为不可抗力事件造成的工程清理、恢复费用，应由建设单位承担。
2. 索赔不成立，因为不可抗力事件造成的施工单位自有的机械损坏由施工单位自己承担。
3. 索赔不成立，因为按照施工合同，不可抗力事件造成的人员伤亡由各单位自己承担。

4. 索赔成立，不可抗力事件造成的工期延后可进行工期顺延。

子任务 4　公路工程施工工期索赔

在公路工程施工中，常会发生一些未能预料的事件，使得施工不能顺利进行。工期延长意味着工程成本的增加，对合同双方都会造成损失。

施工索赔的
计算 1

一、工程延误的分类和识别

1. 按工程延误责任分类

(1) 发包人及监理人的责任

发包人和监理人的责任引起的延误一般可分为两种情况：第一种情况是由发包人和监理人主观原因引起的延误，如拖延交付施工场地、拖延交付图纸、拖延审批施工方案、拖延支付工程款、未能按合同规定及时提供材料或设备、发布错误的指令等；第二种情况是由工程变更引起的延误，如设计变更引起的工程量增加、额外工作等。

(2) 承包人的责任

由承包人责任引起的延误一般是由于承包人施工管理不善、组织协调不力、指挥不当、财务困难、工作失误等原因引起的。

(3) 不可控制因素导致的延误

它主要有不可抗力的自然灾害、不利现场条件等。

2. 按延误原因分类

(1) 可原谅延误

可原谅延误指不是由承包人的过失和违约所造成的延误。例如，发包人责任、不可抗力因素导致的延误都是可原谅延误。

(2) 不可原谅延误

不可原谅延误指承包人可以预见或可以控制的情况，但由于过失而造成的延误，即承包人责任的延误。

实际中，可原谅延误与不可原谅延误，各合同的规定可能不尽相同，遇到具体情况时，应查阅合同规定。

3. 按延误是否可补偿经济损失分类

可原谅延误根据是否可以补偿经济损失又进一步划分为可补偿延误和不可补偿延误。

(1) 可补偿延误

可补偿延误是指承包人有权同时要求延长工期和经济损失的延误。

(2) 不可补偿延误

不可补偿延误是指可以给予工期延长，但不能对相应的经济损失给予补偿的可原谅延误。

判断延误是否可以补偿经济损失的决定因素是：发包人或代理人是否应对造成该延误的情况负责或合同规定的不由承包人承担的风险，如果是，则是可补偿的，否则是不可补偿的。

4. 按延误出现的活动类型分类

(1) 关键延误

关键延误是指发生在网络计划中关键活动上的延误。

(2) 非关键延误

非关键延误指发生在非关键活动上的延误。由于非关键活动上都有一定的时差可以利用，具有一定的灵活性。因此，只要延误时间不超过该活动可以利用的时差，就不会导致整个工期的延误，而关键活动一旦延误，整个工期就会延误。

显然，只有当延误发生在关键活动或者延误导致非关键活动成为关键活动时，监理人才会考虑承包人的延期要求。

5. 按延误出现的形式分类

(1) 单独延误

单独延误是指单一的只发生一项延误而没有其他延误同时发生。

(2) 共同延误

共同延误可能是在同一工作上同时发生两项或两项以上的延误，也可能是在不同的工作上同时发生两项或两项以上的延误。

工期延误索赔的分类及其处理原则见表 8-2。

工期延误索赔的分类及其处理原则 表 8-2

索赔原因	是否可原谅	延误原因	责任者	处理原则	索赔情况
工期延误	可原谅的延误	①修改设计；②施工条件变化；③发包人原因；④监理人原因等（属于可补偿延误）	发包人	可给予工期延长并补偿费用损失	可获工期索赔及费用索赔
		①特殊反常的天气；②工人罢工；③天灾等（属于不可补偿延误）	客观原因	可给予工期延长，但是否给予费用补偿依合同具体规定	可获工期索赔（除合同规定外，一般不获得费用索赔）
	不可原谅的延误	①工效不高；②施工组织不好；③设备材料不足等	承包人	不延长工期也不补偿损失	无权索赔

二、延误的一般处理原则

1. 单一延误的处理

综上文所述，在单一延误的索赔中，承包人能否得到补偿，如何补偿，其关键在于延误是否影响了工期以及延误的责任应由谁负责。一般原则如下：

（1）延误发生在关键活动上。

（2）发包人责任的延误，同时给予时间补偿和经济补偿。

（3）承包人责任的延误不能得到任何补偿。

（4）不可控制因素导致的延误，可以得到时间补偿，能否得到经济补偿取决于合同规定。

2. 共同延误的处理

（1）两个或两个以上的延误事件从发生到终止的时间完全相同的情况下：

①多事件均为发包人或双方不可控制因素——可索赔。

②多事件均为承包人因素——不可索赔。

③多事件为发包人引起的延误或双方不可控制因素引起的延误与承包人的延误并存——不可索赔（索赔惯例）。

（2）两个或两个以上的延误事件从发生到终止只有部分时间重合的情况下：

当共同延误同时出现在一项关键活动中时，可以按照出现延误的责任顺序进行处理。处理的原则是：追究首先出现延误责任的一方，即第一责任方，当第一责任方的延误已经结束，第二责任方的延误仍在继续时，追究第二责任方；若第三责任方的延误一直持续到第二责任方之后，则之后的延误追究第三责任方。出现不同延误责任顺序的情况及处理如图8-2所示。

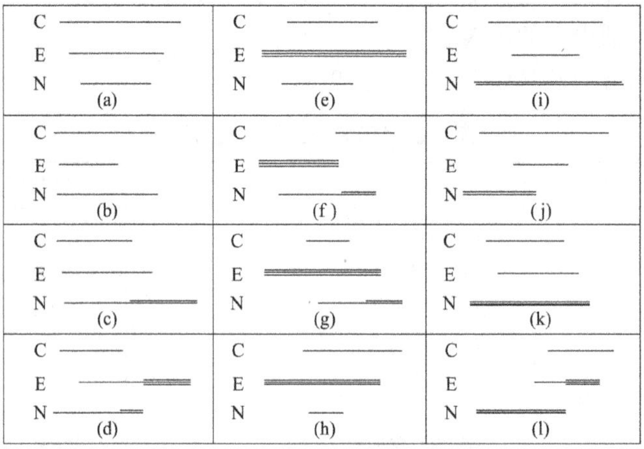

图8-2 共同延误的补偿分析和处理

C-承包人原因造成的延误；E-发包人或监理人原因造成的延误；N-双方不可控制因素造成的延误
——不可得到补偿的延期；━━可以得到时间补偿的延期；══可以得到时间和费用补偿的延期

图8-2中的第1列表明延误的第一责任方是承包人，第二、第三责任方分别是发包人和不可控制因素的不同组合情况。在这些情况下，只有当第二、第三责任方的延误超过第一责任方的延误时，承包人才能得到时间补偿或经济补偿[图8-2中(c)(d)]。第2列表明延误的第一责任方是发包人。因此，只要其他延误同时出现在发包人延误期间，承包人都有权得到时间补偿和经济补偿；如果第二责任方是不可控制因素时，发包人之后的不可控制因素导致的延误，承包人仅能得到时间的补偿；若承包人为第二责任方，而且延误超出其他两方时，发包人之后的延误不能得到任何补偿。第3列表明延误的第一责任为不可控制因素。根据不同的情况，承包人可以得到时间和经济的补偿。由此看出，不论何种组合情况，只要承包人责任的延误首

先出现,在其延误期间就不能得到任何补偿。

三、工期索赔的分析方法

1. 网络分析法

网络分析法的一般思路是:假定工程一直按基准网络计划确定的施工顺序和时间施工,当一个或一些干扰事件发生后,使网络中的某个或某些活动受到干扰而延长施工持续时间,将这些活动受干扰后的新的持续时间代入网络中,重新进行网络分析和计算,以此计算延误对工期的影响。网络分析是一种科学、合理的计算方法,它是通过分析干扰事件发生前、后网络计划之差异而计算工期索赔值的,通常可适用于各种干扰事件引起的工期索赔。

2. 比例类推法

在实际工程中,若干扰事件仅影响某些单项工程、单位工程或分部(分项)工程的工期,要分析它们对总工期的影响,可采用较简单的比例类推法。比例类推法可根据工程量进行类推,也要根据工程造价进行类推。

(1)按工程量进行比例类推:

$$\text{工期索赔值} = \text{原合同工期} \times \frac{\text{额外增加的工程量}}{\text{原合同工程量}} \tag{8-1}$$

(2)按造价进行比例类推:

$$\text{工期索赔值} = \text{原合同工期} \times \frac{\text{额外增加的工程量的价格}}{\text{原合同总价}} \tag{8-2}$$

比例类推法简单、方便,易于被人们理解和接受,但不尽科学、合理,有时不符合工程实际情况。实际中变更可能会使合同价增加,但却不一定会影响工期;有时变更的价值可能很小,却会显著地延长工期。因此,在采用比例类推法时应与进度计划结合起来分析。

3. 直接法

有时干扰事件直接发生在关键线路上或一次性地发生在一个项目上,造成总工期的延误。这时可通过查看施工日志、变更指令等资料,直接将这些资料中记载的延误时间作为工期索赔值。

引例 8-2

【背景资料】

某工程在施工过程中发生如下事件:

事件1:基坑开挖后发现有古河道,须将河道中的淤泥清除并对地基进行二次处理。

事件2:业主因资金困难,在应支付工程月进度款的时间内未支付,承包方停工20d。

事件3:在主体施工期间,施工单位与某材料供应商签订了水泥供销合同,在合同内约定:如供方不能按约定时间供货,每天赔偿订购方合同价万分之五的违约金。供货方因原材料问题未能及时供货,拖延10d。

在上述事件发生后,承包方及时向业主提交了工期和费用索赔要求文件,向供货方提出了费用索赔要求。

【问题】

1. 施工单位的索赔能否成立？为什么？
2. 按索赔当事人分类，索赔可分为哪几种？
3. 在工程施工中，通常可以提供的索赔证据有哪些？

【专家评析】

1. 承包方向业主提出的索赔成立，这是因业主的原因造成的施工临时中断，从而导致承包方工期的拖延和费用支出的增加，因而承包方可提出索赔。承包方向供货方提出的费用索赔要求成立，因为供货方因自己原因违约。

2. 按索赔当事人分类，索赔可分承包人与发包人之间的索赔、承包人与分包人之间的索赔、承包人与供货人之间的索赔、承包人与保险人之间的索赔等。

3. 可以提供下列索赔证据：

①招标文件、合同文件及附件，其他的各种签约（如备忘录、修正案等），发包人认可的工程实施计划、各种工程图纸、技术规范等。

②来往信件，如发包人的变更指令，各种认可信、通知、对承包人问题的答复信等。

③各种会谈纪要。

④施工进度计划和实际施工进度记录。

⑤施工现场的工程文件。

⑥工程照片。

⑦气候报告。

⑧工程中的各种检查验收报告和各种技术鉴定报告。

⑨工地的交接记录（应注明交接日期、场地平整情况、水、电、路情况等），图纸和各种资料交接记录。

⑩建筑材料和设备的采购、订货、运输、进场、使用方面的记录，凭证和报表等。

⑪市场行情资料，包括市场价格、官方的物价指数、工资指数、中国人民银行的外汇比率等公布资料。

⑫各种会计核算资料。

⑬国家法律、法令、政策文件。

子任务5　公路工程施工费用索赔

索赔费用的构成与施工合同价格包括的内容一致。从原则上来说，只要是承包人（发包人）有索赔权的事项，导致了工程成本的增加，承包人（发包人）都可以提出费用索赔。

施工索赔的计算2

一、承包人向发包人的费用索赔

承包人向发包人的费用索赔是指承包人在非自身因素而遭受经济损失时向发包人提出补

偿其额外费用损失的要求,是承包人根据合同条款的有关规定,向发包人索取的合同价款以外的费用。

1. 可索赔的费用

施工费用一般由可变费用和不变费用构成。引起可变费用增加的可能有三点:一是停工损失和生产效率下降,二是增加工作,三是物价因素。

(1) 工、料、机费

$$人工费索赔值 = 人工工时增加费 + 停工损失和劳动生产率降低损失费 \quad (8-3)$$

$$材料费索赔值 = 材料单价上涨费 + 材料用量增加费 \quad (8-4)$$

$$机械费索赔值 = 自有施工机械增加费 + 租赁机械增加费(包括必要的机械进出场费) + 机械设备闲置损失费 \quad (8-5)$$

其中,增加工作内容的人工费应按照计日工费计算,而停工损失费和工作效率降低的损失费按窝工费计算,窝工费的标准双方应在合同中约定。当工作内容增加引起机械费索赔时,可以按照机械台班费计算。因窝工引起的机械费索赔,如果施工机械属于施工企业自有时,按照机械折旧费计算索赔费用;当施工机械是施工企业从外部租赁时,索赔费用可以按照设备租赁费计算。

(2) 管理费

施工管理费一般由现场管理费和企业管理费两部分组成。按照成本管理的费用划分标准,现场管理费构成直接费,是直接用于本工程的管理费用,一般是在直接费的基础上计算的。企业管理费构成间接费,是企业间接用于本工程的管理费用,是按照一定的比例由本工程分摊的。

①现场管理费。现场管理费是某单个合同发生的、用于现场管理的总费用,一般包括现场管理人员的工资、办公费、差旅费、固定资产使用费、工具用具使用费、保险费、工程排污费等。它一般占工程总成本的 5% ~ 10%。现场管理费的索赔计算方法一般有以下两种情况:

a. 直接成本的现场管理费索赔。对于发生直接成本的索赔事件,其现场管理费索赔额一般可按下式计算:

$$直接成本的现场管理费索赔 = 索赔事件直接费 \times 现场管理费费率 \quad (8-6)$$

$$现场管理费费率 = \frac{本合同工程的现场管理费总额}{本合同工程直接成本总额} \times 100\% \quad (8-7)$$

b. 工程延期的现场管理费索赔。如果某项工程延误索赔不涉及直接费的增加,或由于工期延误时间较长,按直接成本的现场管理费索赔方法计算的金额不足以补偿工期延误所造成的实际现场管理费支出,则可按如下方法计算:

$$工程延期的现场管理费索赔 = 单位时间现场管理费费率 \times 可索赔的延期时间 \quad (8-8)$$

$$单位时间现场管理费费率 = \frac{实际(合同)现场管理费总额}{实际(合同)工期} \times 100\% \quad (8-9)$$

②企业管理费。企业管理费是承包人企业总部发生的,为整个企业的经营运作提供支持

和服务所发生的管理费用,一般包括企业管理人员工资、差旅交通费、办公费、企业经营活动费用、固定资产折旧、职工教育培训费用、保险费、税金等。它一般占企业总营业额的3%~10%。企业管理费分摊的方法主要有以下两种:

a. 总直接费分摊法。总直接费分摊法是将工程直接费作为比较基础来分摊企业管理费。其计算公式如下:

$$企业管理费索赔额 = 单位直接费的企业管理费费率 \times 争议合同直接费 \quad (8-10)$$

$$单位直接费的企业管理费费率 = \frac{企业管理费总额}{合同期承包人完成的总直接费} \times 100\% \quad (8-11)$$

b. 日费率分摊法。日费率分摊法的基本思路是按合同额分配企业管理费,再用日费率法计算应分摊的总部管理费索赔值。其计算公式如下:

$$企业管理费索赔值 = 本工程每日企业管理费费率 \times 工程延期天数 \quad (8-12)$$

$$本工程每日企业管理费费率 = \frac{本工程应分摊的企业管理费}{合同工期} \times 100\% \quad (8-13)$$

$$本工程应分摊的企业管理费 = 同期内企业的总管理费 \times \frac{本工程的合同额}{合同期内企业的总合同额} \quad (8-14)$$

2. 费用索赔的计算

费用索赔的计算方法有实际费用法、总费用法、修正的总费用法等。

(1) 实际费用法

该方法是按照各索赔事件所引起损失的费用项目分别分析计算索赔值,然后将各费用项目的索赔值汇总,即可得到总索赔费用值。实际费用法以承包人为某项索赔工作所支付的实际开支为依据,但仅限于由于索赔事项引起的、超过原计划的费用,也称额外成本法。实际费用法是计算工程索赔时最常用的一种方法。

(2) 总费用法

当发生多次索赔事件以后,重新计算该工程的实际总费用,实际总费用减去投标报价时的估算总费用。只有在难以采用实际费用法时才应用。

(3) 修正的总费用法

该方法是对总费用法的改进,即在总费用计算的原则上,去掉一些不确定的可能因素,对总费用法进行相应的修改和调整,使其更加合理。修正的总费用法与总费用法相比,有了实质性的改进,其准确程度已接近于实际费用法。

二、发包人向承包人的索赔

按照通用条款中的责任规定,发包人因承包人责任原因而受到损害时,提出的索赔有以下三种情况。

(1) 由于承包人原因导致工程延期

由于承包人原因导致工程延期,又不能按时竣工时,承包方就要承担延期违约赔偿责任。合同条件内规定的延期违约赔偿费并不是"罚款",只是要求承包人补偿由于发包人不能将合同工程按期投入使用蒙受的经济损失。

延期违约赔偿费的计算办法是,按照合同内约定的每延误一天的损失赔偿乘以拖延的天数。但延期违约赔偿费最高不得超过合同内约定的最高限额。

如果在整个合同约定的竣工日期以前,已对分阶段移交的部分工程颁发了工程移交证书,而且证书中注明的该部分工程竣工日期并未超过约定的分阶段竣工时间,则全部工程剩余部分的延期违约日赔偿额,在合同中没有另外规定时,应相应折减。折减的原则应为,将未颁发工程移交证书部分的工程金额除以整个工程的总金额所得比例来折算,但不影响约定的最高赔偿限额。这个原则,同样适用于合同内约定竣工日期的分阶段移交的单位工程。折减的方法为

$$折减的误期损害赔偿金(天) = \frac{合同约定赔偿金(天) \times 未颁发移交证书部分工程金额}{全部工程总金额}$$

(8-15)

$$延期赔偿费总金额 = 折减的误期损害赔偿金(天) \times 延误天数(\leqslant 最高赔偿限额)$$

(8-16)

(2)承包人原因导致施工缺陷的索赔

承包人的原因导致施工质量不符合技术规范的要求,或使用的材料、设备质量不满足要求,以及在缺陷责任期满前未完成应进行的缺陷工程修复工作时,发包人有权追究承包人的责任。在承包人没能于监理人规定时间内完成质量缺陷的补救工作,发包人有权向承包人进行索赔。这部分索赔内容可以是直接损失,也可以是包括与违约行为有因果关系的间接损失。

(3)承包人原因导致其他损失的索赔

①承包人在运输材料设备过程中,因承包人应承担的责任(如损坏了公路和桥梁等设施),因而发包人受到交通运输管理部门的罚款后,向承包人的索赔。

②承包人因不合格材料或设备进行的重复检验费。

③承包人应以双方共同名义投保失效,给发包人带来的损失。

④因承包人原因工程延期,需加班赶工时,所增加的监理服务费。

引例8-3

【背景资料】

工程实施过程中发生如下事件:

事件1:土方开挖时遇到未探明的古墓,项目监理机构下达了工程暂停令,当地文物保护部门随即进驻施工现场开展考古工作。施工单位向项目监理机构提出如下费用补偿申请:①基坑围护工程损失33万元;②工程暂停导致施工机械闲置费用5.7万元;③受文物保护部门委托进行土方挖掘与清理工作产生的人工和机械费用7.8万元。

事件2:因工程材料占用施工场地,致使原计划均需使用起重机作业的A、B两项工作的间隔时间由原定的3天增至8天,为此,施工单位向项目监理机构提出补偿5个起重机台班窝工费用的申请。

【问题】

1.逐项指出事件1发生的费用是否应给予补偿并说明理由。项目监理机构应批准的费用补偿总额是多少万元?

2. 事件2中，项目监理机构是否应批准施工单位的费用补偿申请？并说明理由。

【专家评析】

1. 事件1中，项目监理机构应批准的费用补偿及总额如下：

(1) 基坑围护工程损失33万元，应给予费用补偿。理由：由于未探明的古墓原因，地方文物保护部门进驻施工现场开展考古工作而导致基坑维护工程损失，非施工单位原因造成的损失，费用应由建设单位承担。

(2) 工程暂停导致施工机械闲置费用5.7万元，应给予费用补偿。理由：由于未探明古墓的原因而导致施工机械闲置，非施工单位原因造成的损失，费用应由建设单位承担。

(3) 受文物保护部门委托进行土方挖掘与清理工作产生的人工和机械费用7.8万元，不应给予费用补偿。理由：由于受文物保护部门委托进行土方挖掘与清理工作，非建设单位原因造成的支出，相关的人工与机械费用应由文物保护部门承担。

所以费用补偿总额为 33 + 5.7 = 38.7（万元）。

2. 项目监理机构不应批准施工单位的起重机台班窝工费用补偿申请。理由：施工单位要考虑工程材料的堆放、保管使用，当工程材料堆放占用施工场地时，机械窝工损失是由施工单位原因造成的。因此，监理机构不应批准施工单位的费用补偿申请。

引例 8-4

【背景资料】

某路桥公司于2019年3月8日与某建设单位签订了修建公路的施工合同。该路桥公司编制的施工方案和进度计划已获批准。施工进度计划承发包方已经达成一致意见。合同规定由于建设单位责任造成施工窝工时，窝工费用按原人工费、机械台班费60%计算。在专用条款中明确6级以上大风、大雨、大雪、地震等自然灾害按不可抗力因素处理。监理工程师应在收到索赔报告之日起28天内予以确认。监理工程师无正当理由不确认时，自索赔报告送达之日起28天后视为索赔已经被确认。根据双方商定，人工费定额为300元/工日，机械台班费为1000元/台班。路桥公司在履行施工合同的过程中发生以下事件：

事件1：基坑开挖后发现地下情况和发包方提供的地质资料不符，有古河道，须将河道中的淤泥清除并对路基进行二次处理。为此，业主以书面形式通知施工单位停工10天，窝工费用合计为3000元。

事件2：2019年5月18日由于下大雨，一直到5月21日开始施工，造成20名工人窝工。

事件3：5月21日用30个工日修复因大雨冲坏的永久道路，5月22日晨恢复正常挖掘工作。

事件4：5月27日因租赁的挖掘机大修，挖掘工作停工2天，造成人员窝工10个工日。

事件5：在施工过程中，发现因业主提供的图纸存在问题，故停工3天进行设计变更，造成窝工60个工日，机械窝工9个台班。

【问题】

1. 分别说明事件1至事件5工期延误和费用增加应由谁承担，并说明理由。如果是建设单位的责任则应向承包单位补偿工期和费用分别为多少?

2. 建设单位应给予承包单位补偿工期多少天?补偿费用多少元?

【专家评析】

1. 工期延误和费用增加的承担责任划分:

事件1:应由建设单位承担延误的工期和增加的费用。理由:这是因建设单位造成的施工临时中断,从而导致承包单位的工期延误和费用的增加。建设单位应补偿承包单位工期10天,费用3000元。

事件2:工期延误3天应由建设单位承担,造成20人窝工的费用应由承包单位承担。理由:因大风大雨,按合同约定属不可抗力。建设单位应补偿承包单位的工期3天。

事件3:应由建设单位承担修复冲坏的永久道路所延误的工期和增加的费用。理由:冲坏的永久道路是由于不可抗力(合同中约定的大雨)引起的道路损坏,应由建设单位承担其责任。建设单位应补偿承包单位工期1天。建设单位应补偿承包单位的费用为30工日×300元/工日=9000(元)。

事件4:应由承包单位承担由此造成的工期延误和增加费用。理由:该事件的发生原因属承包单位自身的责任。

事件5:应由建设单位承担工期的延误和费用增加的责任。理由:施工图纸是由建设单位提供的,停工属于建设单位应承担的责任。建设单位应补偿承包单位工期3天。建设单位应补偿承包单位费用为:60×300×60% +1000×9×60% =16200(元)。

2. 建设单位应给予承包单位补偿工期:10+3+1+3=17(天);建设单位应给予承包单位补偿费用:3000+9000+16200=28200(元)。

 任务实施

1. 通过任务情境、任务布置、任务分析,学生应探讨完成任务工单。

2. 学生在教师指导下,分组完成学习任务工单表8-1。

3. 结合学生讨论的结果,学生跟随教师学习和巩固工作任务八相关知识,完成工作任务评析,找准切入点融入思政内容,达成德育目标,并做好知识点总结及点评。

 实战演练

通过公路工程施工索赔模拟实训进行实战演练,学以致用、理论联系实际,进一步落实学习目标,具体内容见学习任务工单表8-2。

 任务评价

通过学生自评、企业导师及专业教师评价,综合评定通过项目任务实施各个环节学生对工作任务八相关知识的掌握及课程学习目标落实的情况。

1. 学生进行自我评价,并将结果填入学生自评表(学习任务工单表8-3)。

2. 企业导师对学生工作过程与工作结果进行评价,并将评价结果填入企业导师评价表(学习任务工单表8-4)。

3. 专业教师对学生工作过程与工作结果进行评价,并将评价结果填入专业教师评价表

(学习任务工单表8-5)。

4.综合学生自评、企业导师评价、专业教师评价所占比重,最终得到学生的综合评分,并把各项评分结果填入综合评价表(学习任务工单表8-6)。

> 为便于师生使用,本书"任务实施""实战演练""任务评价"中的相关表格独立成册,见本书配套学习任务工单。

任务小结

公路工程施工索赔是合同管理的重要内容之一,是合同执行过程中经常发生的、受损方为保证自己合法权益而进行的一种行为。开展公路施工索赔工作有利于落实合同权利、义务关系,提高企业素质及管理水平,也有利于我国公路工程建设与国际惯例接轨,参与国际工程承发包市场的竞争。

思考题

一、单项选择题

1.索赔是在合同的实施过程中,合同一方因对方不履行或未能正确履行合同所规定的义务或未能保证承诺的合同条件实现而(　　),向对方提出的补偿要求。

　　A.拖延工期后　　　　B.遭受损失后
　　C.产生分歧后　　　　D.提起公诉后

2.下列选项中不属于索赔本质特征的是(　　)。

　　A.索赔是要求给予补偿(赔偿)的权利主张
　　B.索赔的依据、合同文件以及适用法律
　　C.承包人有过错
　　D.必须有切实证据

3.下列索赔事件中,承包人不能提出费用索赔的是(　　)。

　　A.发包人要求加速施工导致工程成本增加
　　B.由于发包人和工程师原因造成施工中断
　　C.恶劣天气导致施工中断、工期延误
　　D.设计中某些工程内错误导致工期延误

4.《公路工程标准施工招标文件》(2018年版)规定,当施工现场出现气候异常恶劣时,承包人一般可向发包人提出(　　)。

　　A.工期延长的费用索赔要求
　　B.延长工期的要求
　　C.既延长工期,又索赔费用
　　D.不能向发包人提出索赔要求

5.在施工合同履行过程中,因工程所在地发生洪灾所造成的损失中,应由承包人承担的是(　　)。

A. 工程本身的损害

B. 因工程损害导致的第三方财产损失

C. 承包人的施工机械损坏

D. 工程中所需清理费用

6. 由于发包人的原因,造成工程中断或进度缓慢,使工期拖延,承包人对此( )。

A. 不能提出索赔

B. 可以提出工期拖延索赔

C. 可以提出工程变更索赔

D. 可以提出工程终止索赔

7. 工程索赔计算时最常用的一种方法是( )。

A. 总费用法 B. 修正的总费用法

C. 实际费用法 D. 协商法

8. 按照索赔程序的规定,承包方如果根据本合同条款中任何条款提出任何附加支付的索赔时,应在该索赔事件首次发生的28天之内将其( )提交监理工程师,并抄送发包人。

A. 索赔证据 B. 索赔意向书

C. 索赔依据 D. 索赔报告

9. 关于工期索赔,下列选项中说法正确的是( )。

A. 单一延误是可索赔延误

B. 共同延误是不可索赔延误

C. 非关键线路延误是不可索赔延误

D. 交叉延误可能是可索赔延误

10. 某工程的隐蔽部位在覆盖前曾得到监理工程师的认可,但重新检验后发现质量未达到合同约定的要求,则关于全部剥露、返工的费用和工期处理的说法,正确的是( )。

A. 费用和工期损失全部由承包人承担

B. 费用和工期损失全部由发包人承担

C. 费用由发包人承担,工期不顺延

D. 费用由承包人承担,工期给予顺延

11. 某施工合同履行过程中,经监理工程师确定质量合格后已隐蔽的工程,工程师又要求重新检验。重检后结果为质量合格,则下列说法正确的是( )。

A. 发包人支付发生的全部费用,工期不予顺延

B. 发包人支付发生的全部费用,工期给予顺延

C. 承包人支付发生的全部费用,工期不予顺延

D. 承包人支付发生的全部费用,工期给予顺延

12. 当出现索赔事件时,承包人以书面的索赔通知书形式,在索赔事件发生后的( )天内向工程师提出索赔意向通知书。

A. 28　　　B. 14　　　C. 21　　　D. 7

13. 某施工合同履行过程中,承包人发现由于公路管理部门的责任,连接施工场地与国道之间的道路不符合招标文件中说明的条件,则承包人由此增加的费用应由(　　)承担。

　　A. 公路管理部门　　　B. 承包人
　　C. 发包人　　　　　　D. 承包人与发包人

14. 在我国工程合同索赔中,既有承包人向发包人索赔,也有发包人向承包人索赔,这说明我国工程合同索赔是(　　)。

　　A. 不确定的　　　　　B. 单向的
　　C. 无法确定的　　　　D. 双向的

15. 下列选项中不属于索赔程序的是(　　)。

　　A. 提出索赔要求　　　B. 报送索赔资料
　　C. 监理人答复　　　　D. 上级调解

16. 根据《标准设计施工总承包合同》,工程实施中应给予承包人延长工期、增加费用并支付合理利润的情形是(　　)。

　　A. 不可抗力不能按期竣工
　　B. 监理人的指示错误
　　C. 不可预见的物质条件
　　D. 异常恶劣的气候条件

17. 监理人给承包人发出的指示,承包人应遵照执行。如果监理人的指示错误或失误给承包人造成损失,则由(　　)负责赔偿。

　　A. 监理人和发包人按比例
　　B. 监理人
　　C. 发包人
　　D. 监理人、发包人和设计单位共同

18. 某工程项目施工中现场出现了图纸中未标明的地下障碍物,需要做清除处理。按照合同条款的约定,承包人应在索赔事件发生后28天内向工程师递交(　　)。

　　A. 索赔报告
　　B. 索赔意向通知
　　C. 索赔依据和资料
　　D. 工期和费用索赔的具体要求

19. 某施工合同履行过程中,因施工需要临时中断道路交通,发包人委托承包人办理申请批准手续。因工程所处路段交通流量大,全天中断交通的要求未获批准,承包人只能在夜间施工,则由此造成的承包人损失应由(　　)。

　　A. 发包人赔偿,延误的工期顺延
　　B. 发包人赔偿,延误的工期不予顺延

C. 承包人承担,延误的工期顺延

D. 承包人承担,延误的工期不予顺延

20. 如发生了导致承包人增加开支的事件,但却是属于发包人也无法合理预见和克服的情况,则( )。

A. 同时补偿费用和利润

B. 费用和利润均不补偿

C. 可以补偿利润但不能补偿费用

D. 可以补偿费用但不能补偿利润

二、多项选择题

1. 某施工项目双方约定3月10日开工,当年10月10日竣工,开工前承包人以书面形式向工程师提出延期开工的理由和要求,未获批准,但承包人仍延至3月20日开工,则( )。

A. 承包人应通过赶工在10月10日竣工,赶工费用自行承担

B. 承包人应通过赶工在10月10日竣工,赶工费用由发包人承担

C. 承包人应通过赶工在10月10日竣工,可获提前竣工奖励

D. 如果工程在10月20日竣工,承包人不承担延期违约责任

E. 如果工程在10月20日竣工,承包人承担延期违约责任

2. 下列选项中可以得到工期延误的有( )。

A. 发包人及其代表原因引起的延误

B. 承包人引起的延误

C. 与发包人有关的第三方原因延误

D. 与承包人有关的第三方原因延误

E. 不可控制因素引起的延误

3. 某工程项目,为了避免加班工作及今后可能支付延误赔偿的风险,承包人根据工程理由要求将路基的完工实际延长40天,监理工程师应对下述理由中的( )予以考虑工期延长。

A. 特别严重的降雨

B. 现场劳务问题

C. 意外事故(不可抗力)损坏机械设备,但承包人没有立即通知监理工程师

D. 监理工程师最近发布的一个变更令,即在原工地现场之外的另一个地方附加了一项工作量较大的额外工作

E. 不可预见的恶劣土质条件,使得路基施工的开挖及回填工作量大大增加

4. 施工机械使用费的索赔包括( )。

A. 完成额外工作增加的机械使用费

B. 恶劣天气引起机械降效增加的机械使用费

C. 由施工组织设计原因造成机械停工的窝工费

D. 监理工程师原因造成机械停工的窝工费

E. 发包人原因造成功效降低增加的机械使用费

5. 索赔的程序包括( )。

A. 提出索赔要求

B. 报送索赔资料

C. 监理工程师答复、工程师逾期答复后果、持续索赔

D. 领导协调

E. 仲裁与诉讼

6. 按索赔的目的不同,索赔可分为( )。

A. 施工索赔   B. 发包人索赔

C. 费用索赔   D. 商务索赔

E. 工期索赔

7. 索赔报告包括( )。

A. 证据部分   B. 政论部分

C. 总述部分   D. 索赔款项(或工期)计算部分

E. 摘要部分

8. 关于《民法典》中解决合同争议的方式,下列选项中表述正确的有( )。

A. 当事人可以通过和解或调解解决合同争议

B. 当事人不愿和解、调解,可根据仲裁协议向仲裁机构申请仲裁

C. 当事人不履行仲裁协议的,对方可以请求人民法院执行

D. 当事人有订立仲裁协议的,当事人可以选择向仲裁机构申请仲裁或向人民法院起诉

9. 工程索赔中的证据包括( )。

A. 招标公告   B. 来往信件

C. 各种会议纪要   D. 施工进度计划和实施施工进度记录

E. 施工现场的工程文件

10. 公路工程索赔成立的条件有( )。

A. 与合同对照,事件已造成了承包人的额外支出或直接工期损失

B. 造成费用增加或工期损失的原因,按合同约定不属于承包人的行为责任或风险责任

C. 承包人按合同规定的程序提交索赔意向通知和索赔报告

D. 造成费用增加或工期损失额度巨大

E. 索赔费用容易计算

11. 关于总索赔的正确描述是( )。

A. 总索赔是"一揽子索赔"

B. 总索赔是"综合索赔"

C. 总索赔是在工程交付时进行

D. 总索赔是国际工程中经常采用的索赔处理和解决方法

E. 总索赔是在完成了工程决算后提出

12. 仅给予承包人工期和费用补偿而不补偿利润的事件有(   )。

  A. 延误移交施工现场　　B. 不可预见的外界条件

  C. 施工遇到文物和古迹　　D. 后续法规的调整

  E. 不可抗力事件造成的损害

13. 对于施工中发生的不可抗力,标准施工合同通用条款规定发包人应承担的损失包括(   )。

  A. 工程所需清理费

  B. 由承包人负责采购,运至施工场地用于施工材料的损失

  C. 工程本身的损害

  D. 工程损害导致第三方人员伤亡

  E. 承包人施工机械的停工损失

14. 下列事故和损失中应当由承包人承担责任的有(   )。

  A. 承包人雇佣的施工人员的工伤事故

  B. 分包人人员的工伤事故

  C. 发包人造成的分包人人员的工伤事故

  D. 由于承包人原因在施工场地毗邻地带造成的第三者人身伤亡和财产损失

  E. 对土地的占用所造成的第三者财产损失

15. 施工合同示范文本规定可以顺延工期的条件有(   )。

  A. 不可抗力　　B. 承包人的违约

  C. 施工机械发生故障　　D. 发包人延迟提供材料

  E. 提供图纸延误

三、简答题

1. 什么是工程索赔?

2. 简述公路工程索赔的程序。

3. 简述公路工程索赔的原因。

四、案例分析

1. 【案例】

某施工企业中标某机电安装工程(工程设备由招标方供货),合同中明确了分包工程的范围。开工后由于工程设备到货延误,影响了承包方、分包方正常施工。工程设备到货延误对工程的影响结束后,该施工企业向监理工程师提交了索赔报告和有关证据,经再三核实应索赔人工费350个工日,报价单中人工费单价为每工日132元。索赔自有施工机械30个台班,每台

班折旧费 100 元,租赁施工机械 10 个台班,租赁合同中每个台班费 500 元。经协商现场经费为人工费、施工机械费之和的 10%。由于该施工企业注重合同的日常管理和处理好各方面的关系,索赔得以成功。

【问题】

(1)招标方工程设备供货延误,能否索赔?试指出可能会出现哪些主体间的索赔。

(2)发现索赔的机会后,承包方应如何处理?

(3)索赔报告应在发出索赔意向通知后的多少天内向监理工程师提交?简述索赔报告的主要内容。

(4)根据提供的资料,计算出索赔的总金额。

(5)简述索赔成功的主要因素。

2.【案例】

某项目发包人与承包人签订了工程施工合同,根据合同及其附件条文,对索赔内容规定:

(1)因窝工发生的人工费以 125 元/工日计算,监理方提前一周通知施工单位时不以窝工处理,以补偿费支付 4 元/工日。

(2)机械设备台班费:塔式起重机为 300 元/台班;混凝土搅拌机为 70 元/台班;砂浆搅拌机为 30 元/台班。因窝工而闲置时,只考虑折旧费,按台班费 70% 计算。

(3)因临时停工一般不补偿管理费和利润。在施工过程中发生了以下几项事件:

事件 1:6 月 8 日至 6 月 21 日,因发包人提供的模板未到而使一台塔吊,一台混凝土搅拌机和 35 名支模工人停工(发包人已于 5 月 30 日通知承包方)。

事件 2:6 月 10 日至 6 月 21 日,因发包人原因导致工地停电停水使一台砂浆搅拌机和 30 名砌砖工停工。

事件 3:6 月 20 日至 6 月 23 日,因砂浆搅拌机故障而使一台砂浆搅拌机和 35 名工人停工。

【问题】

承包人在有效期内提出索赔要求时,监理单位认为合理的索赔金额应为多少?

工作任务八
思考题答案

参 考 文 献

[1] 中华人民共和国交通运输部.公路工程标准施工招标文件(2018年版)[M].北京:人民交通出版社股份有限公司,2018.

[2] 中华人民共和国交通运输部.公路工程标准施工招标资格预审文件(2018年版)[M].北京:人民交通出版社股份有限公司,2018.

[3] 中华人民共和国交通运输部.公路工程标准勘察设计招标文件(2018年版)[M].北京:人民交通出版社股份有限公司,2018.

[4] 中华人民共和国交通运输部.公路工程标准勘察设计招标资格预审文件(2018年版)[M].北京:人民交通出版社股份有限公司,2018.

[5] 中华人民共和国交通运输部.公路工程标准施工监理招标文件(2018年版)[M].北京:人民交通出版社股份有限公司,2018.

[6] 中华人民共和国交通运输部.公路工程标准施工监理招标资格预审文件(2018年版)[M].北京:人民交通出版社股份有限公司,2018.

[7] 北京中交京纬公路造价技术有限公司,长沙市中交京纬职业培训学校.交通运输工程造价案例分析:公路篇[M].北京:人民交通出版社股份有限公司,2022.

[8] 交通运输部职业资格中心.交通运输工程技术与计量:公路篇[M].北京:人民交通出版社股份有限公司,2022.

[9] 全国造价工程师职业资格考试培训教材编审委员会.建设工程造价管理[M].北京:中国计划出版社,2023.

[10] 全国招标师职业水平考试辅导教材指导委员会.招标采购案例分析[M].北京:中国计划出版社,2012.

[11] 中华人民共和国国务院.中华人民共和国招标投标法实施条例[M].北京:中国法制出版社,2011.

[12] 中华人民共和国全国人民代表大会常务委员会.中华人民共和国招标投标法:最新修正版[M].北京:法律出版社,2018.

[13] 中华人民共和国交通运输部.公路工程建设项目招标投标管理办法[M].北京:人民交通出版社股份有限公司,2016.

[14] 交通运输部路网监测与应急处置中心.公路工程建设项目概算预算编制办法:JTG 3830—2018[S].北京:人民交通出版社股份有限公司,2019.

[15] 刘营.中华人民共和国招标投标法实施条例实务指南与操作技巧[M].2版.北京:法律出版社,2015.

[16] 崔磊.公路工程招投标与合同管理[M].北京:人民交通出版社股份有限公司,2015.

[17] 武永峰,魏静,年立辉.建设工程招投标与合同管理[M].南京:南京大学出版社,2020.

[18] 罗萍.公路工程建设招标与投标[M].4版.北京:人民交通出版社股份有限公司,2020.

[19] 姜仁安,郭梅.公路工程施工招投标[M].2版.北京:机械工业出版社,2018.

[20] 俞素平,丁永灿.公路工程造价与招投标[M].北京:人民交通出版社,2011.

[21] 王平.工程招投标与合同管理[M].2版.北京:清华大学出版社,2020.

[22] 中国建设监理协会.建设工程监理概论[M].北京:中国建筑工业出版社,2021.